高等职业教育智能制造精品教材

机械制图

JIXIE ZHITU

主　编　李明雄　胡浩然
副主编　李永久　左　佳

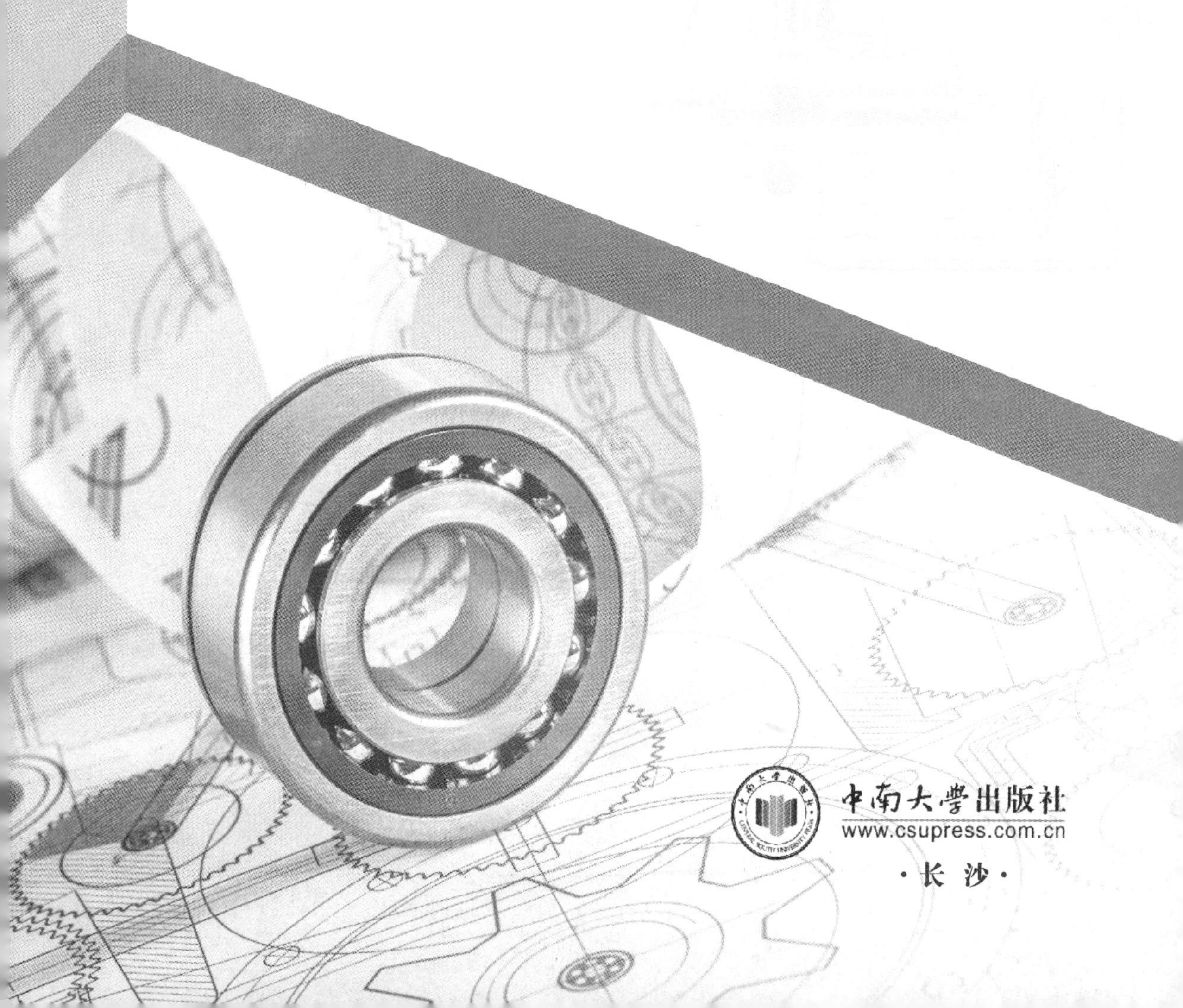

中南大學出版社
www.csupress.com.cn
·长沙·

内容简介

本书内容包括：机械制图基本知识、投影基本知识、组合体、机件的基本表示方法、机件的特殊表示方法、零件图、装配图、其他图样等八个项目。本书采用了最新的《机械制图》国家标准。本书是高等职业院校机械类和近机类专业的机械制图教材，也可供其他相近专业使用与参考。与其配套的《机械制图习题册》，由中南大学出版社同步出版。

前 言 PREFACE

为贯彻《国家中长期教育改革和发展纲要(2020—2030)》精神，以服务为宗旨，以就业为导向，推进教育教学改革，加大教育信息化推广力度，编者结合高职高专机电类相关专业群的教学实际，以理实一体化为理念，以任务为单位组织教学内容，以信息化手段为支撑，编写了教材。

本书由八个教学项目组成，每个项目分为若干个任务，从实际工作情境入手。

本书的编写特点是:

(1)工作过程导向。开展企业调研，密切联系行业，动态更新教学内容；对接岗位，以企业实际工作过程为切入点；注重学生的能力提升，以项目教学为载体，以能力培养为核心，着力培养学生分析问题和解决问题的能力。

(2)教学内容先进。以“管用、够用”为指导思想，删减了陈旧过时的教学内容，增加了大量的新技术、新结构，采用新的国家标准，注重培养学生的应用能力和创新能力，体现了“高等性”和“职业性”并举的高职教育特色。

(3)体现“智慧”特色。以实际案例为切入点，图文并茂，各任务中植入了大量的讨论、动画、视频与拓展知识等教学资源，拓宽了学生学习的维度，提升了学生学习的积极性与主动性，趣味性也得到提高。

建议教学方法为：搭建信息化教学平台，构建网络学习资源，实施线上线下结合的教学方式。课前下发学习任务，学生自主学习；课中学生进行小组技术讨论，制订故障维修方案，教师小组点评，解决共性问题，并依托实训设备，完成相关实训；课后学生在平台提交操作工单，完成课后理论测评。

本书由李明雄总负责并统稿，参加本书编写工作的有李明雄、胡浩然、李永久、左佳、刘欢。

本书在编写的过程中，参阅了大量的书籍与相关资料，在此对原作者一并表示感谢!

编　者

2020年8月

目 录 CONTENTS

项目一
机械制图基本知识

【项目导入】

如图 1－0－1 所示的旋转轴零件图，要看懂图形，就必须熟悉国家标准《技术制图和机械制图》中的有关基本规定。

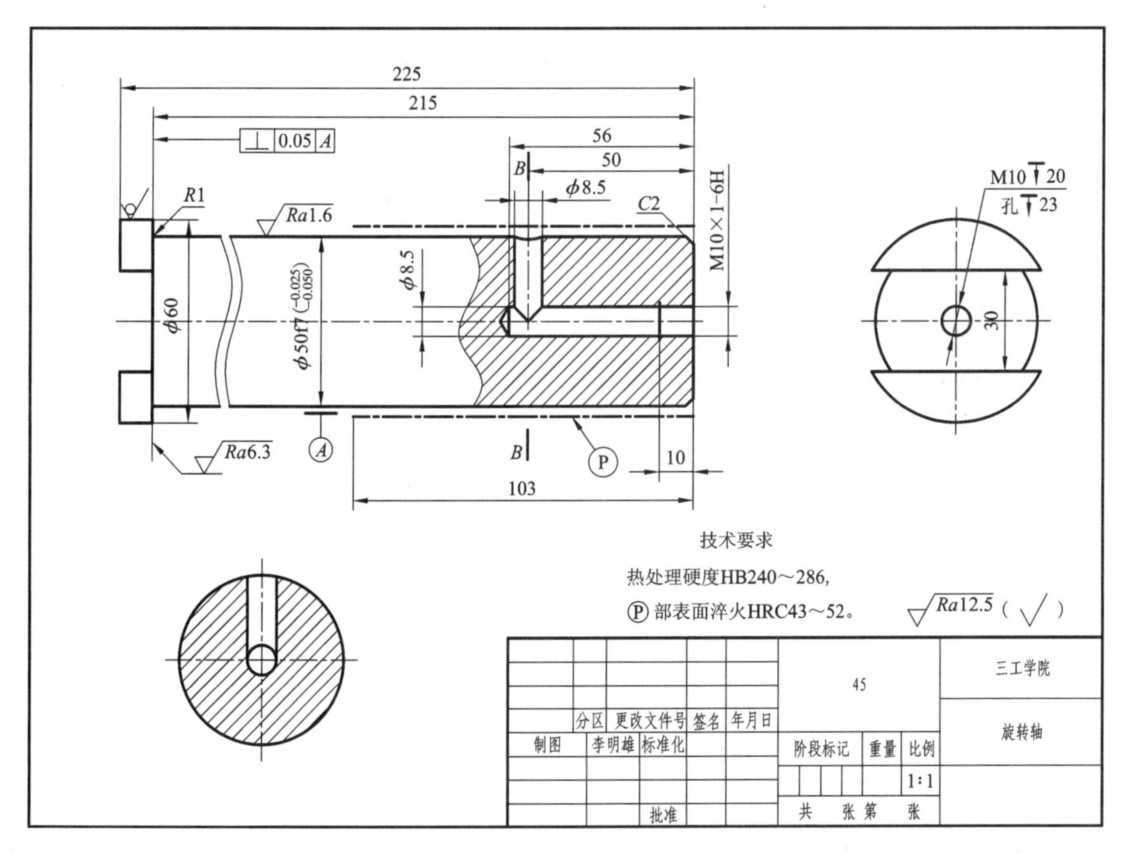

图 1－0－1　旋转轴零件图

本项目主要介绍国家标准《技术制图和机械制图》中的图纸幅面及格式、字体、比例、图线、尺寸标注等国家标准中的部分内容以及几何作图方法。通过学习，掌握标准中的各项规定，养成严格遵守的习惯；对于几何作图，要学会分析线段的连接、作图的方法步骤。逐步养成严肃、认真、一丝不苟的工作作风，不断提高绘图的质量和速度。

常用国内外部分标准代号

【学有所获】

通过本项目的学习，学生应该能运用如下知识点：

(1)图纸幅面及格式、字体、比例、图线与尺寸标注的国家标准。

(2)线段与圆的等分，斜度与锥度的画法。

(3)几何作图方法。

任务1　机械制图国家标准

【任务描述】

通过学习，能将图纸幅面、字体、比例、图线、尺寸标注的国家标准运用到实例中。

【知识导航】

一、图纸幅面及格式(GB/T 14689—2008)

1. 图纸幅面尺寸

绘制图样时，应优先采用表1－1－1所规定的基本幅面。必要时，也允许选用加长幅面。这些幅面的尺寸是由基本幅面的短边成整数倍增加后得出(见图1－1－1)。例如，A3×4的幅面为420×1189。

表1－1－1　图纸幅面尺寸(摘自GB/T 14689—2008)　(单位：mm)

<table>
<tr><th>幅面代号</th><th>A0</th><th>A1</th><th>A2</th><th>A3</th><th>A4</th></tr>
<tr><td>(短边×长边)$B \times L$</td><td>841×1189</td><td>594×841</td><td>420×594</td><td>297×420</td><td>210×297</td></tr>
<tr><td>(无装订边的留边宽度)e</td><td colspan="2">20</td><td colspan="3">10</td></tr>
<tr><td>(有装订边的留边宽度)c</td><td colspan="3">10</td><td colspan="2">5</td></tr>
<tr><td>(装订边的宽度)a</td><td colspan="5">25</td></tr>
</table>

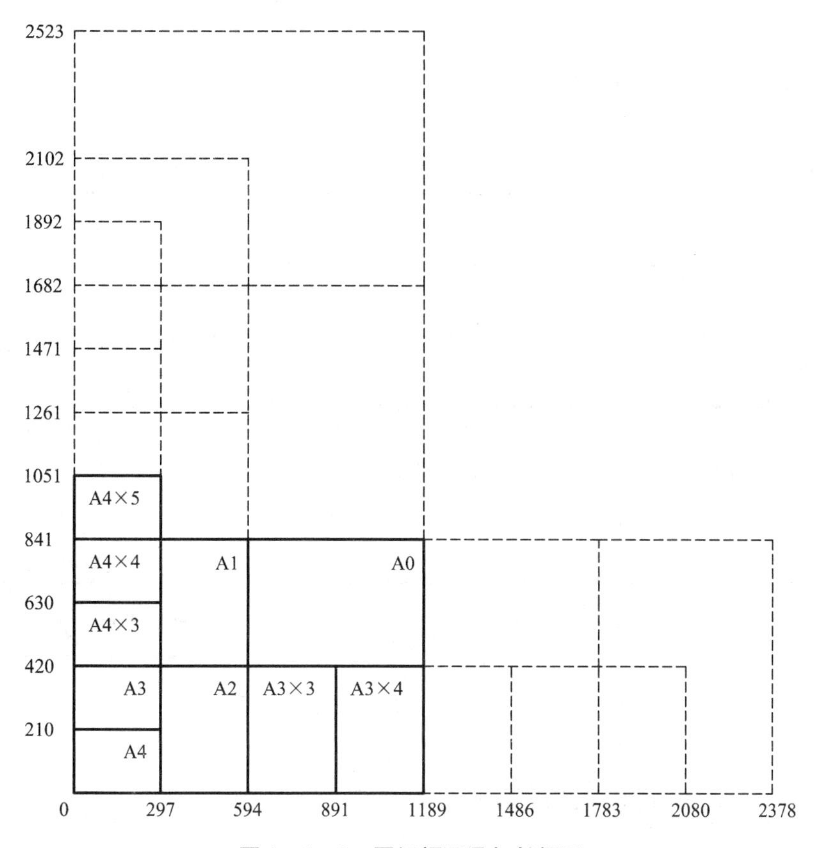

图 1-1-1　图纸幅面及加长幅面

2. 图框格式

绘图时，图纸可以横放也可以竖放，建议 A4 竖放，其他图纸均采用横放。在图纸上必须用粗实线画出图框(图 1-1-2)，其尺寸可从表 1-1-1 中查得。

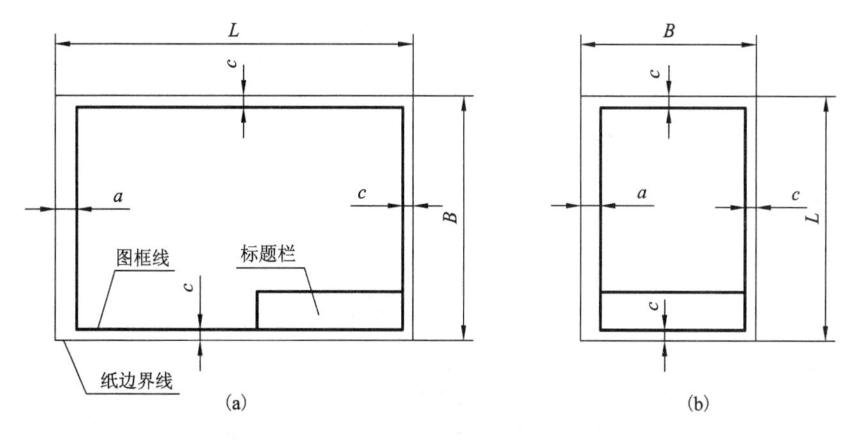

图 1-1-2　图框格式

3. **标题栏**(GB/T 10609.1—2008)

为使绘制的图样便于管理及查阅，每张图都必须有标题栏，标题栏的位置一般在图框的右下角。一般情况下，看图的方向与看标题栏的方向一致。

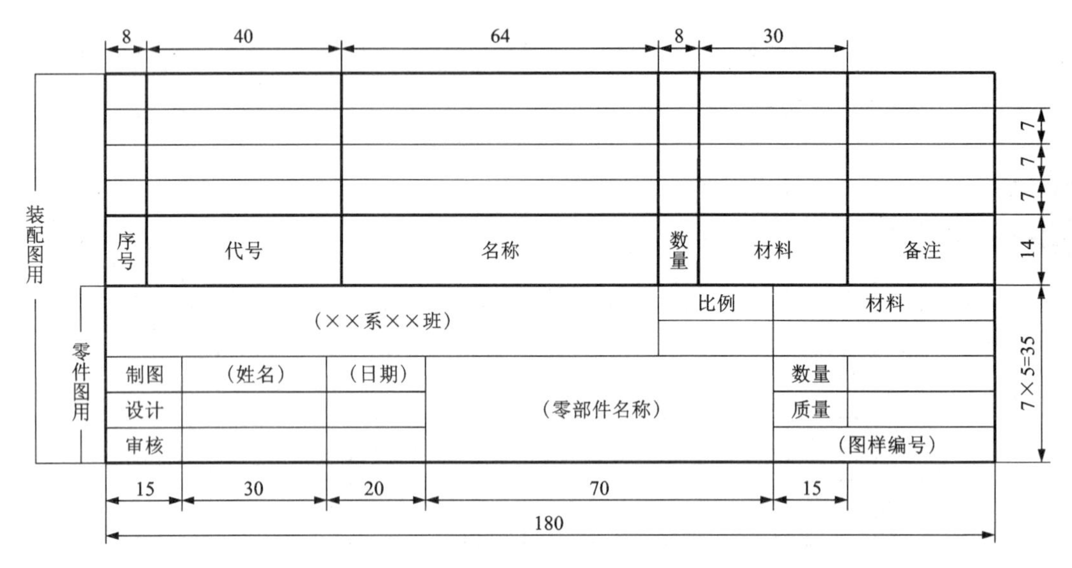

图 1-1-3　学生用简化的标题栏与明细栏格式

二、字体(GB/T 14691—1993)

图样上所注写的汉字、数字、字母必须做到：字体工整、笔画清楚、间隔均匀、排列整齐。国标规定，字体高度(用 h 表示)的公称尺寸系列为：1.8、2.5、3.5、5、7、10、14、20 mm，共 8 种。字体高度代表字体号数。

1. **汉字**

汉字应写成长仿宋体字，并应采用中华人民共和国国务院正式公布推行的《汉字简化方案》中规定的简化字。汉字高度 h 不应小于 3.5 mm。

14 号字　字体工整　笔画清楚

间隔均匀　排列整齐

10 号字　字体工整　笔画清楚

间隔均匀　排列整齐

7 号字　字体工整　笔画清楚　间隔均匀　排列整齐

5 号字　字体工整　笔画清楚　间隔均匀　排列整齐

3.5 号字　字体工整　笔画清楚　间隔均匀　排列整齐

2. 字母和数字

图样中的字母和数字写法有 A 型和 B 型两种。A 型字体的笔画宽度(d)为字高(h)的 1/14，B 型字体的笔画宽度(d)为字高(h)的 1/10。字母和数字可写成斜体或直体。斜体字字头向右倾斜，与水平基准线成 75°。

(1)拉丁字母。

大写斜体：

A B C D E F G H I J K L M N O P Q R S T U V W X Y Z

小写斜体：

a b c d e f g h i j k l m n o q r s t u v w x y z

(2)阿拉伯数字：

0 1 2 3 4 5 6 7 8 9　　0 1 2 3 4 5 6 7 8 9

(3)罗马数字：

I II III IV V VI VII VIII IX X XI XII

(4)用作指数、分数、极限偏差、注脚的数字及字母，一般应采用小一号的字体。

10^{3}　S^{-1}　D_{1}　T_{d}

$\Phi 20^{+0.010}_{-0.023}$　$7^{\circ}{}^{+1^{\circ}}_{-2^{\circ}}$　$\frac{3}{5}$

10Js5(±0.003)　M24-6h

$\Phi 25\frac{H6}{m5}$　$\frac{II}{2:1}$　$\frac{A向旋转}{5:1}$

6.3　R8　5%

三、比例(GB/T 14690—1993)

比例是图中图形与其实物相应要素的线性尺寸之比。绘制图样时，尽可能按机件的实际大小画出，以方便看图。

优先与可选用的比例

绘制同一机件的各个视图一般采用相同的比例，并标注在标题栏的比例栏内。若个别视图需要采用不同的比例时，应在视图的名称的下方或右侧标注比例，如：

$$\frac{A\text{向}}{1:100}\quad \frac{B-B}{2.5:1}$$

图样不论放大还是缩小，在标注尺寸时，应按机件的实际尺寸标注(图 1－1－4)。当图形中孔的直径或薄片小于 2 mm，以及斜度较小时，可不按比例夸大画出。

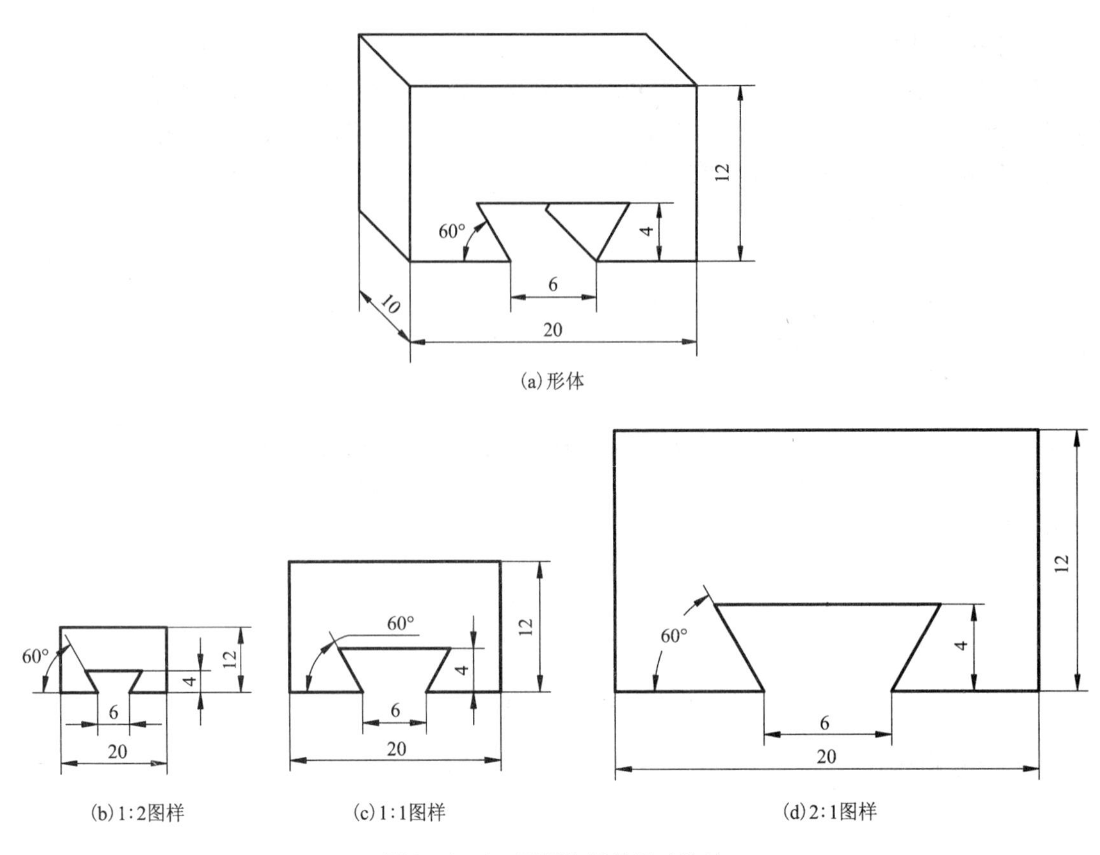

图 1-1-4　不同比例的尺寸注法

四、图线(GB/T 4457.4—2002)

1. 线型及应用

机件图样中的图形是用各种不同粗细和型式的图线画成的，绘制图样时，应采用表 1-1-2 中规定的图线。

表 1-1-2　图线的型式及应用

图线名称	线型	线宽	一般应用
粗实线	——————	d	1. 可见轮廓线 2. 可见过渡线
细实线	——————	$0.5d$	1. 尺寸线和尺寸界线 2. 剖面线、指引线和基准线 3. 重合断面的轮廓线
波浪线	～～～～	$0.5d$	1. 断裂处的边界线 2. 视图与剖视图的分界线

续表 1－1－2

图线名称	线型	线宽	一般应用
双折线		0.5d	1. 断裂处的边界线 2. 视图与剖视图的分界线
虚线		0.5d	1. 不可见轮廓线 2. 不可见过渡线
细点画线		0.5d	1. 轴线、对称中心线 2. 分度圆(线)
粗点画线		d	有特殊要求的表面线
双点画线		0.5d	1. 极限位置表示线 2. 假想位置轮廓线 3. 相邻零件的轮廓线

2. 图线画法

(1)同一图样中，同类图线的宽度应基本一致。

(2)虚线、点画线及双点画线的线段长度和间隔应各自大小相等。

(3)两条平行线(包括剖面线)之间的距离应不小于粗实线宽度的两倍，其最小距离不得小于0.7 mm。

(4)点画线、双点画线的首尾应是线段而不是点；点画线彼此相交时应该是线段相交；中心线应超过轮廓线2～5 mm。

(5)虚线与虚线、虚线与粗实线相交应是线段相交；当虚线处于粗实线的延长线上时，粗实线应画到位，而虚线相连处应留有空隙。

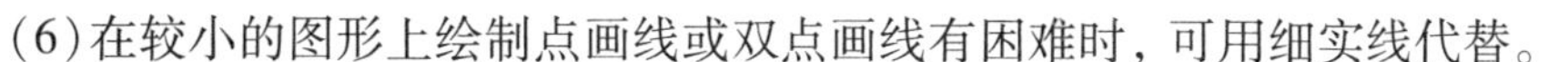

(6)在较小的图形上绘制点画线或双点画线有困难时，可用细实线代替。

图线的运用举例与画法

五、尺寸标注

(一)基本规则

(1)机件的真实大小应以图样上所注的尺寸数值为依据，与图形的大小及绘图的准确度无关。

(2)图样中(包括技术要求和其他说明)的尺寸，以mm为单位时，不需标注单位符号(或名称)，如采用其他单位，则应注明相应的单位符号。

(3)图样中所标注的尺寸，为该图样所示机件的最后完工尺寸，否则应另加说明。

(4)机件的每一尺寸，一般只标注一次，并应标注在反映该结构最清晰的图形上。

(二)标注尺寸的要素

1. 尺寸界线

(1)尺寸界线用细实线绘制，并应由图形的轮廓线、轴线或对称中心线处引出。也可利用轮廓线、轴线或对称中心线作尺寸界线(图 1－1－5)。

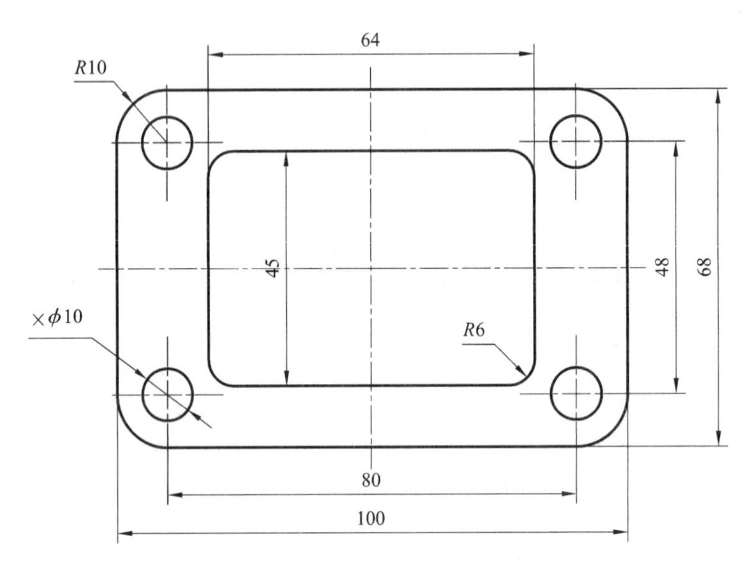

图 1－1－5　尺寸界线的绘制

(2)当表示曲线轮廓上各点的坐标时，可将尺寸线或其延长线作为尺寸界线(图 1－1－6)。

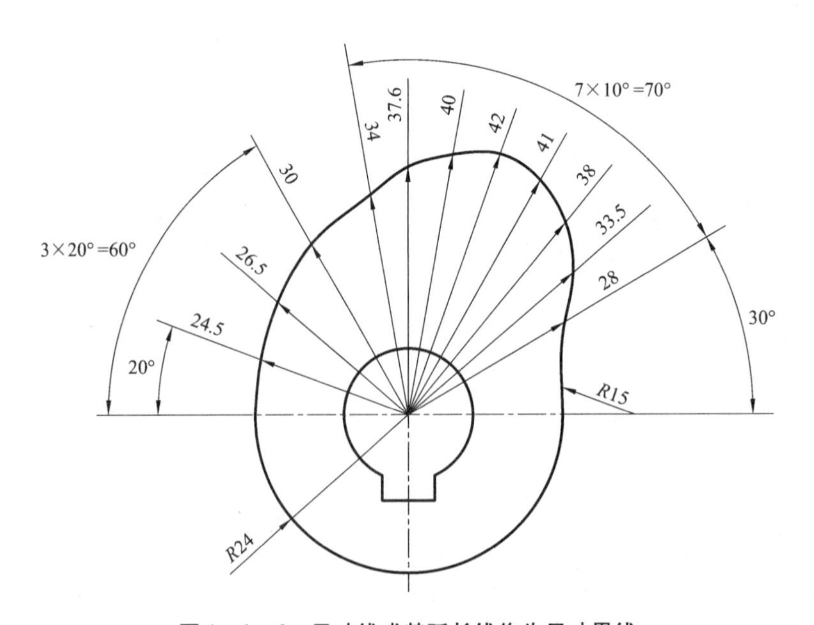

图 1－1－6　尺寸线或其延长线作为尺寸界线

(3)尺寸界线一般应与尺寸线垂直，必要时才允许倾斜(图 1 -1 -7)。

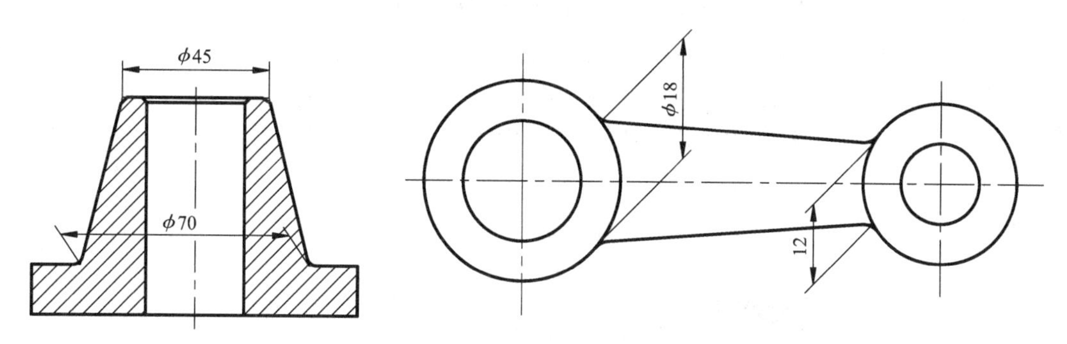

图 1 -1 -7 尺寸界线与尺寸线斜交的注法

(4)在光滑过渡处标注尺寸时，应用细实线将轮廓线延长，从它们的交点处引出尺寸界线，标注角度的尺寸界线应沿径向引出(图 1 -1 -8)；标注弦长的尺寸界线应平行于该弦的垂直平分线(图 1 -1 -9)；标注弧长的尺寸界线应平行于该弧所对圆心角的角平分线(图 1 -1 -10)，但当弧度较大时，可沿径向引出(图 1 -1 -11)。

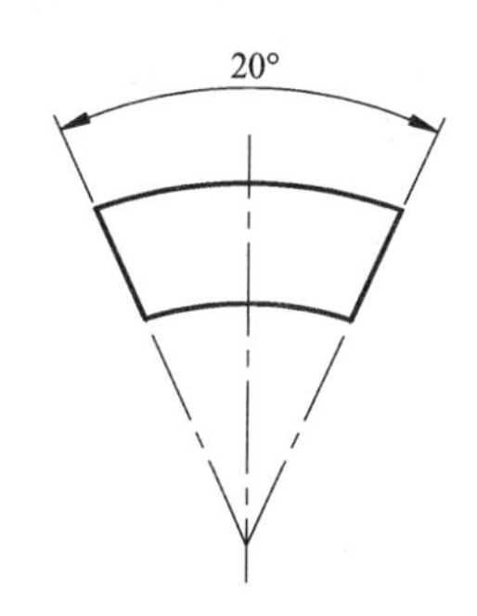

图 1 -1 -8 标注角度的尺寸界线画法

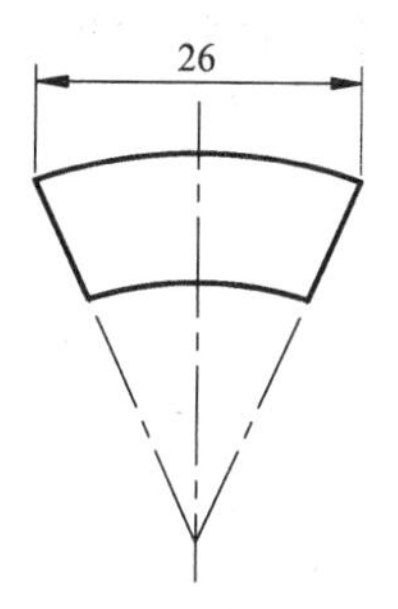

图 1 -1 -9 标注弦长的尺寸界线画法

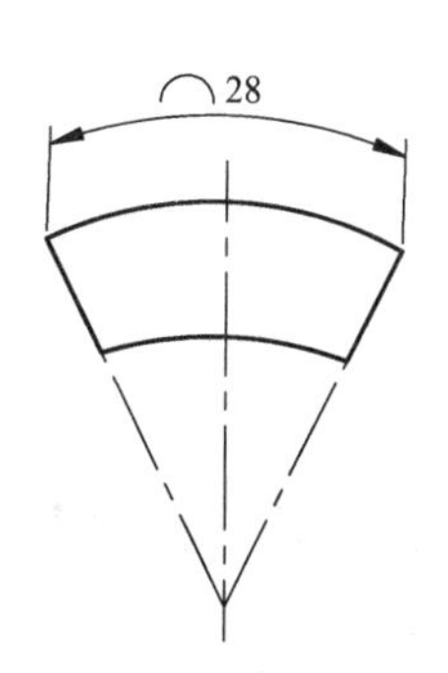

图 1 -1 -10 弧长的尺寸注法

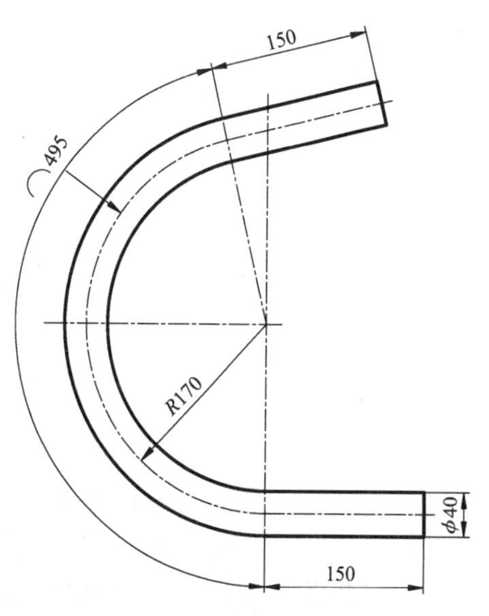

图 1 -1 -11 弧度较大时的弧长注法

2. 尺寸线

(1)尺寸线用细实线绘制，其终端可以有下列两种形式：

①箭头：箭头的形式如图 1－1－12 所示，适用于各种类型的图样；

②斜线：斜线用细实线绘制，其方向和画法如图 1－1－13 所示。当尺寸线的终端采用斜线形式时，尺寸线与尺寸界线应相互垂直。机械图样中一般采用箭头作为尺寸线的终端。

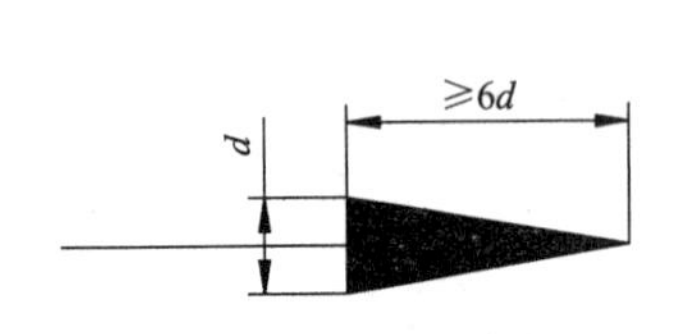

图 1－1－12　尺寸线终端的箭头

d—粗实线的宽度

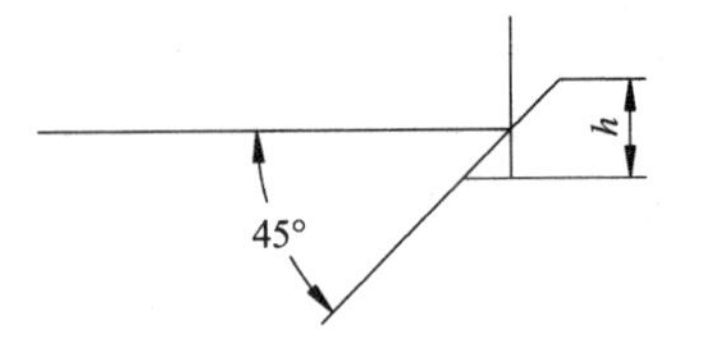

图 1－1－13　尺寸线终端的斜线

h—字体的高度

(2)当尺寸线与尺寸界线相互垂直时，同一张图样中只能采用一种尺寸线终端的形式。标注线性尺寸时，尺寸线应与所标注的线段平行。

(3)尺寸线不能用其他图线代替，一般也不得与其他图线重合或画在其延长线上。

圆的直径和圆弧半径的尺寸线的终端应画成箭头，并按图 1－1－14 所示的方法标注。

(4)当圆弧的半径过大或在图纸范围内无法标出其圆心位置时，可按图 1－1－15(a)的形式标注。若不需要标出其圆心位置时，可按图 1－1－15(b)的形式标注。

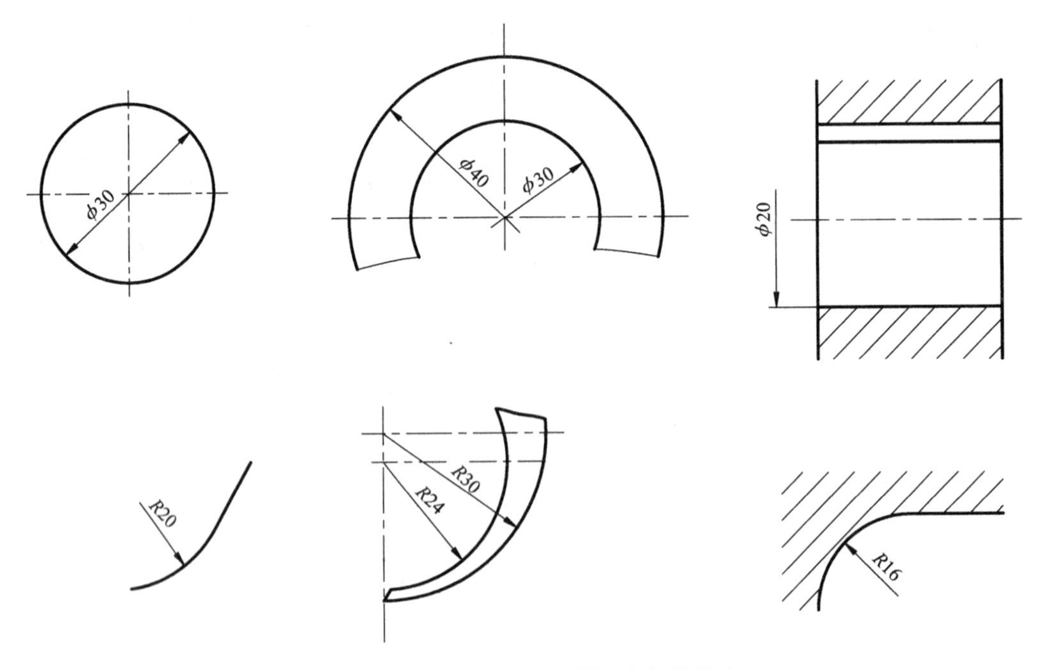

图 1－1－14　圆的直径和圆弧半径的注法

(5)标注角度时，尺寸线应画成圆弧，其圆心是该角的顶点。

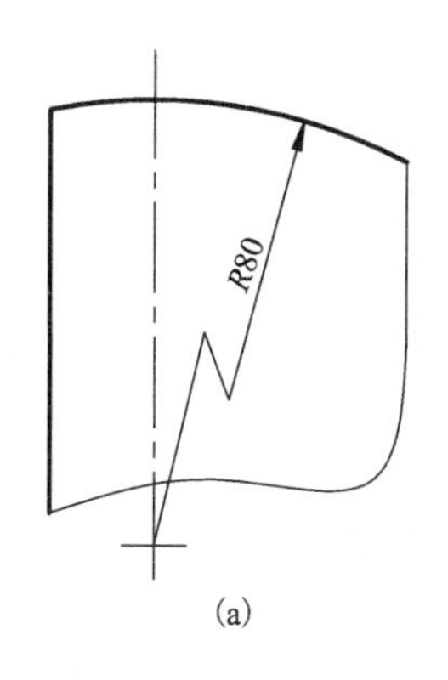

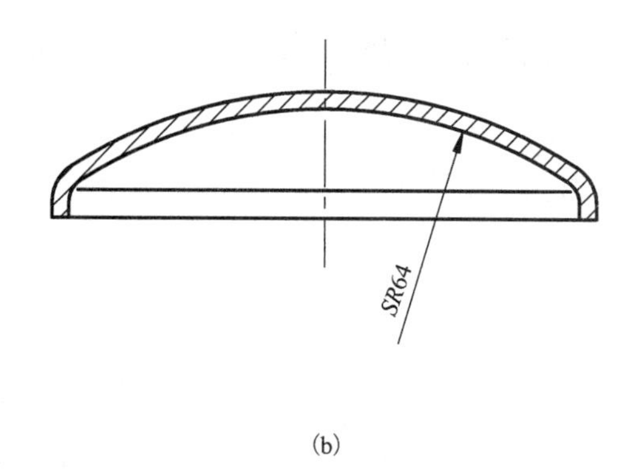

图 1－1－15　圆弧半径较大时的注法

(6) 当对称机件的图形只画出一半或略大于一半时，尺寸线应略超过对称中心线或断裂处的边界，此时仅在尺寸线的一端画出箭头（图 1－1－16）。

(7) 在没有足够的位置画箭头或注写数字时，可按图 1－1－17 的形式标注，此时，允许用圆点或斜线代替箭头。

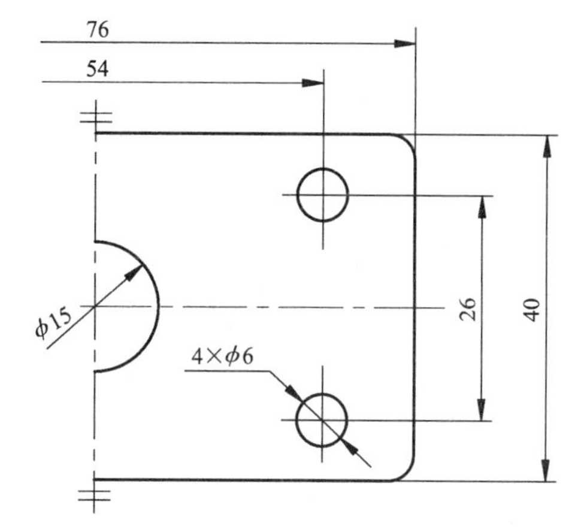

图 1－1－16　对称机件的尺寸线只画一个箭头

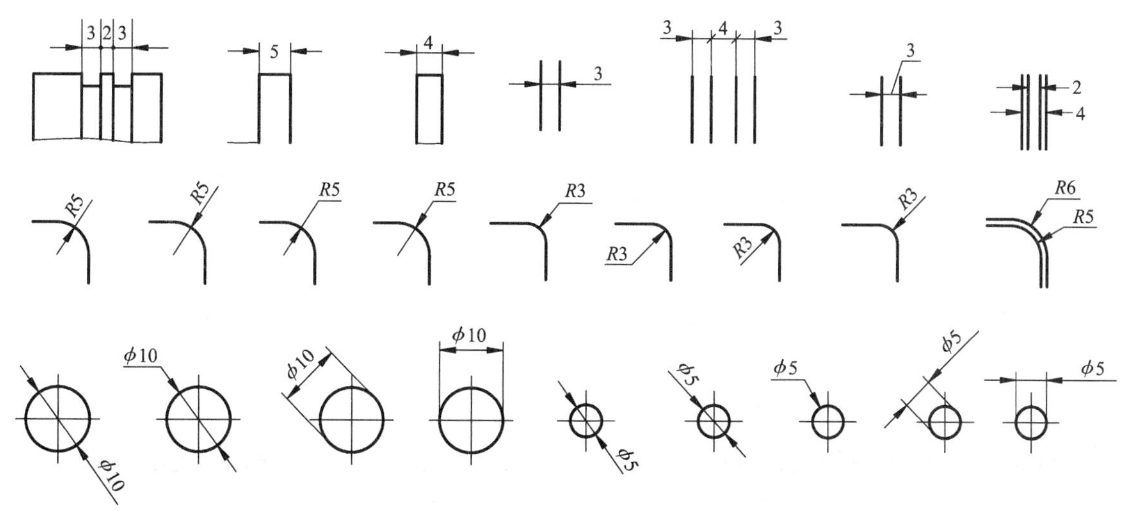

图 1－1－17　小尺寸的注法

3. 尺寸数字

(1)线性尺寸的数字一般应注写在尺寸线的上方，也允许注写在尺寸线的中断处(图 1 - 1 - 18)。

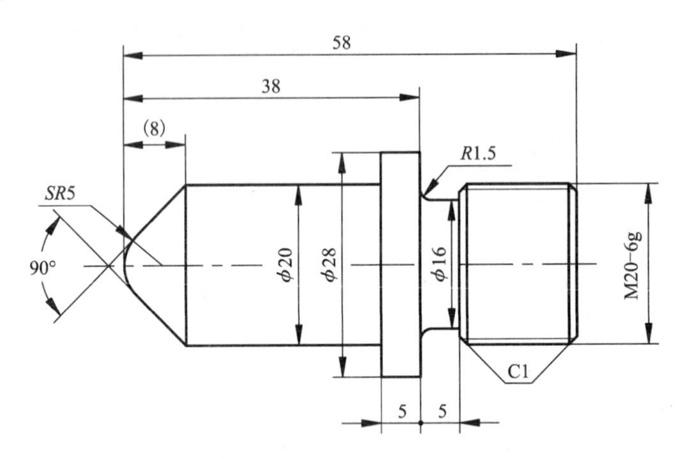

图 1 - 1 - 18　尺寸数字的注写位置

(2)线性尺寸数字的方向，有以下两种注写方法，一般应采用方法 1 注写；在不致引起误解时，也允许采用方法 2。但在一张图样中，应尽可能采用同一种方法。

方法 1：数字应按图 1 - 1 - 19 所示的方向注写，并尽可能避免在图示 30°范围内标注尺寸，当无法避免时可按图 1 - 1 - 20 的形式标注。

方法 2：对于非水平方向的尺寸，其数字可水平地注写在尺寸线的中断处(图 1 - 1 - 21、图 1 - 1 - 22)。

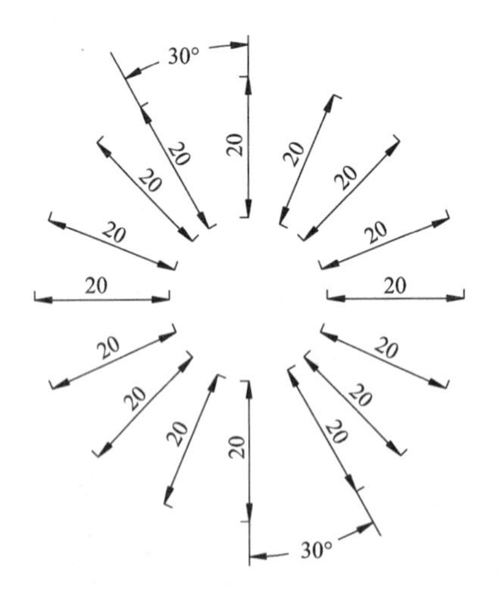

图 1 - 1 - 19　向左倾斜 30°范围内的尺寸数字的注写

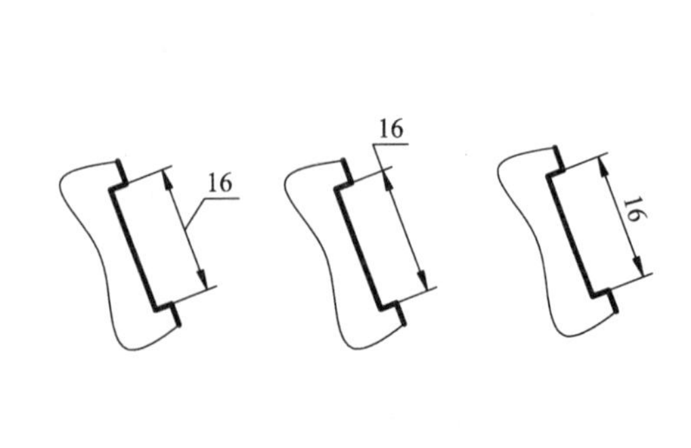

图 1 - 1 - 20　尺寸数字的注写方向

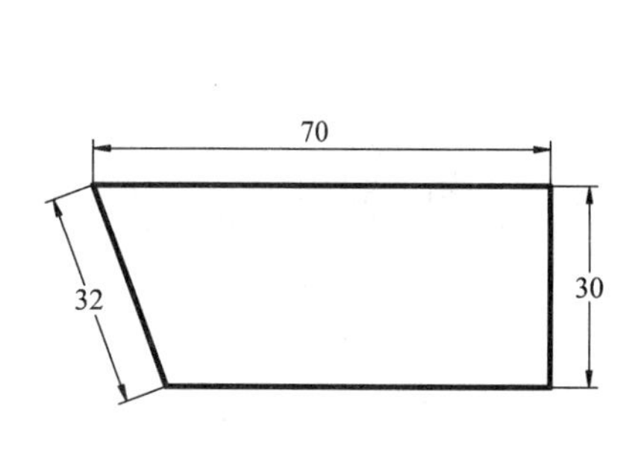

图 1－1－21　非水平方向的尺寸注法 1

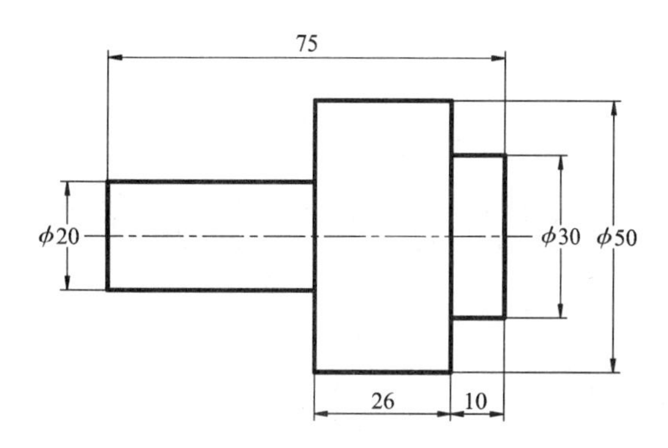

图 1－1－22　非水平方向的尺寸注法 2

(3)角度的数字一律写成水平方向，一般注写在尺寸线的中断处(图 1－1－23)。必要时也可按图 1－1－24 的形式标注。

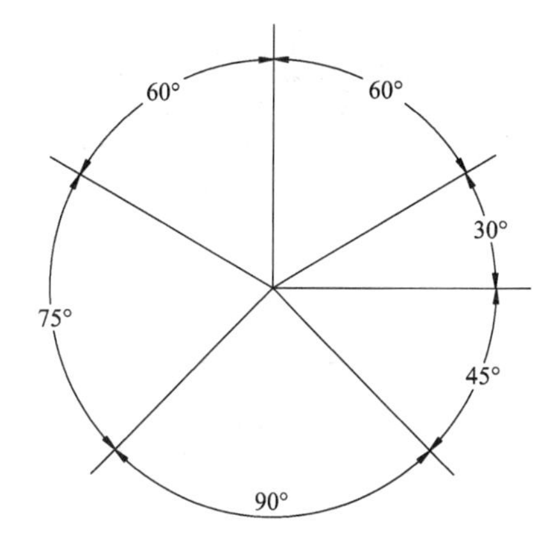

图 1－1－23　角度数字的注写位置 1

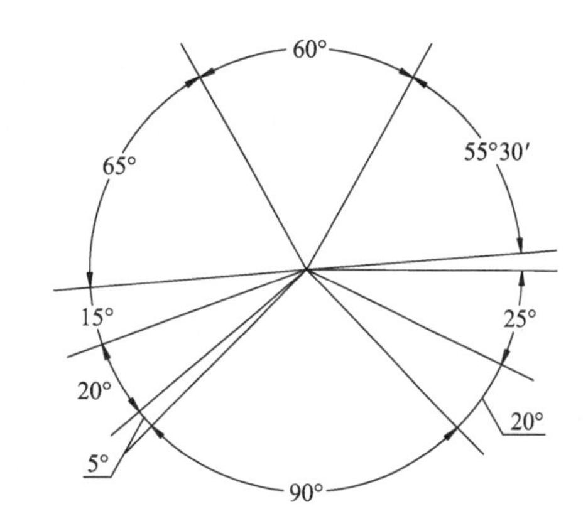

图 1－1－24　角度数字的注写位置 2

(4)尺寸数字不可被任何图线所通过，否则应将该图线断开。

(5)标注直径时，应在尺寸数字前加注符号 ϕ；标注半径时，应在尺寸数字前加注符号“*R*”；标注球面的直径或半径时，应在符号“ϕ”或“*R*”，前再加注符号“*S*”(图 1－1－25)；对于轴、螺杆、铆钉以及手柄等的端部，在不致引起误解的情况下可省略符号“*S*”(图 1－1－26)。

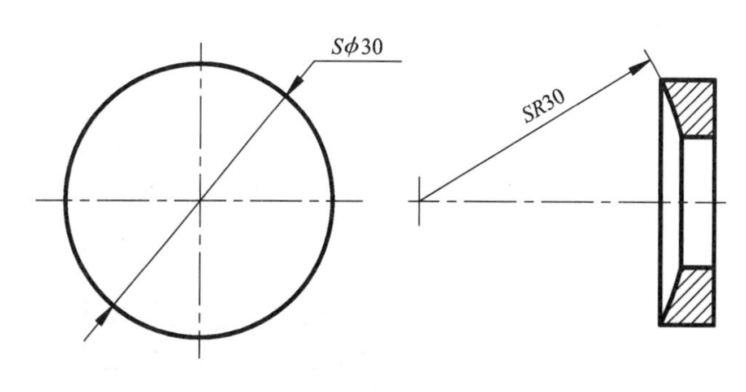

图 1－1－25　球面尺寸的注法 1

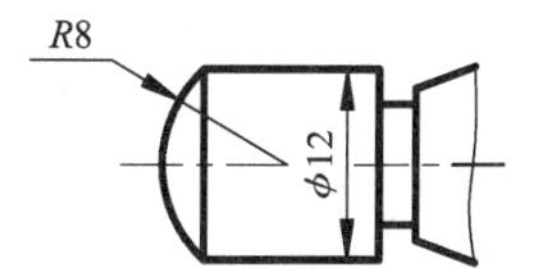

图 1－1－26　球面尺寸的注法 2

标注尺寸的符号及缩写词

【同步练习】

1. 制图国际标准字体练习。

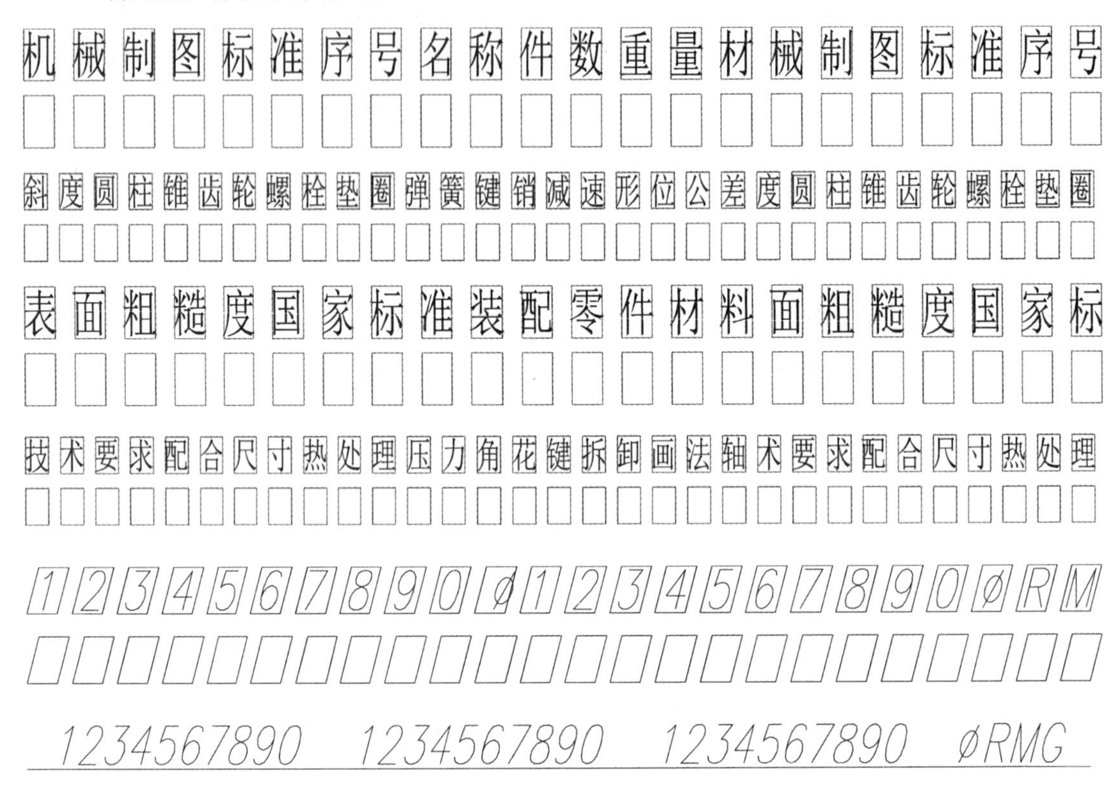

2. 找出下图尺寸注法的错误，将正确的标注方法标注在右边图中。

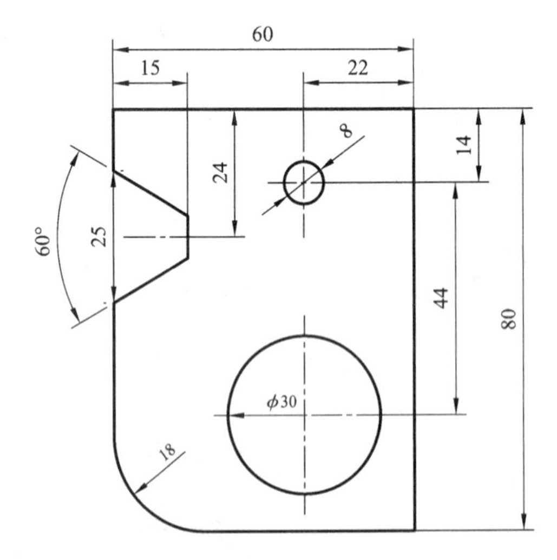

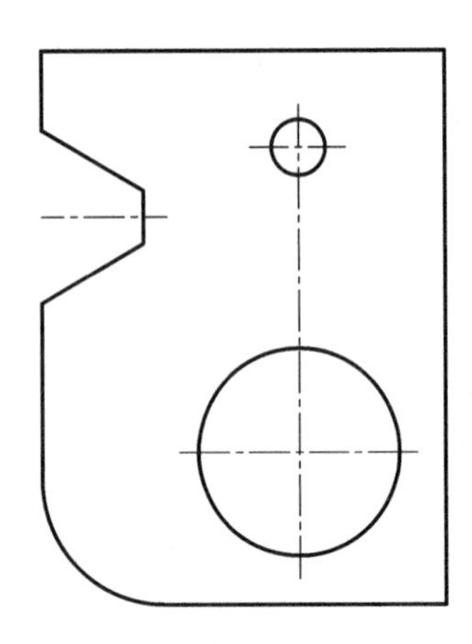

3. 按照所示图形的尺寸，按 1∶2 在右边画出该图形，并标注尺寸。

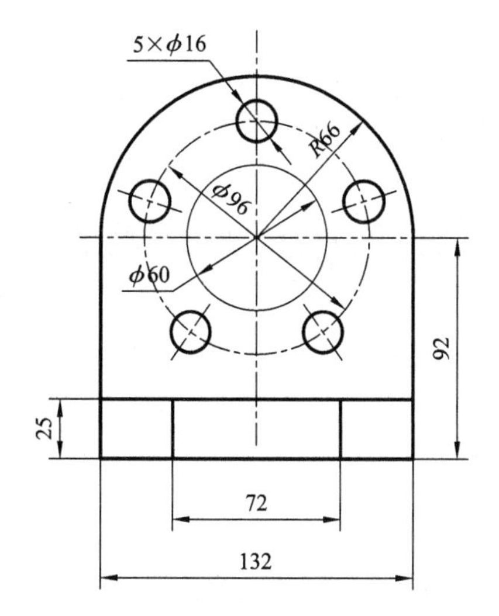

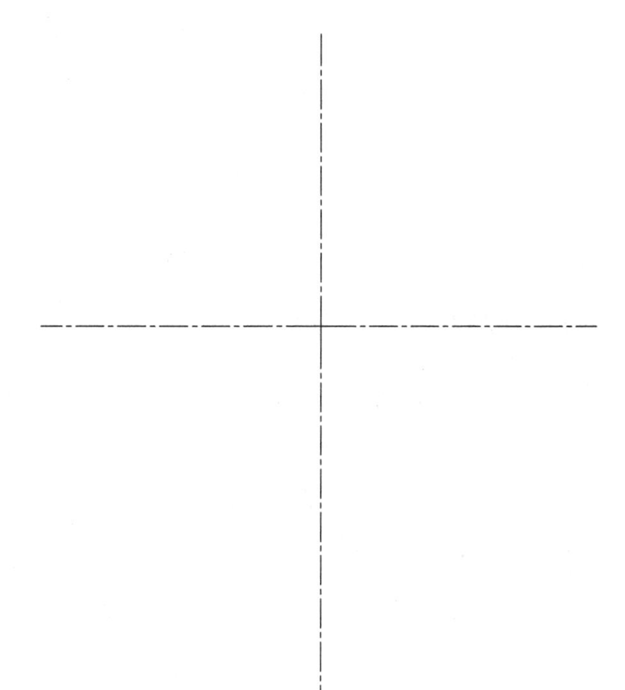

任务2　几何作图

【任务描述】

通过学习，能正确对直线与圆进行等分；能根据图中的尺寸绘制出各种类型的平面图形。

【知识导航】

一、线段与圆的等分

1. 直线段的等分

例：将直线段 AB 五等分。作图方法为，过 A 点任意作一条斜线 AC，取任意长度 A_1 等分斜线，并使 $A_1=12=23=34=45$，然后连接 $5B$，分别过4、3、2、1 作 $5B$ 的平行线，平行线与 AB 交点即为5等分的点。如图1－2－1所示。

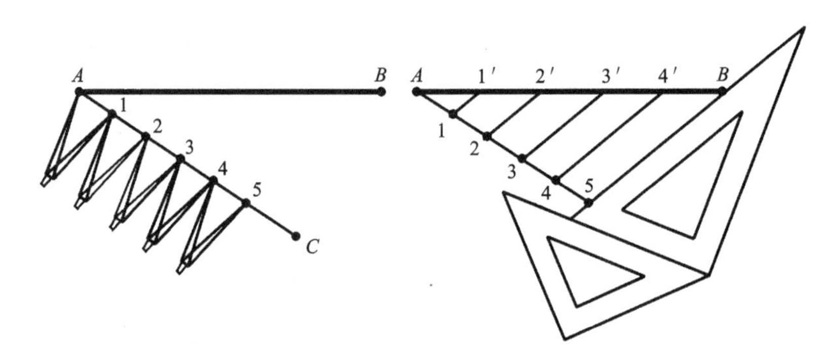

图1－2－1　平行线法等分直线

2. 画圆的内接多边形(圆的等分)

(1)作圆内接的正三角形。

已知圆的内接正三角形作图方法为，以一个象限点 O_1 为圆心，圆的半径为半径画圆，分别交于圆上点2、3，依次连接1、2、3，即为该圆的内接正三角形。如图1－2－2所示。

(2)作圆内接的正方形。

已知圆的内接正方形作图方法为，从圆心画45°斜线，交于圆上点1，然后从1点起依次作水平横线交于圆上点2，作竖线交于圆上点3，作横线交于圆上点4，即为该圆的内接正方形。如图1－2－3所示。

(3)作圆内接的正五边形。

已知圆的内接正五边形作图方法为，以右边象限点为圆心，以已知圆的半径为半径画圆与圆相交，连接两交点与中心线相交于 O 点，然后以 O 点为圆心，$1O$ 为半径画圆，交于中心线上的 B 点，$1B$ 就是五边形的边长，通过边长 $1B$ 分别找到圆上点2、3、4、5并依次连接，即为该圆的内接正五边形。如图 1 –2 –4 所示。

(4)作圆内接的正六边形。

已知圆的内接正六边形作图方法如图 1 –2 –5 所示。

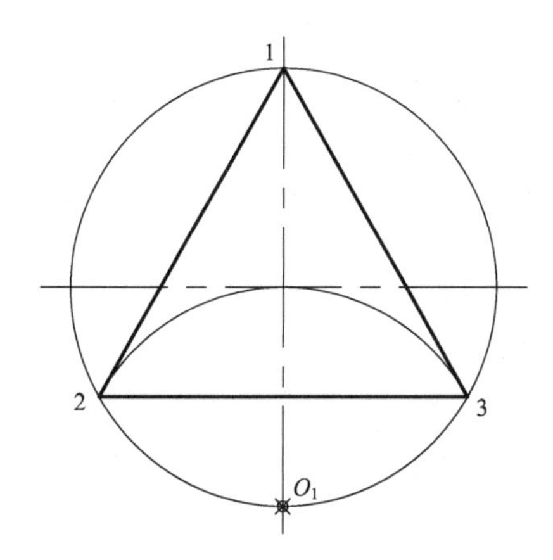

图 1 –2 –2　圆的内接正三角形

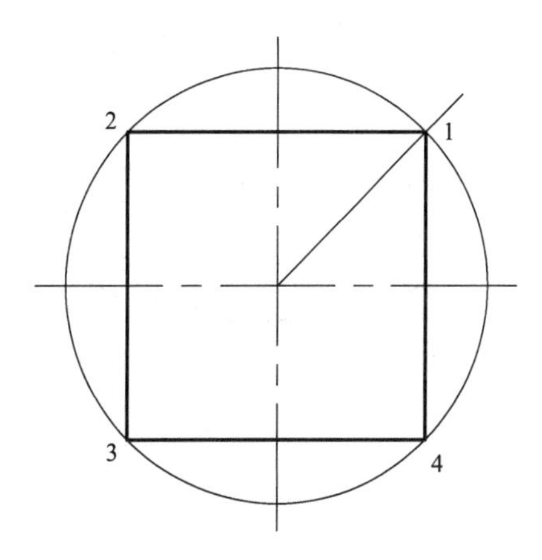

图 1 –2 –3　圆的内接正四边形

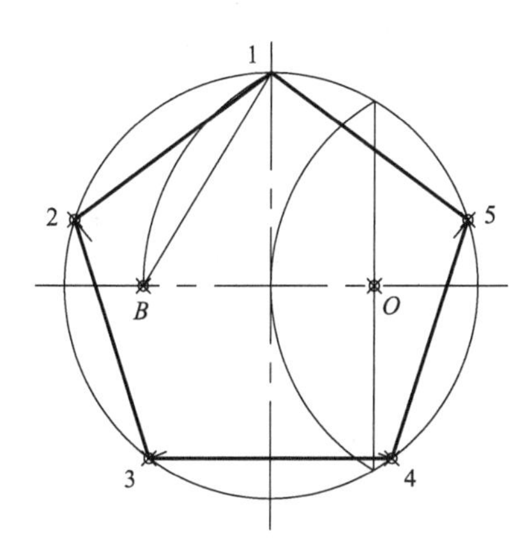

图 1 –2 –4　圆的内接正五边形

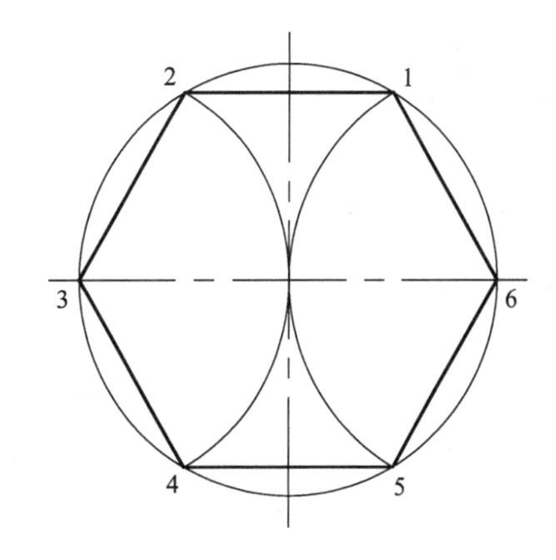

图 1 –2 –5　圆的内接正六边形

二、椭圆的画法

根据椭圆的长轴与短轴画椭圆有两种方法：同心圆法和四心圆法。如图 1 –2 –6 所示。

同心圆法：作任意斜线，与长轴圆的交点作竖线，与短轴交点作横线，两线交点就是椭圆上的点，最后连接这些点就完成椭圆轮廓。

四心圆法：连接长轴与短轴与轴线的交点 AB，以 B 为圆心，长轴半径减去短轴半径的长度为半径，交 AB 于 C 点，作 AC 的中垂线，分别与轴线相交于 O_1 与 O_2 点，这两点就是椭圆的圆心点，将这两个圆心点相对轴线对称，得到另外两个圆心点，分别连接圆心找到切点，以分别 O_1、O_3 为圆心，为 AO_1 半径画圆弧，分别 O_2、O_4 为圆心，为 BO_2 半径画圆弧，完成椭圆。

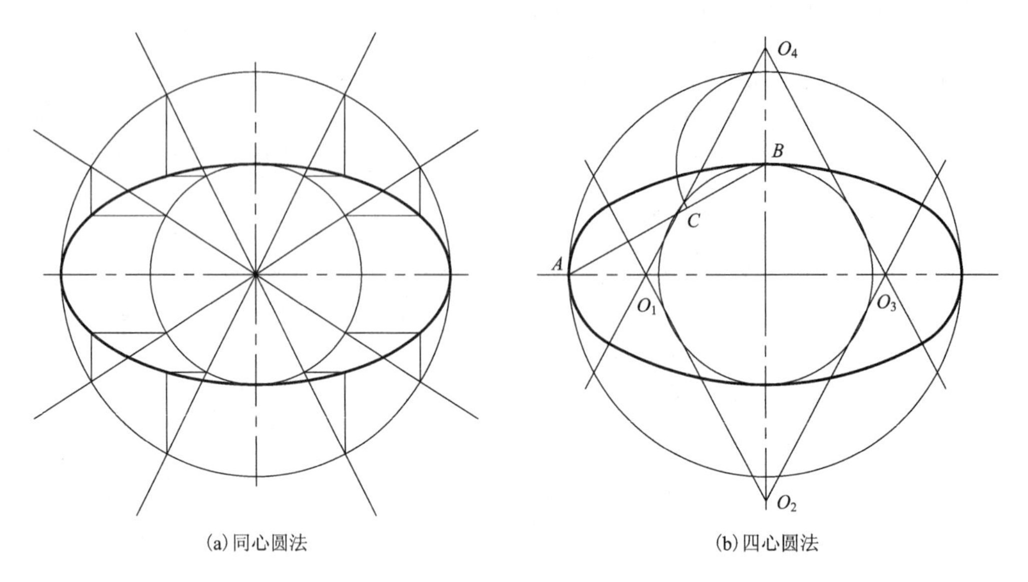

图 1-2-6　椭圆的画法

三、斜度与锥度

1. 斜度

(1)定义：斜度是指一直线(或平面)对另一直线(或平面)的倾斜程度。如图 1-2-7(a)所示。

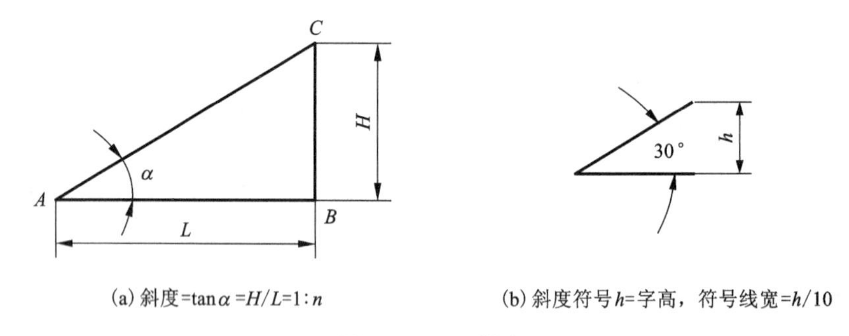

图 1-2-7　斜度

(2)斜度符号方向应与斜度方向一致，斜度符号的标注及画法如图 1-2-8 所示。

2. 锥度

(1)定义：锥度是指正圆锥的底圆直径与其高度之比，圆锥台的锥度为两底圆直径之差与锥台高度之比，如图 1-2-9 所示。即

$$锥度 = D/L$$

$$锥度 = (D-d)/l$$

(2)标注：在图样中锥度符号方向应与锥度方向一致，锥度符号及其具体标注方法如图 1-2-10 所示。

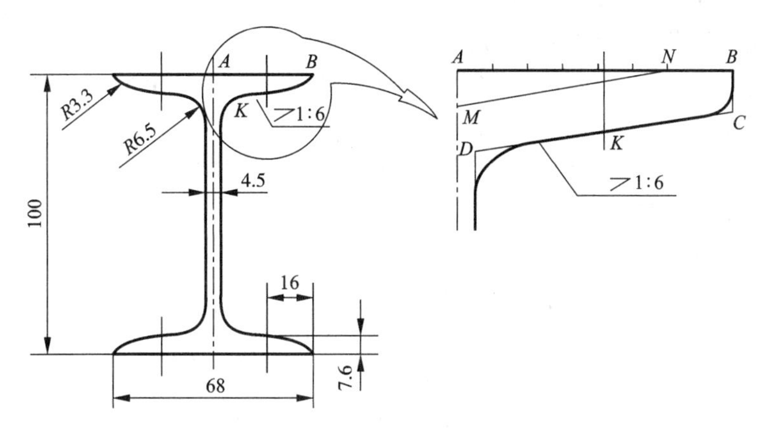

图 1－2－8　斜度画法

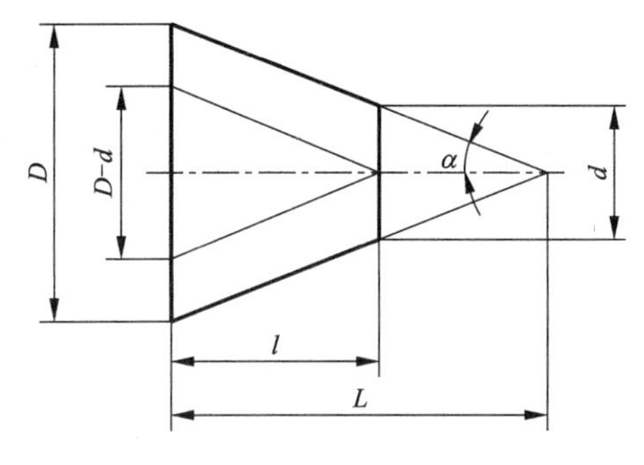

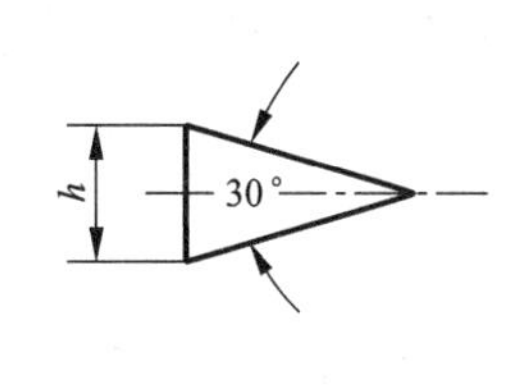

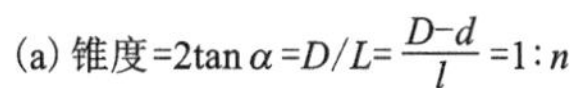

(a) 锥度 $=2\tan\alpha=D/L=\dfrac{D-d}{l}=1:n$　　(b) 锥度符号 h=字高，符号线宽 $=h/10$

图 1－2－9　锥度

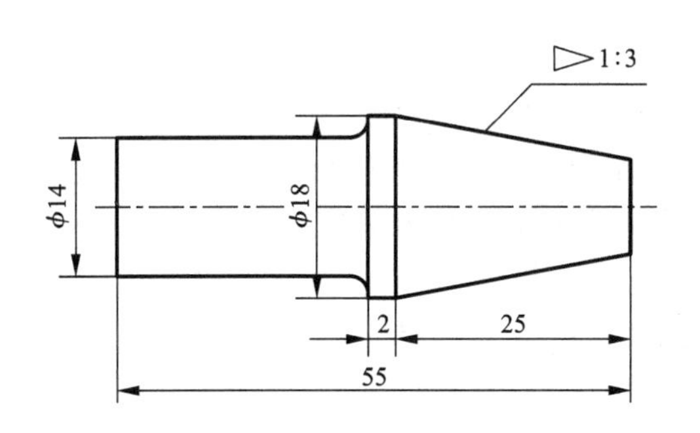

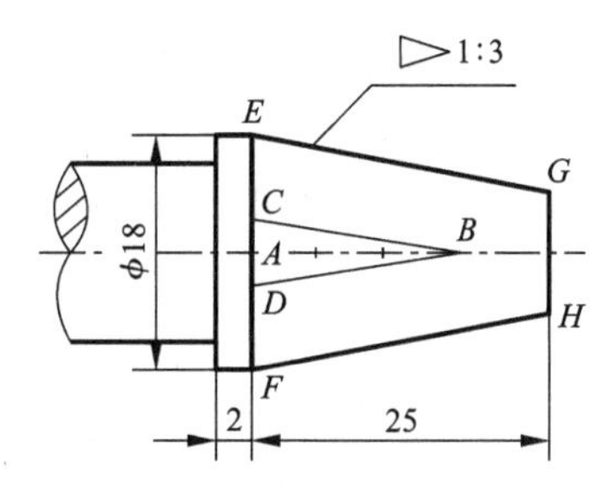

图 1－2－10　锥度画法

四、圆弧连接

在绘制工程图样时，经常会遇到用圆弧光滑连接已知直线或圆弧的情况，光滑连接也就是在连接点处相切。为了保证相切，在作图时就必须准确地作出连接圆弧的圆心和切点。

圆弧连接有三种情况：

1. 用圆弧连接两直线(图1-2-11)

①作两辅助直线分别与 EF、MN 平行，并使之分别距离 EF、MN 为 R，两辅助线的交点 O 即为连接弧圆心。

②从点 O 向两已知直线 EF、MN 作直线，垂足 A、B 即为两切点。

③以 O 为圆心，以 OA 或 OB 为半径，在点 A、B 间画弧，即为所求连接弧。

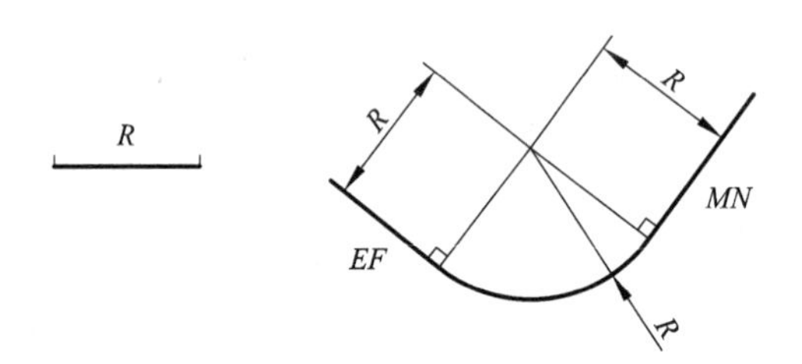

图1-2-11　圆弧连接两直线

2. 用圆弧连接两圆弧

用圆弧连接两已知圆弧有三种情况：第一种是连接弧与两已知弧外接；第二种是连接弧与两已知弧内接；第三种是连接弧与两已知弧分别为内、外接。

(1)连接弧与两已知弧外接(图1-2-12)。

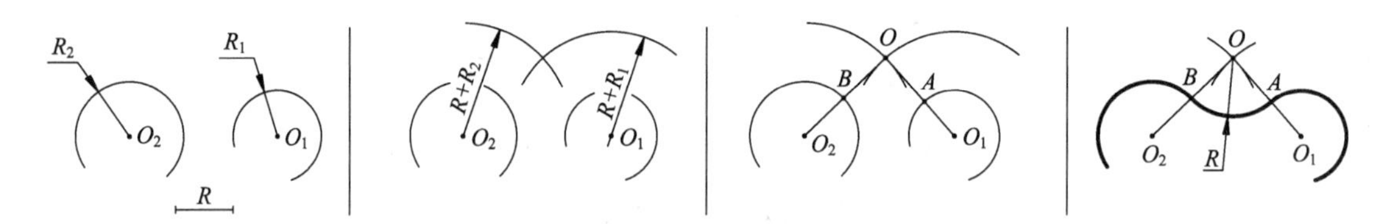

图1-2-12　连接弧与两已知弧外接

①以已知的连接弧半径 R 画弧，与两圆外切。

②分别以$(R+R_1)$及$(R+R_2)$为半径，O_1、O_2 为圆心，画弧交于 O。

③连 O_1O 交已知弧于 A，连 O_2O 交已知弧于 B，A、B 即为切点。

④以 O 为圆心，R 为半径画圆弧，连接两已知弧于 A、B 即完成作图。

(2)连接弧与两已知弧内接。

两弧半径相减值为连接弧圆心轨迹的半径，如 $R-R_1$，$R-R_2$；两弧相切的切点是两弧圆心连线延长与已知弧的交点，如切点 A、B。

如图1-2-13所示的作图步骤为：

①以已知的连接弧半径 R 画弧，与两圆内切。

②分别以$(R-R_1)$及$(R-R_2)$为半径，O_1、O_2 为圆心，画弧交于 O。

③连 O_1O、O_2O 并延长，分别交已知弧于 A、B，A、B 即为切点。

④以 O 为圆心，R 为半径画圆弧，连接两已知弧于 A、B 即完成作图。

(3)连接弧与两已知弧分别内、外接(图1-2-14)。

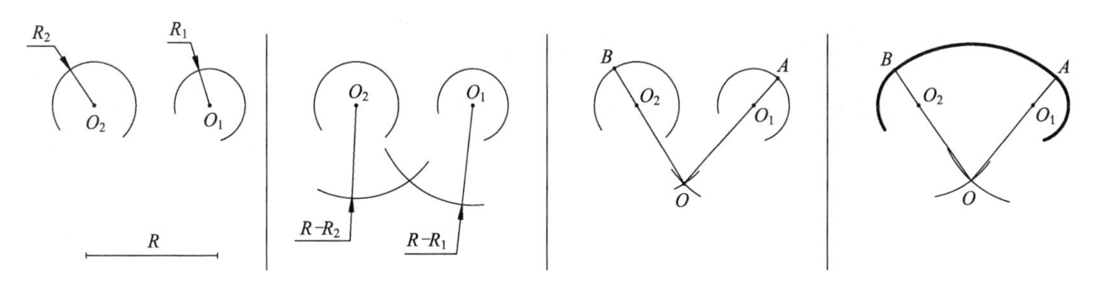

图 1-2-13 连接弧与两已知弧内接

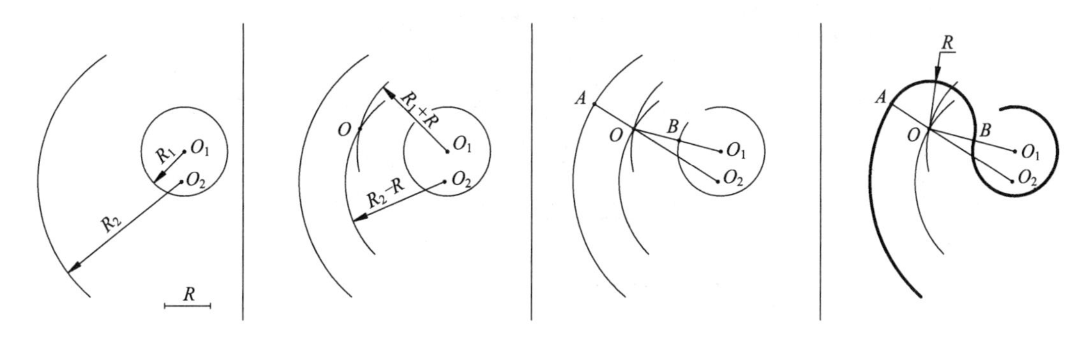

图 1-2-14 连接弧与两已知弧分别内、外接

①以已知的连接弧半径 R 画弧，与 O_1 圆外切，与 O_2 圆内切。

②分别以(R_1+R)及(R_2-R)为半径，O_1、O_2 为圆心，画弧交于 O。

③连 OO_1，交已知弧于 A；连 OO_2 并延长交已知弧于 B，A、B 即为切点。

④以 O 为圆心，R 为半径画圆弧，连接两已知弧于 A、B 即完成作图。

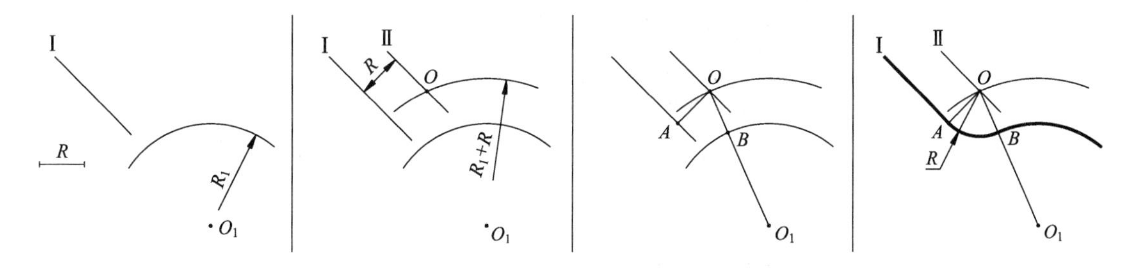

图 1-2-15 用圆弧连接已知直线和圆弧

3. 用圆弧连接已知直线和圆弧(图 1-2-15)

(1)以已知的连接弧半径 R 画弧，与直线Ⅰ和 O_1 圆相外切。

(2)作直线Ⅱ平行于直线Ⅰ(其间距为 R)；再作已知圆弧的同心圆(半径为 R_1+R)与直线Ⅱ相交于 O。

(3)作 OA 垂直于直线Ⅰ；连 OO_1 交已知弧于 B，A、B 即为切点。

(4)以 O 为圆心，R 为半径画圆弧，连接两已知弧于 A、B 即完成作图。

五、平面图形画法

平面图形由许多线段连接而成，这些线段之间的相对位置和连接关系，靠给定的尺寸来确定。

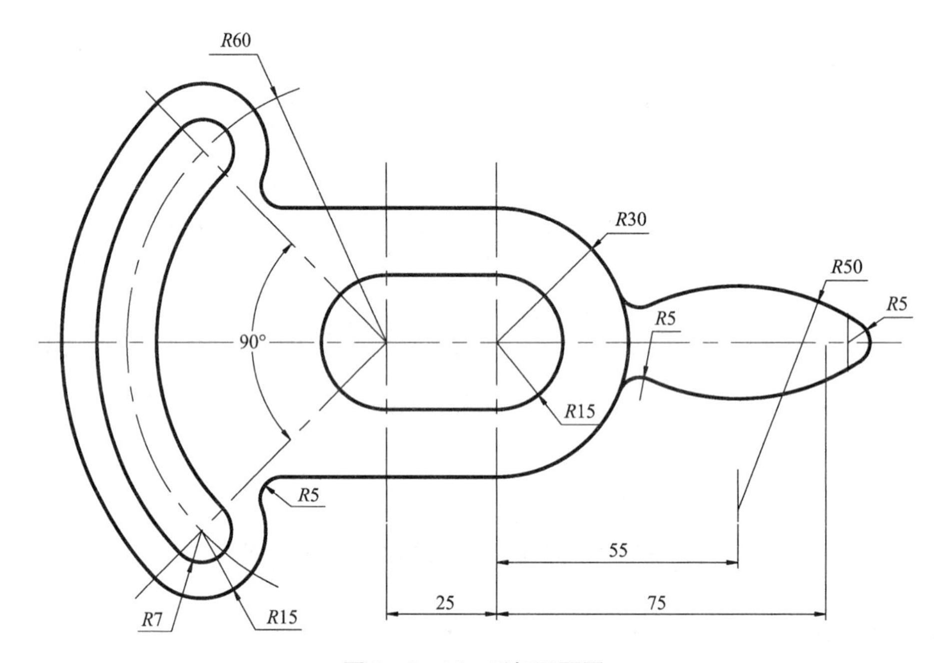

图 1－2－16　手柄平面图

1. 尺寸分析

平面图形中的尺寸按其作用分为两类。

(1)定形尺寸：用于确定线段的长度、圆弧的直径、半径和角度的尺寸。如图 1－2－16 中的 $R30$、$R7$、90°等。

(2)定位尺寸：用于确定线段在平面图形中所处位置的尺寸。如图 1－2－16 中的 25、55、$R60$ 等。

2. 线段分析

由于直线简单，这里主要分析圆弧。

(1)已知圆弧：具有两个定位尺寸的圆弧，如图 1－2－16 中的 $R30$、$R60$。

(2)中间圆弧：具有一个定位尺寸的圆弧，如图 1－2－16 中的 $R50$。

(3)连接圆弧：没有定位尺寸的圆弧，如图 1－2－16 中的 $R5$。

画图时先画已知圆弧，再画中间圆弧，最后画连接圆弧。

3. 绘图方法与步骤

(1)分析图形中的尺寸与线段，确定比例、定图幅，拟定绘图顺序。

(2)绘制底稿，如图 1－2－17 所示，先画基准线，再画已知圆弧，然后画中间圆弧，最后画连接圆弧。

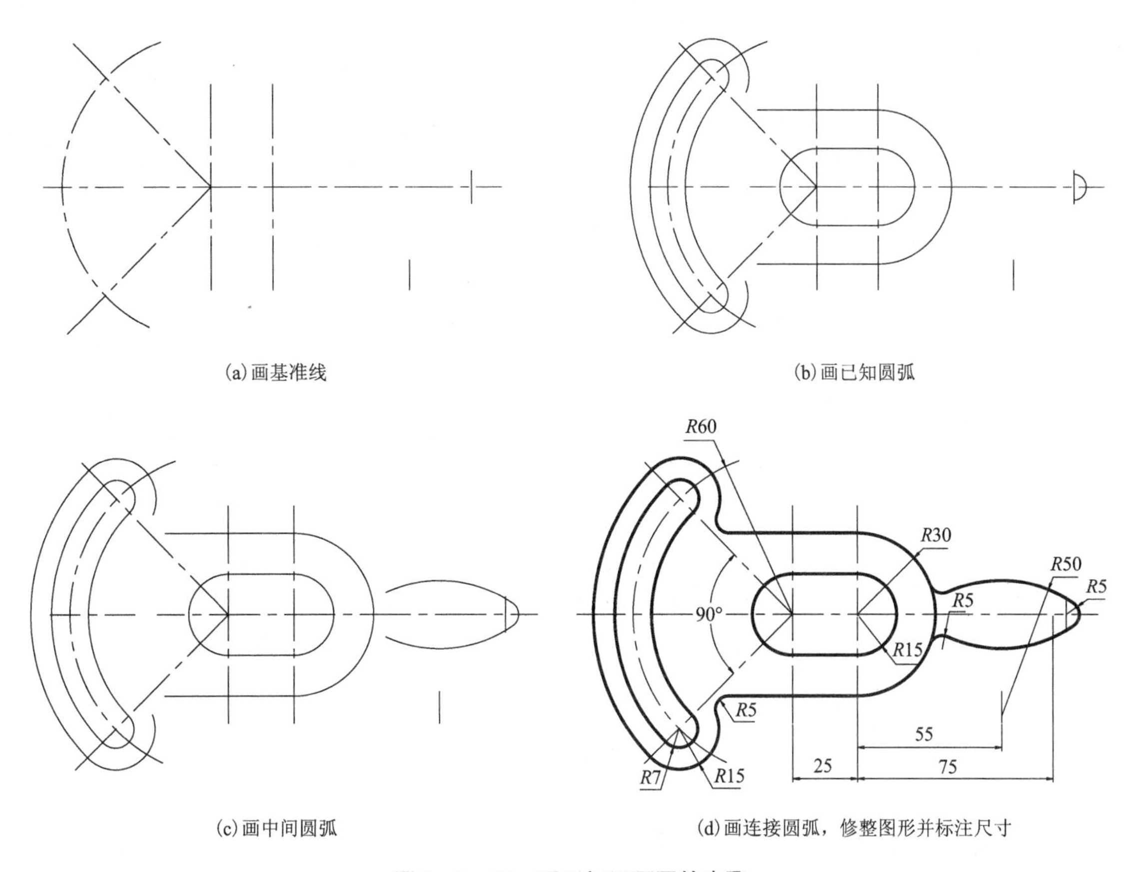

(a)画基准线　　(b)画已知圆弧

(c)画中间圆弧　　(d)画连接圆弧，修整图形并标注尺寸

图 1－2－17　画手柄平面图的步骤

(3)修整图形后标注尺寸并描深底稿。

【同步练习】

吊钩平面图形的绘制

1. 按照要求完成下图，保留作图痕迹。

(1)完成直线 *AB* 的六等分。

A ——————————————————— *B*

(2)完成已知圆的内接五角星的绘制。

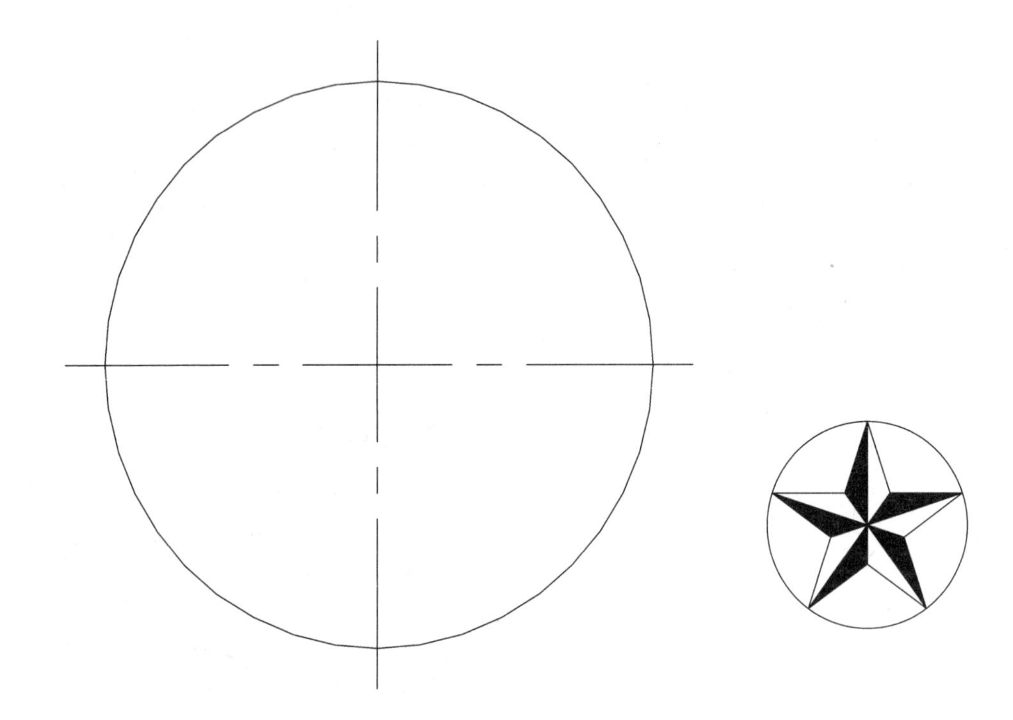

(3)根据左下方图形完成右上方图形。

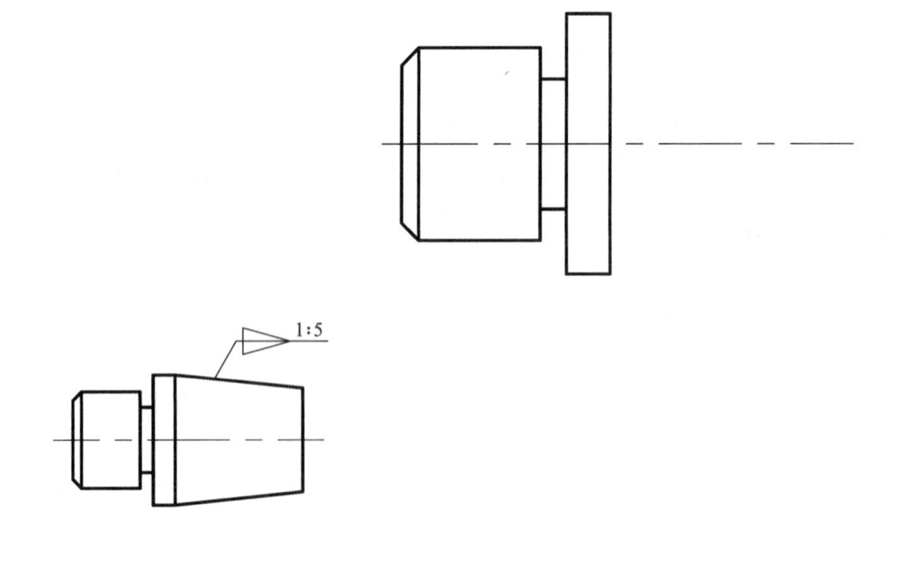

2. 在图形的下方按 1∶1 画出下列图形，不标注尺寸。

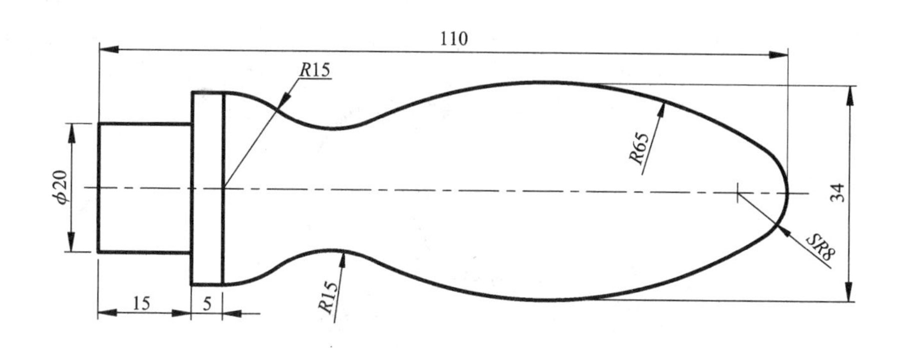

3. 在 A4 图纸上画出下方平面图形，并标注尺寸。

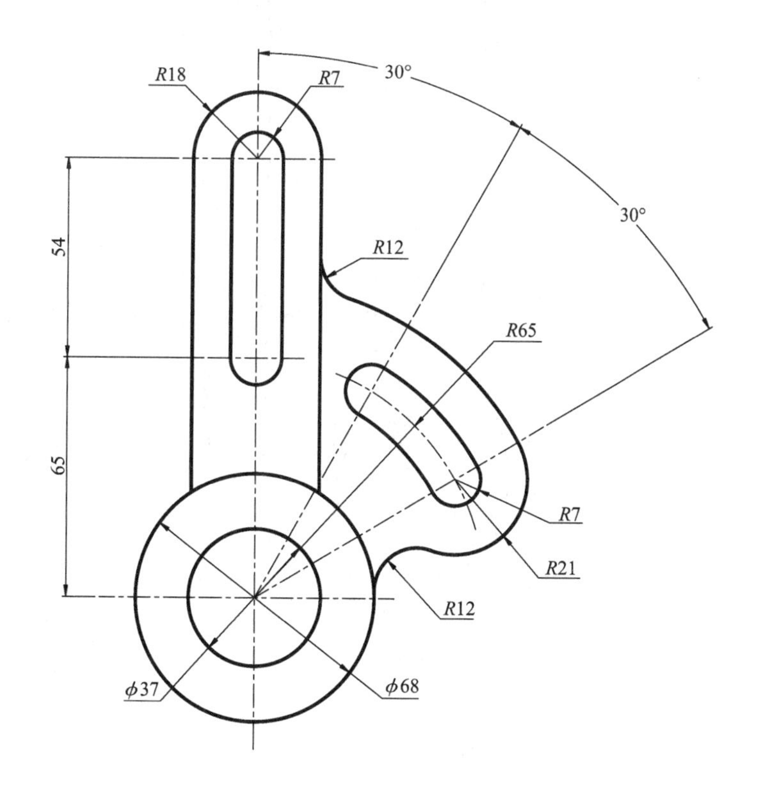

4. 在 A4 图纸上画出下面的扳手平面图形，并标注尺寸。

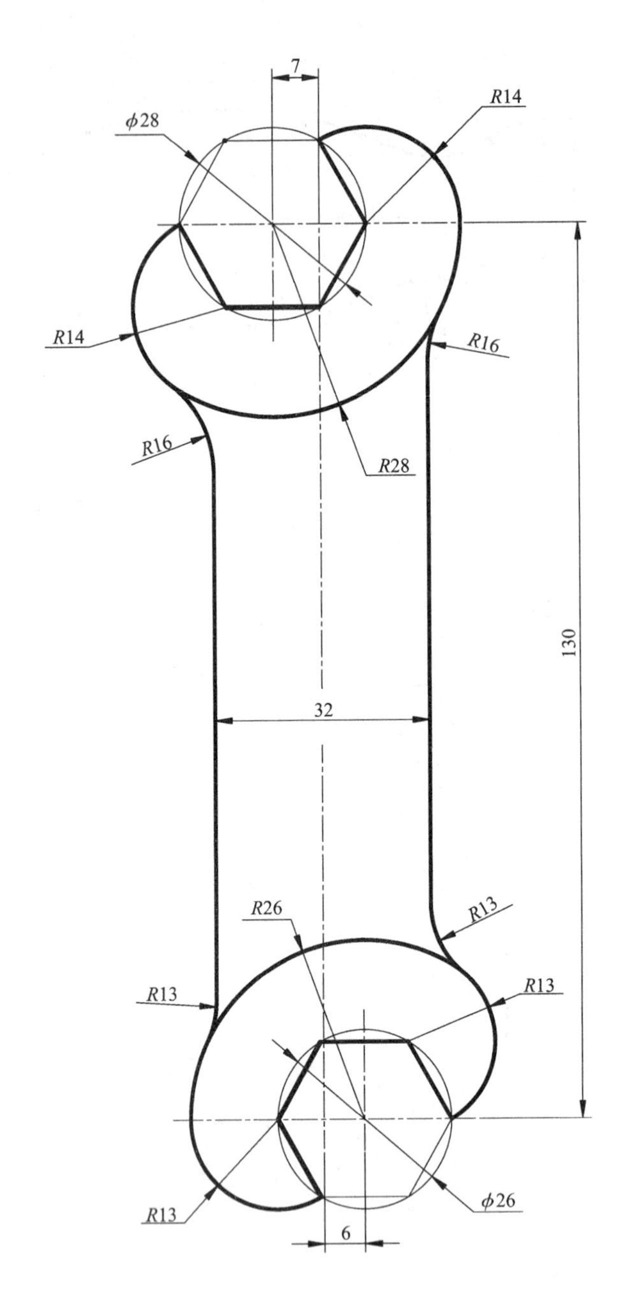

项目测验

项目二
投影的基本知识

【项目导入】

我们知道，如图 2-0-1 所示，要认识一个结构复杂的物体必须从各个不同的角度来了解其全貌，观察者所站的角度不同，观察到的结果也不一样。机械制图就是按照正投影原理从不同角度采用投影法观察模型获得的图样。正投影是绘制和阅读机械图样的理论基础，也是提高识图和绘图能力的关键。

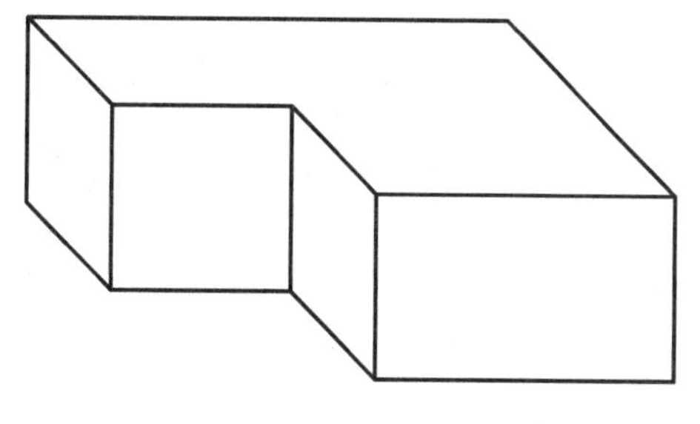

图 2-0-1　物体立体图

【学有所获】

通过本项目的学习，学生应该能运用如下知识点：

(1)三视图的投影规律及点线面的投影特性。

(2)基本体的三视图与截交线的投影画法。

(3)相贯线的投影画法。

任务1　三视图的形成

【任务描述】

通过学习，能弄清投影法的分类与三视图的投影规律。

【知识导航】

一、投影法的分类

投影法分为中心投影法和平行投影法两大类。

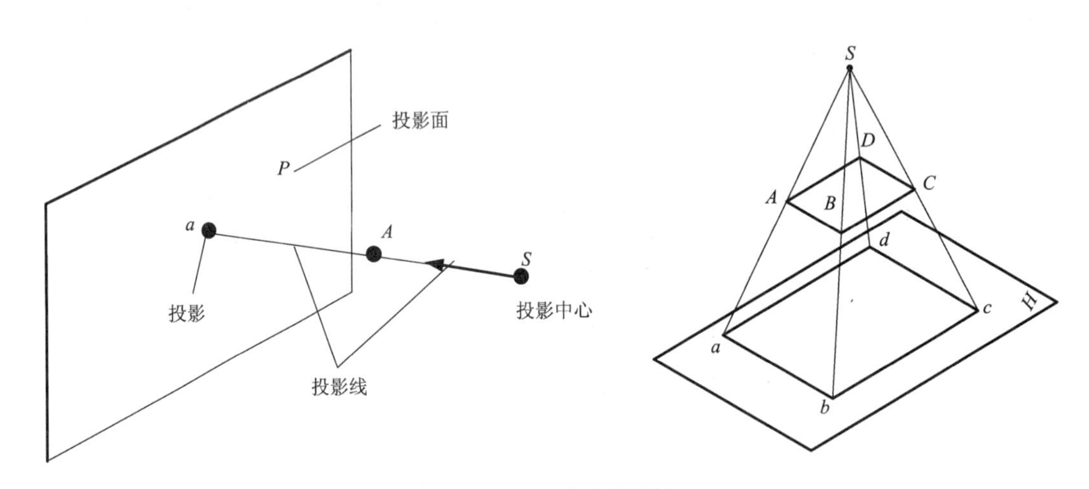

图2－1－1　中心投影法

1. 中心投影法

如图2－1－1所示，投影线自投影中心 S 出发，将空间物体□$ABCD$ 投射到投影面 H 上所得□$abcd$ 即为□$ABCD$ 的投影。这种投影线自投影中心出发的投影法称为中心投影法，所得投影称为中心投影。

(1)投影线都是从投影中心光源点发出的，投影线从一点开始发散，所得的投影大小总是随物体的位置不同而改变。

(2)用中心投影法所得到的投影不能反映物体原来的真实大小，因此，它不适用于绘制机械图样。

(3)由于使用中心投影法绘制的图形立体感较强，所以适用于绘制建筑物的外观图及美术画等。

2. 平行投影法

若将图中的投影中心 S 移到距离投影面无穷远处，则所有的投影线都相互平行。这种投影线相互平行的投影方法，称为平行的投影法，所得的投影称为平行投影。

平行投影法分为正投影法和斜投影法。

（1）若投影线垂直于投影面，称为正投影法，所得投影称为正投影，如图 2－1－2 所示。

（2）若投影线倾斜于投影面，称为斜投影法，所得投影称为斜投影，如图 2－1－3 所示。

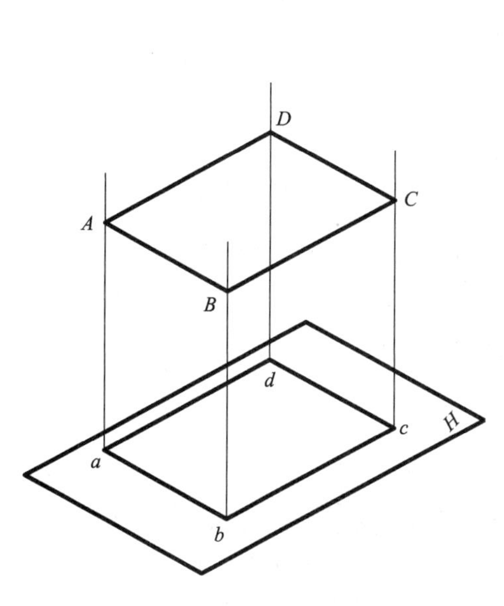

图 2－1－2　正投影法

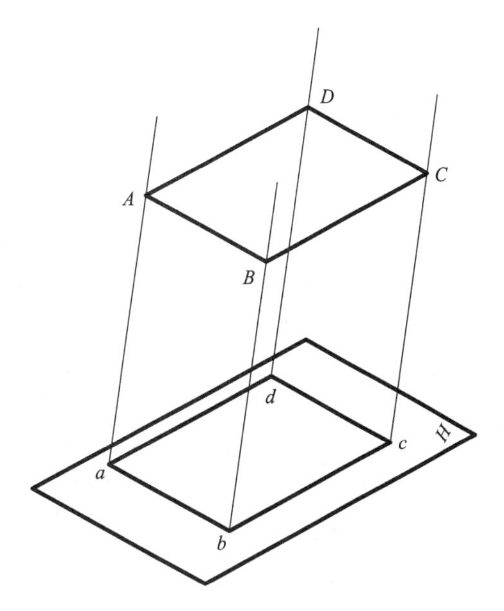

图 2－1－3　斜投影法

二、正投影法的基本性质

正投影法的形成

1. 真实性

与投影面平行的平面图形的投影反映实形，与投影面平行的直线的投影反映实长。如图 2－1－4(a)所示。

2. 积聚性

与投影面垂直的平面图形的投影为一直线，与投影面垂直的直线的投影为一点。如图 2－1－4(b)所示。

3. 类似性

倾斜于投影面的平面图形的投影为原图形缩小的类似形，倾斜于投影面的直线的投影为缩短的直线。如图 2－1－4(c)所示。

正投影法的投影特性

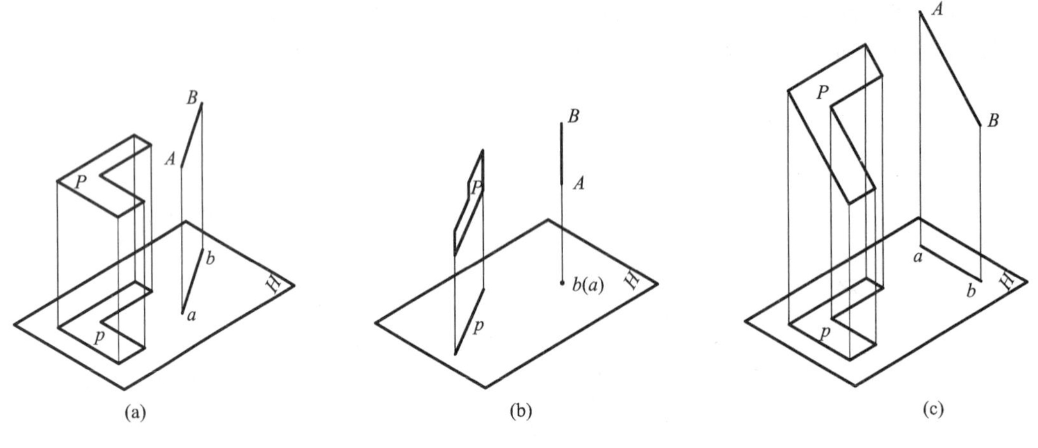

图 2－1－4　正投影的基本特性

三、三视图的形成及其投影规律

在许多情况下，只用一个投影不加任何注解，是不能完整清晰地表达和确定物体的形状和结构的。如图 2－1－5 所示，三个物体在同一个方向的投影完全相同，但三个物体的空间结构却不相同。可见只用一个方向的投影来表达物体形状是不行的。一般必须将物体向几个方向投影，才能完整清晰地表达出物体的形状和结构。

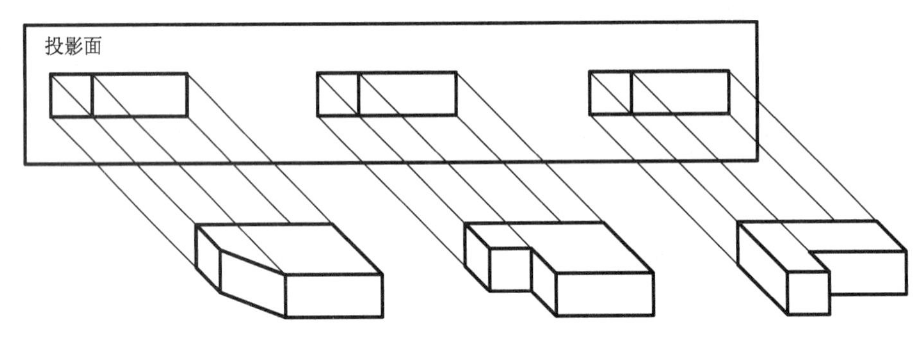

图 2－1－5　不同形状物体的投影

1. 三投影面体系的建立

我们设立三个互相垂直的平面，叫作三投影面。这三个平面将空间分为八个部分，每一部分叫作一个分角，分别称为Ⅰ分角、Ⅱ分角…… Ⅷ分角，如图 2－1－6 所示。我们把这个体系叫作三投影面体系，世界上有些国家规定将物体放在第一分角内进行投影，也有一些国家规定将物体放在第三分角内进行投影，我国国家标准《机械制图》(GB 4458.1—2002) 规定采用第一角投影法。

如图 2－1－7 所示是第一分角的三投影面体系。我们对体系采用以下的名称和标记：正对着我们的正立投影面称为正面，用 V 标记(也称 V 面)；水平位置的投影面称为水平面，用

H 标记（也称 H 面）；右边的侧立投影面称为侧面，用 W 标记（也称 W 面）。投影面与投影面的交线称为投影轴，分别以 OX、OY、OZ 标记。三根投影轴的交点 O 称为原点。

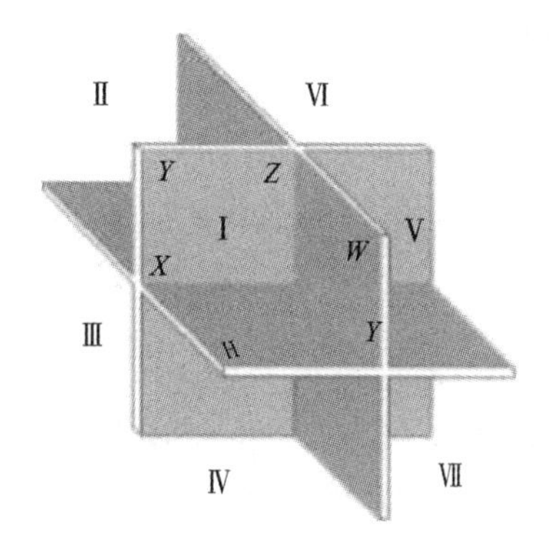

图 2－1－6　三投影面体系

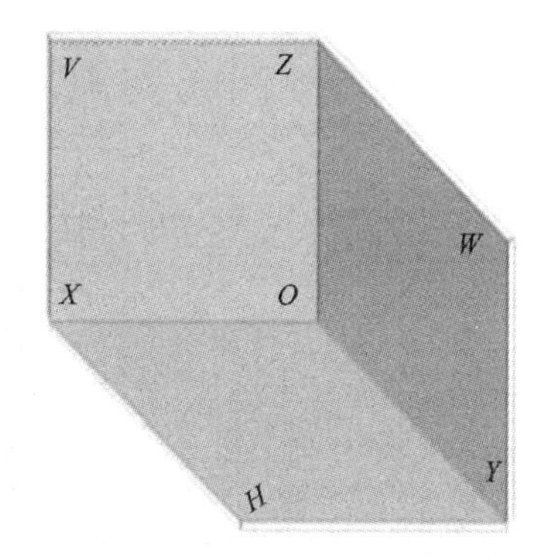

图 2－1－7　第一分角的三投影面体系

2. 三视图的形成

如图 2－1－8 所示，首先将物体放置在我们前面建立的 V、H、W 三投影面体系中，然后分别向三个投影面作正投影。

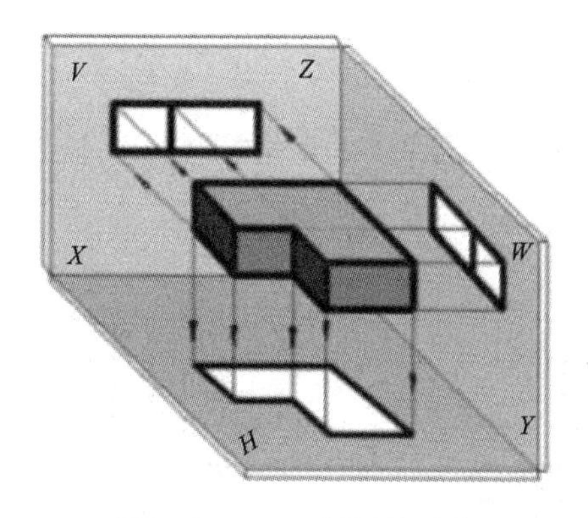

图 2－1－8　三视图的形成

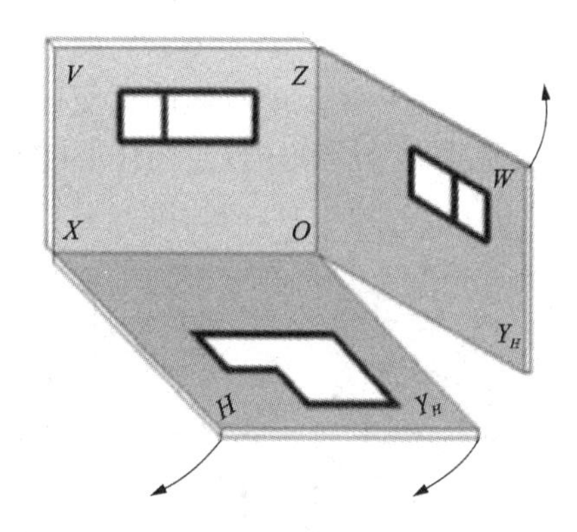

图 2－1－9　三视图的展开

在三个投影面上作出物体的投影后，为了作图和表示的方便，将空间三个投影面展开摊平在一个平面上。如图 2－1－9 所示，其规定展开方法是：V 面保持不动，将 H 面和 W 面按图中箭头所指的方向分别绕 OX 和 OY 轴旋转，使 H 面和 W 面均与 V 面处于同一平面内，即得如图 2－1－10 所示的三视图。

三视图的形成

国家标准规定：V 面投影图称为主视图；H 面投影图称为俯视图；W 面投影图称为左视图。

3. 三视图的投影规律

三视图之间、物体和三视图之间存在着下列投影规律：

（1）三视图间的位置关系：俯视图在主视图的正下方，左视图在主视图的正右方。

（2）视图之间的对应关系（图 2－1－11）。

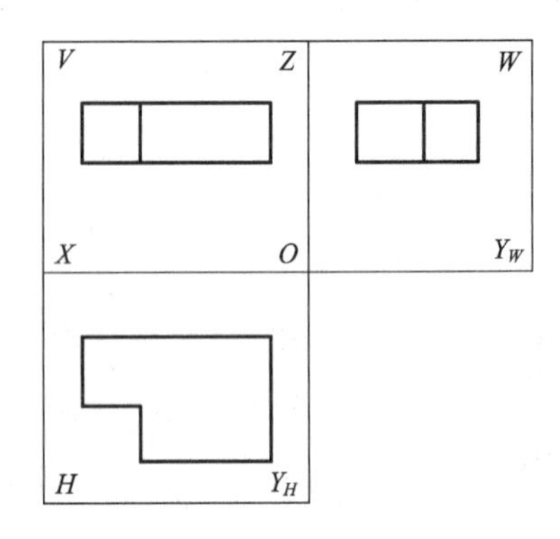

图 2－1－10　三视图

①每个视图所反映的形体尺寸情况：

主视图——反映了形体高和长。

俯视图——反映了形体长和宽。

左视图——反映了形体高和宽。

②视图之间的关系：

主视图与俯视图反映物体的长度——长对正。

主视图与左视图反映物体的高度——高平齐；

俯视图与左视图反映物体的宽度——宽相等。

这就是我们今后画图或看图中要时刻遵循的“长对正，高平齐，宽相等”规律，需要牢固掌握。

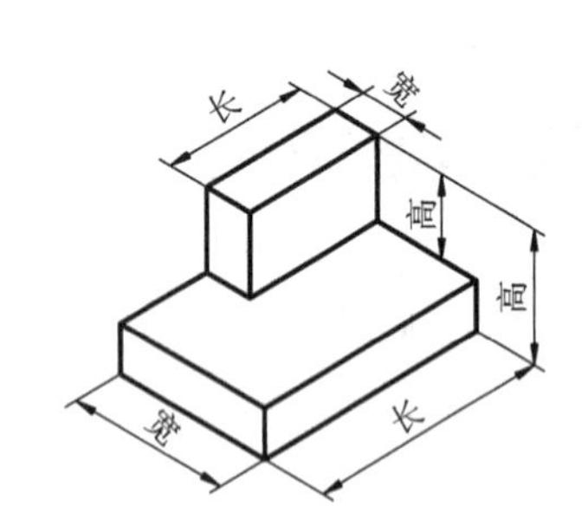

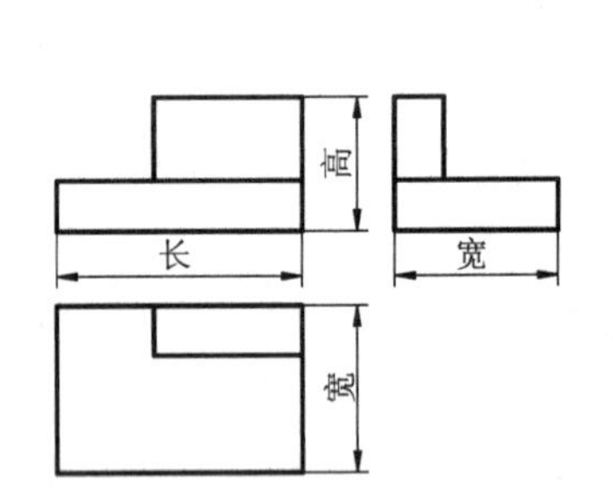

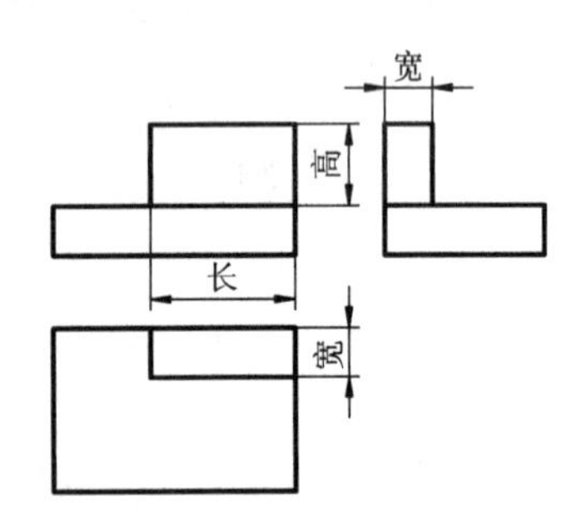

图 2－1－11　三视图的投影对应关系

4. 物体与视图的方位关系

任何物体在空间都具有上、下、左、右、前、后六个方位，物体在空间的六个方位和三视图所反映物体的方位如图 2－1－12 所示。

三视图的投影关系

主视图——反映了物体的上、下和左、右方位关系。

俯视图——反映了物体的左、右和前、后方位关系。

左视图——反映了物体的上、下和前、后方位关系。

比较物体与视图，可以看出：

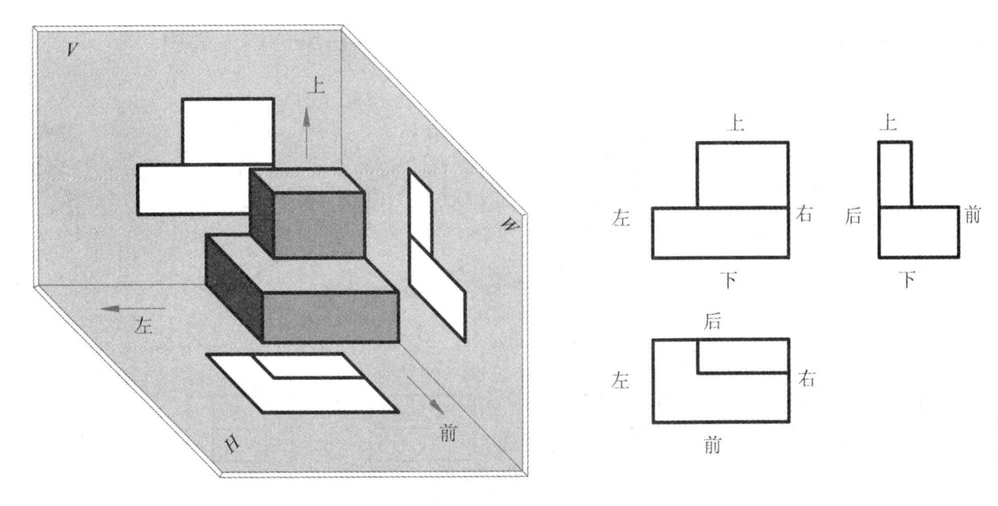

图 2-1-12　三视图的方位对应关系

(1)主视图的上、下、左、右方位与形体的上、下、左、右方位一致。

(2)俯视图的左、右方位与形体的左、右方位一致，而俯视图的上方反映的是形体的后方，俯视图的下方反映的是形体的前方。

(3)左视图的上、下方位与形体的上、下方位一致，而左视图的左方反映的是形体的后方，左视图的右方反映的是形体的前方。

三视图的画法

【同步练习】

1. 请根据组合体的轴测图找出与其相对应的主视图，并将编号填入表内。

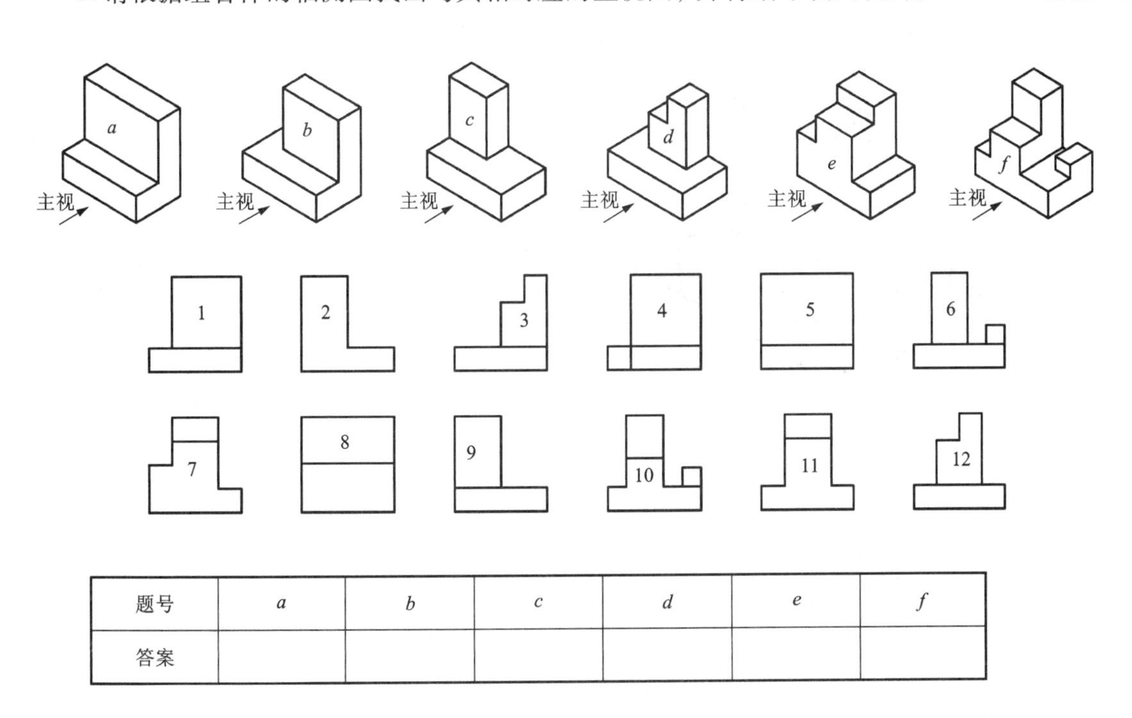

题号	a	b	c	d	e	f
答案						

2. 请根据组合体的轴测图找出与其相对应的俯视图，并将编号填入表内。

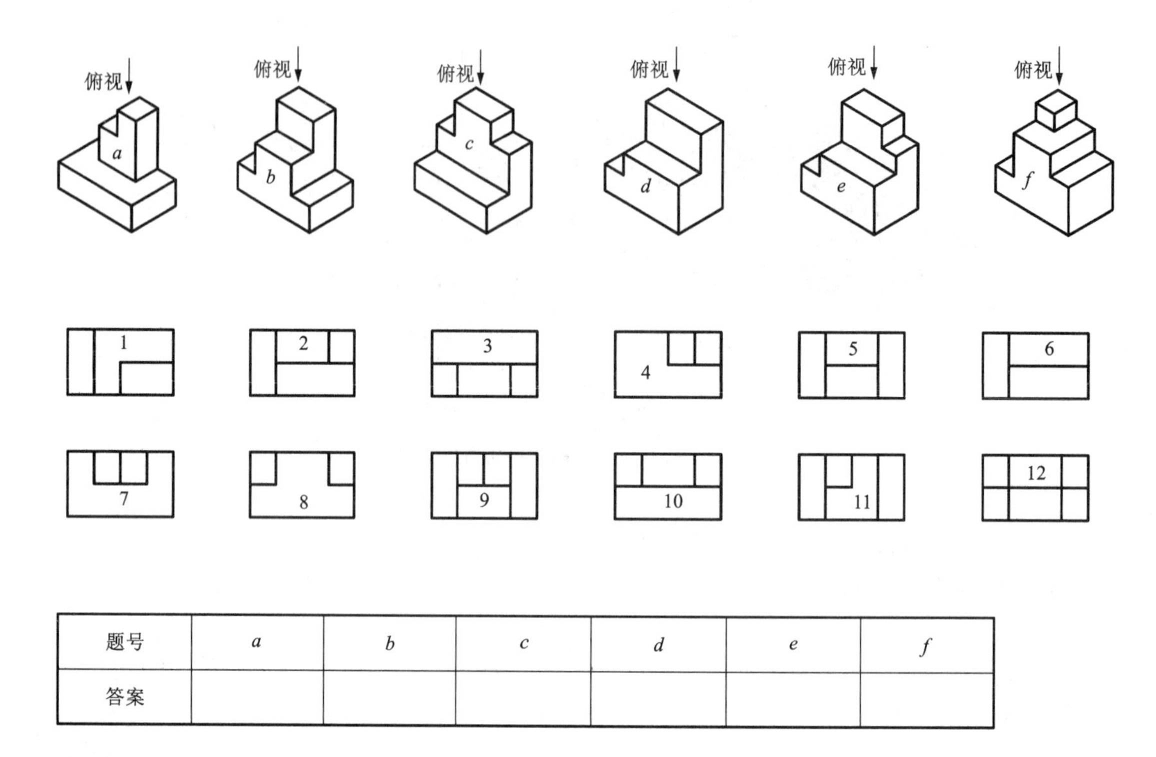

题号	*a*	*b*	*c*	*d*	*e*	*f*
答案						

3. 请根据立体图在指定位置画三视图，尺寸在图上量取。

(1)

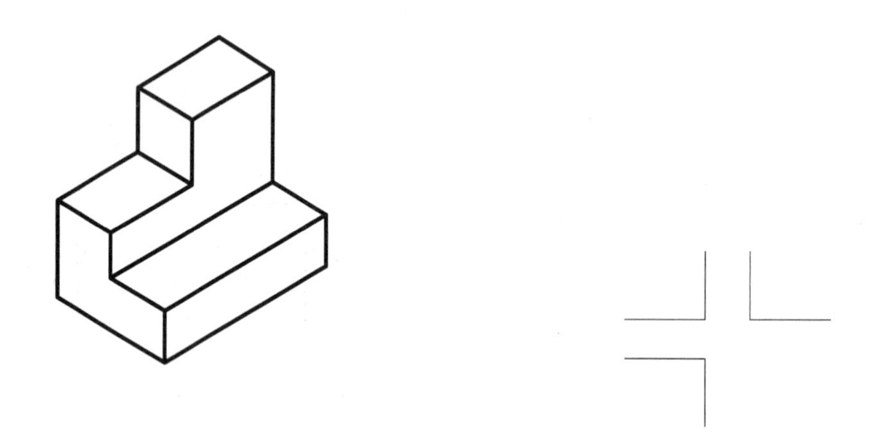

(2)

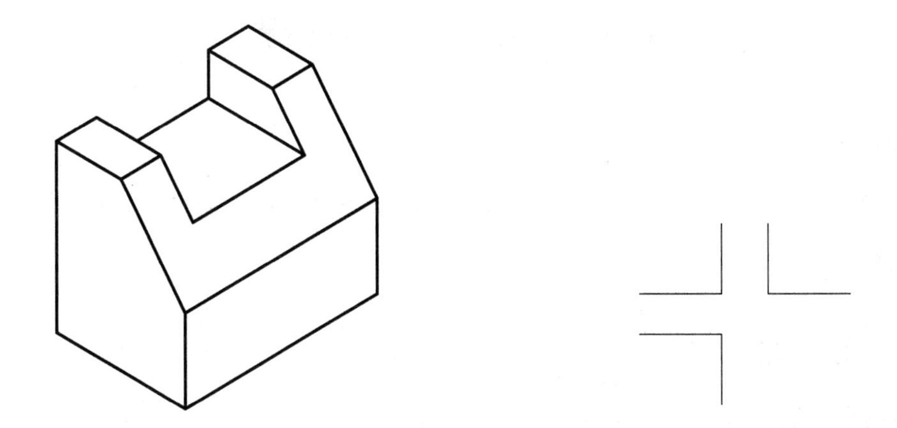

任务2　点、线、面的投影

【任务描述】

通过学习，能将点、线、面的投影特性与规律运用到立体图形的投影分析中。

【知识导航】

一、点的投影

1. 点的三面投影形成

空间的点投影仍为一个点。将点 A 置于三面投影体系中，自点 A 分别向三个投影面作垂线，它们的垂足就是点 A 分别在三个投影面上的投影。点 A 在水平面 H 上的投影为 a；点 A 在正面 V 上的投影为 a'；点 A 在侧面 W 上的投影为 a''，如图 2－2－1 所示。

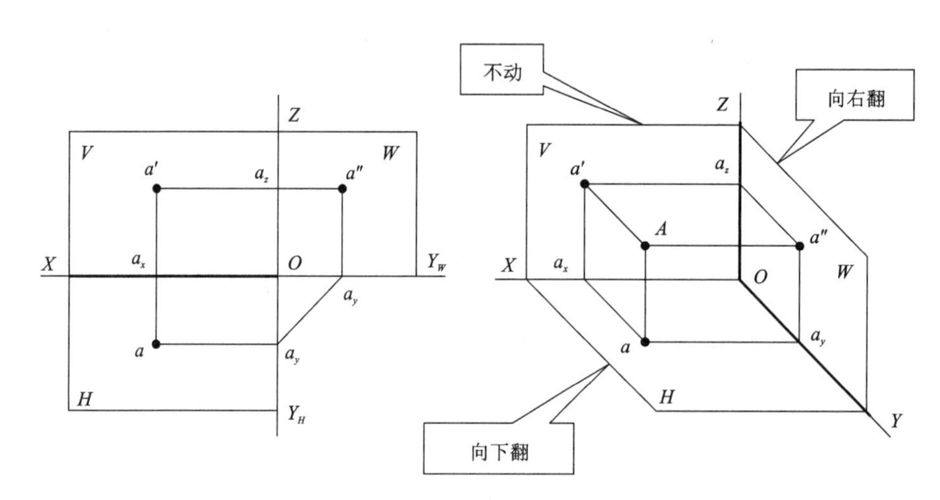

图 2－2－1　点的三面投影形成

2. 点的投影规律

点的三面投影规律如图 2－2－2 所示。

点的正面投影与水平投影的连线垂直于 OX 轴，$a'a \perp OX$，即长对正。

点的正面投影与侧面投影的连线垂直于 OZ 轴，$a'a'' \perp OZ$，即高平齐。

点的水平投影与侧面投影具有相同的 Y 坐标，$aa_x = a''a_z$，即宽相等。

3. 点的坐标

点的每个投影能反映该点的两个坐标，如图 2－2－3 所示。

点的正面投影 a' 反映出 X、Z 坐标。

点的水平投影 a 反映出 X、Y 坐标。

点的侧面投影 a'' 反映出 Y、Z 坐标。

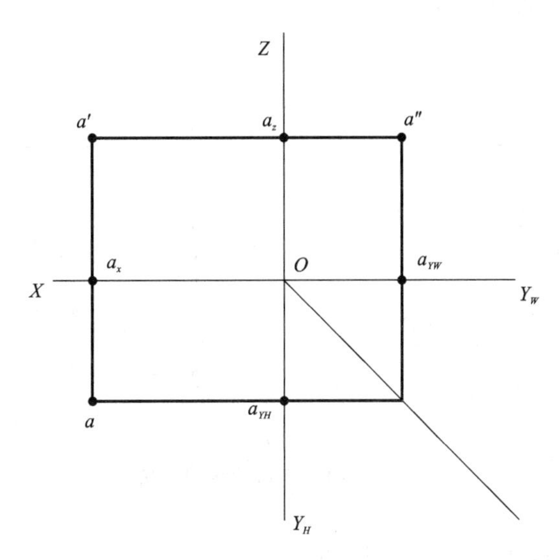

图 2-2-2　点的三面投影

点的坐标还表示了点到投影面的距离：

A 点到 W 面的距离 $X_A = aa_y = a'a_z$。

A 点到 V 面的距离 $Y_A = aa_x = a''a_z$。

A 点到 H 面的距离 $Z_A = a'a_x = a''a_y$。

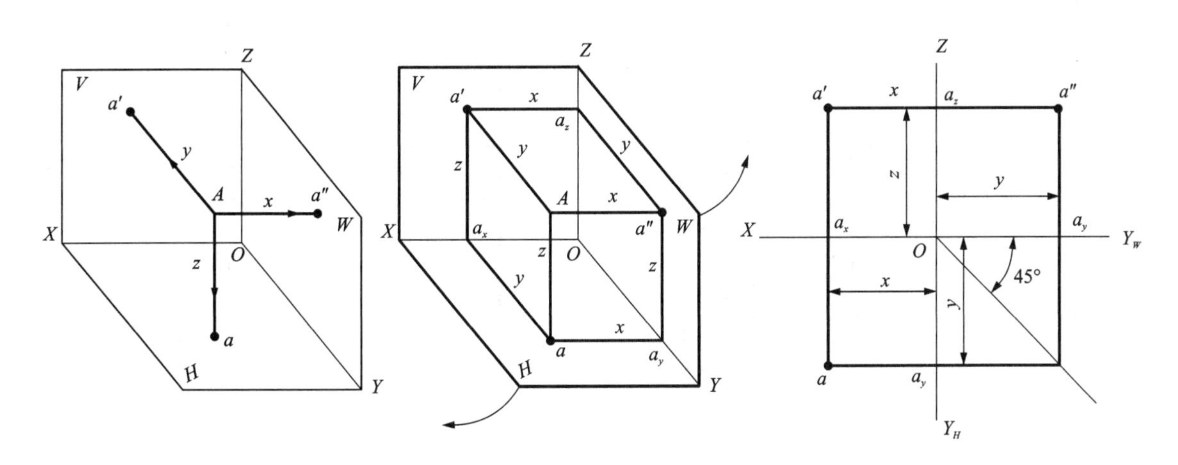

图 2-2-3　点的投影和点的坐标关系

4. 两点的相对位置

两点的相对位置：空间两点的相对位置，在投影图中是由它们同面投影的坐标差来判别的，其中左、右由 x 坐标判别，前、后由 y 坐标判别，上、下由 z 坐标判别。

(1)距 W 面远者在左(X 坐标大)，近者在右(X 坐标小)。

(2)距 V 面远者在前(Y 坐标大)，近者在后(Y 坐标小)。

(3)距 H 面远者在上(Z 坐标大)，近者在下(Z 坐标小)。

如图 2－2－4 所示，根据点 A、B 的各自坐标判断，点 A 在点 B 左方、下方、前方。

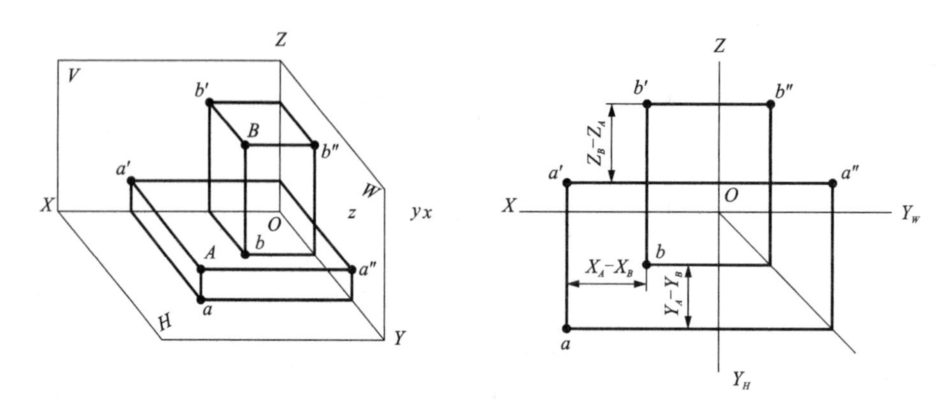

图 2－2－4　两点的相对位置

5. 重影点及其可见性判断

若空间两点在某一投影面上的投影重合，则这两点是该投影面的重影点。这时，空间两点的某两坐标相同，并在同一投射线上。当两点的投影重合时，就需要判别其可见性，在投影图上不可见的投影加括号表示，如图 2－2－5 所示。空间点 C、D 的 $Xc = Xd$、$Yc = Yd$、$Zc > Zd$，则 C、D 为对 H 面的重影点，C 可见，D 不可见，标注为 $c(d)$。

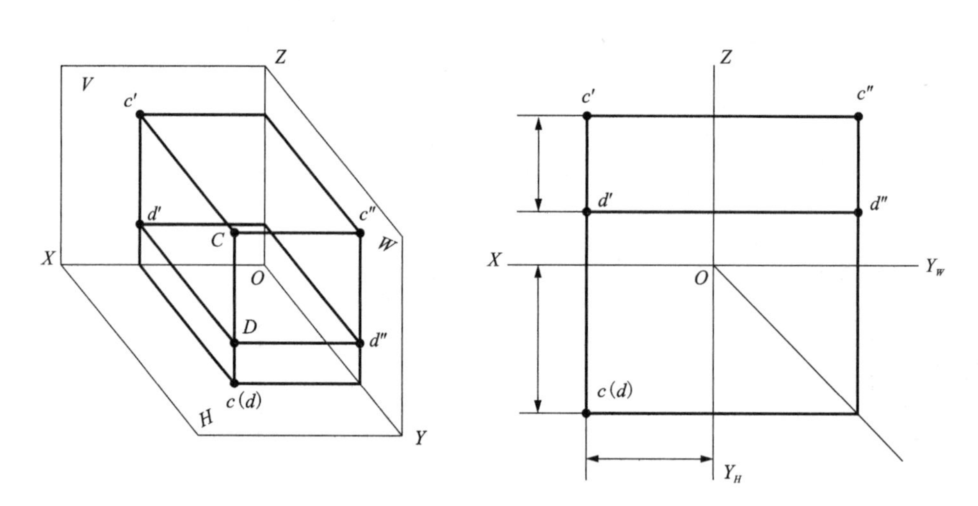

图 2－2－5　重影点的投影

二、直线的投影

直线对投影面的位置有三种类型：投影面的平行线、投影面的垂直线和一般位置直线，前两种为特殊位置直线。

1. 投影面平行线

平行于一个投影面，而对另两个投影面倾斜的直线段，称为投影面平行线。

正平线——平行于 V 面的直线段。

水平线——平行于 H 面的直线段。

侧平线——平行于 W 面的直线段。

如表 2－2－1 所示，列出了三种投影面的平行线的投影特点和性质。

表 2－2－1　投影面平行线的投影特性

名称	立体图	投影图	投影特性
水平线 （$/\!/ H$）	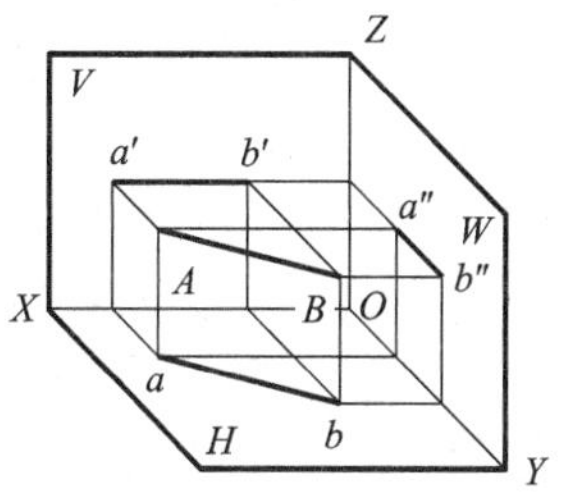	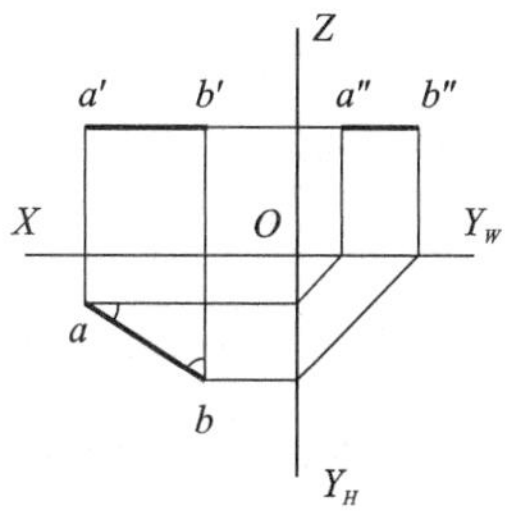	（1）$ab /\!/ OYH$， $a'b' /\!/ OZ$； （2）$a''b'' = AB$； （3）反映夹角 α、β 大小
正平线 （$/\!/ V$）	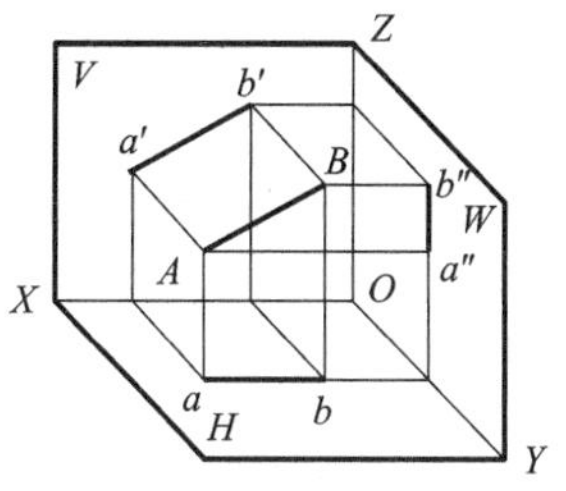	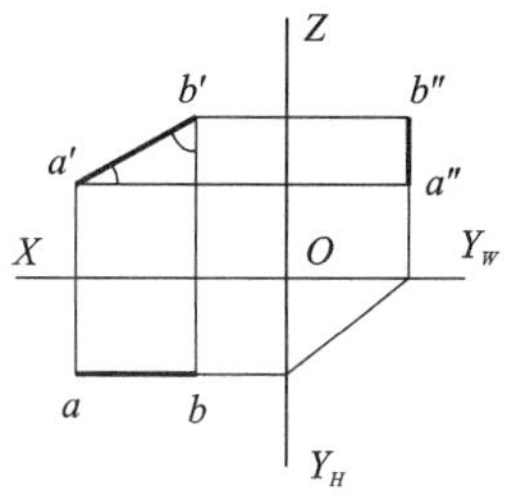	（1）$ab /\!/ OX$， $a''b'' /\!/ OZ$； （2）$a'b' = AB$； （3）反映夹角 α、γ 大小
侧平线 （$/\!/ W$）	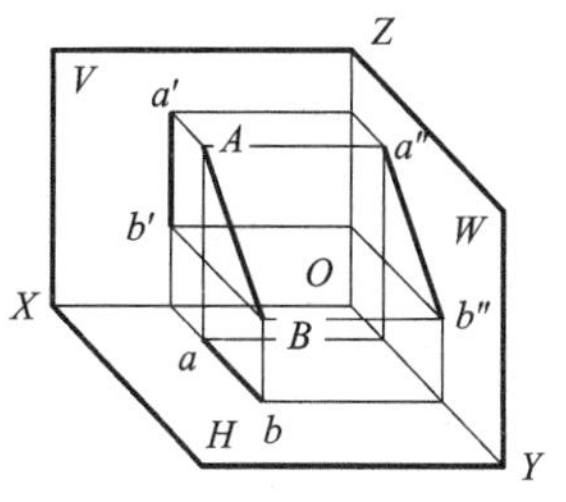	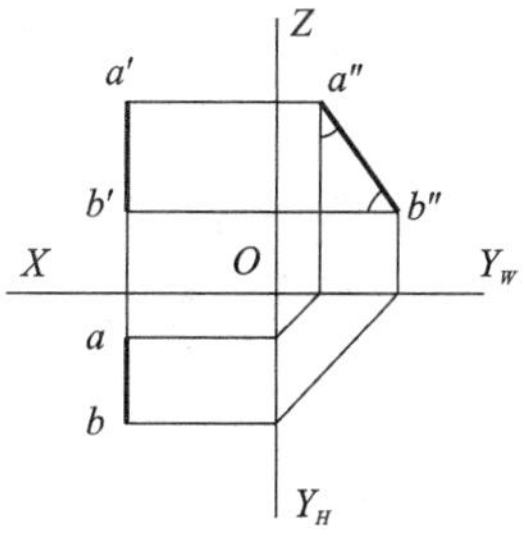	（1）$a'b' /\!/ OX$， $a''b'' /\!/ OY_W$； （2）$ab = AB$； （3）反映夹角 α、β 大小

投影面平行线的投影特性概括为：

（1）在直线段所平行的投影面上的投影反映实长，且其投影与投影轴的夹角反映直线与另两投影面的倾角；

（2）另两投影面平行于相应的投影轴（构成所平行的投影面的两根轴）。

2. 投影面垂直线

垂直于一个投影面，即与另两个投影面都平行的直线段，称为投影面的垂直线。

铅垂线——直线 $\perp H$ 面；正垂线——直线 $\perp V$ 面；侧垂线——直线 $\perp W$ 面。

表 2－2－2 列出了三种投影面垂直线的投影特点及性质。

投影面垂直线的投影特性概括为：

（1）在所垂直的投影面貌上的投影积聚为一点；

（2）在另外两个投影面上的投影，垂直于相应的投影轴，且反映直线段的实长。

表 2-2-2　投影面垂直线的投影特性

名称	立体图	投影图	投影特性
铅垂线 （$\perp H$）	Z V a' A a'' W b' X B O b'' a b H Y	Z a' a'' X b' b'' Y_W O ab Y_H	(1) H 面投影为一点，有积聚性； (2) $a'b' \perp OX$，$a''b'' \perp OYW$； (3) $a'b' = a''b'' = AB$
正垂线 （$\perp V$）	Z V a' b' B b'' W A a'' X O b H a Y	Z a'b' b'' a'' X O Y_W b a Y_H	(1) V 面投影为一点，有积聚性； (2) $ab \perp OX$，$a''b'' \perp OZ$； (3) $ab = a''b'' = AB$
侧垂线 （$\perp W$）	Z V a' b' A B W O a'' b'' X a H b Y	Z a' b' a''b'' X O Y_W a b Y_H	(1) W 面投影为一点，有积聚性； (2) $ab \perp OYH$，$a'b' \perp OZ$； (3) $ab = a'b' = AB$

3. **一般位置直线**（图 2-2-6）

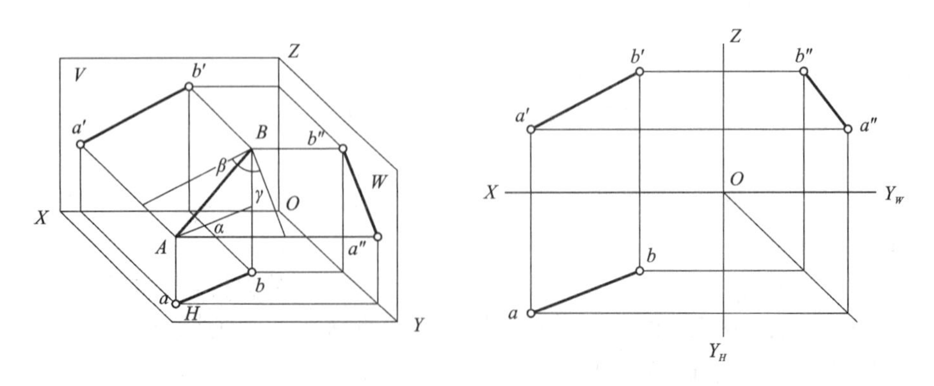

图 2-2-6　一般位置直线

(1) 三个投影都是一般倾斜线段，且都小于线段的实长；

(2)三面投影都与投影轴倾斜，投影与投影轴的夹角均不反映直线段对投影面的倾角。

判别方法：若直线段的投影与三个投影轴都倾斜，可判断该直线为一般位置直线。

三、平面的投影

平面对投影面相对位置关系有三种：投影面平行面、投影面垂直面和一般位置平面。

1. 投影面平行面

在三投影面体系中，平行于一个投影面（必垂直于另外两个投影面）的平面，称为投影面平行面。

平行于 H 面的平面，称为水平面。

平行于 V 面的平面，称为正平面。

平行于 W 面的平面，称为侧平面。

投影面平行面的投影特征：在它所平行的投影面上的投影反映实形；另外两面投影积聚为与相应投影轴平行的直线。如表 2－2－3 所示。

表 2－2－3　投影面平行面的投影特性

名称	立体图	投影图	投影特性
水平面 (∥H)	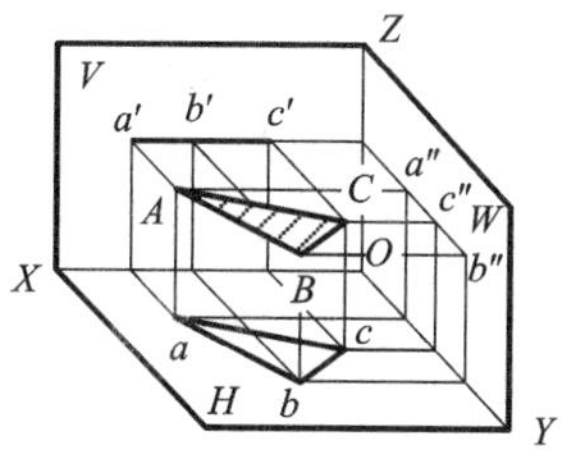	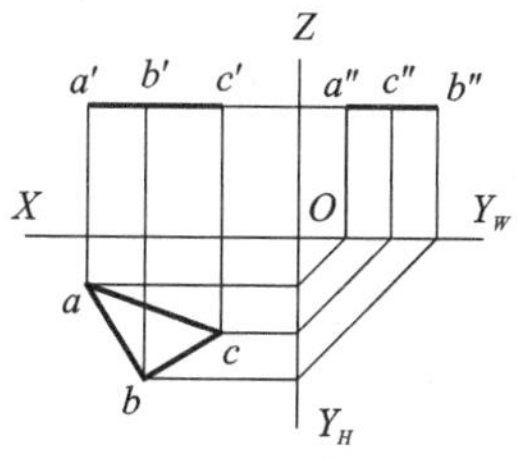	(1)H 面投影反映实形； (2)V、W 面投影分别为平行 OX、OY 轴的直线段，有积聚性
正平面 (∥H)	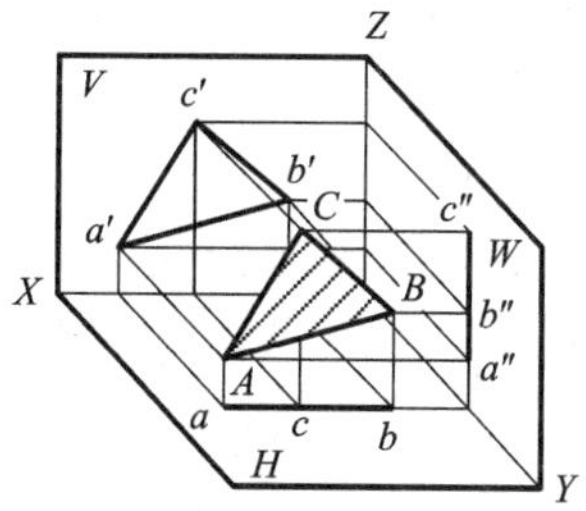	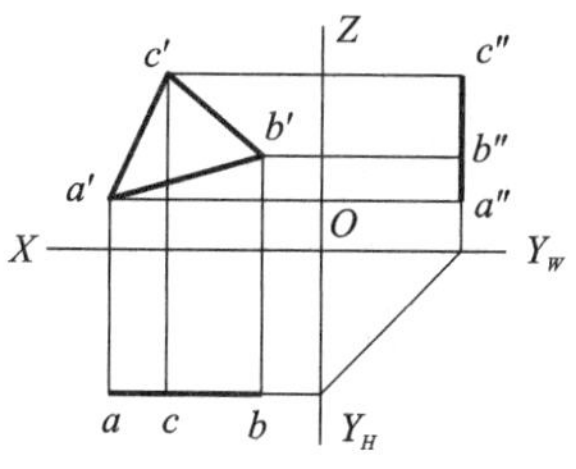	(1)V 面投影反映实形； (2)H、W 面投影分别为平行 OX、OZ 轴的直线段，有积聚性
侧平面 (∥H)	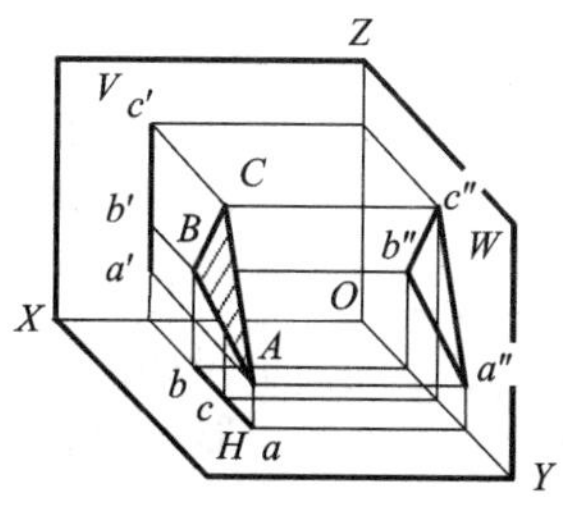	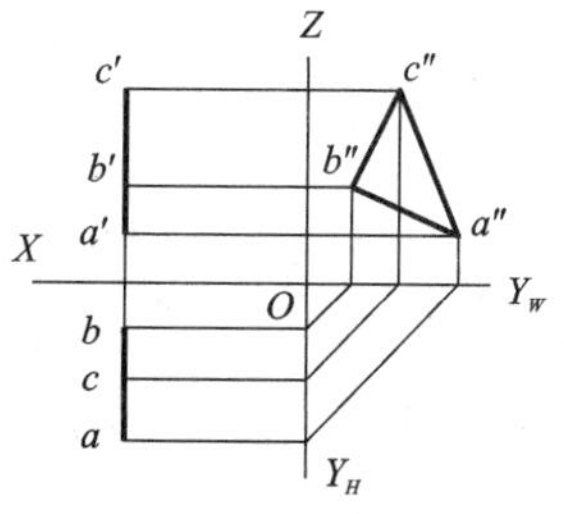	(1)W 面投影反映实形； (2)V、H 面投影分别为平行 OZ、OY 轴的直线段，有积聚性

判别方法：在投影图中，只要有一面投影积聚成一条平行于投影轴的直线，则此平面为

投影面平行面，它所平行的投影面上的投影为反映该平面实形的几何图形。

2. 投影面垂直面

三投影面体系中，垂直于一个投影面，而与另外两个投影面倾斜的平面，称为投影面垂直面。

垂直于 *H* 面而与 *V*、*W* 面倾斜的平面，称为铅垂面。

垂直于 *V* 面而与 *H*、*W* 面倾斜的平面，称为正垂面。

垂直于 *W* 面而与 *H*、*V* 面倾斜的平面，称为侧垂面。

投影面垂直面的投影特征：在它所垂直的投影面上的投影，积聚为一条与投影轴倾斜的直线，该直线与投影轴的夹角分别反映了平面与另外两投影面倾角的真实大小；其余两面投影具有类似性。如表 2－2－4 所示。

表 2－2－4　投影面垂直面的投影特性

名称	立体图	投影图	投影特性
铅垂面 （⊥*H*）	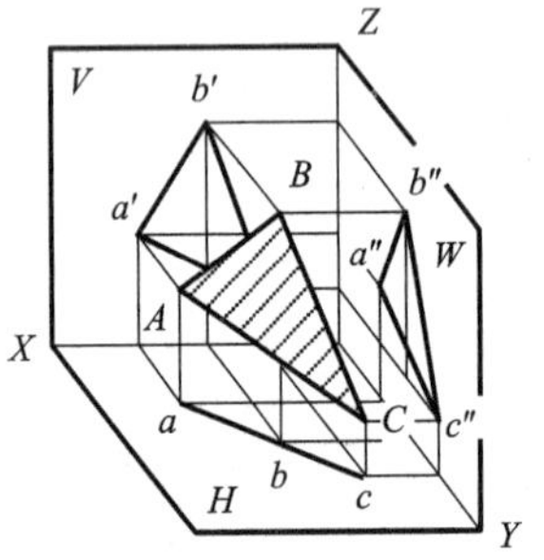	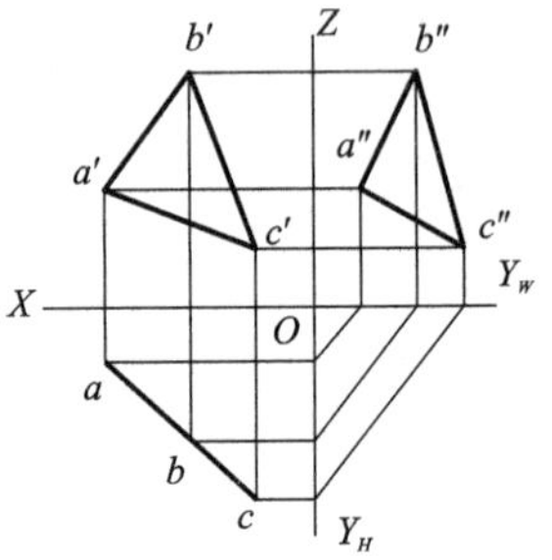	(1) *H* 面投影为斜直线，有积聚性，且反映 β、γ 大小； (2) *V*、*W* 面投影不反映实形，有相仿性
正垂面 （⊥*V*）	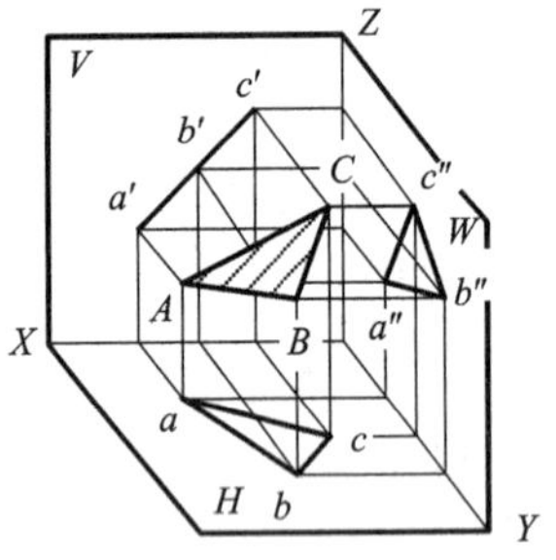	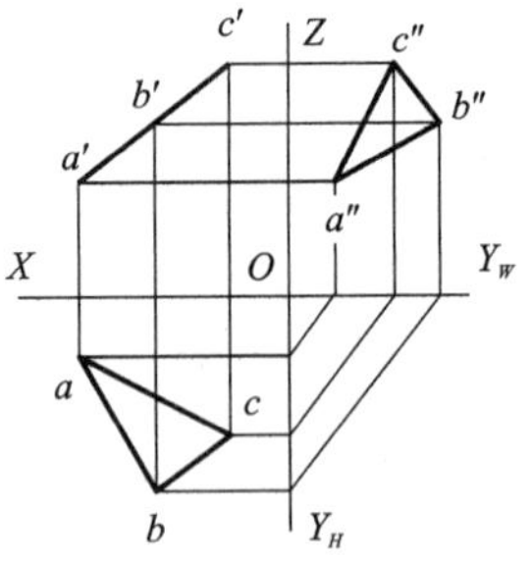	(1) *V* 面投影为斜直线，有积聚性，且反映 β、γ 大小； (2) *H*、*W* 面投影不反映实形，有相仿性
侧垂面 （⊥*W*）	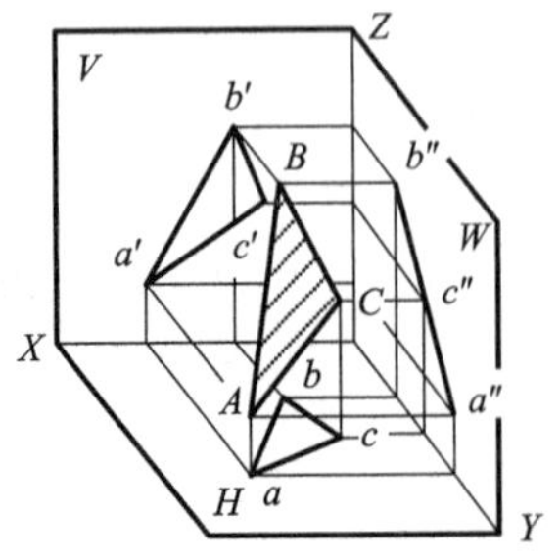	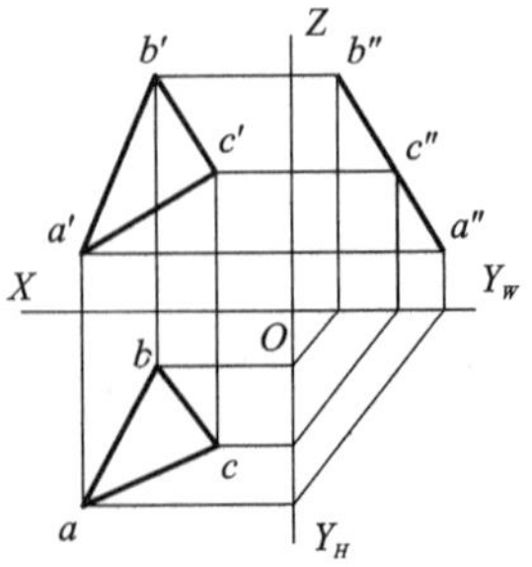	(1) *W* 面投影为斜直线，有积聚性，且反映 β、γ 大小； (2) *H*、*V* 面投影不反映实形，有相仿性

判别方法：在投影图中，只要有一面投影积聚成一条与投影轴倾斜的直线，则该平面一定为该投影面垂直面。

3. 一般位置平面

一般位置平面如图 2－2－7 所示，对三个投影面都倾斜，三个投影都不反映实形，也没有积聚性。

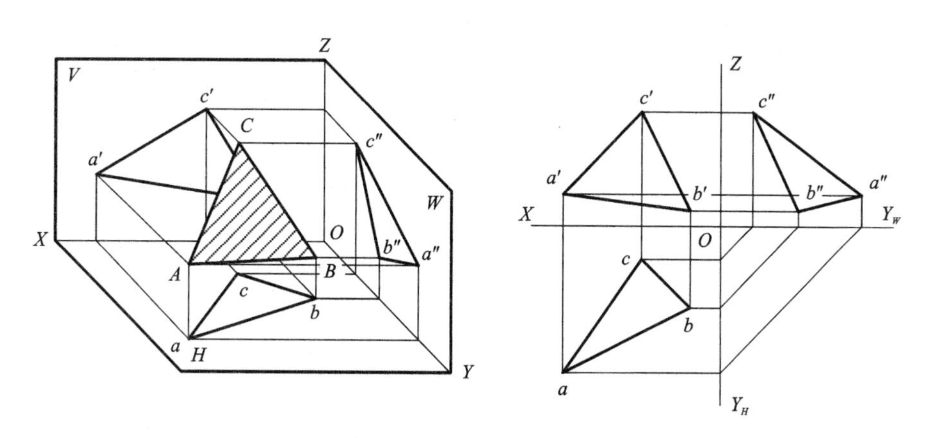

图 2－2－7　一般位置平面

判别方法：在投影图中，如果平面的三面投影都是封闭线框或三条迹线均与投影轴倾斜，则该平面是一般位置平面。

例　立体图形如图 2－2－8 所示，分析三棱锥各条棱线与各平面的空间位置关系。

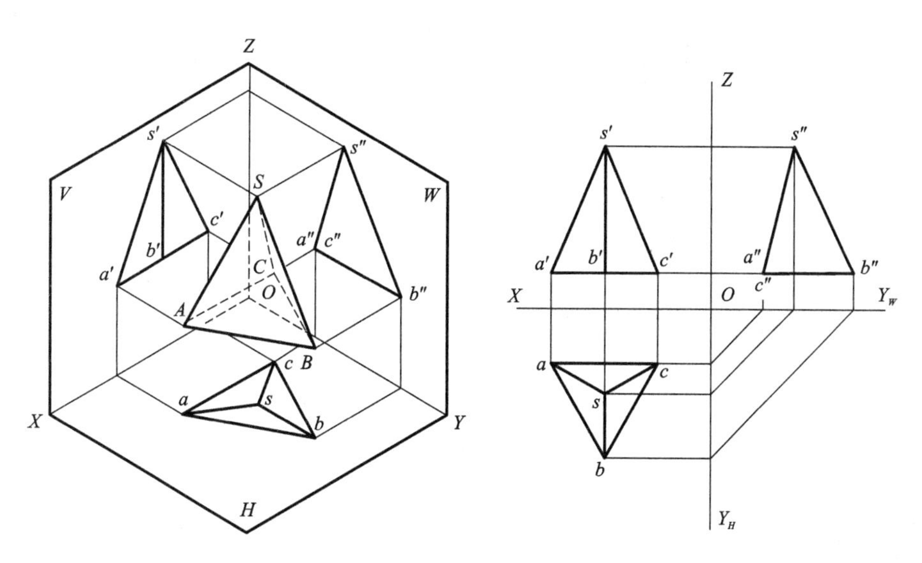

图 2－2－8　判断直线与投影面的相对位置

分析：*AB*、*BC* 为水平线；*AC* 为侧垂线；*SB* 为侧平线；*SA*、*SC* 为一般位置直线；*ABC* 是水平面；*SAB* 和 *SBC* 是一般位置平面；*SAC* 是侧垂面。

三棱锥表面上点、线、面的类型

【同步练习】

1. 点的投影。

(1)填空：若点 A 的 X、Y、Z 坐标均小于点 B 的 X、Y、Z 坐标，则点 B 在点 A 的______、______、______方。已知点 $A(30, 10, 20)$，则 A 距 V 面为______，距 H 面为______，距 W 面为______。

(2)已知点 A 的坐标为(15, 8, 10)，试求出点 A 的三面投影。

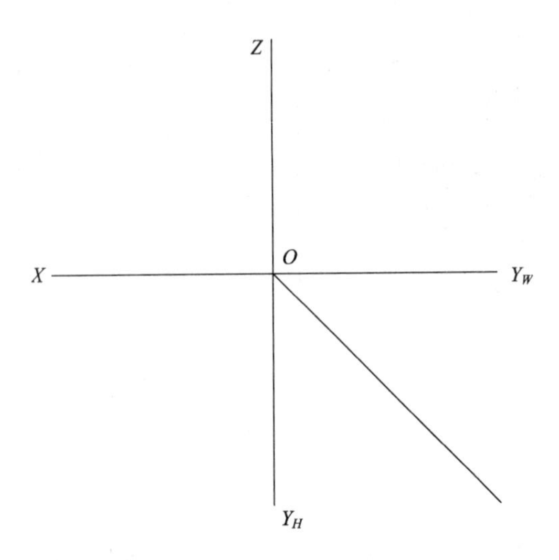

(3)已知点 A 的坐标为(6, 0, 12)，点 B 在点 A 的左方 12，上方 8，前方 15，试求出点 B 的三面投影。

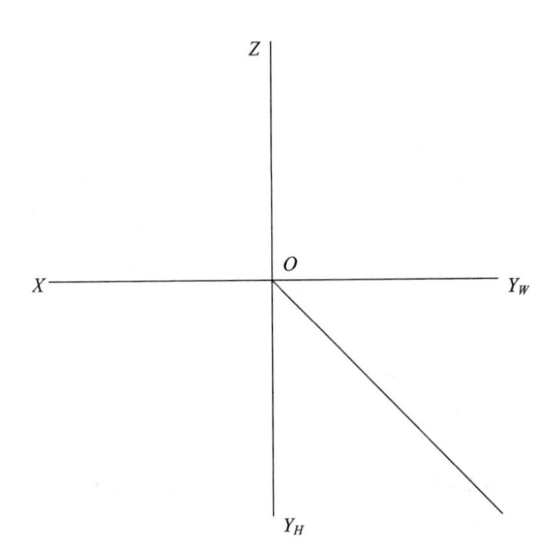

(4)已知轴测图，在三视图中，标出 A、B、C 三点的投影。

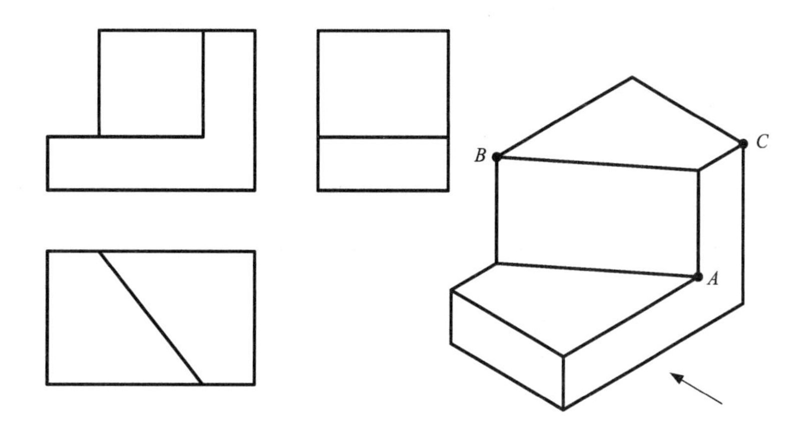

2. 直线的投影。

(1)根据下方各直线的两面投影，求第三投影，并判断空间直线是什么直线。

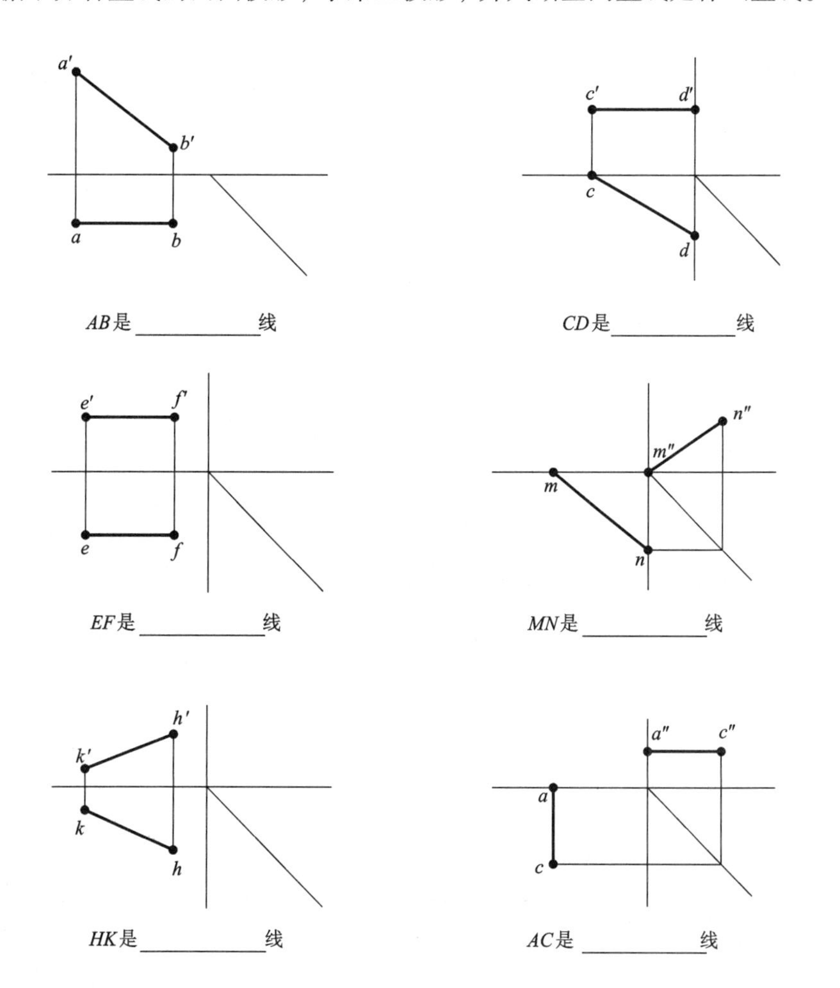

(2)水平线 EF 离水平面 H 的距离为 15 mm，求 EF 的三面投影。

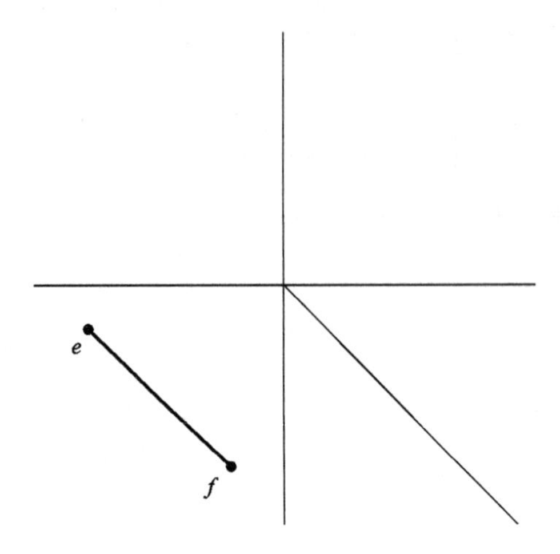

(3)铅垂线 MN 长 16 mm，完成 MN 的三面投影。

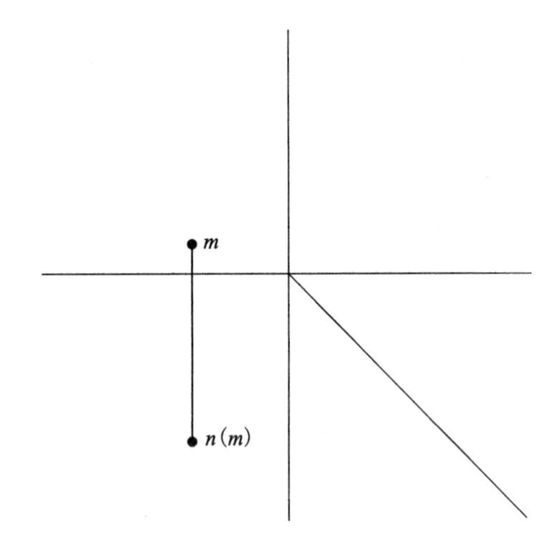

(4)已知 $CD/\!/V$ 面，且距 V 面 12 mm，求 cd。

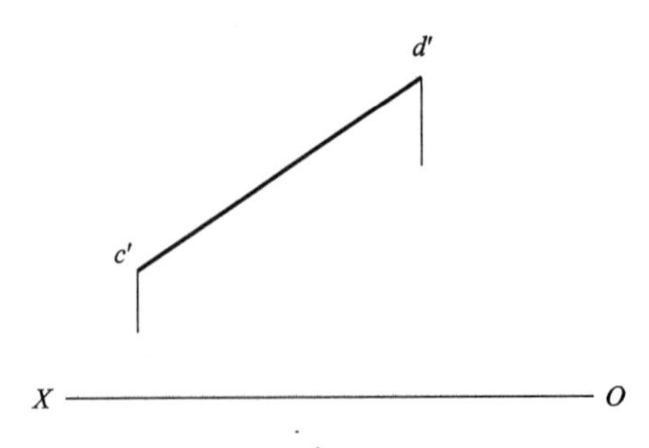

(5)已知线段 AB 上点 K 的水平投影 k，求 k'。

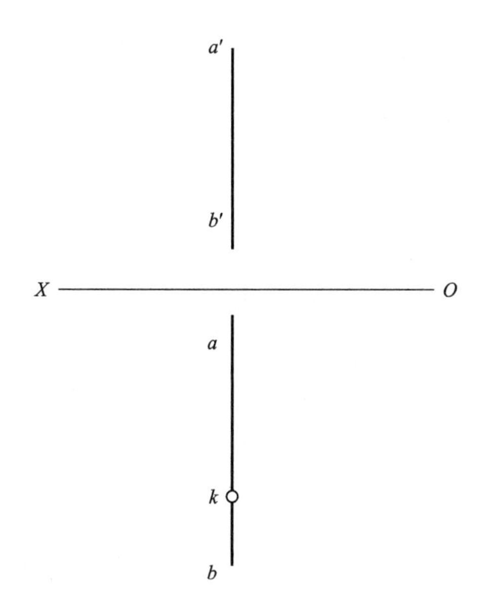

3. 平面的投影。

(1)完成平面的第三投影。

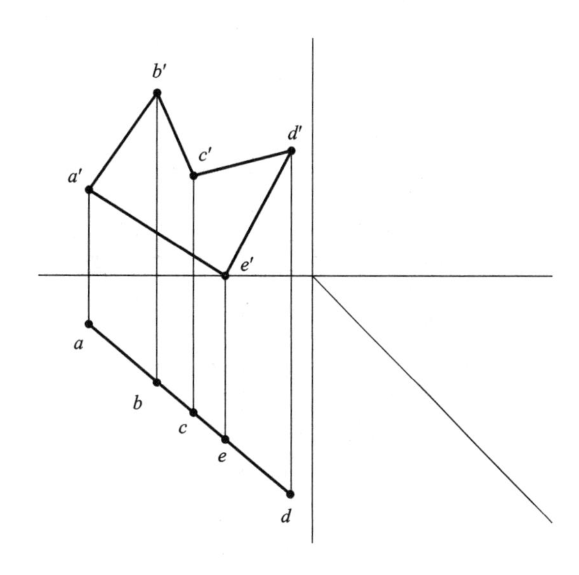

(2)完成正平面的三面投影。

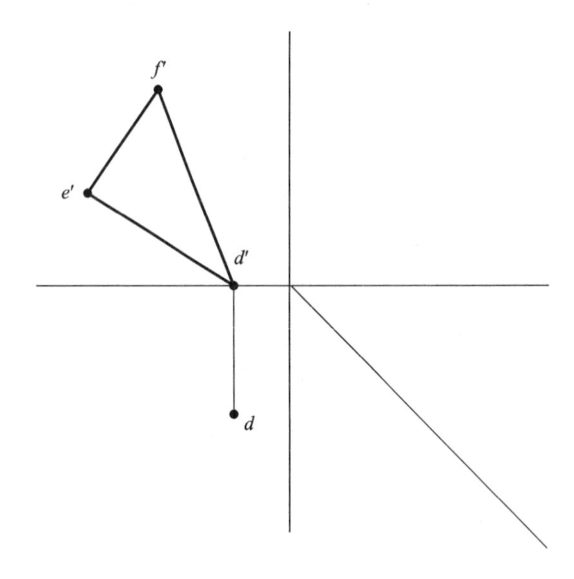

(3)完成正垂面的第三投影。

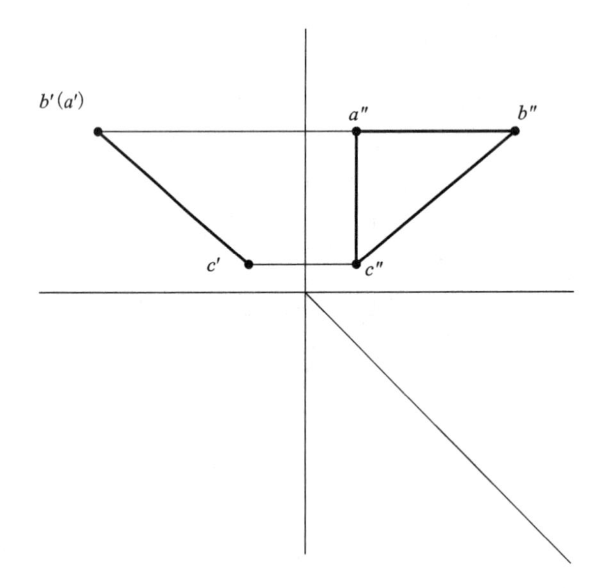

(4)求平面上 K 点的三面投影。

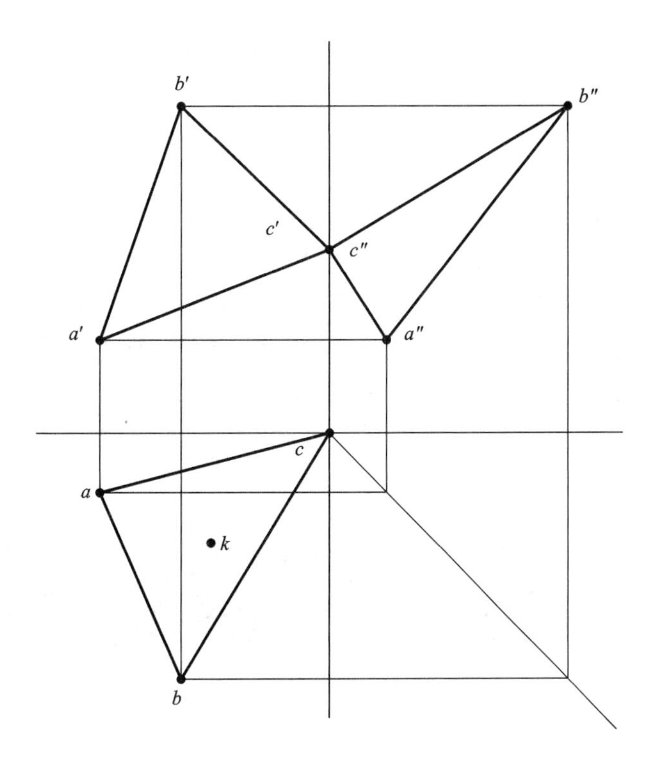

(5)完成五边形 $ABCDE$ 的水平投影。

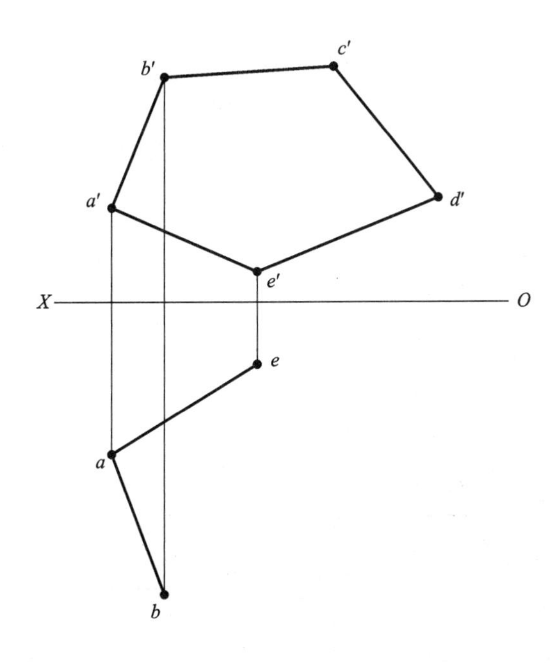

任务3　基本体的投影

【任务描述】

通过学习，能绘制出各种基本体的三视图。

【知识导航】

任何物体均可看成是由若干基本体组合而成。基本体包括平面体和曲面体两类。平面体的每个表面都是平面，如棱柱、棱锥等；曲面体至少有一个表面是曲面，如圆柱、圆锥、圆球等。

图2－3－1　基本几何体

一、棱柱

棱柱分为直棱柱(侧棱与底面垂直)和斜棱柱(侧棱与底面倾斜)。棱柱的上、下底面是两个形状相同且互相平行的多边形。各个侧面都是矩形或平行四边形、上下底面是正多边形的直棱柱称为正棱柱。下面以图2－3－2所示正六棱柱为例，分析其投影特征和作图方法。

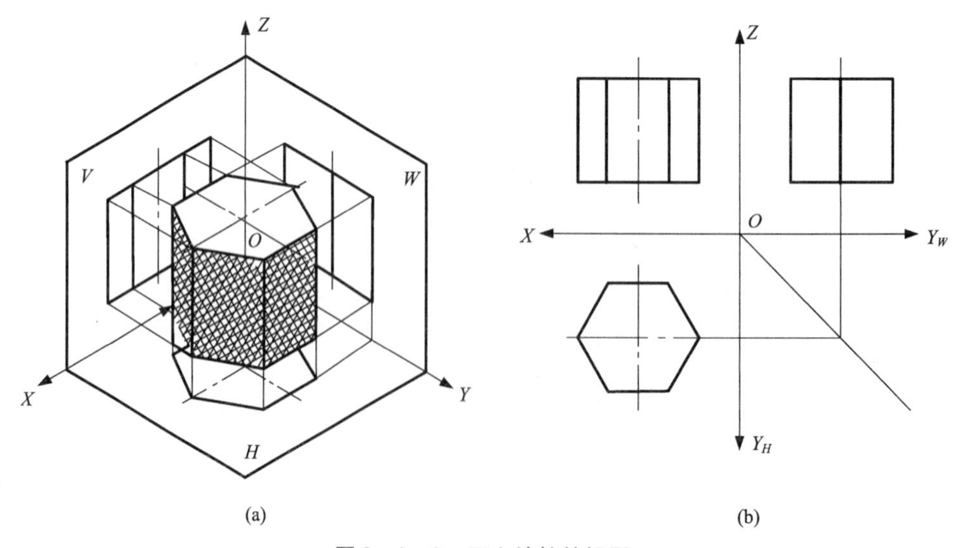

图2－3－2　正六棱柱的投影

1. 投影分析

上、下两端面是水平面，前后两个棱面为正平面，其余四个棱面是铅垂面，所以它的水平投影是个正六边形，反映了实形。六个棱面的水平投影分别积聚为六边形的六条边。

2. 作图步骤

(1) 布置图面，画中心线、对称线等作图基准线。

(2) 画水平投影，即反映上下端面实形的正六边形。

(3) 根据长对正的投影关系和正六棱柱的高画出主视图。

(4) 根据高平齐、宽相等的投影关系画出左视图。

(5) 检查并描深图线，完成作图。

二、棱锥

棱锥的底面为多边形，各侧面为若干具有公共顶点的三角形。当棱锥的底面是正多边形、各侧面是全等的等腰三角形时，称为正棱锥。下面以图 2－3－3 所示正三棱锥为例，分析其投影特征和作图方法。

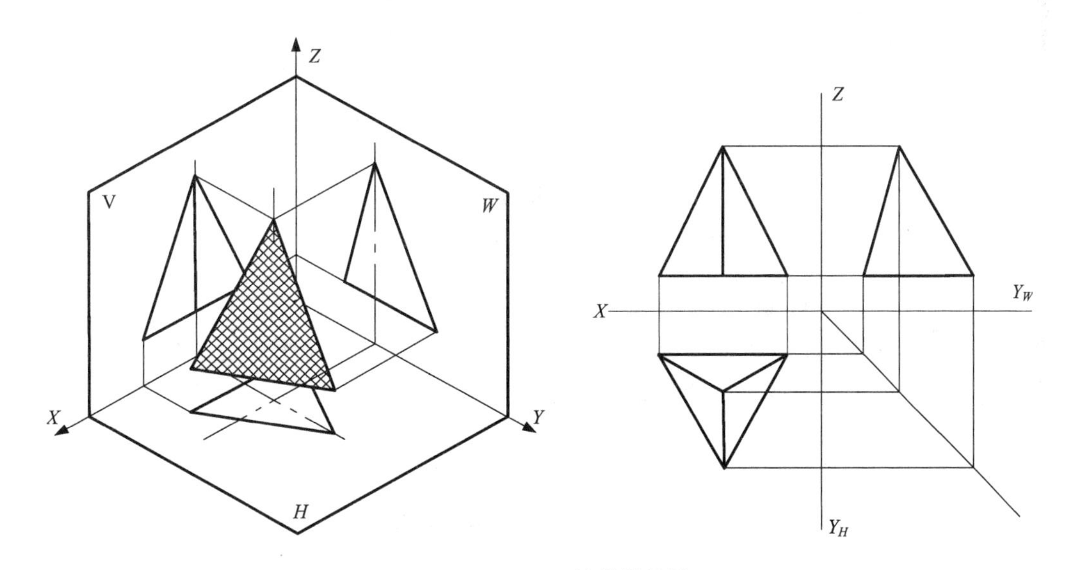

图 2－3－3　正三棱锥的投影

1. 投影分析

因为底面是水平面，所以它的水平投影是一个正三角形(反映实形)，连接锥顶和底面三角形各顶点的同面投影，即为三棱锥的正面和侧面投影。正面投影是两个并排的三角形，侧面投影是一个三角形，如图 2－3－3 右图所示。

2. 作图步骤

(1) 布置图面，画中心线、对称线等作图基准线。

(2) 画水平投影。

(3) 根据三棱锥的高，按投影关系画正面投影。

(4) 根据正面投影和水平投影按投影关系画侧面投影。

(5)检查并描深图线，完成作图。

例1 作四棱台的正投影图，如图 2 –3 –4 所示。

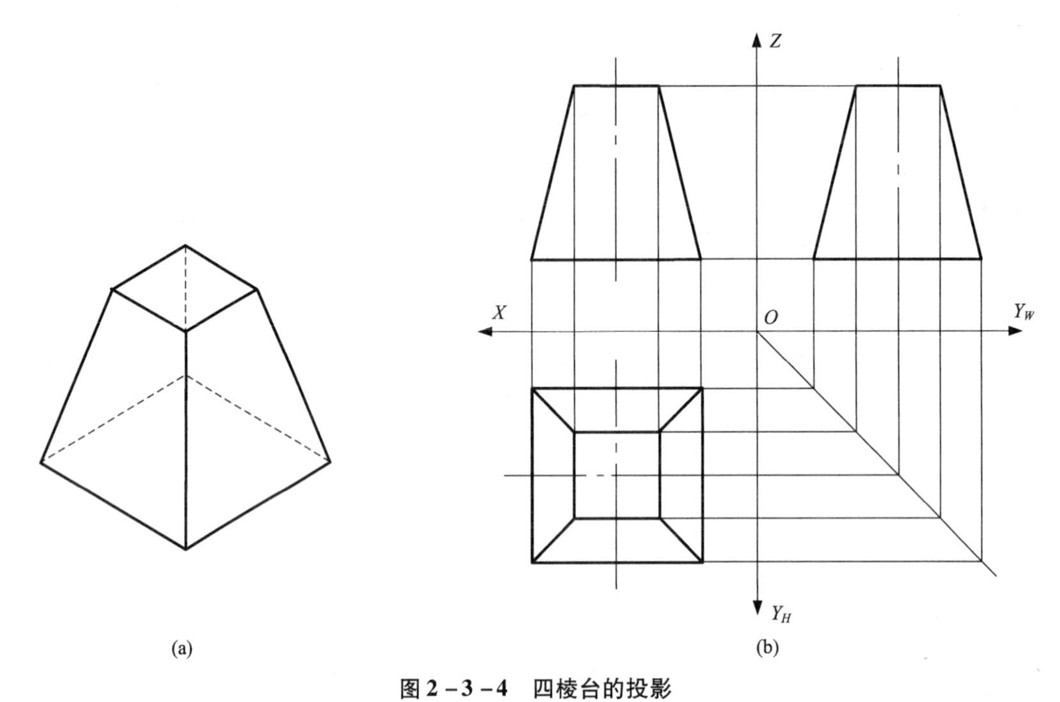

图 2 –3 –4 四棱台的投影

分析：

四棱台的上、下底面都与 H 面平行，左、右两棱面为正垂面，其正面投影积聚成直线；前、后两棱面为侧垂面，其侧面投影积聚成直线。四条侧棱线既不平行也不垂直于任意一个投影面，都是一般位置直线，其投影都不反映实长。

作图：

(1)先作出正立面投影，向下“长对正”引铅垂线，向右“高平齐”引水平线。

(2)按物体宽度作出水平投影，并向右“宽相等”引水平线至 45°线，转向上作出侧面投影。

(3)加深图形线。

重要提示：

作图时一定要遵守“长对正、高平齐、宽相等”的投影规律。

三、圆柱

圆柱由两个相互平行的底平面和圆柱面围成。圆柱面是由两条相互平行的直线，其中一条直线(称为直母线)绕另一条直线(称为轴线)旋转一周而形成。圆柱面上任意一条平行于轴线的直线，称为圆柱面的素线。下面以如图 2 –3 –5 所示圆柱体为例，分析其投影特征和作图方法。

1. 投影分析

H 面投影：为一圆形，它既是两底面的重合投影(实形)，又是圆柱面的积聚投影。

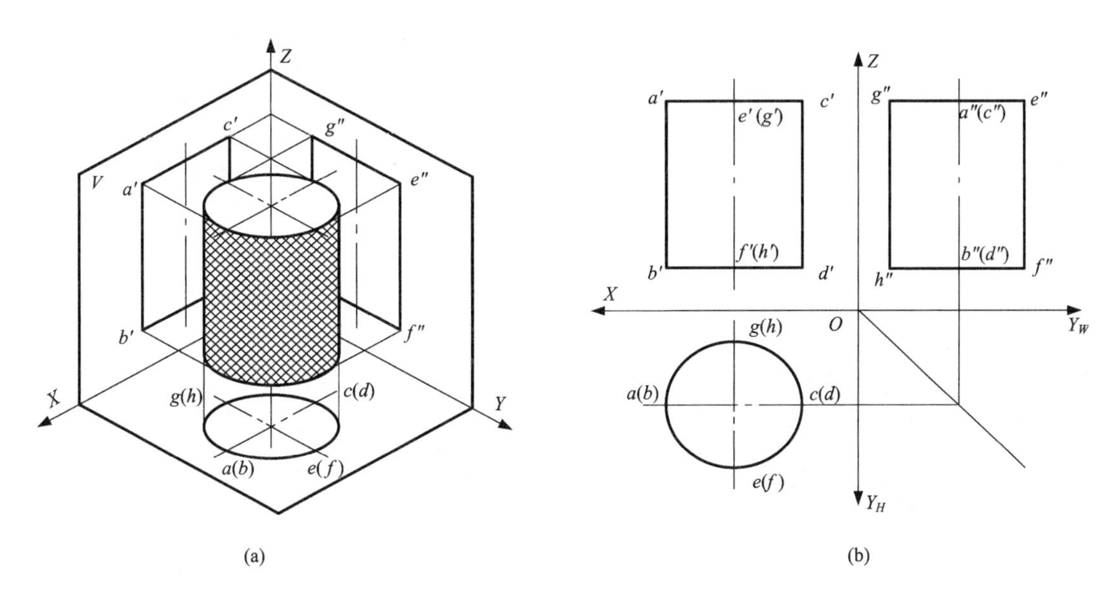

图 2-3-5 圆柱体的投影

V 面投影：为一矩形。该矩形的上下两条边为圆柱体上下两底面的积聚投影，而左右两条边线则是圆柱面的左右两条轮廓素线 *AB*、*CD* 的投影。该矩形线框表示圆柱体前半圆柱面与后半圆柱面的重合投影。

W 面投影：为一矩形。该矩形上下两条边为圆柱体上下两底面的积聚投影，而左右两条边线则是圆柱面的前后两条轮廓素线 *EF*、*GH* 的投影。该矩形线框表示圆柱体左半圆柱面与右半圆柱面的重合投影。

2. 作图步骤

先画出圆的中心线和圆柱轴线的各投影，然后从投影为圆的视图画起，逐步完成其他视图。

四、圆锥

圆锥面是由两条相交的直线，其中一条直线（简称直母线）绕另一条直线（称为轴线）旋转一周而形成，交点称为锥顶。圆锥由圆锥面和底面围成。下面以如图 2-3-6 所示圆锥体为例，分析其投影特征和作图方法。

1. 投影分析

H 面投影为一圆，它是圆锥底面和圆锥面的重合投影。

V 面投影为一等腰三角形，三角形的底边是圆锥底圆的积聚投影，三角形的腰 $s'a'$ 和 $s'b'$ 分别是圆锥面上最左边素线 *SA* 和最右边素线 *SB* 的 *V* 面投影。

W 面投影亦为一等腰三角形，三角形的底边是圆锥底圆的积聚投影，三角形的腰 $s''c''$ 和 $s''d''$ 分别是圆锥面上最前边素线 *SC* 和最后边素线 *SD* 的 *W* 面投影。

2. 作图步骤

先画出圆的中心线和圆锥轴线的各投影，然后从投影为圆的视图画起，按圆锥的高度确定锥顶，逐步完成其他视图。

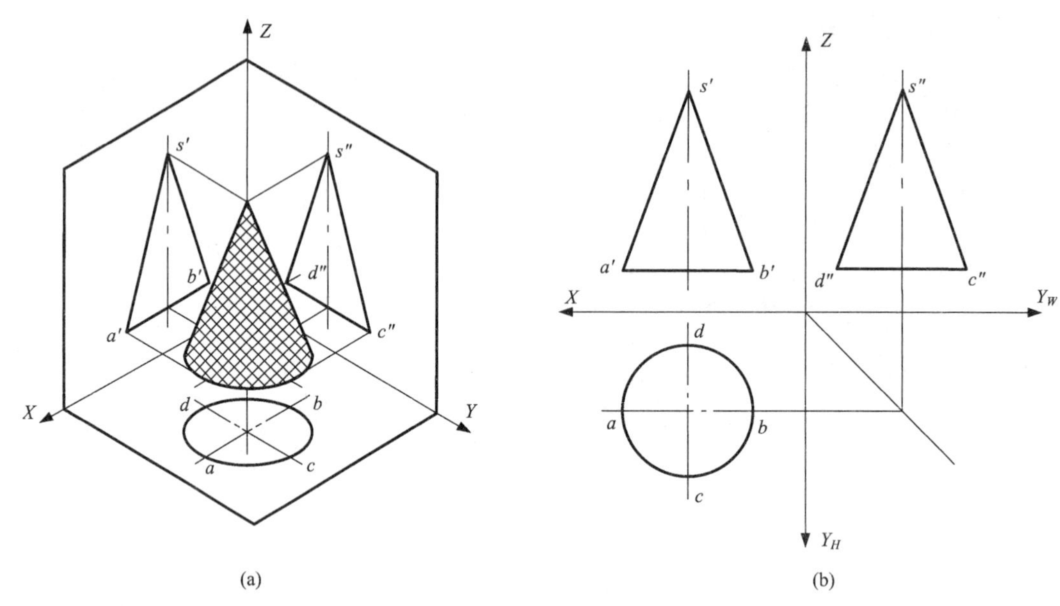

图 2-3-6　圆锥体的投影

五、圆球

圆球面是由一条圆母线绕其直径回转而成。下面以如图 2-3-7 所示圆球为例，分析其投影特征和作图方法。

1. 投影分析

球的三面投影都是大小相等的圆，是球体在三个不同方向的轮廓线的投影，其直径与球径相等，如图 2-3-7(b) 所示。

H 面投影的圆 a 是球体上半部分的球面与下半部分球面的重合投影，上半部分可见，下半部分不可见；圆周 a 是球面上平行于 H 面的最大圆 A 的投影。V 面投影的圆 b 是球体前半部分球面与后半部分球面的重合投影，前半部分可见，后半部分不可见；圆周 b 是球面上平行于 V 面的最大圆 B 的投影。W 面投影的圆 c 是球体左半部分球面与右半部分球面的重合投影，左半部分可见，右半部分不可见；圆周 c 是球面上平行于 W 面的最大圆 C 的投影。

球面上 A、B、C 三个大圆的其他投影均与相应的中心线重合；这三个大圆分别将球面分成上下、前后、左右两部分。

2. 作图步骤

用点画线画出圆球体各投影的中心线，以球的直径为直径画三个等大的圆，如图 2-3-7(b) 所示。

重要提示：

表达一个立体的形状和大小，不一定要画出三个视图，有时画一个或两个视图即可。当然，有时三个视图也不能完整表达物体的形状，则需画更多的视图。例如表示上述圆柱、圆锥时，若只表达形状，不标注尺寸，则用主、俯两个视图即可。若标注尺寸，上述圆柱、圆锥和圆球仅画一个视图即可。

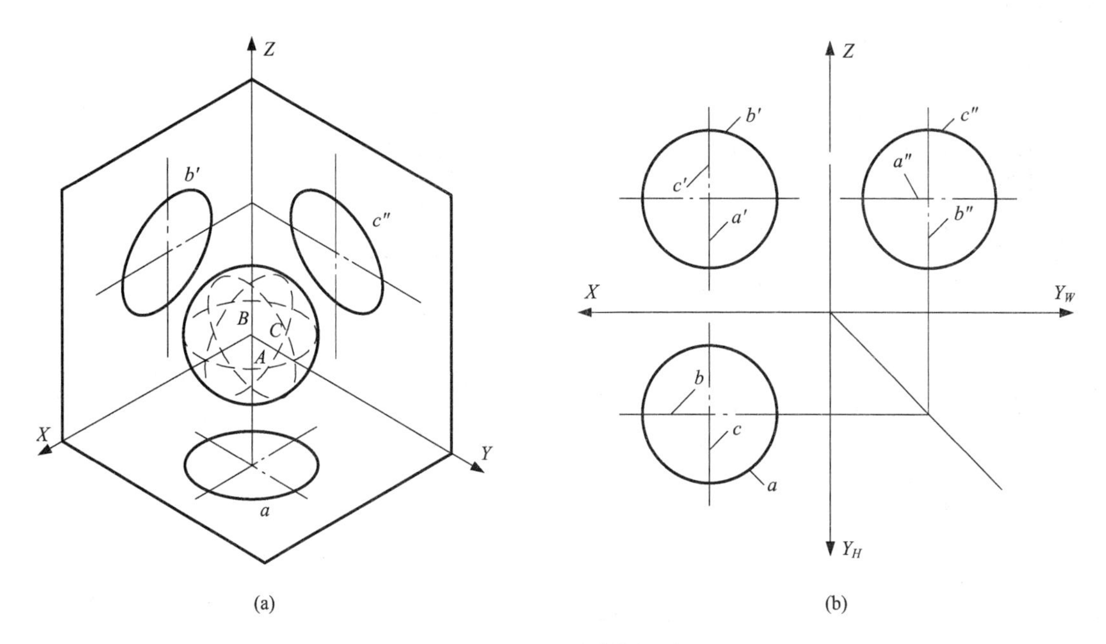

图 2－3－7　圆球的投影

【同步练习】

1. 补画平面立体的第三视图，并在下方横线上写出几何体的名称。

（1）　　　　　　　　　　　　　（2）

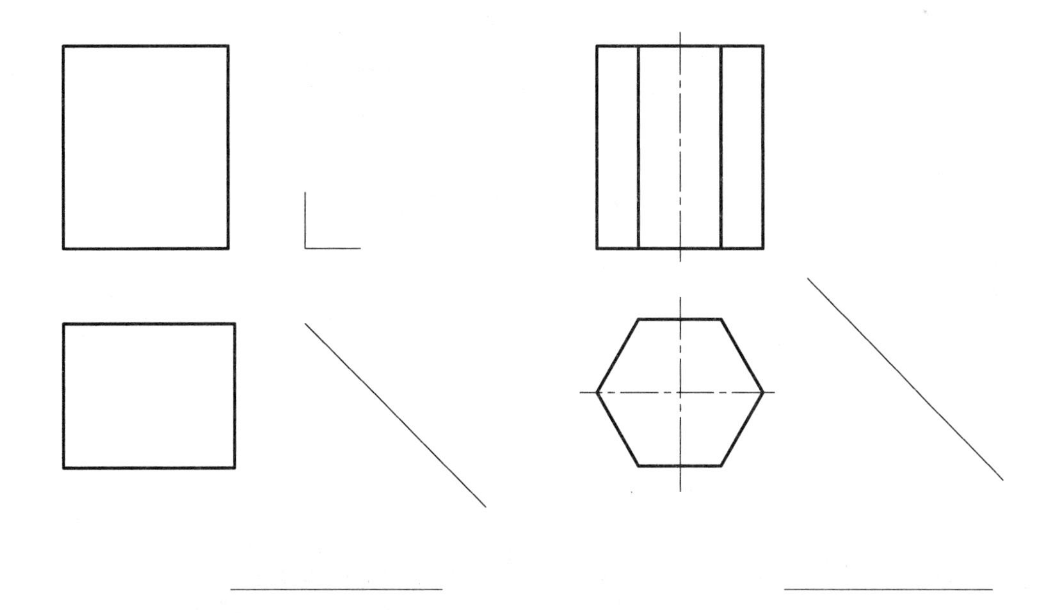

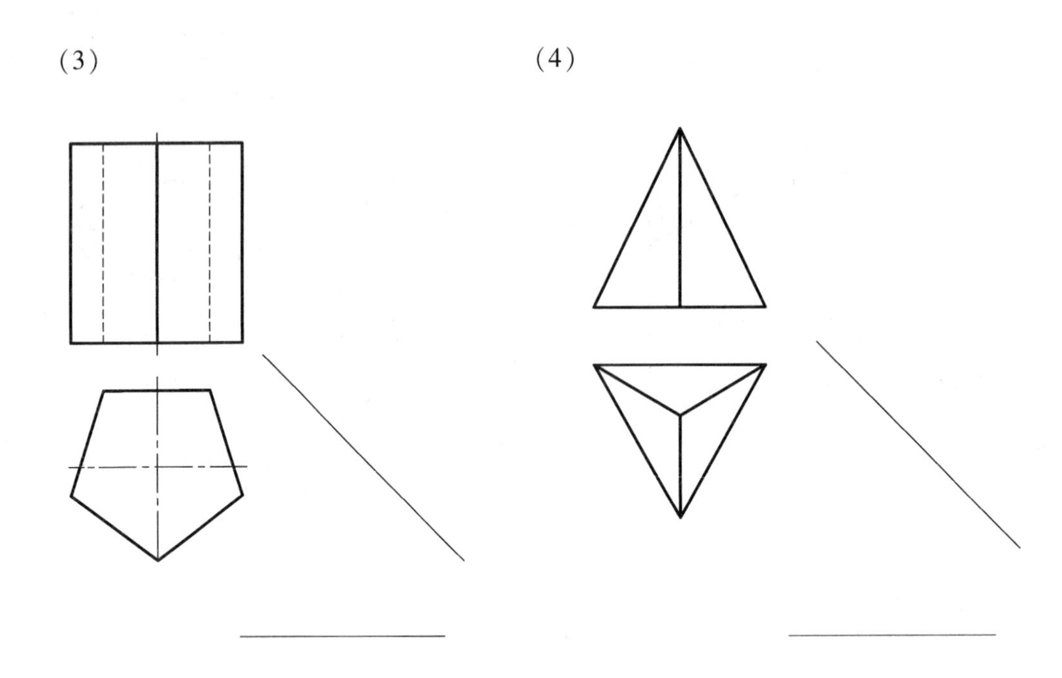

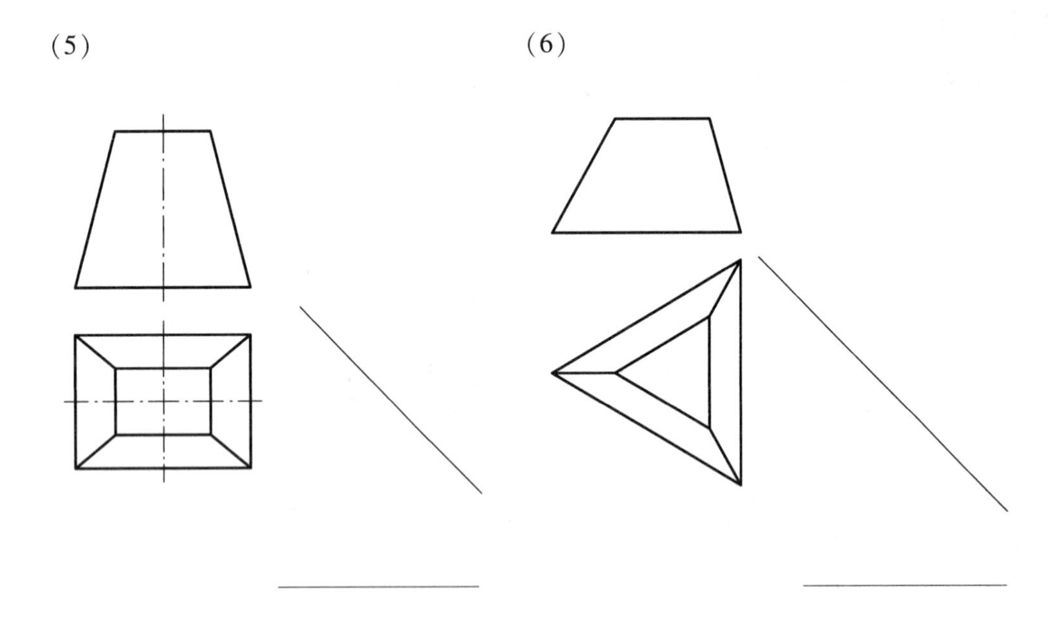

2. 补画曲面立体的第三视图，并在下方横线上写出几何体的名称。

(1)

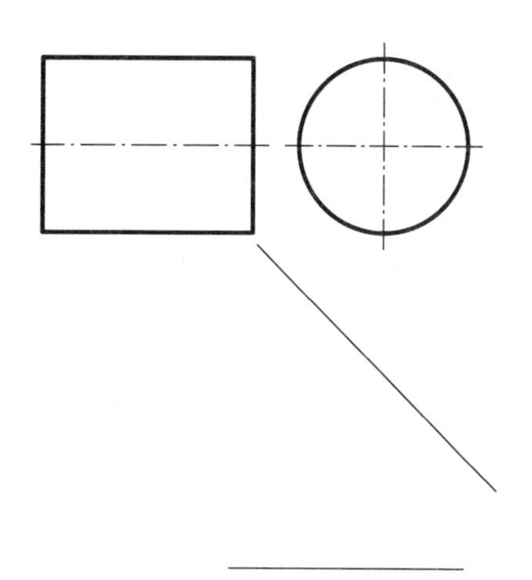

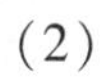

(2)

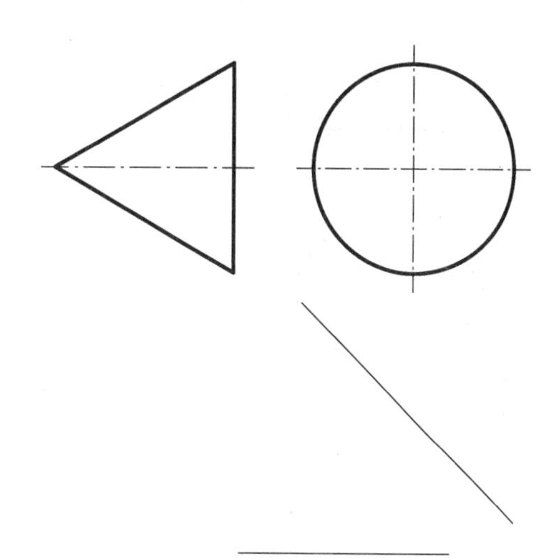

(3)

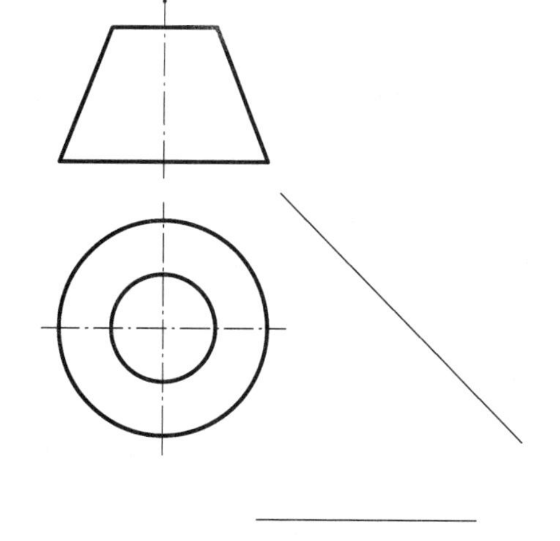

(4)

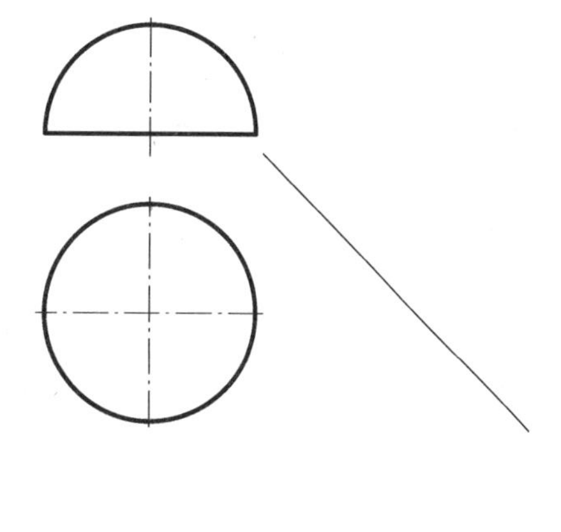

(5)　　　　　　　　(6)

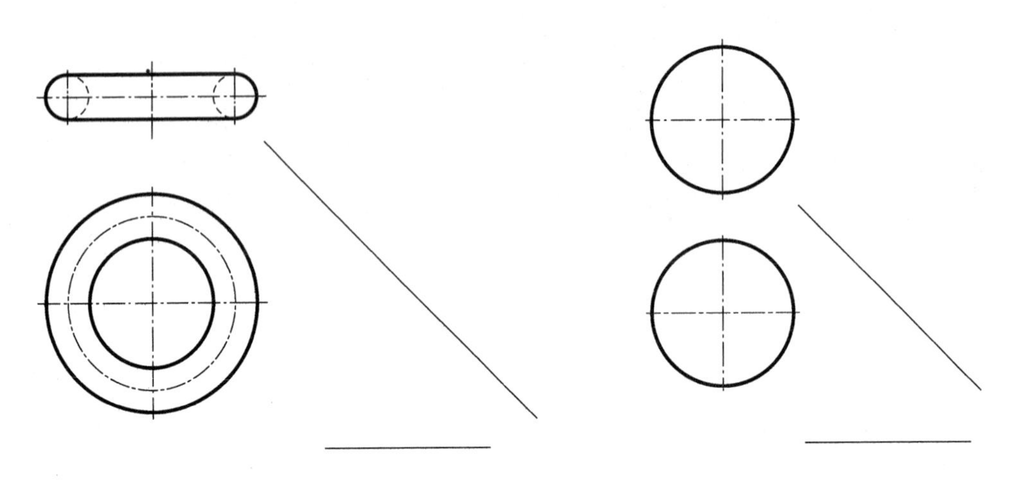

任务4　截交线

【任务描述】

通过学习，能绘制出各种平面立体与曲面立体截交线的投影。

【知识导航】

面与立体表面相交，可以认为是平面截切立体，此平面通常称为截平面，截平面与立体表面的交线称为截交线(图2－4－1)。截交线所围成的平面图形称为截断面。

截交线形状虽有多种，但均具有以下两个基本性质：

(1)截交线是截平面和立体表面的共有线；

(2)截交线一般是封闭的平面图形。

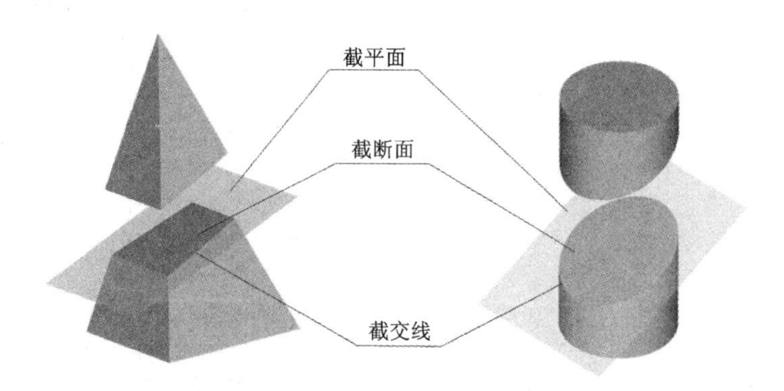

图2－4－1　截平面与截交线

一、平面切割平面体

1. 四棱柱被切割(图2－4－2)

分析：P为水平面，截交线为六边形，V面投影为一直线，H面反映实形，W面积聚为直线；Q、R面为侧平面，H面投影积聚为直线，W面反映实形，为重合的四边形。

作图：

(1)求平面P的截交线。

(2)求平面Q、R的截交线。

(3)检查判断可见性，将各点依次连接。

注意：两截平面间交线。

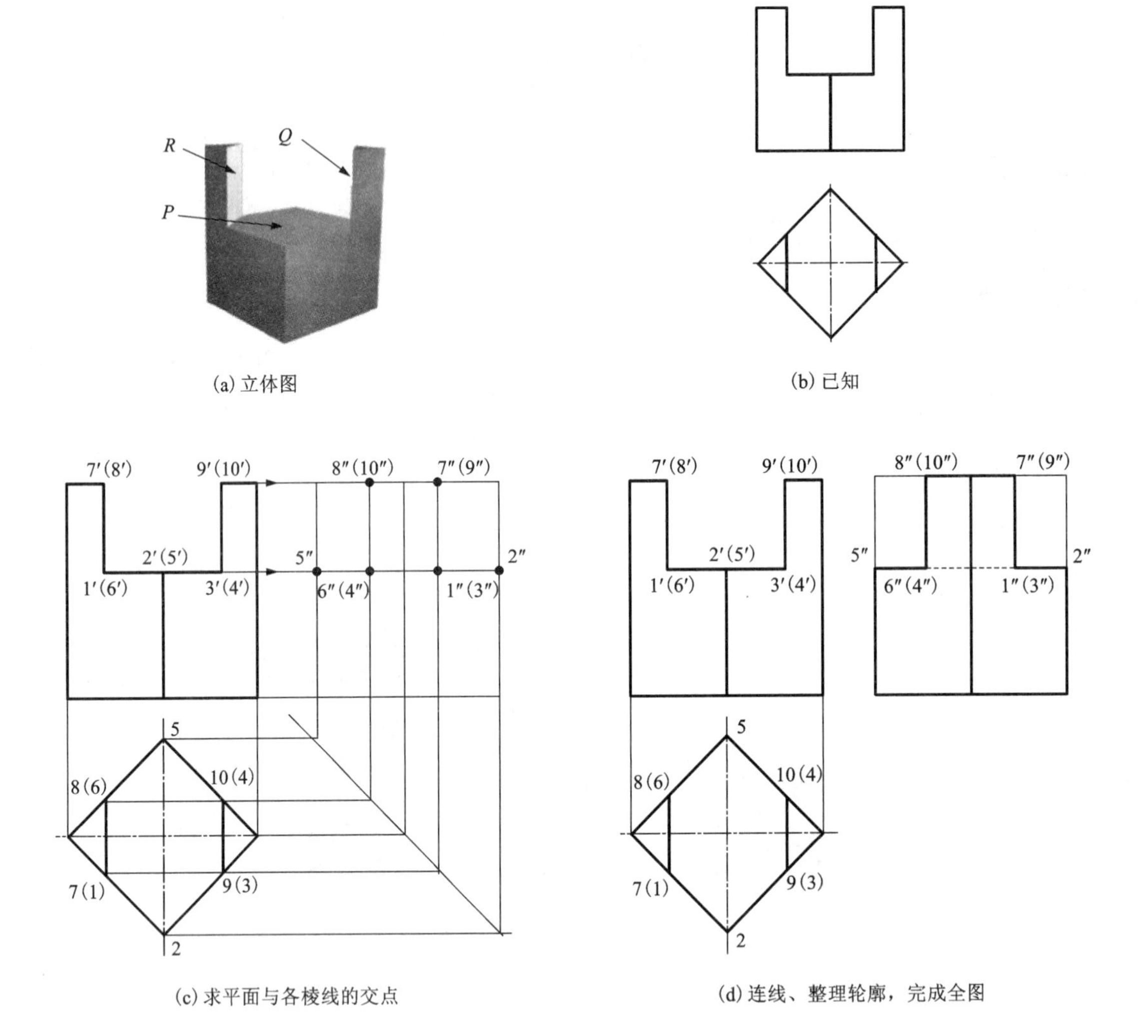

(a) 立体图　(b) 已知　(c) 求平面与各棱线的交点　(d) 连线、整理轮廓，完成全图

图 2-4-2　平面切割四棱柱

2. 正三棱锥被切割(图 2-4-3)

分析：三棱锥被正垂面 P 所截，截交线为三角形，V 面投影积聚为一条直线段，H 面、W 面均为类似形。

作图：

(1)求三角形各顶点的 H 面、W 面投影。

(2)判断可见性，依次连线。

(3)检查，整理轮廓并加深，完成全图。

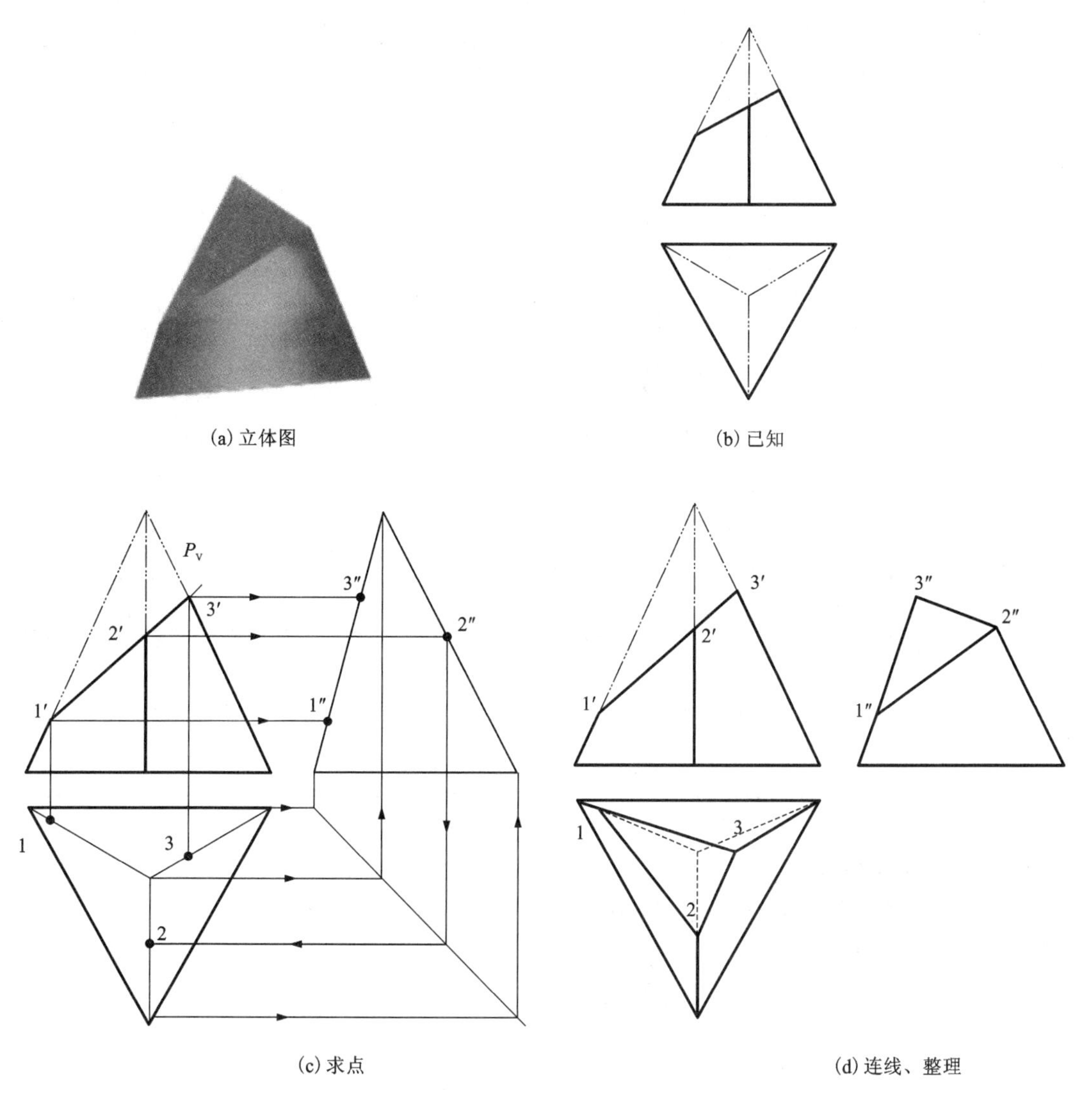

(a) 立体图　(b) 已知　(c) 求点　(d) 连线、整理

图 2－4－3　平面切割三棱锥

二、平面切割回转曲面体

回转体截交线一般为封闭的平面曲线。求截交线就是求截平面与回转体表面一系列的共有点，最后将这些点的同面投影光滑连接起来。

作图步骤：

先求出截交线上的特殊点，再作出若干个一般点，将求出的点依次光滑连接。

特殊点是指特殊素线点、确定大小、范围的点，极限位置点，椭圆长、短轴的端点，以及抛物线、双曲线的顶点等。

1. 平面与圆柱相交

平面与圆柱相交的截交线有三种情况：圆、椭圆和矩形。见表 2－4－1 所示。

表 2-4-1　圆柱截交线三种情况

截平面的位置	与轴线平行	与轴线垂直	与轴线倾斜
截交线的形状	矩形	圆	椭圆
立体图	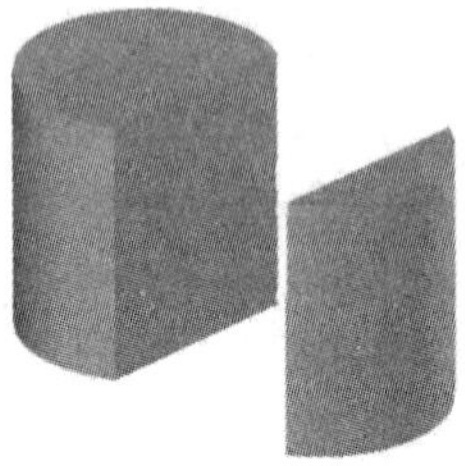		
投影图	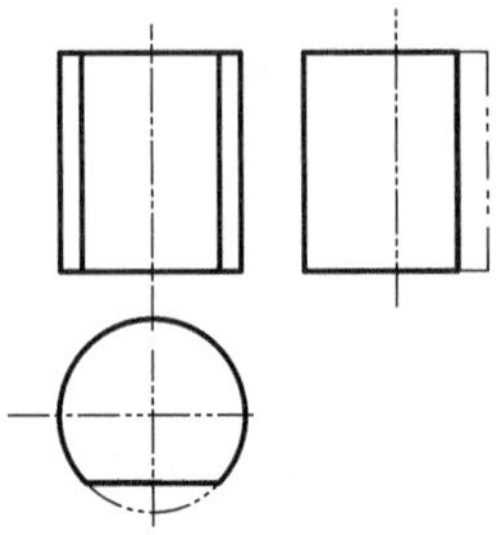	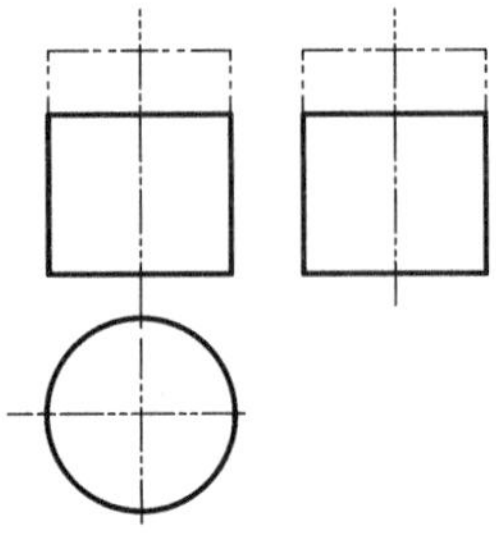	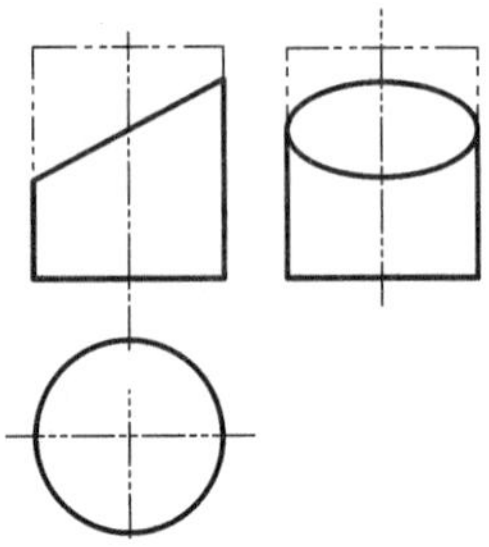

例 1　求如图 2-4-4 所示正垂面 P 与圆柱的截交线。

分析：截平面与轴线斜交，截交线为椭圆。截交线的 V 面投影积聚于一条线，W 面投影积聚于圆上，求 H 面投影。

作图：(1)求特殊点Ⅰ、Ⅱ、Ⅲ、Ⅳ。

(2)求一般点Ⅴ、Ⅵ、Ⅶ、Ⅷ。

(3)连接并整理轮廓，完成全图。

思考：截平面与圆柱轴线的倾角为 θ，其交线的 W 面投影为椭圆，椭圆的长、短轴随 θ 的变化而变化，如图 2-4-5 所示。

例 2　圆柱上部有一切口，若已知其 V 面投影，试求 H、W 面投影。

作图：(1)根据“宽相等”，画 P 面截交线的 W 面投影。

(2)根据“高平齐、宽相等”，画 Q 面截交线的 W 面投影(图 2-4-6)。

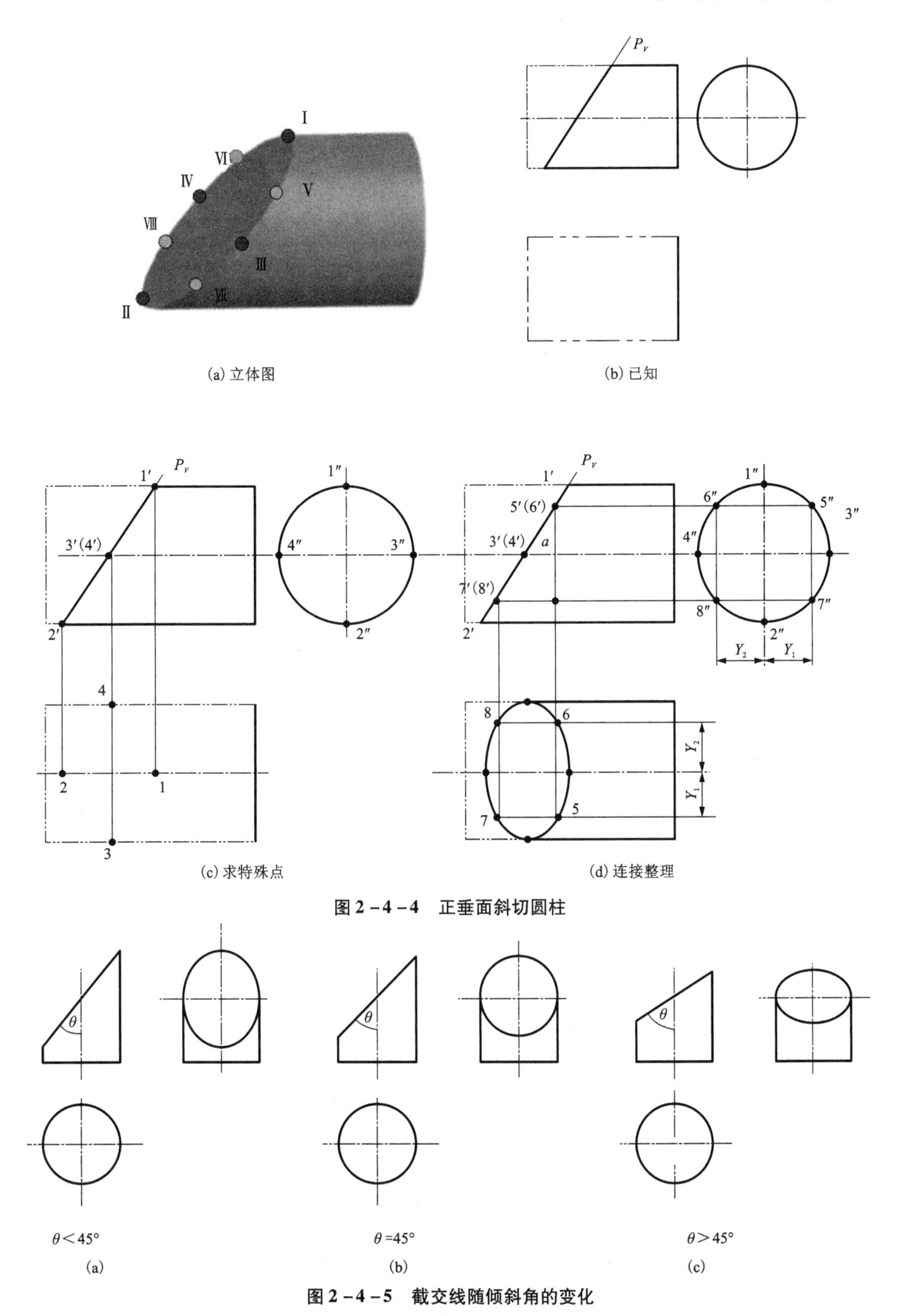

图 2－4－4　正垂面斜切圆柱

图 2－4－5　截交线随倾斜角的变化

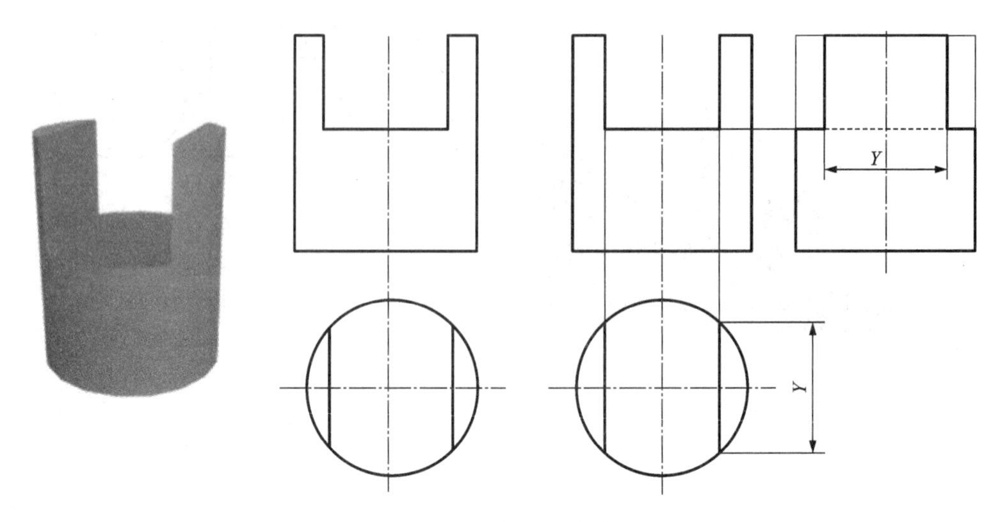

图 2-4-6　开槽圆柱体的投影

2. **平面与圆锥相交**(表 2-4-2)

表 2-4-2　圆锥截交线五种情况

截平面的位置	与轴线垂直 $\beta=90°$	与轴线倾斜 $\beta>\alpha$	平行于一条素线 $\beta=\alpha$	与轴线平行 $\beta=0°$	过锥顶
截交线的形状	圆	椭圆	抛物线	双曲线	等腰三角形
立体图					
投影图					

例 3　求圆锥被正垂面 P 截切的截交线。

分析：截交线为双曲线。截交线 V 面、H 面投影分别积聚为一条线，需求反映实形的 W 面投影即可。

作图：

(1)求特殊点Ⅰ、Ⅱ、Ⅲ、Ⅳ、Ⅴ、Ⅵ。

(2)求一般点Ⅶ、Ⅷ。

(3)光滑连接、整理轮廓。

(a) 立体图

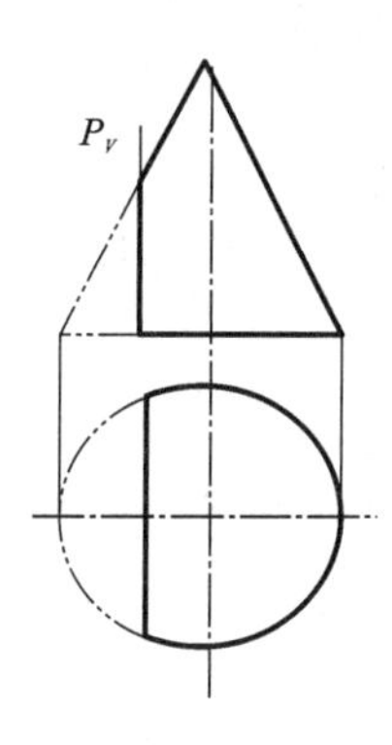

(b) 已知

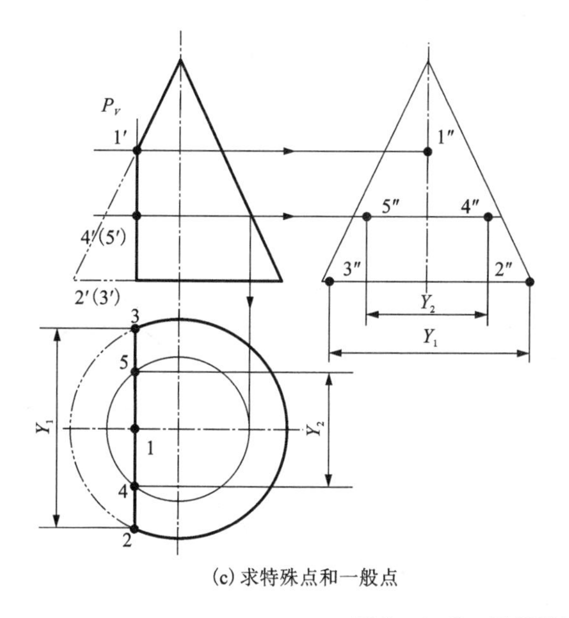

(c) 求特殊点和一般点

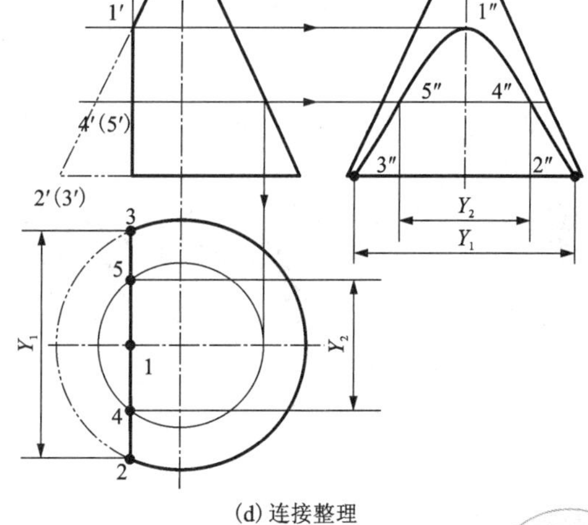

(d) 连接整理

图 2－4－7　平行于轴线切圆锥体的投影

圆锥截交线画法

3. 平面与圆球相交

圆球截交线均为圆，当截平面平行于投影面时，在该投影面上的交线圆的投影反映实形，另外两个投影面上的投影积聚成直线。见表 2－4－3。

表 2-4-3　圆求截交线

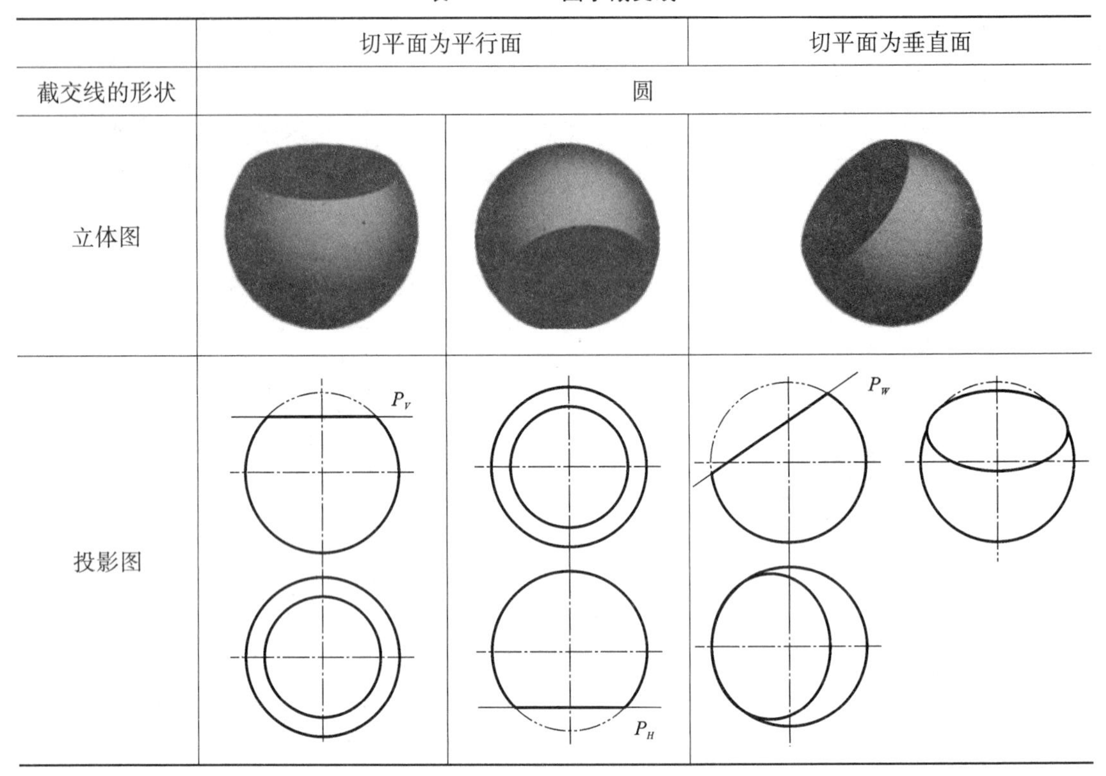

	切平面为平行面		切平面为垂直面
截交线的形状	圆		
立体图			
投影图			

例 4　求半圆球切方槽的截交线。

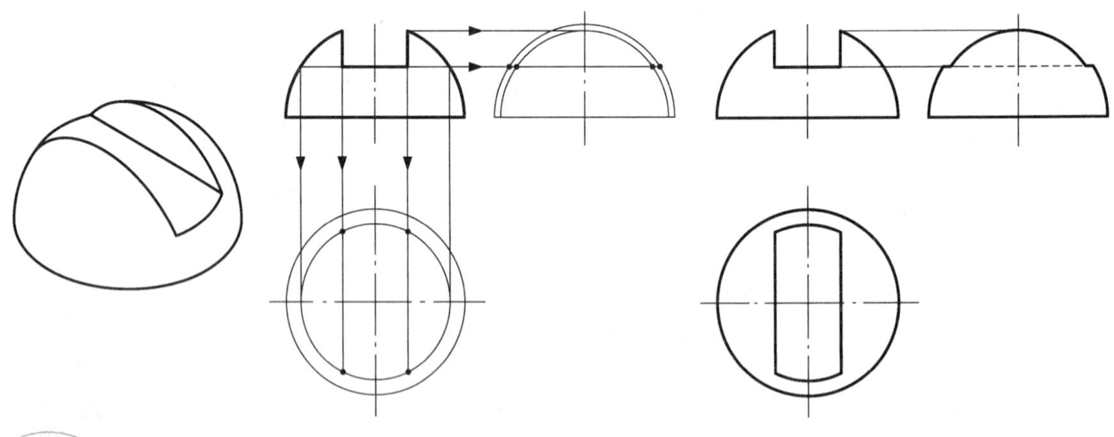

图 2-4-8　切槽半圆球的投影作图

切断法在求圆球截交线中的运用

三、平面与组合回转体相交

例 5　绘制如图 2－4－9 所示顶尖的三视图。

分析：顶尖头部由同轴的圆锥和圆柱被水平面 *P* 和正垂面 *Q* 切割而成。截平面 *P* 与圆锥面的交线为双曲线，与圆柱面的交线为两条侧垂线。截平面 *Q* 与圆柱斜交，它截切圆柱的截交线是一段椭圆弧。*P*、*Q* 两平面的交线为正垂线。由于 *P* 面和 *Q* 面的正面投影以及 *P* 面和圆柱面的侧面投影都有积聚性，只需作出截交线以及截平面 *P* 和 *Q* 交线的水平投影。

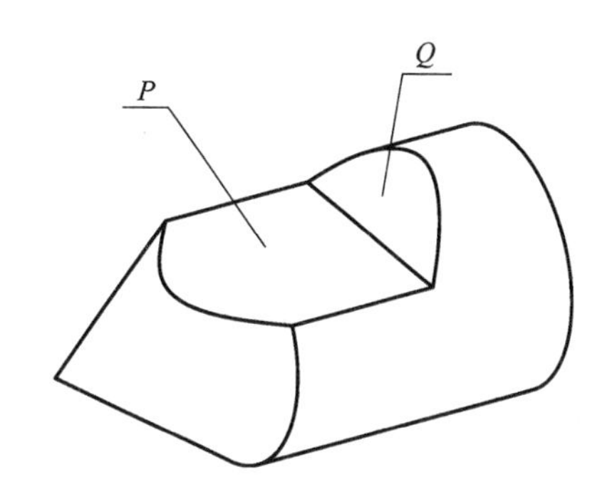

图 2－4－9　顶尖

作图：求作特殊点。

（1）根据正面投影和侧面投影可作出特殊点的水平投影 1、3、5、6、8、10。

（2）求一般点。利用辅助圆法求出双曲线上一般点的水平投影 2、4，以及椭圆弧上的一般点 7、9。

顶尖截交线的画法

（3）将各点的水平投影依次连接起来，即为所求截交线的水平投影。

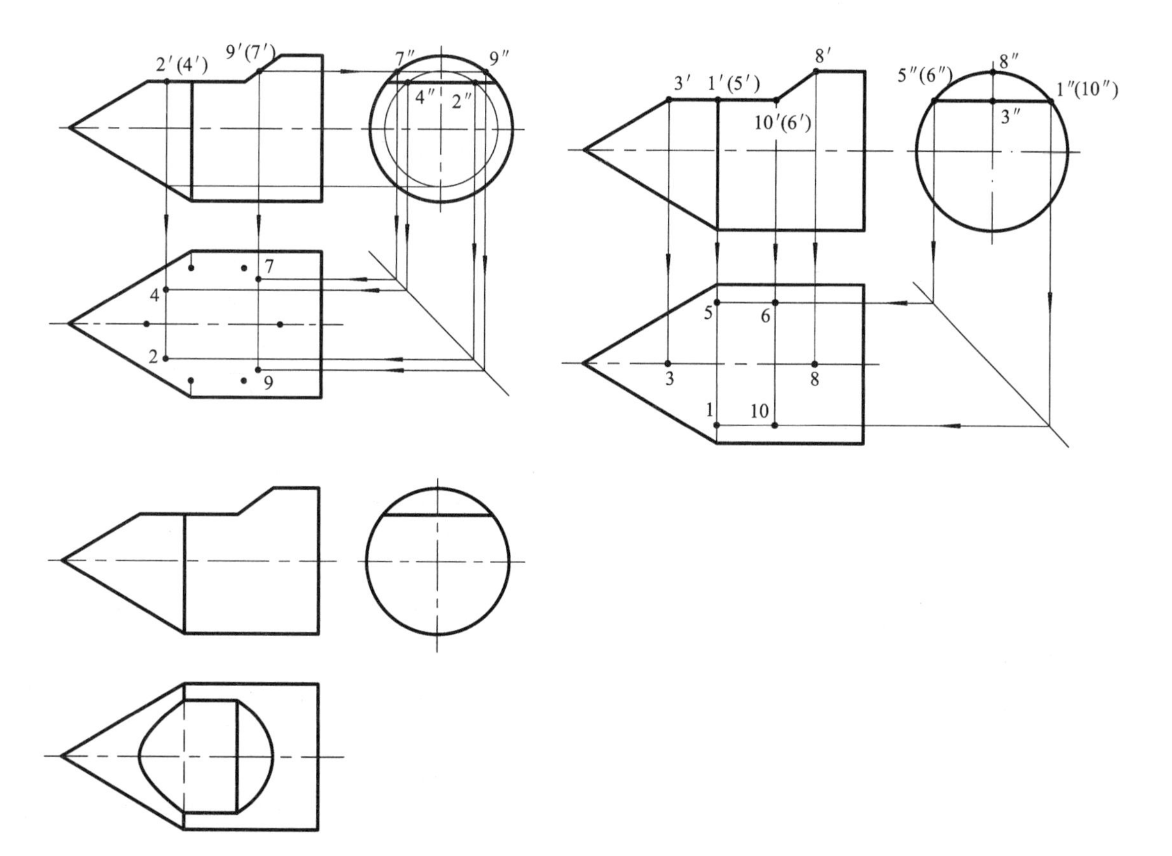

图 2－4－10　顶尖的投影作图

【同步练习】

1. 补画切割体的三视图或缺线。

（1）

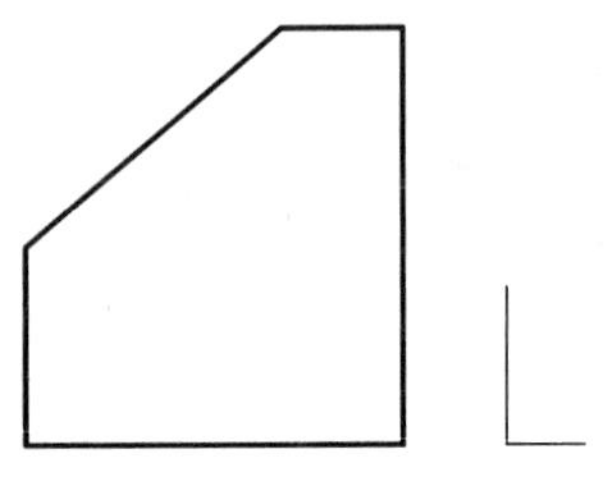

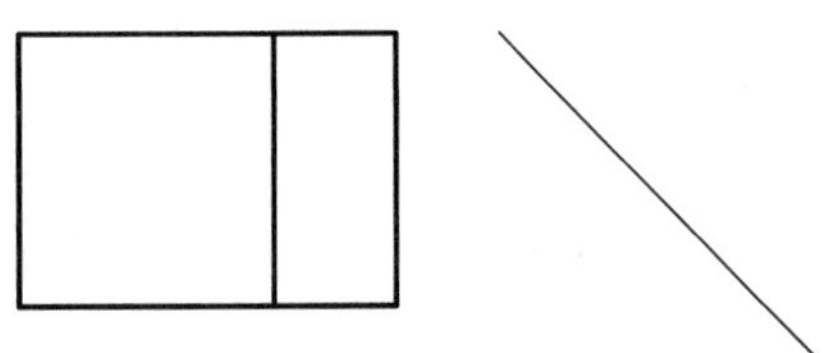

（2）

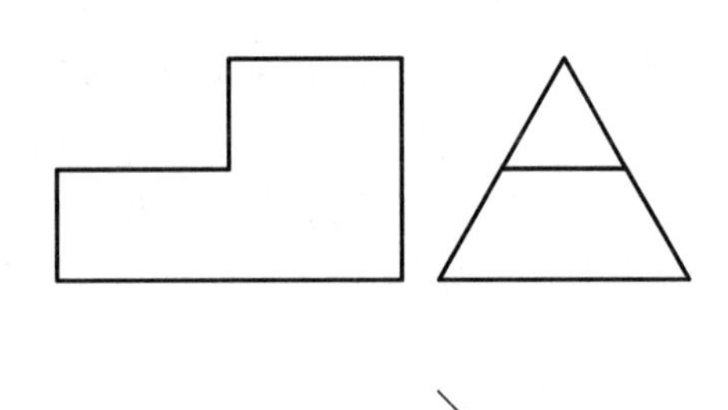

（3）

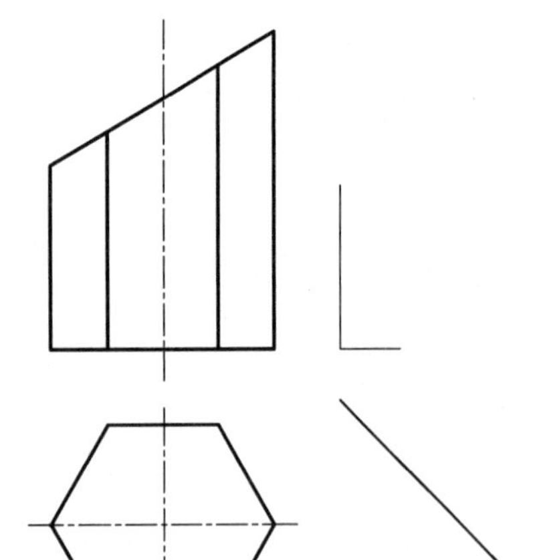

（4）

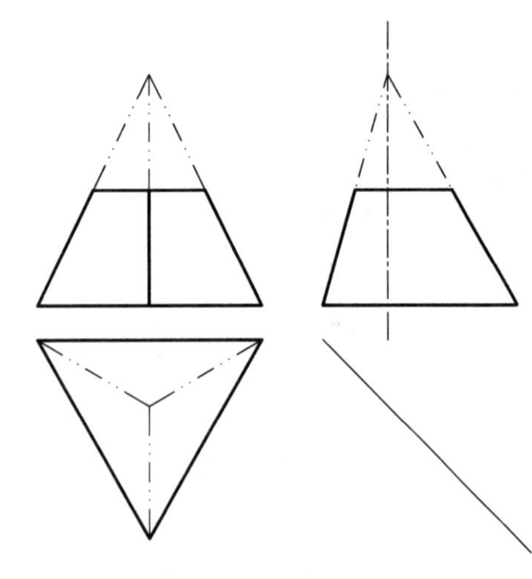

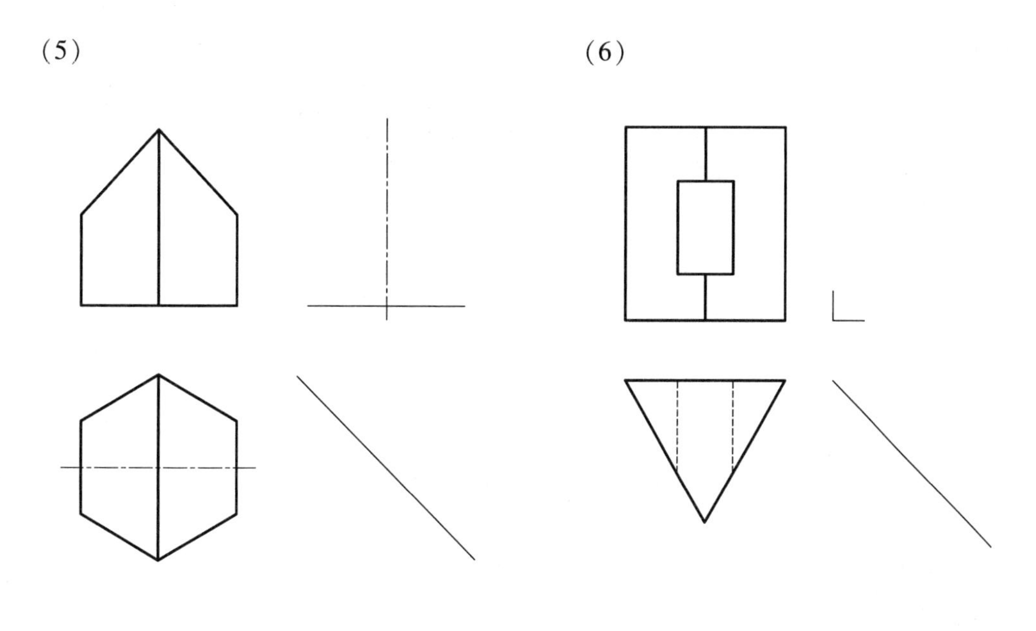

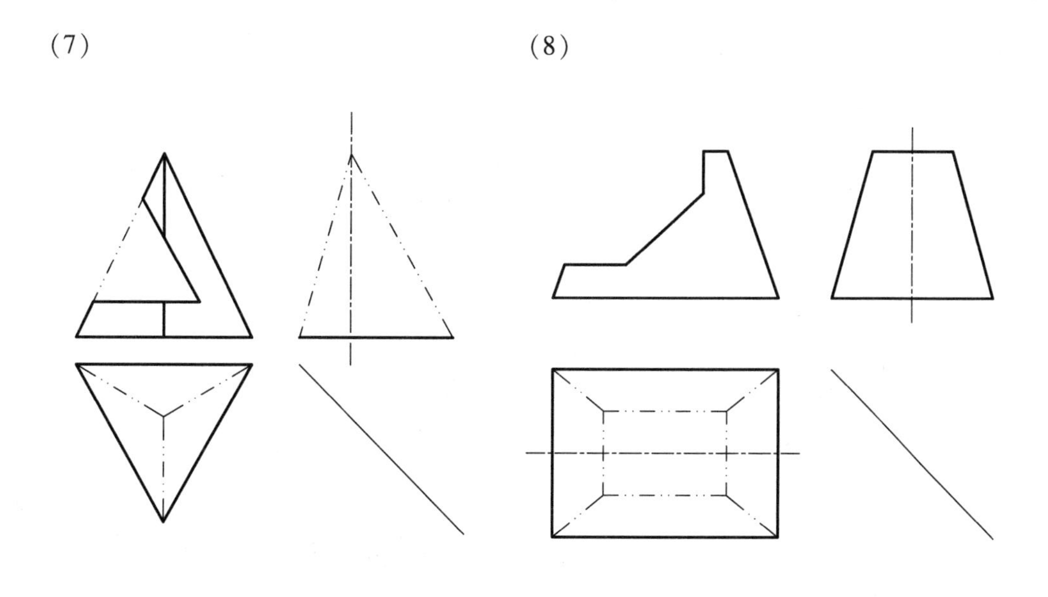

2. 分析视图，想象形状，补全三视图。

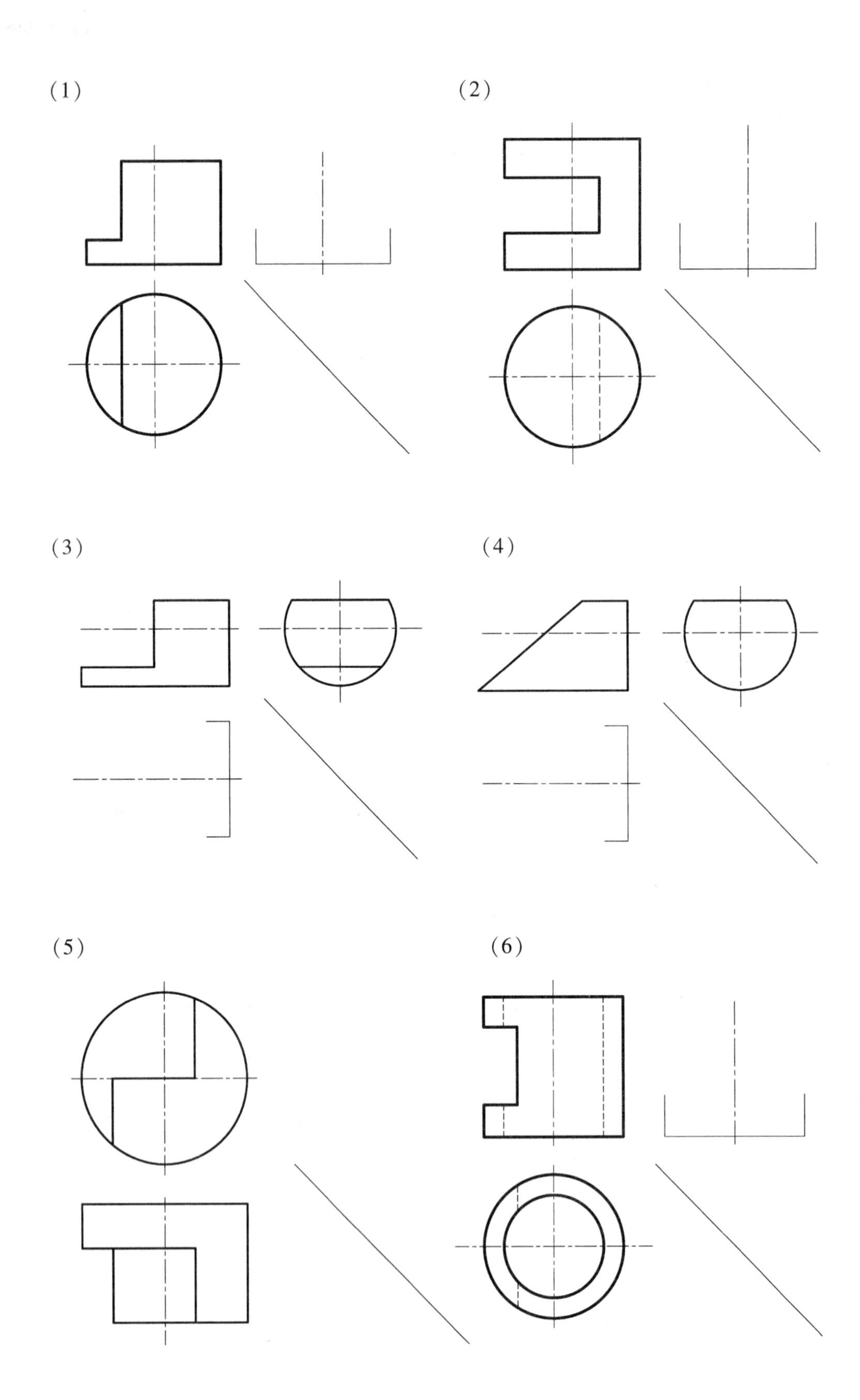
(1)
(2)
(3)
(4)
(5)
(6)

(7)

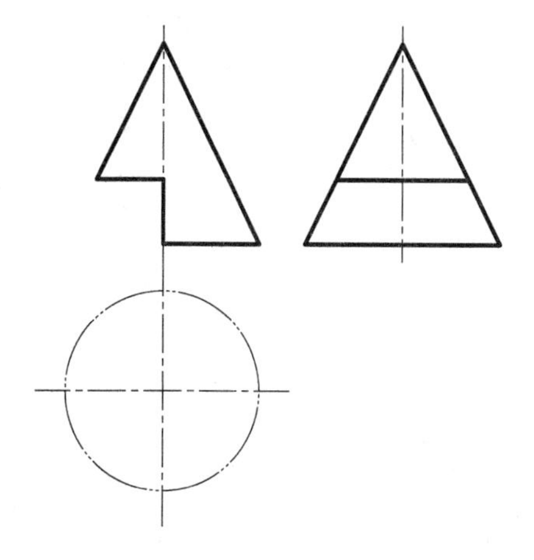

(8)

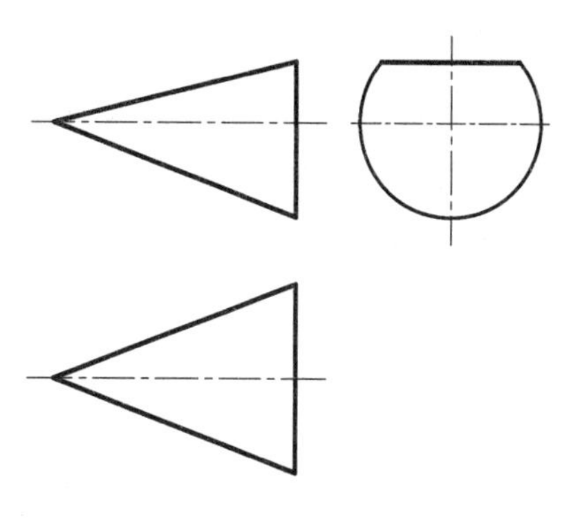

(9)

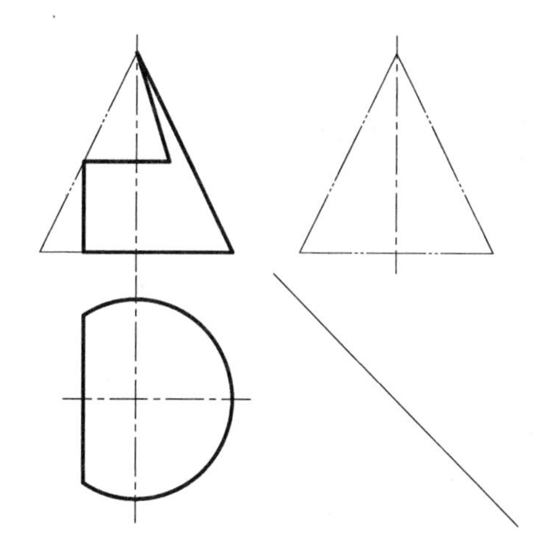

(10)

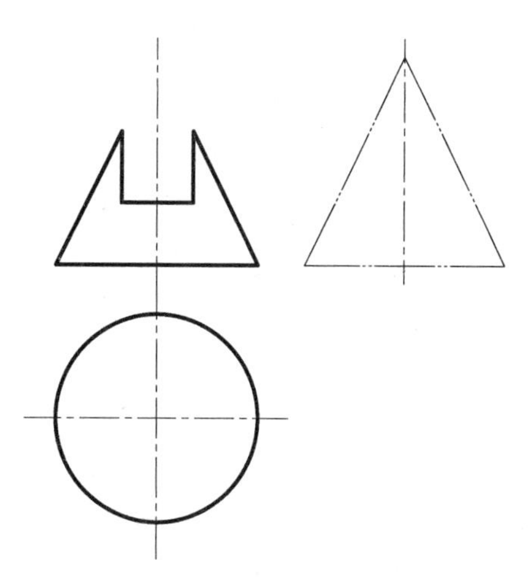

(11)

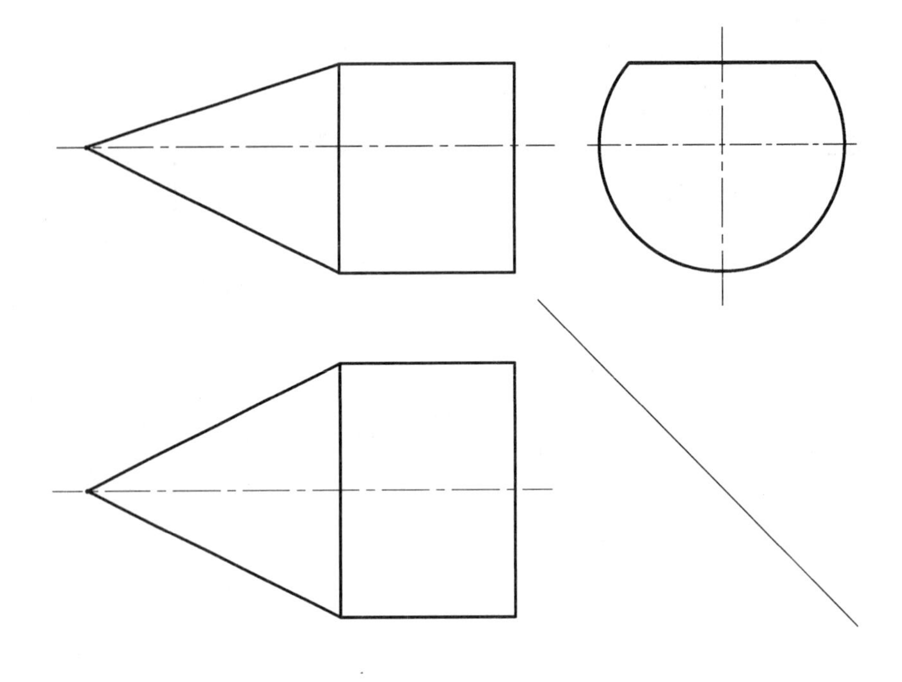

(12)

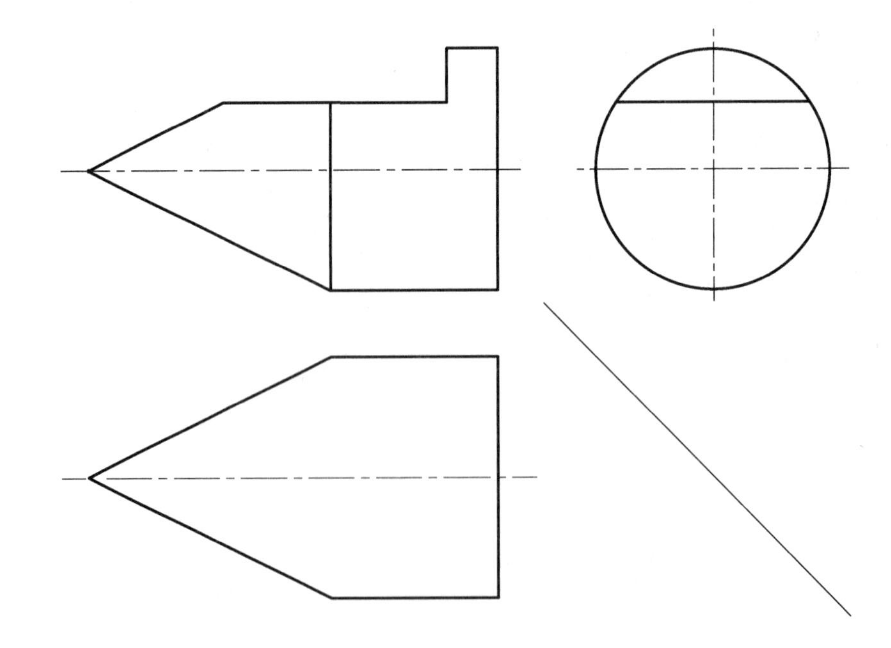

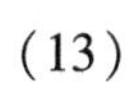

（13）

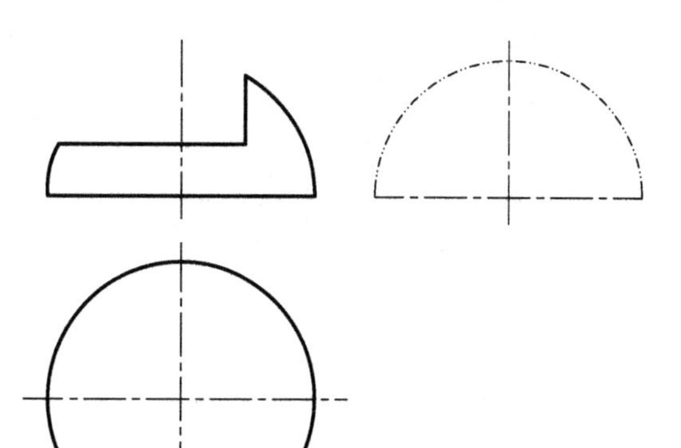

（14）

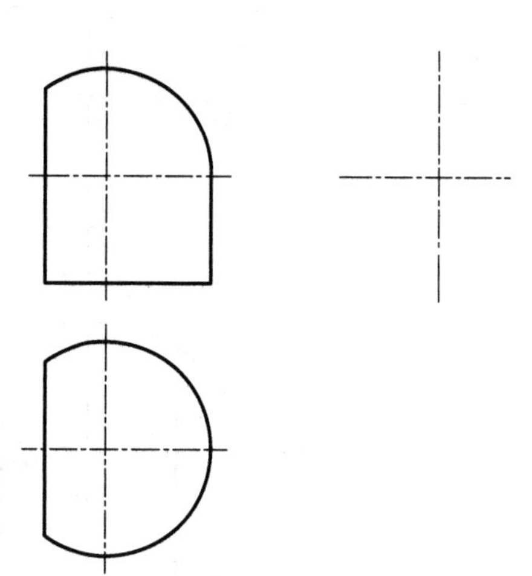

（15）

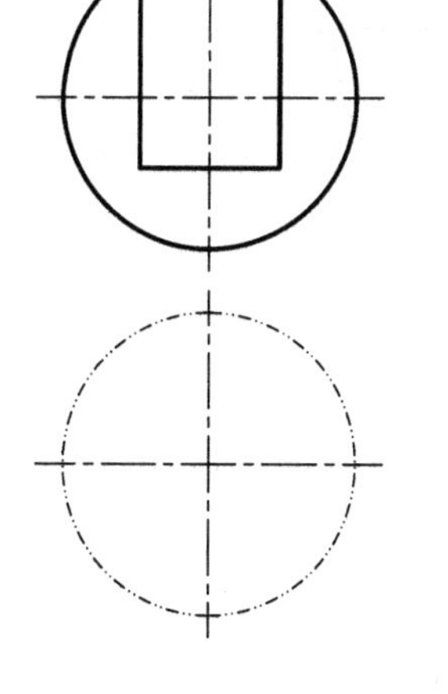

（16）

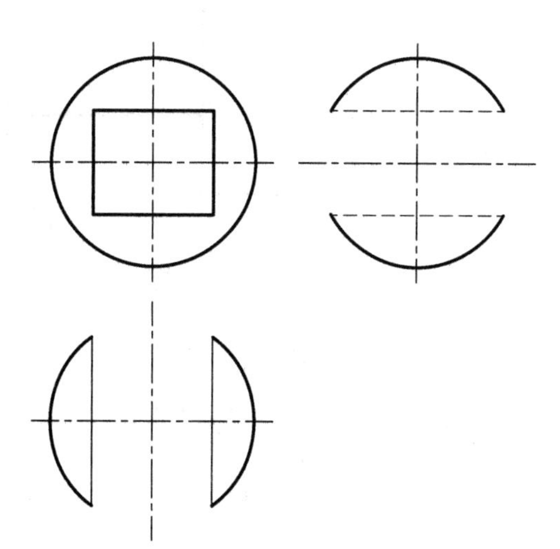

(17)

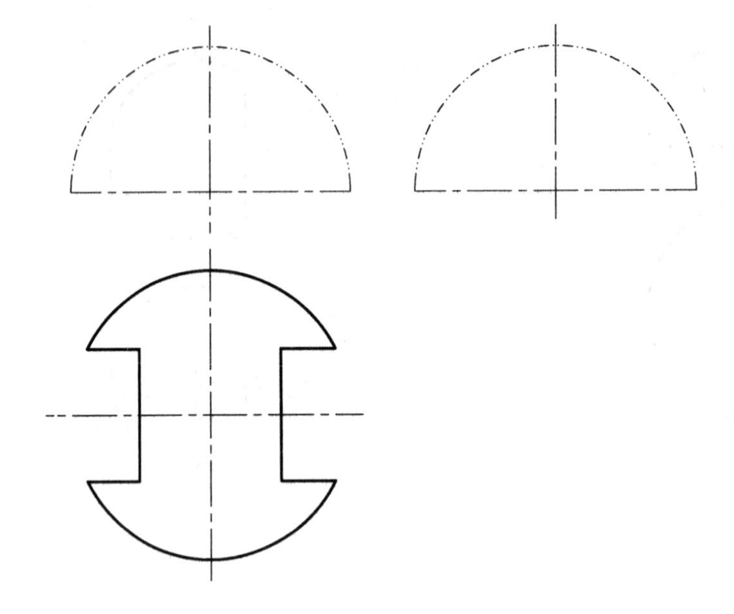

(18)

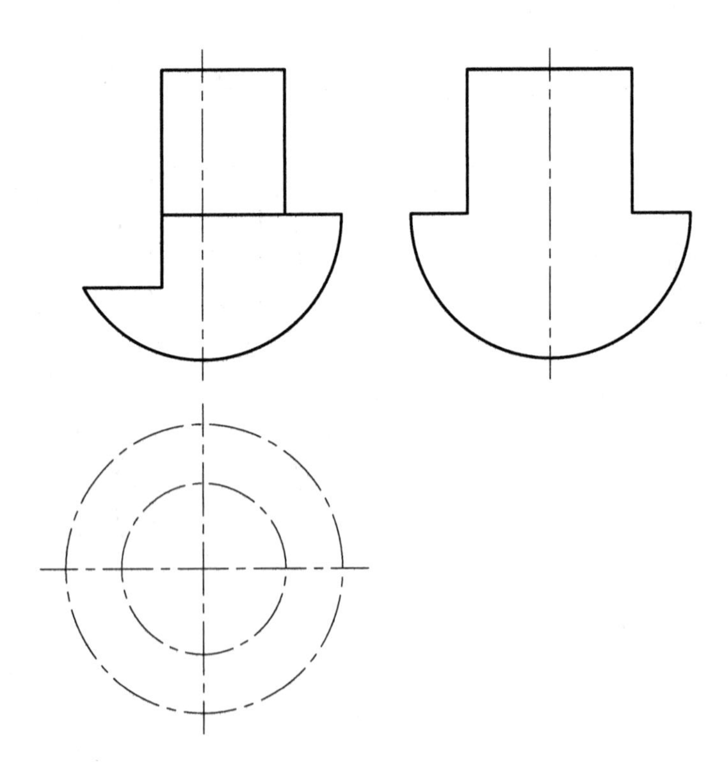

任务5　相贯线

【任务描述】

通过学习，能绘制两圆柱正交时的相贯线。

【知识导航】

两回转体相交称为相贯，相贯时形成的表面交线称为相贯线。两回转体的相贯线，实际上是两回转体表面上一系列共有点的连接(图2-5-1)。

(a) 相贯线为封闭的空间曲线

(b) 相贯线为不封闭的空间曲线

(c) 相贯线为平面曲线

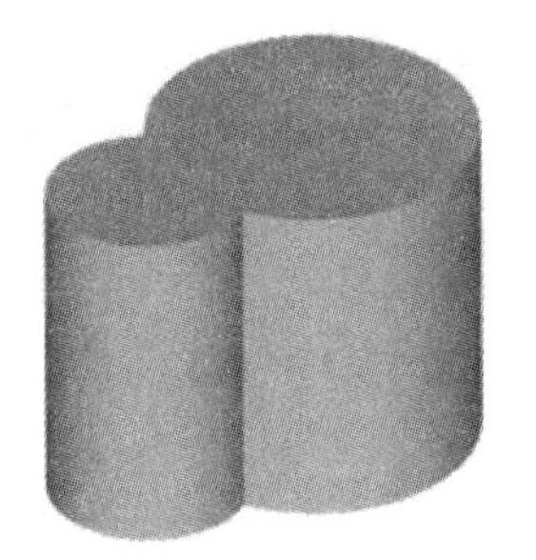

(d) 相贯线为直线

图2-5-1　两曲面立体相贯的不同情况

一、圆柱与圆柱相交

1. 表面取点法

当回转体表面的投影具有积聚性时，可利用积聚性投影，通过表面取点的方法，求出相贯线其他投影。

如图2-5-2所示，两圆柱正交，相贯线为一前后、左右对称的封闭的空间曲线。相贯线的 W 面投影与大圆柱面重合，为一段圆弧；H 面投影与小圆柱面重合，为一个圆；需求 V 面投影。

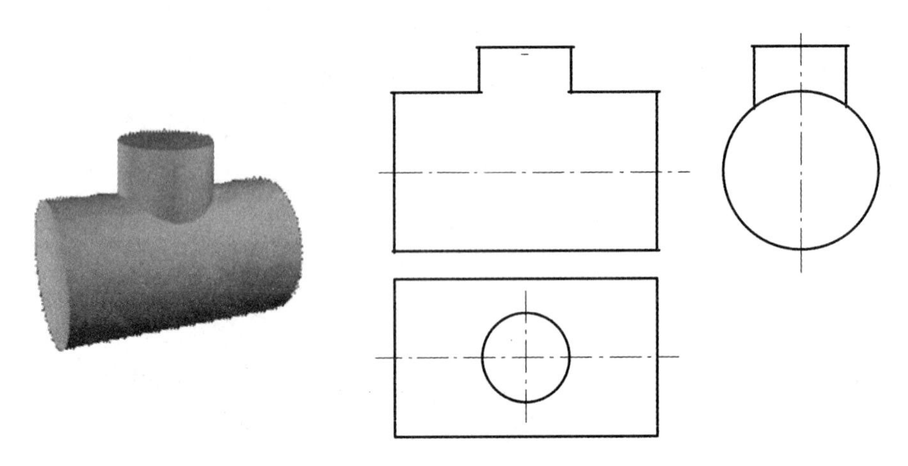

图 2-5-2　不等径两圆柱正交

作图：

(1)求特殊点Ⅰ、Ⅱ、Ⅲ、Ⅳ。

(2)求一般点Ⅴ、Ⅵ、Ⅶ、Ⅷ。

(3)连接并整理轮廓，完成全图(图 2-5-3)。

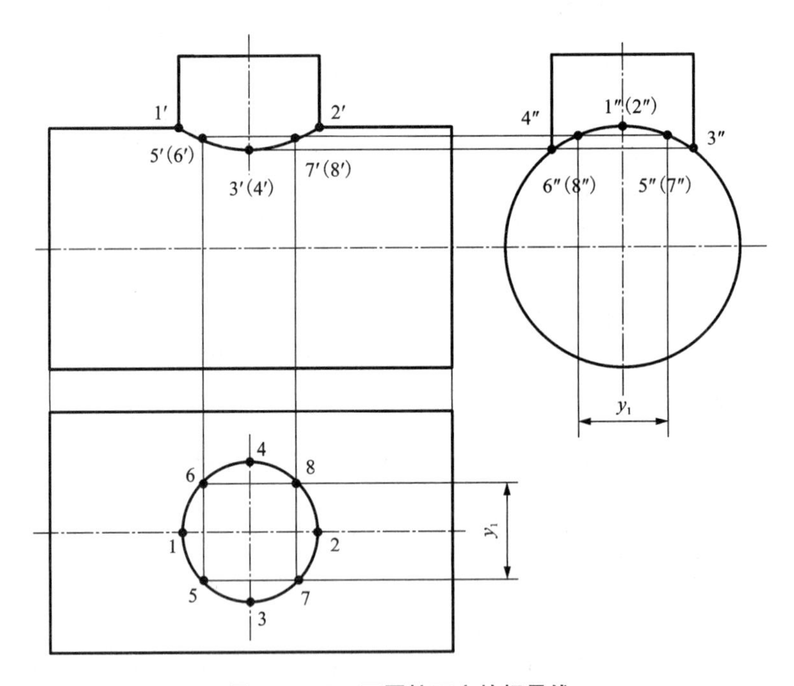

图 2-5-3　两圆柱正交的相贯线

2. 两非等径圆柱正交相贯线的相似画法

相贯线投影可以采用圆弧代替(图 2-5-4)。作图时，以较大圆柱的半径为圆弧半径，其圆心在小圆柱轴线上，相贯线的弯曲方向总是朝向较大圆柱的轴线。

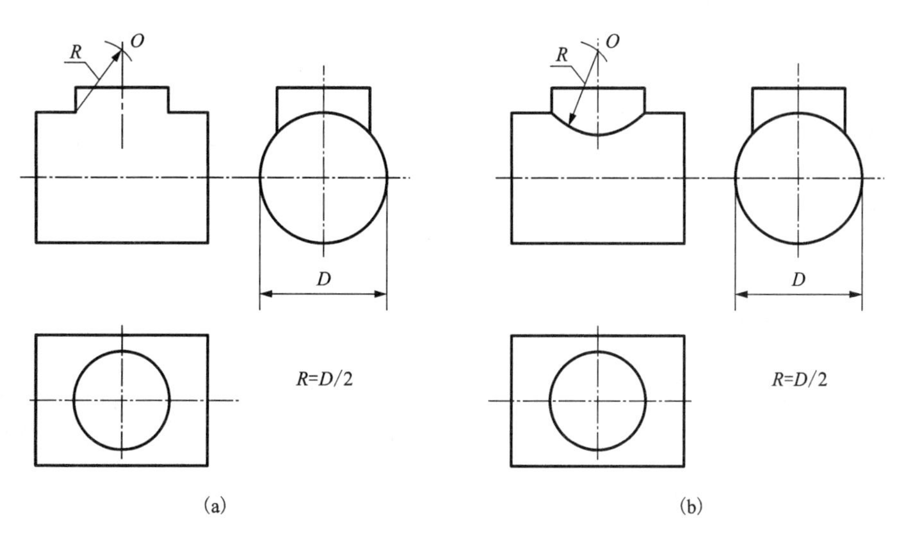

图 2－5－4　相贯线的简化画法

3. 相贯线的变化趋势分析

相贯线的变化趋势分析如表 2－5－1 所示。

表 2－5－1　两圆柱正交一个圆柱直径变化时相贯线的变化趋势

相对尺寸	$d_1 > d_2$	$d_1 = d_2$	$d_1 < d_2$
投影图			
立体图			
相贯线形状	左右对称的两条空间曲线	两相交的平面两曲线——椭圆	上下对称的两条空间线

两圆柱正交一个圆柱直径变化时相贯线的变化趋势

4. 不同圆柱正交的形式

两圆柱正交的不同形式如图 2－5－5 所示。

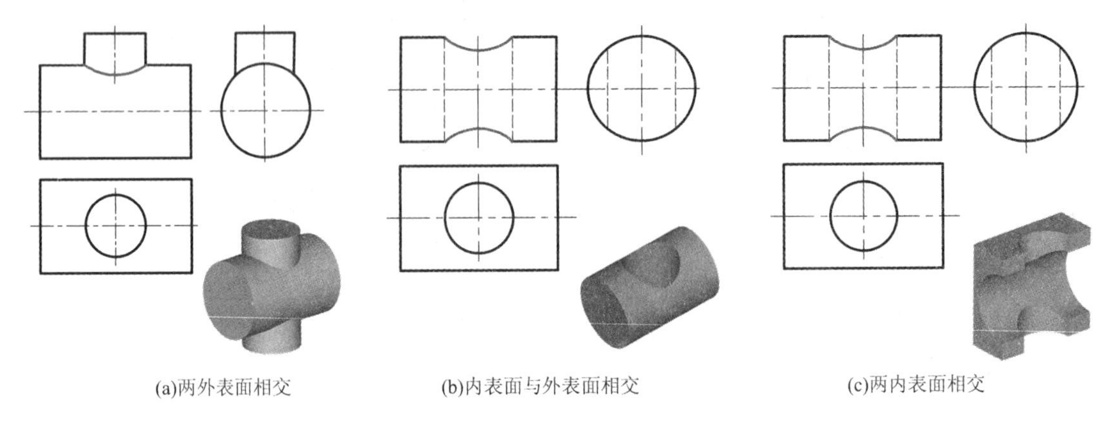

图 2－5－5　两圆柱正交的形式

二、相贯线的特殊情况

当回转体具有公共轴线时，相贯线为垂直于轴线的圆，在与轴线平行的投影面上的投影为一直线段(图 2－5－6)。

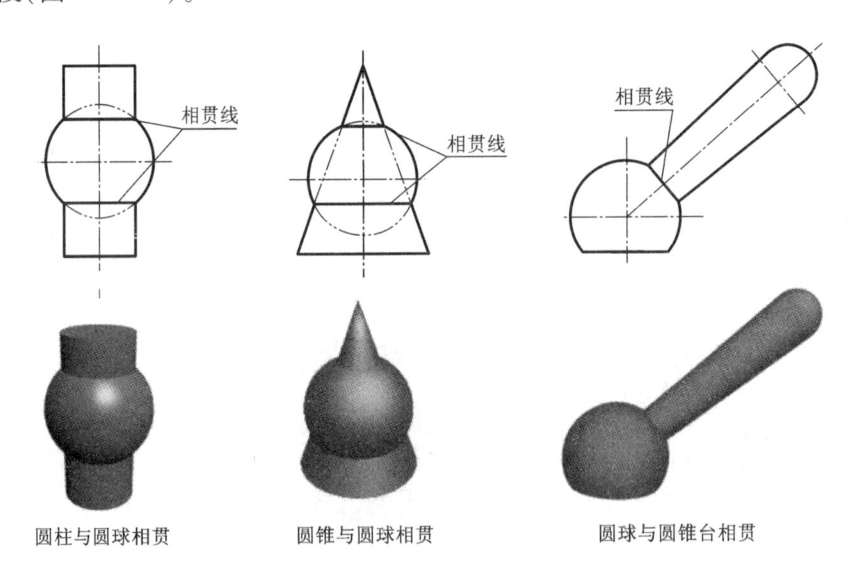

图 2－5－6　同轴回转体的相贯线——圆

圆柱与圆锥相贯趋势

【同步练习】

1. 圆柱正交相贯线。分析视图，想象形状，补全三视图。

（1）　　　　　　　　　　　　　　　（2）

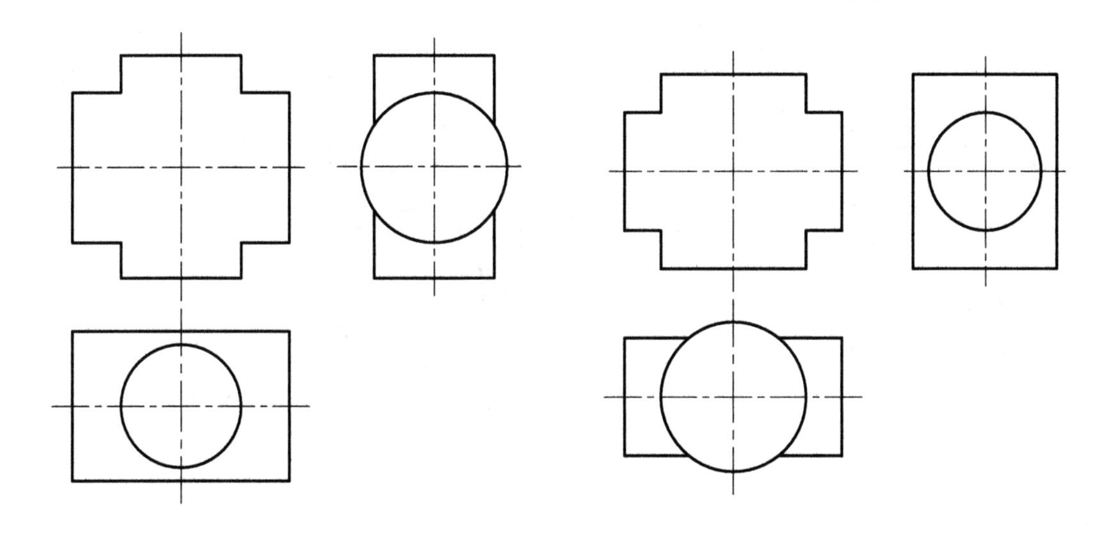

（3）　　　　　　　　　　　　　　　（4）

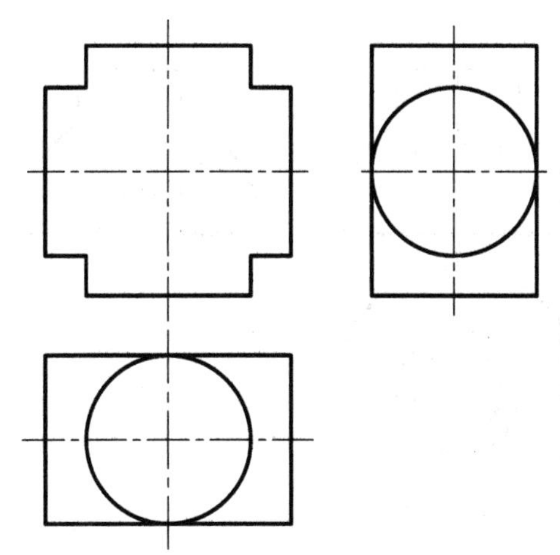

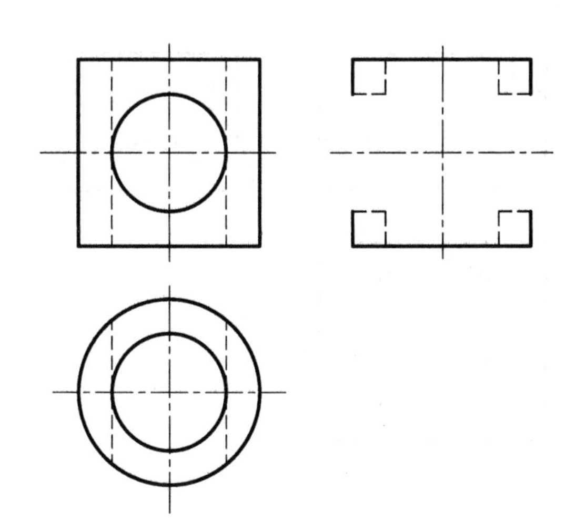

2. 其他立体相贯线。分析视图，想象形状，补全三视图。

（1）　　　　　　　　　　　　（2）

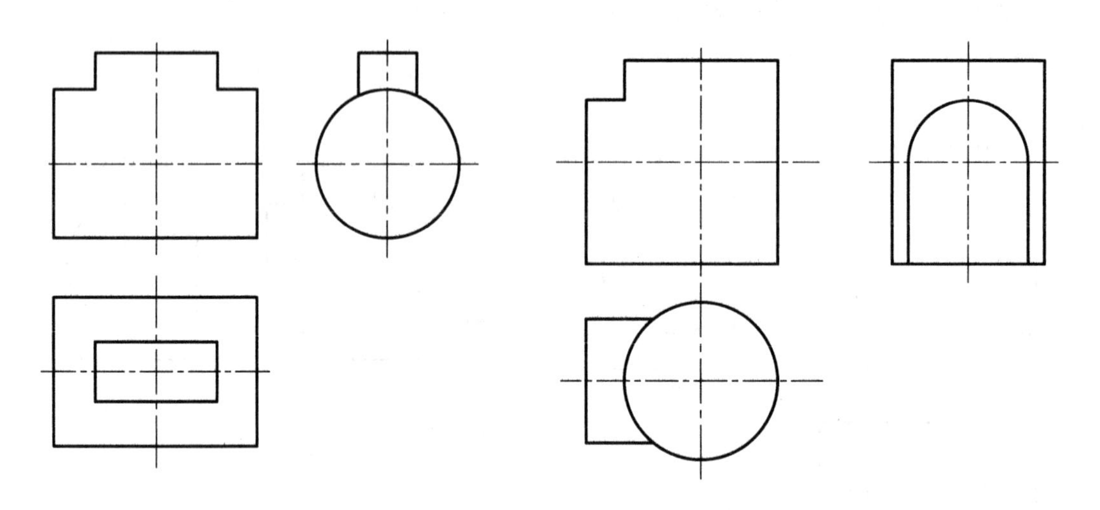

（3）　　　　　　　　　　　　（4）

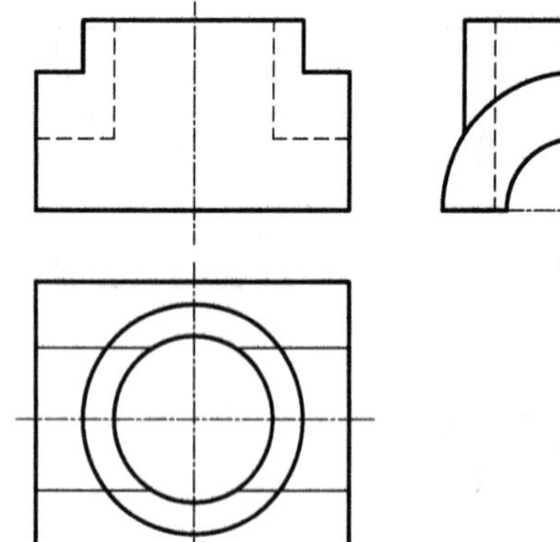

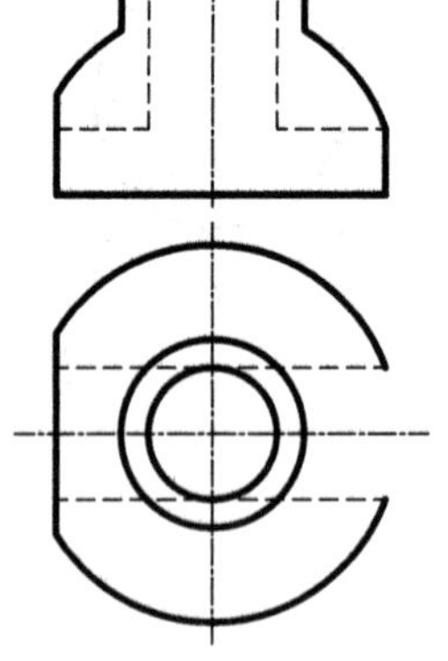

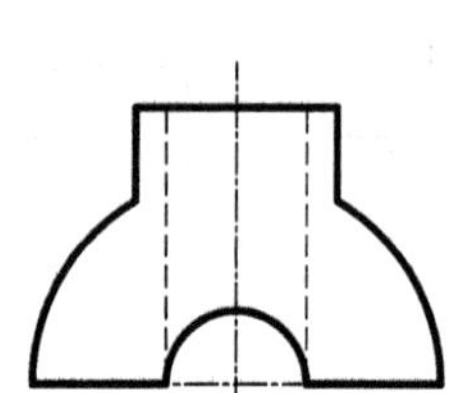

3. 综合习题★。分析视图，想象形状，补全三视图。

（1）

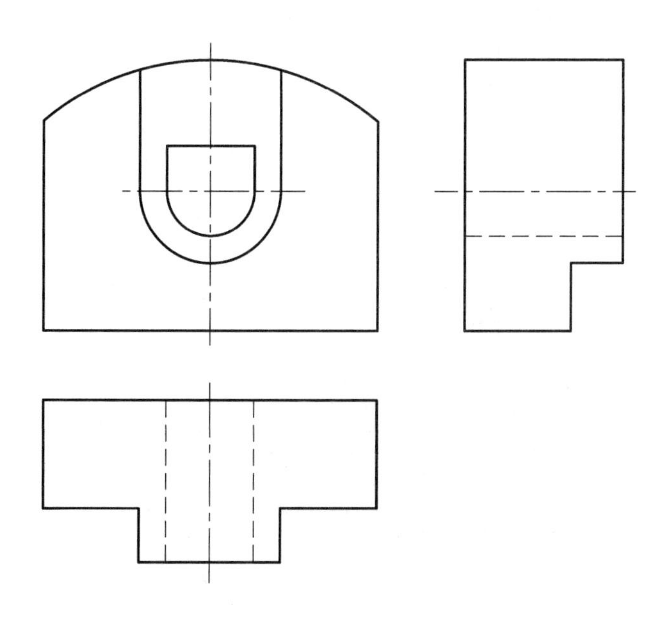

（2）

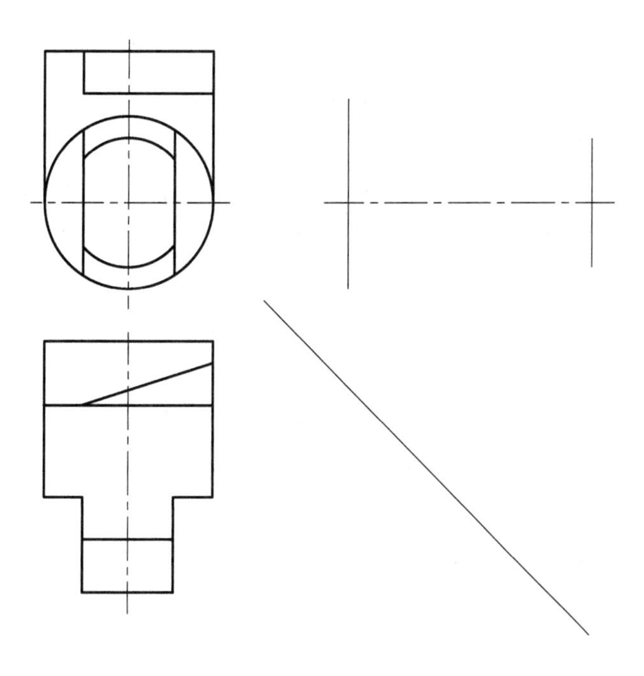

(3)

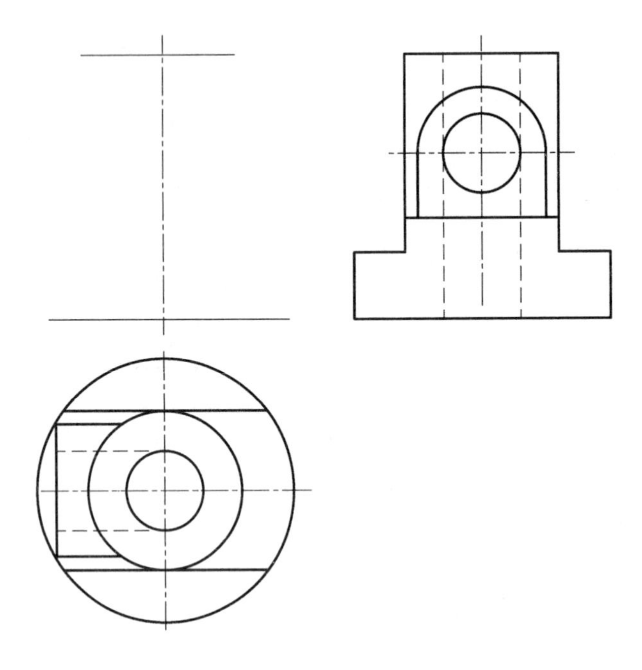

(4)

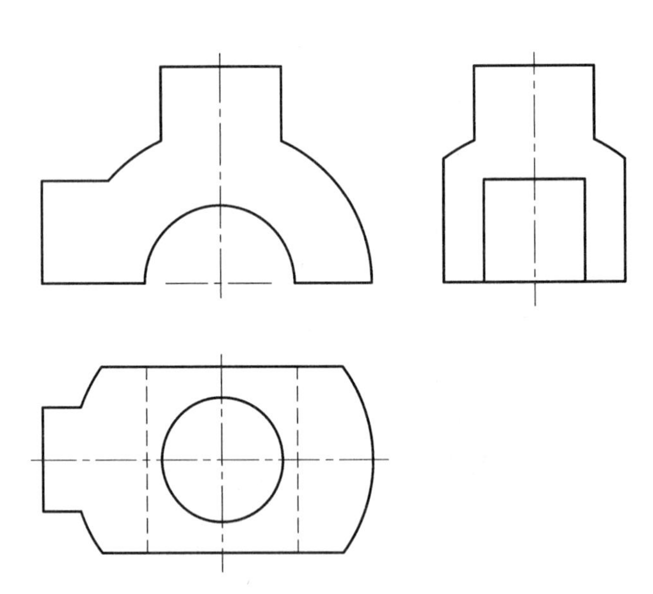

项目三
组合体

【项目导入】

在工程上应用正投影法绘制的多面正投影图，可以完全确定物体的形状和大小，且作图简便，度量性好，依据这种图样可制造出所表示的物体。但它缺乏立体感，直观性较差，要想象物体的形状，需要运用正投影原理把几个视图联系起来看，缺乏读图知识的人难以看懂。多面正投影图与轴测图的比较如图 3－0－1 所示。

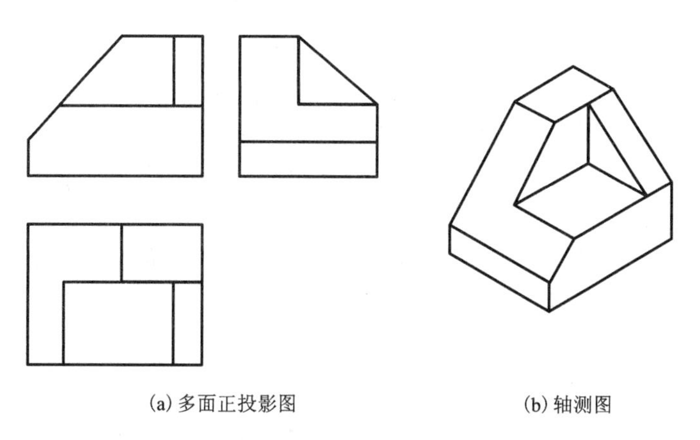

(a) 多面正投影图　　(b) 轴测图

图 3－0－1　多面正投影图与轴测图的比较

【学有所获】

通过本项目的学习，学生应该能运用如下知识点：

(1) 轴测图的种类与画法。

(2) 组合体的组合形式与分析方法。

(3) 组合体的尺寸标注方法。

任务1　轴测图

【任务描述】

通过学习，能根据三视图绘制出正等轴测图与斜二轴测图。

【知识导航】

轴测图是一种单面投影图，在一个投影面上能同时反映出物体三个坐标面的形状，并接近于人们的视觉习惯，形象、逼真，富有立体感。但是轴测图一般不能反映出物体各表面的实形，因而度量性差，同时作图较复杂。因此，在工程上常把轴测图作为辅助图样，来说明机器的结构、安装、使用等情况，在设计中，用轴测图帮助构思、想象物体的形状，以弥补正投影图的不足。

一、轴测图概述

轴测图的形成

轴测图是把空间物体和确定其空间位置的直角坐标系按平行投影法沿不平行于任何坐标面的方向投影到单一投影面上所得的图形。

轴测图具有平行投影的所有特性。例如：

平行性：物体上互相平行的线段，在轴测图上仍互相平行。

定比性：物体上两平行线段或同一直线上的两线段长度之比，在轴测图上保持不变。

实形性：物体上平行轴测投影面的直线和平面，在轴测图上反映实长和实形。

当投射方向 S 垂直于投影面时，形成正轴测图；当投射方向 S 倾斜于投影面时，形成斜轴测图。

1. 轴间角

物体参考直角坐标系的三根坐标轴 O_1X_1、O_1Y_1 和 O_1Z_1 在轴测图上的投影 OX、OY、OZ 称为轴测投影轴，简称轴测轴（如图 3－1－1 所示）。每两根轴测轴之间的夹角 $\angle XOY$、$\angle YOZ$ 和 $\angle ZOX$ 称为轴间角。

2. 轴向伸缩系数

轴测轴 O_1X_1、O_1Y_1 和 O_1Z_1 上的线段长度与空间直角坐标轴 OX、OY、OZ 上的对应线段长度之比，称为沿 OX、OY、OZ 轴的轴向伸缩系数。

在画轴测图时，如果知道了轴间角和轴向伸缩系数，只要沿物体上平行于各参考坐标轴方向度量线段的长度，并乘以相应轴测轴的轴向伸缩系数，再将这个长度画到对应的轴测轴方向上即可。

由上可知，在轴测图中只有沿着轴测轴方向测量的长度才与原坐标轴方向的长度之间存在成定比的对应关系，“轴测投影”由此得名。因此在画轴测图时，只需将与坐标轴平行的线段乘以相应的轴向伸缩系数，再沿相应的轴测轴方向上量画即可。用得最多的轴测图是正等轴测图和斜二轴测图，下面分别介绍这两种轴测图。

二、正等轴测图

正等轴测图简称正等测。当空间直角坐标轴 O_0X_0、O_0Y_0 和 O_0Z_0 与轴测投影面倾斜的角度相同时，用正投影法得到的投影图称为正等轴测图。

1. 正等测的轴间角

由于三根坐标轴与轴测投影面倾斜的角度相同，因此，三个轴间角 $\angle XOY$、$\angle YOZ$ 和 $\angle ZOX$ 相等，都是 120°，并规定 OZ 轴画成铅垂方向。

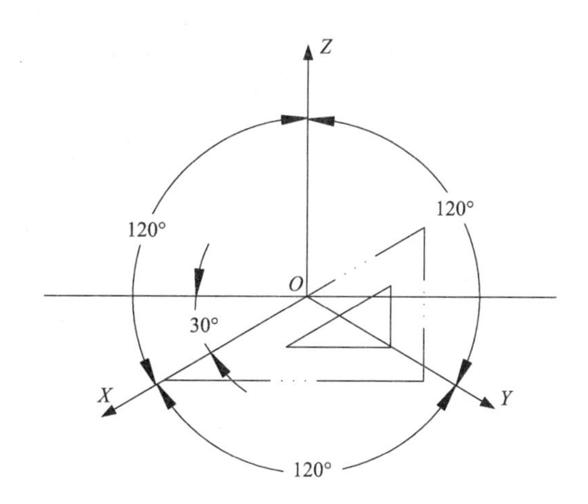

图 3－1－1　正等测的轴间角

2. 正等测的轴向伸缩系数

正等测沿三根坐标轴的轴向伸缩系数相等，根据计算，约为 0.82。为了作图简便起见，取轴向伸缩系数为 1，这样画出的正等轴测图就比采用轴向伸缩系数为 0.82 的轴测图在线形尺寸上放大了 1/0.82≈1.22 倍，但是形状不变，而且作图简便，只需将物体沿各坐标轴的长度直接度量到相应轴测轴方向上即可。图 3－1－2(b)、(c)为分别用这两种轴向伸缩系数画出的长方体的轴测图。

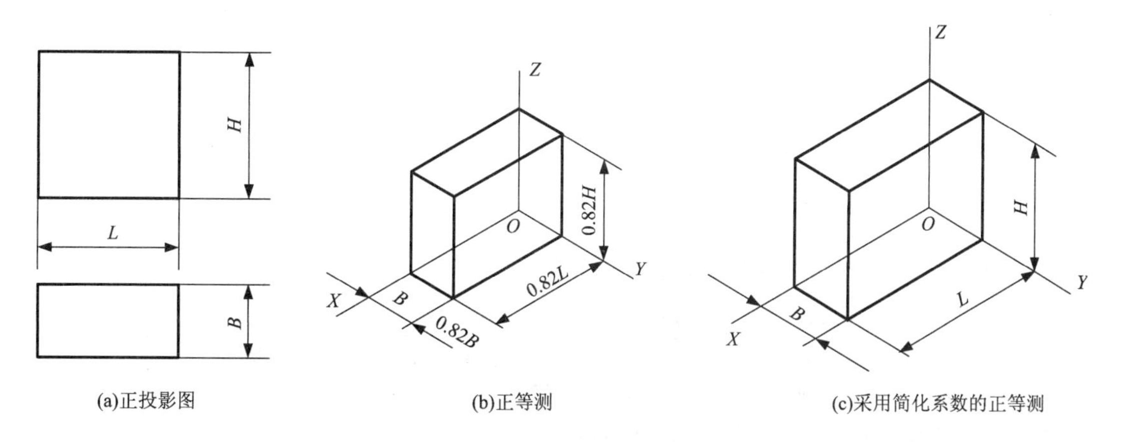

图 3－1－2　长方体的正等轴测图

3. 平面立体正等轴测图的画法

绘制平面立体正等测的方法主要有坐标法和切割法两种。

(1)坐标法。

在立体上建立参考直角坐标系，定出各顶点的坐标，再在轴测投影面内找出各顶点位置，连接各顶点，即可完成该立体的轴测投影图。坐标法是绘制轴测图的基本方法，不但适用于平面立体，也适用于曲面立体；不但适用于正等测，也适用于其他轴测图的绘制。

例 1　作正六棱柱轴测图。

六棱柱正等测的画法

作图：①选定坐标原点和坐标轴，坐标原点和坐标轴的选择应以作图简便为原则，这里选定正六边形的中心为坐标原点，作轴测轴 O_1X_1，O_1Y_1，O_1Z_1，使三个轴间角均等于 120°，如图 3－1－3 所示。

②作六棱柱顶面的正等测，在正投影图上按 1∶1 量得各边各点之坐标，作出顶面。

③分别由各顶点沿 Z_1 轴向下量取各点之 Z 坐标，作各棱线，得底面的正等测。

④经整理加深得正六棱柱体的正等轴测图。

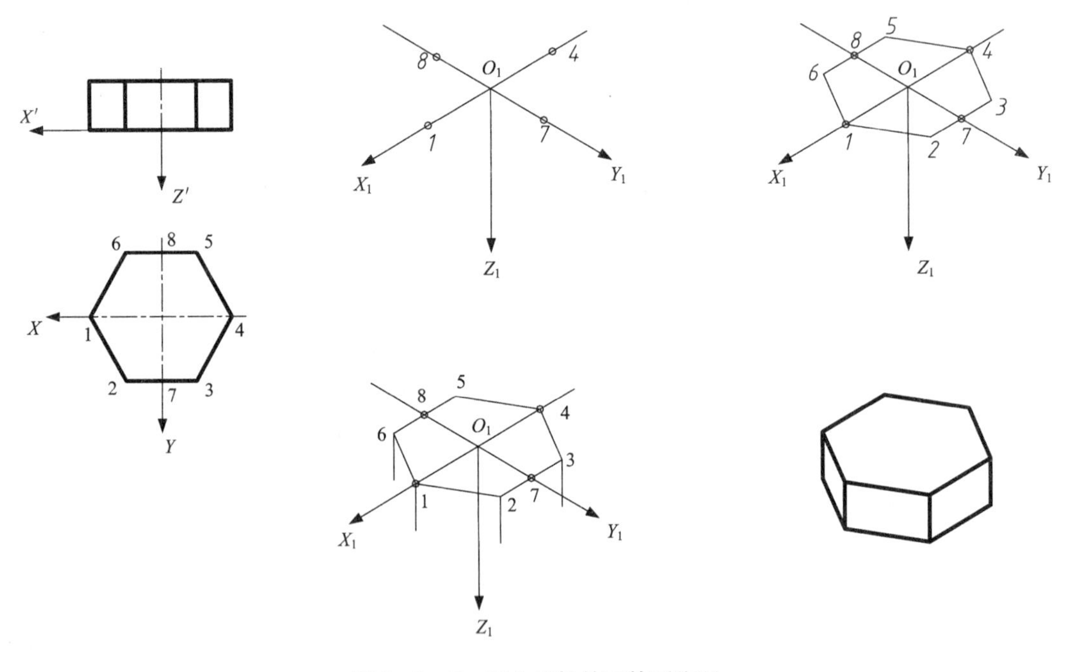

图 3－1－3　正六棱柱的正等测作图

(2)切割法。

这种方法适用于以切割方式构成的平面立体，先绘制出挖切前的完整形体的轴测图，再依据形体上的相对位置逐一进行切割。

作图步骤(图 3－1－4)：

①在视图上定出坐标原点 O 与立体左、下、前角。

②作出挖切前的基本立体图形，按立体图形的长、宽、高尺寸画出外形。

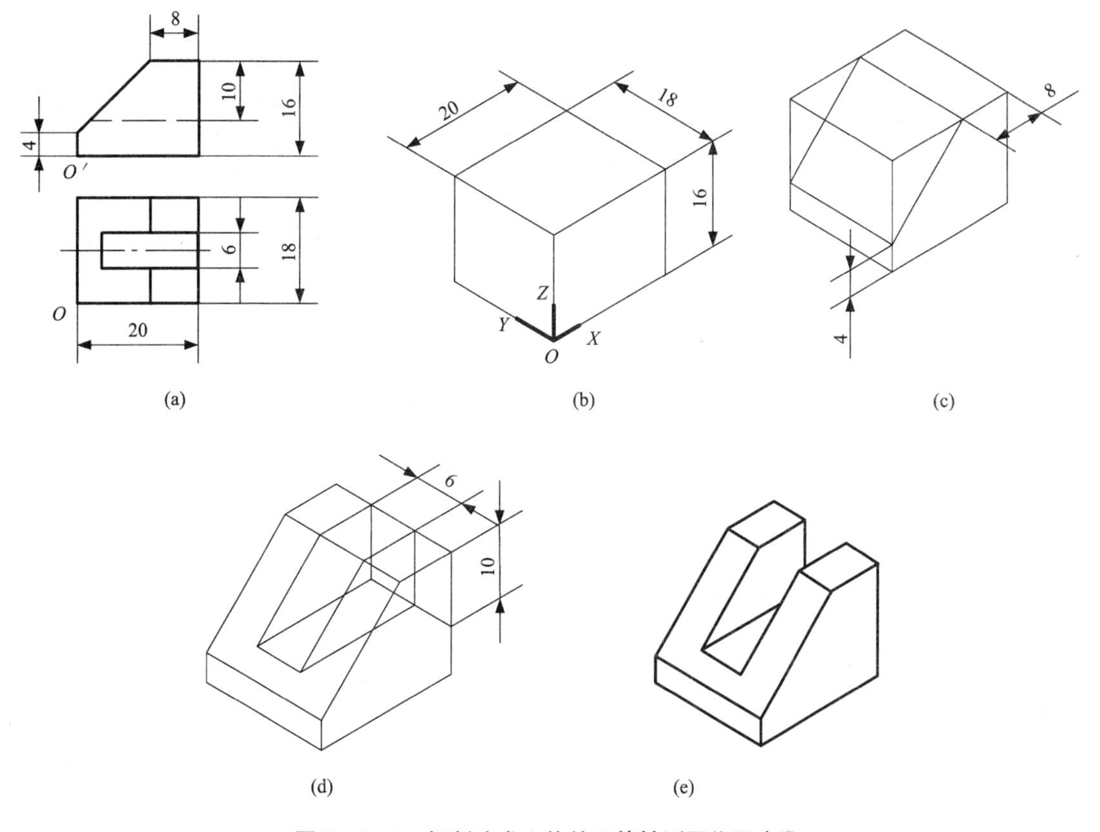

图 3 -1 -4　切割法求立体的正等轴测图作图步骤

③由投影图知切斜角所用尺寸：X 轴方向 8，Z 轴方向 4，在轴测图上找到对应点，并连线。

④由俯视图知所挖槽在立体前后对称线上，由槽宽尺寸 6、槽深尺寸 10 所确定。在轴测图长方体的顶面找出槽宽尺寸 6，再由顶面向下量出槽深 10，至于槽与切去左上角而得的正垂面的交线，只需作与正垂面各边对应的平行线即可。

⑤整理全图，擦去作图辅助线和不可见轮廓线，加深可见轮廓线。

4. 回转体正等轴测图的画法

画回转体时经常遇到圆或圆弧，由于各坐标面对正等轴测投影面都是倾斜的，因此平行于坐标平面的圆的正等轴测投影是椭圆。而圆的外切正方形在正等测投影中变形为菱形，因而圆的轴测投影就是内切于对应菱形的椭圆。

长方体切割正等测的画法

（1）圆的正等测画法。

为了简化作图，轴测投影中的椭圆常采用近似画法，用四段圆弧连接近似画出。这四段圆弧的圆心是用椭圆的外切菱形求得的，因此也称这个方法为“菱形四心法”。

由于菱形各边中点 A、B、C、D 以及钝角顶点 E、G 到中心 O 的距离都相等，并等于圆的半径 R，那么不必画出菱形也可以求得四心。同样以画水平面的圆的正等测图为例说明，如图 3 -1 -5 所示。

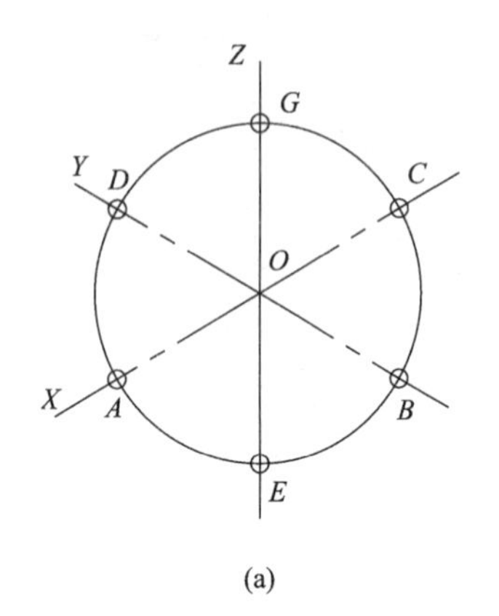

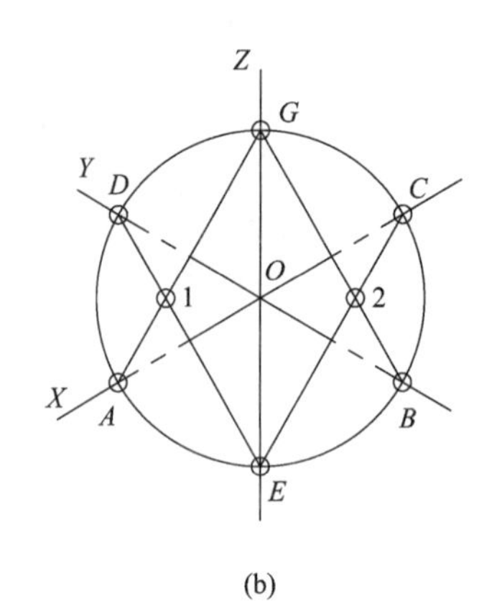

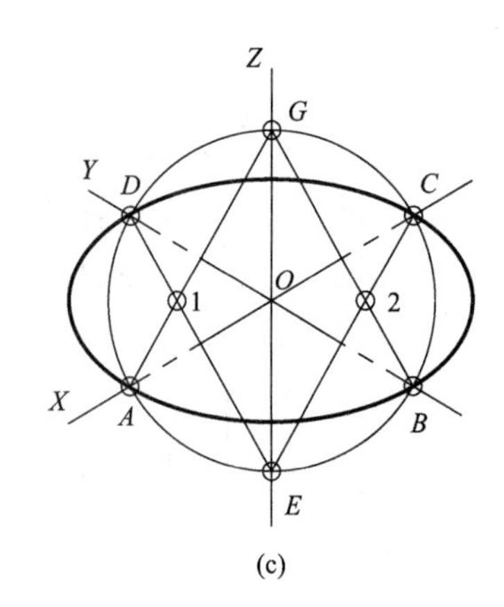

图 3－1－5　求四心的简便方法

①作轴测轴 OX、OY、OZ，在各轴上取圆的真实半径，得 A、B、C、D、E、G 六点。

②圆平行于 H 面，则 OZ 为椭圆短轴，即 E、G 为两大圆弧的圆心。将 E、G 分别与 C、D 和 A、B 相连，所得到的 1、2 点即为两小圆弧的圆心。

③分别以 E、G、1、2 为圆心，画对应段的圆弧，完成作图。

(2)圆柱体的正等轴测图画法。

掌握了圆的正等测画法，圆柱体的正等测也就容易画出了。只要分别作出其顶面和底面的椭圆，再作其公切线就可以了。图 3－1－6(a)～(f)为绘制轴线为侧垂线的圆柱体的正等测图的步骤。

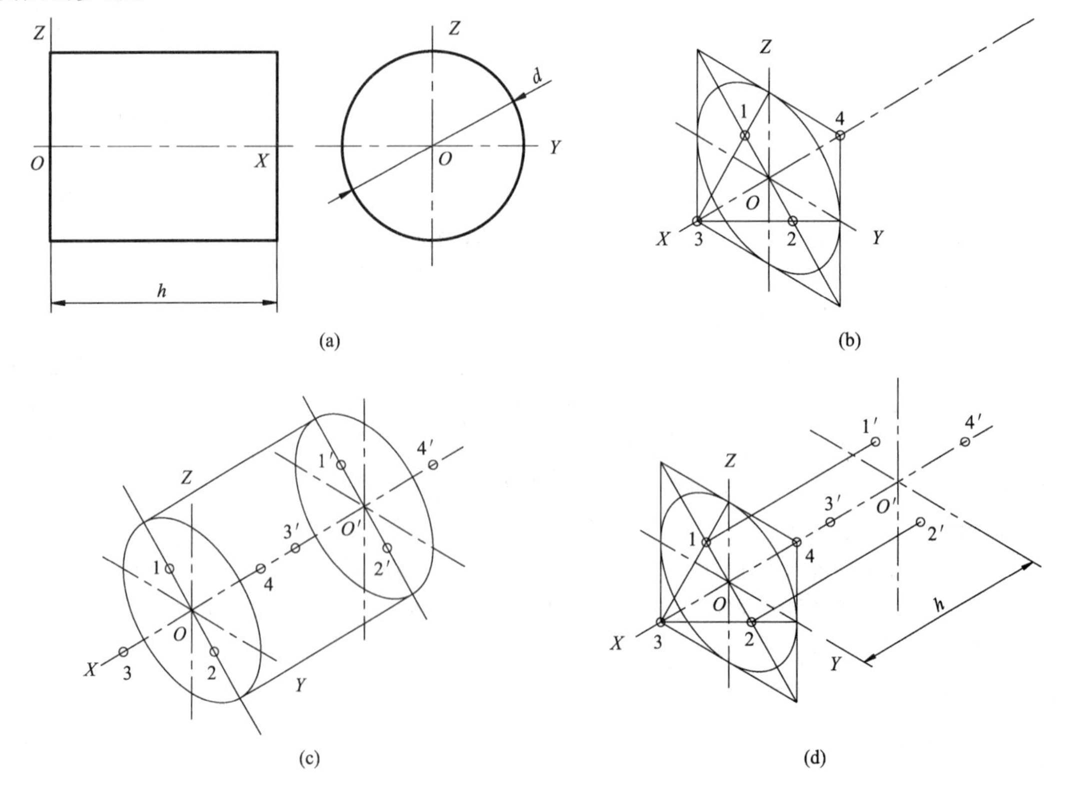

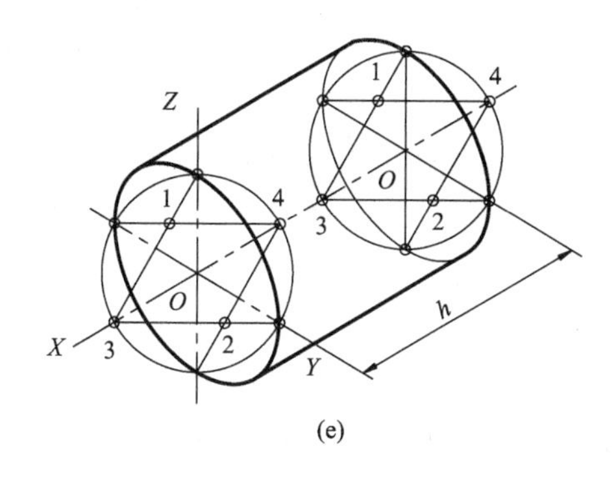

(e)

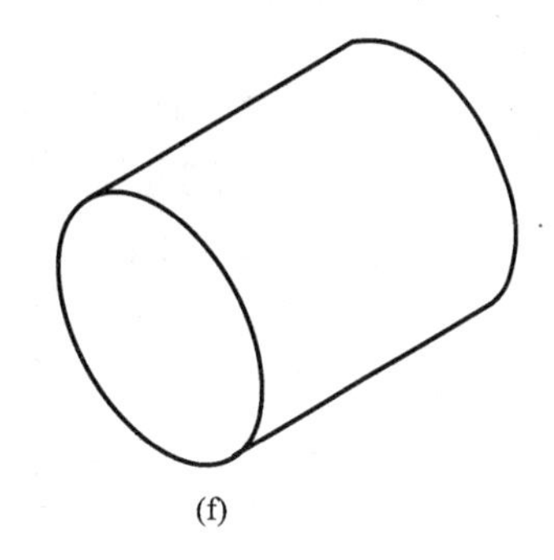

(f)

图 3－1－6　圆柱体的正等测图的作图步骤

①根据投影图定出坐标原点和坐

②绘制轴测轴，作出侧平面内的菱形，求四心，绘出左侧圆的轴测图。

③沿 X 轴方向平移左面椭圆的四心，平移距离为圆柱体长度 h。

④用平移得的四心绘制右侧面椭圆，并作左侧面椭圆和右侧面椭圆的公切线。

⑤擦除不可见轮廓线并加深可见轮廓线。

5. 圆角的正等测画法

机件的底板或底座四角经常呈圆形（图 3－1－7），圆角可以看作整圆的四分之一，从图 3－1－8 所示的近似画法中可以看出：这四分之一圆弧的轴测图就是取菱形内椭圆弧的对应部分。菱形的钝角与椭圆的大圆弧相对应，锐角与椭圆的小圆弧相对应，菱形相邻两边中垂线的交点就是圆心，由此可以直接画出圆角的正等测图。

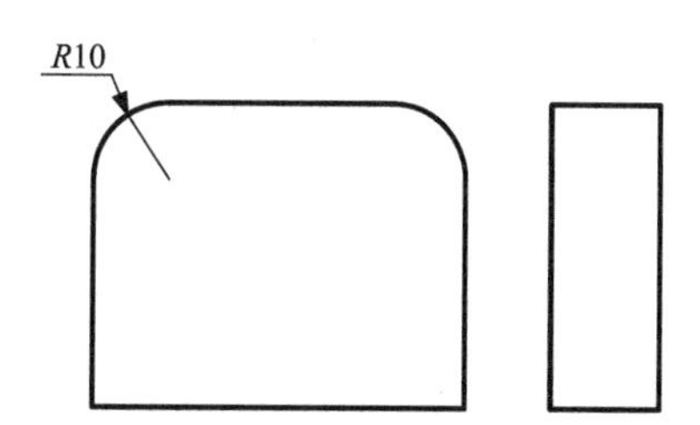

图 3－1－7　带圆角长方体的两视图

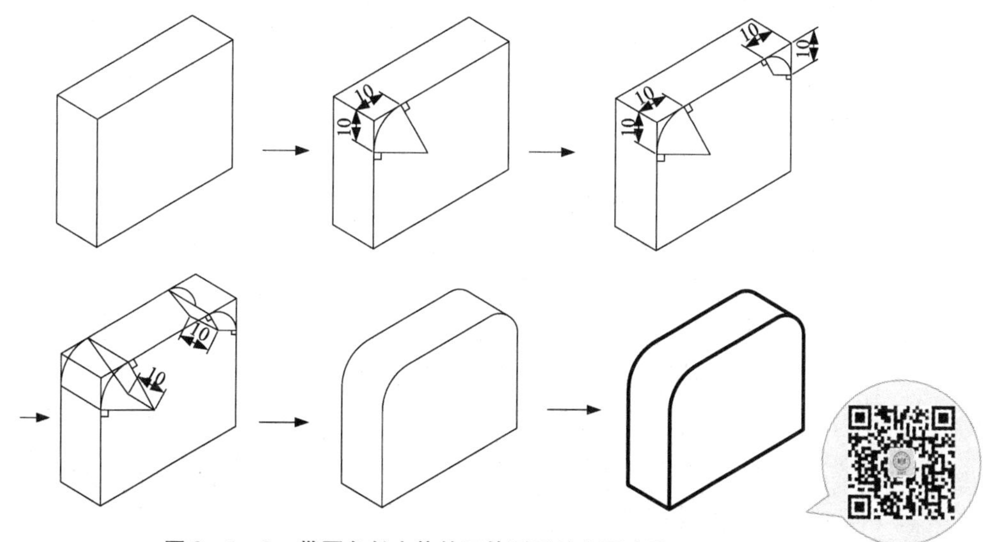

图 3－1－8　带圆角长方体的正等测图的作图步骤

带圆角长方体正等测的画法

三、斜二轴测图

斜二轴测图的形成

1. 斜二轴测图的特点

斜二轴测图是由斜投影方式获得的，当选定的轴测投影面平行于 V 面，投射方向倾斜于轴测投影面，并使 OX 轴与 OY 轴夹角为 135°，沿 OY 轴的轴向伸缩系数为 0.5 时，所得的轴测图就是斜二等轴测图，简称斜二测图。

由于斜二轴测图的 XOZ 面与物体参考坐标系的 $X_0O_0Z_0$ 面平行，所以物体上与正面平行的平面的轴测投影均反映实形。斜二测图的轴间角是：$\angle XOY = \angle YOZ = 135°$，$\angle ZOX = 90°$。在沿 OX、OZ 方向上，其轴向伸缩系数是 1，沿 OY 方向则为 0.5。图 3-1-9 所示为斜二测图的轴间角和一个长方体的斜二轴测图。

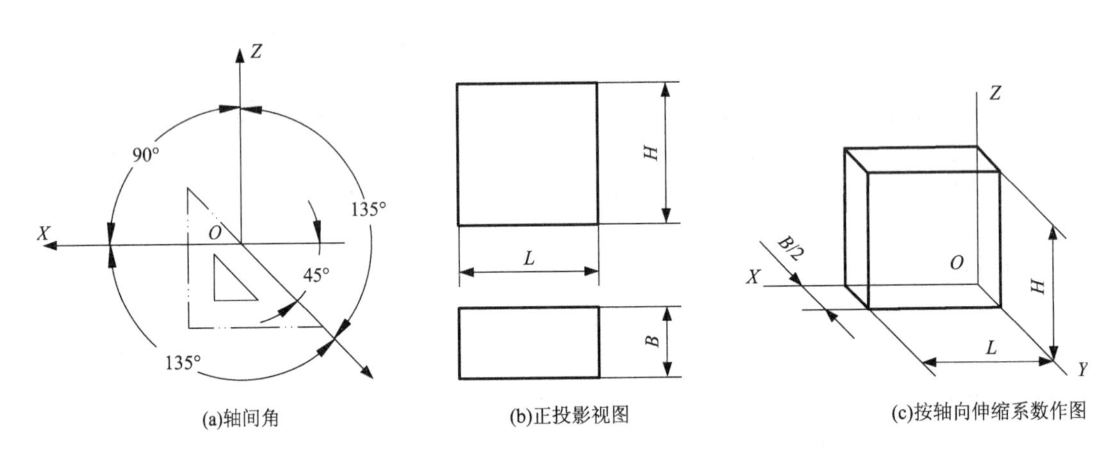

图 3-1-9　斜二轴测图的轴间角和轴向伸缩系数

由斜二测图的特点可知，立体上平行于正面的圆，经斜二测投影后保持不变，而平行于水平面和侧面的圆则无此特点，它们投影后变为椭圆，并且短轴不与相应的轴测轴平行，见图 3-1-10，这些椭圆的作图过程也很烦琐，为作图方便起见，对于那些在相互平行的平面内有较多曲线（如圆或圆弧等）、形状复杂的立体，常采用斜二轴测投影，并且作图时总把这些平面定为正平面。

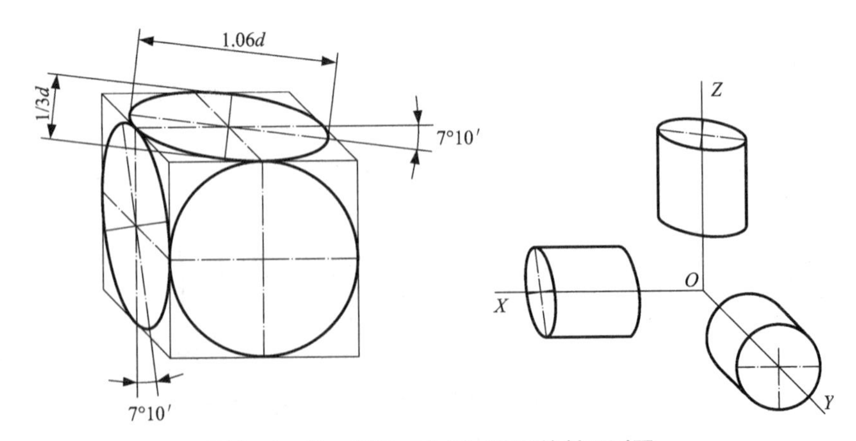

图 3-1-10　平行于坐标面的圆的斜二测图

2. 斜二测图的画法

斜二测图与正等测图只是轴间角和轴向变形系数不同，画法与正等测图的画图方法是基本相同的，方才我们画正等轴测图时用到的几种画图方法，如坐标法、端面法和切割法在画斜二测图时也可用。所不同的是，画斜轴测图时，常将物体上的特征面平行于轴测投影面，使这个面的投影反映实形。因而在画图顺序上，一般先画反映实形的可见面，然后自前向后，由小到大，顺序画出整个物体。

例 2　画如图 3－1－11 所示物体的轴测图。

这是由两个形体叠加而成的组合体，画图时我们可将各部分逐个画出，画图时应注意各基本体的相对位置要与组合体保持一致。画图顺序一般是先大后小。这种作图方法也称叠加法。下面我们再来分析一下应采用什么样的轴测图。该形体上有两个圆，两个半圆，为使作图简便，应采取斜二轴测图，使圆所在的平面平行于轴测投影面。这样圆的投影仍然是圆，便于作图。作图步骤如图 3－1－12 所示：

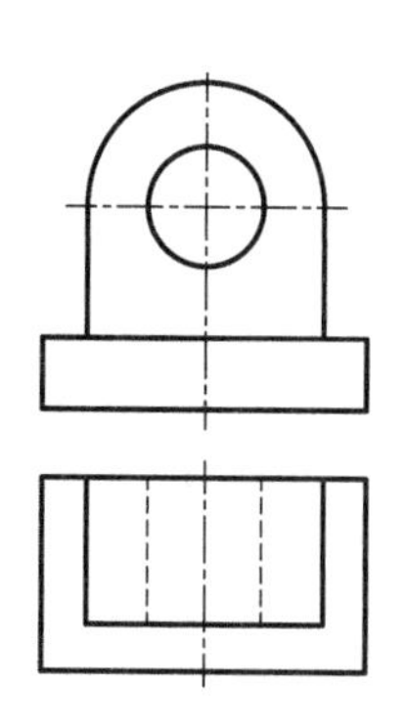

图 3－1－11　视图

①画底板，定前后圆心位置；

②画上部的前端面，后端面和 Y 轴向的可见轮廓线；

③擦去多余线，并加深。

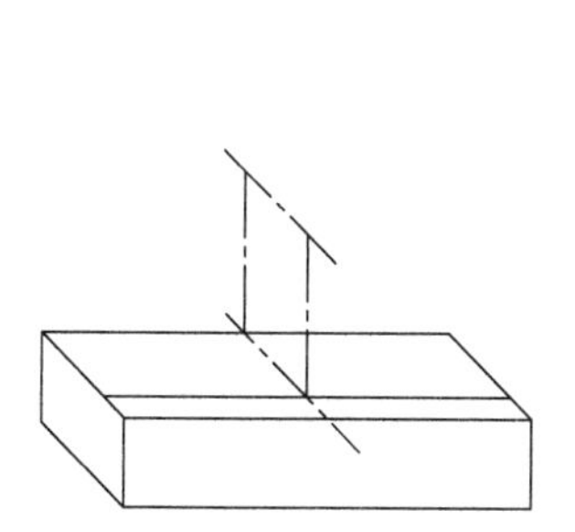
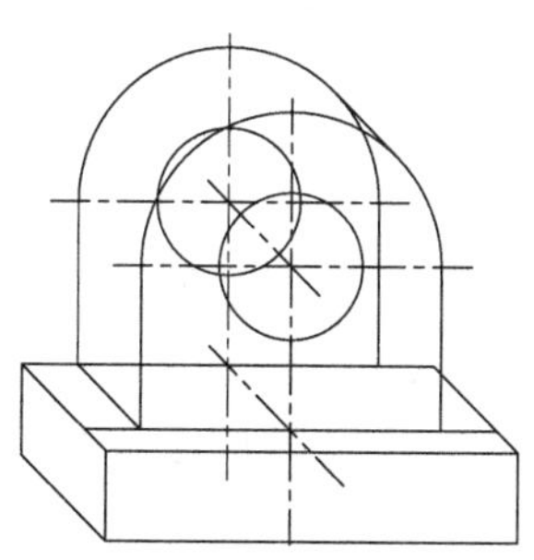
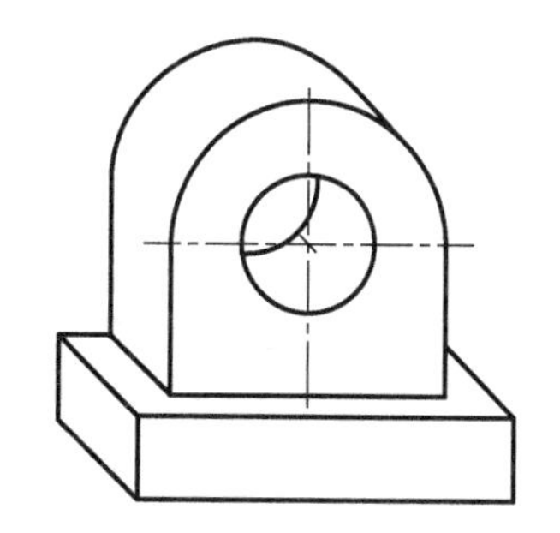

图 3－1－12　斜二测图的画图步骤

连杆斜二轴测图的画法

【同步练习】

1. 根据三视图，画正等轴测图。

（1）

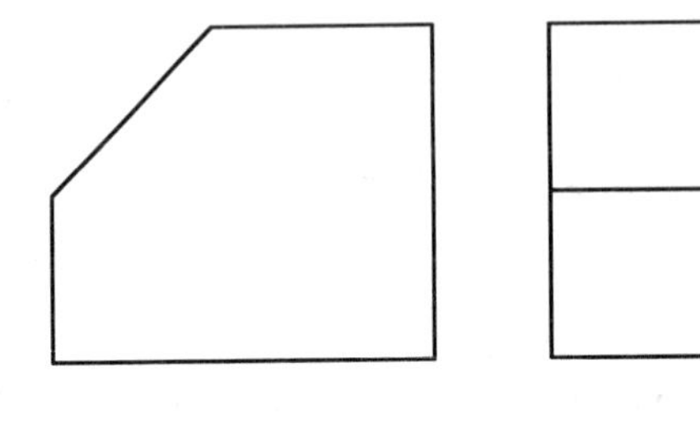

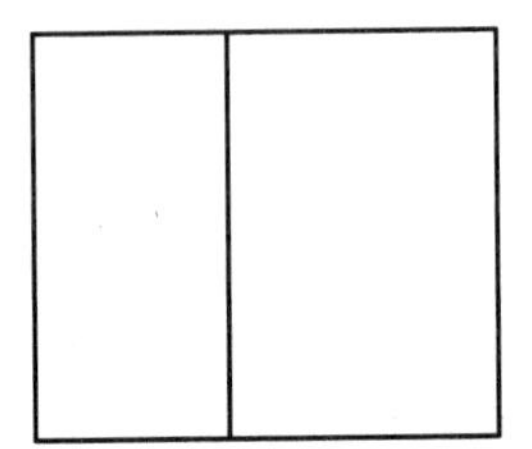

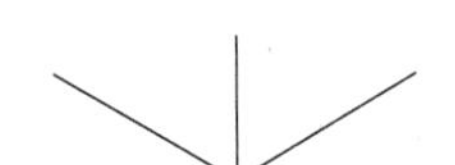

（2）

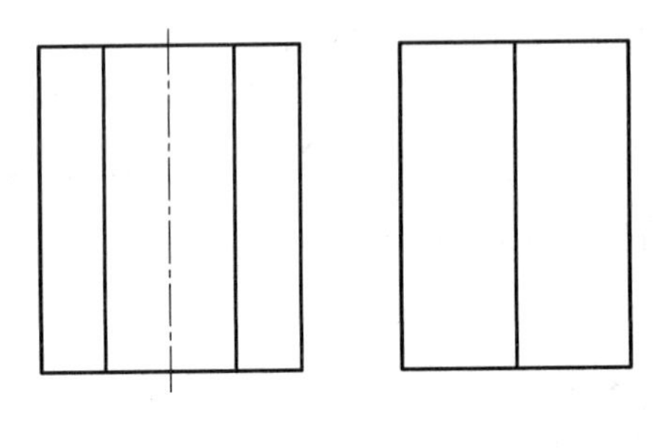

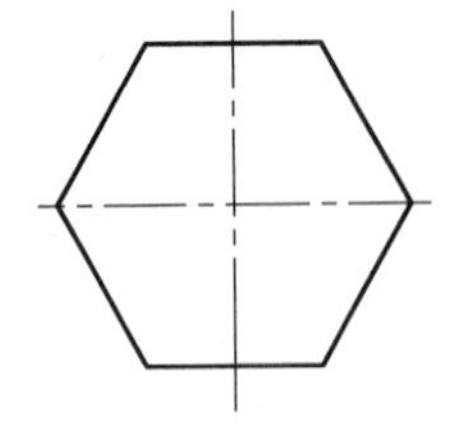

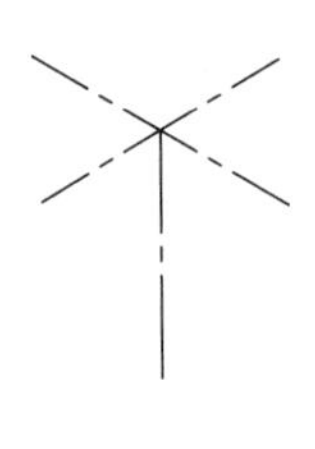

（3）

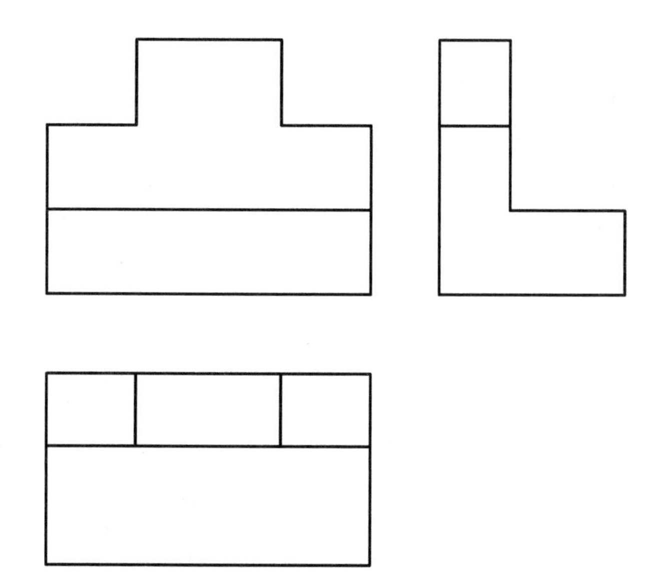

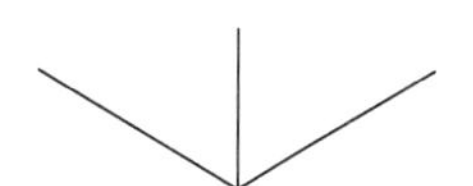

（4）

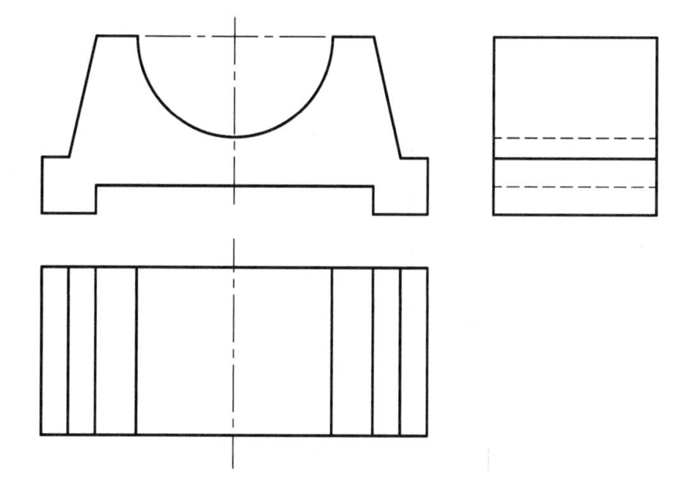

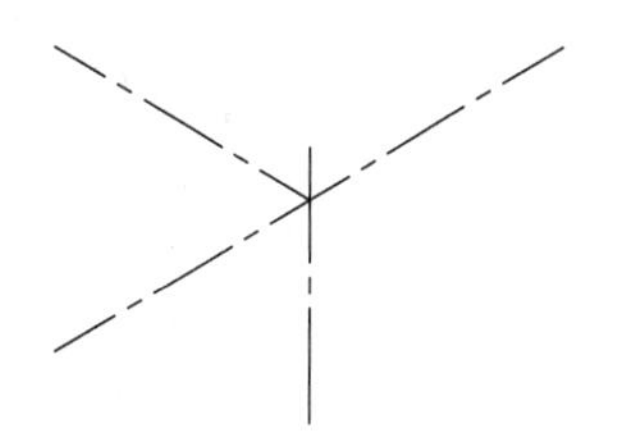

2. 根据三视图，画斜二轴测图。

（1）

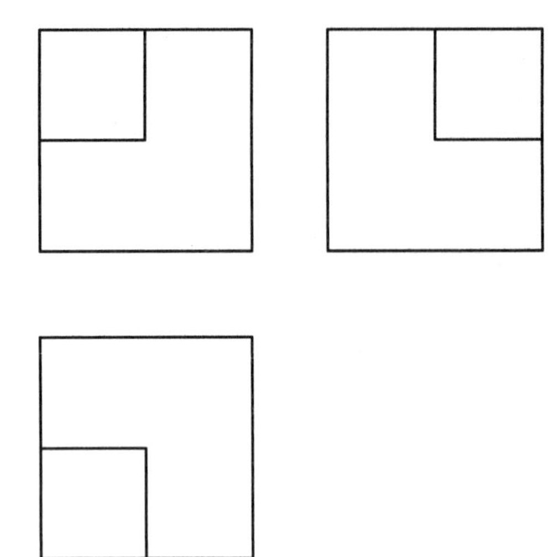

（2）

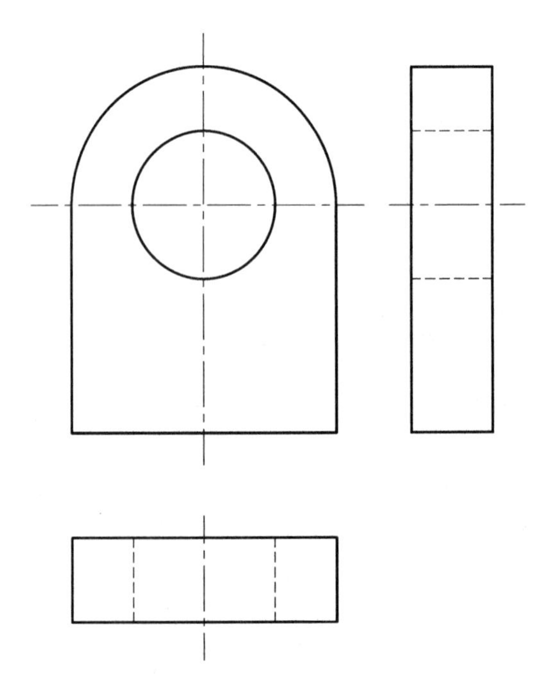

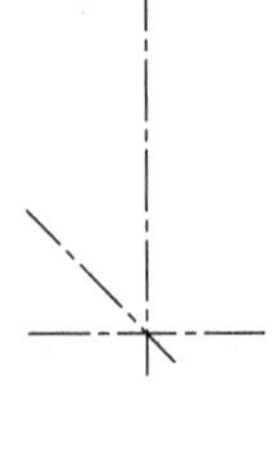

任务2　组合体视图

【任务描述】

通过学习，能对组合体三视图进行形体分析并画出组合体三视图。

【知识导航】

简单立体三视图画法

一、形体分析法

将组合体分解成若干基本体，经叠加或挖切等方式组成，分析这些基本体的形状与相对位置，从而得到组合体的完整形象，这种方法称为形体分析法。

二、组合体的组合形式及表面结合形式

（1）组合体按立体组合形式，可分为叠加型、挖切型和综合型（图3－2－1）。

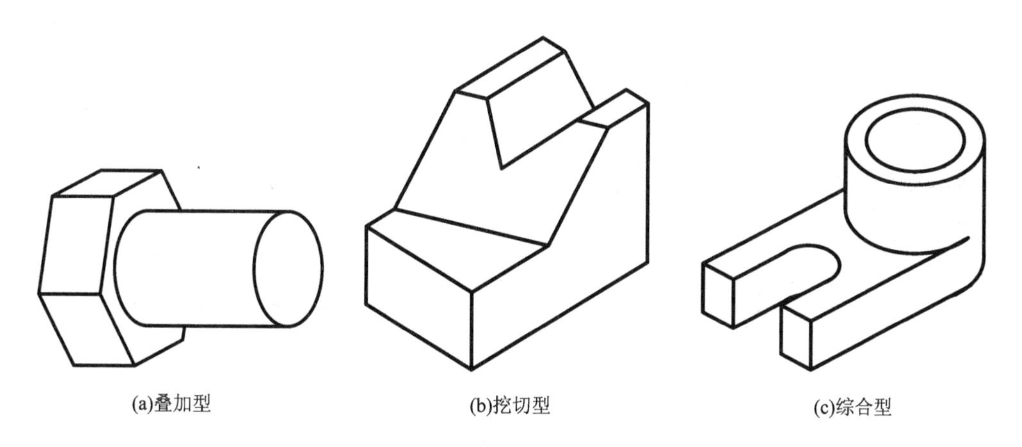

图3－2－1　组合体的组合形式

2. 组合体按基本体表面间的结合形式，可分为表面重合、相交和相切三种。

表面平齐——接触表面不画线。如图3－2－2所示。

表面不平齐——接触表面画线。如图3－2－3所示。

表面相交——画交线。如图3－2－4所示。

表面相切——不画出分界线（相切的素线）。但当两圆柱面的公切平面垂直于投影面时，应画出相切的素线在该投影面上的投影，也就是它们的分界线。如图3－2－5所示。

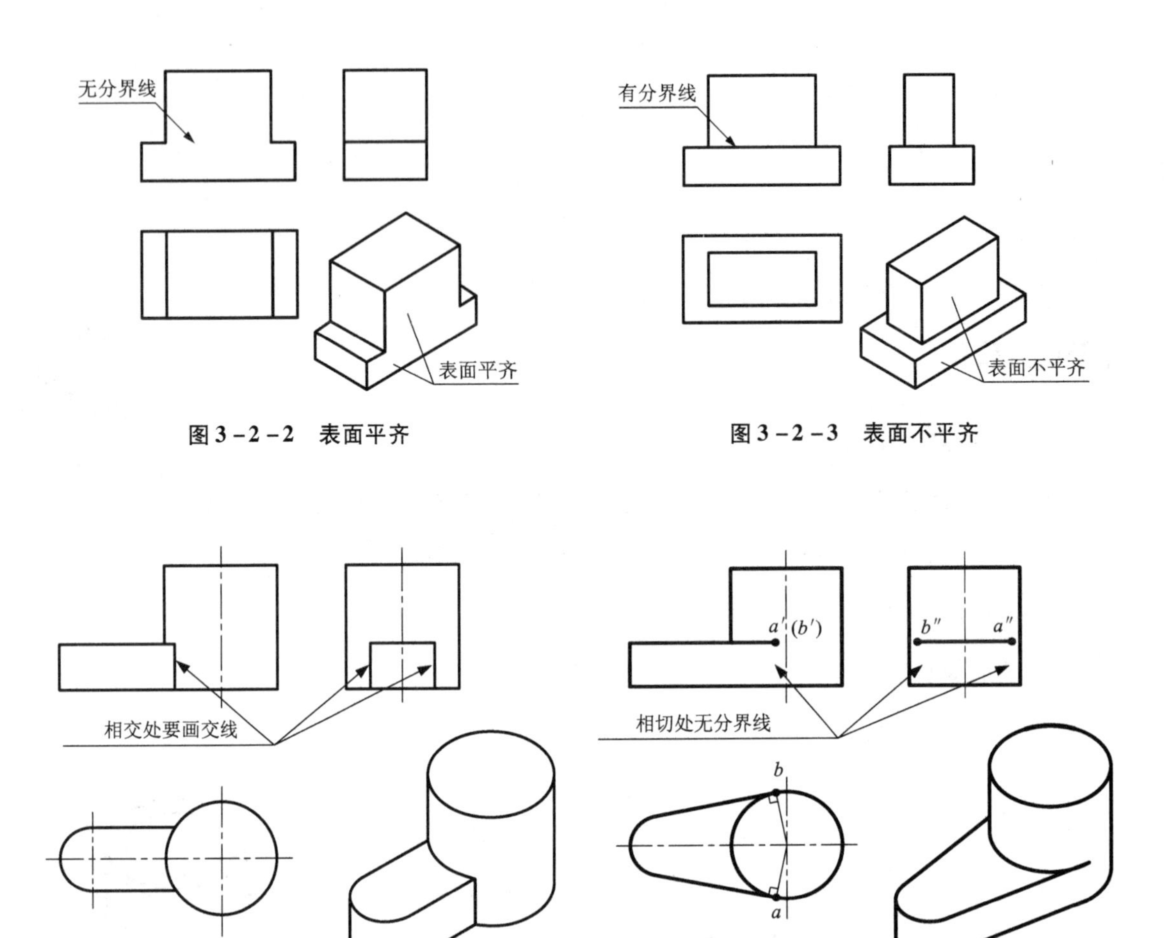

图3-2-2 表面平齐

图3-2-3 表面不平齐

图3-2-4 表面相交

图3-2-5 表面相切

支架三视图画法

三、组合体的三视图的画法

下面以轴承座为例，介绍组合体的三视图的画法。

1. 形体分析

如图3-2-6所示，轴承座分为四个部分，它们之间的组合形式为叠加。圆筒在最上方，它的前端面与它下方的支撑板的前端面表面平齐。而支撑板的后端面与底板的后端面平齐，左右两面与圆筒相切，前面与肋板相交。底板位于最下方，带有两个圆角及圆孔。整个形体左右对称。

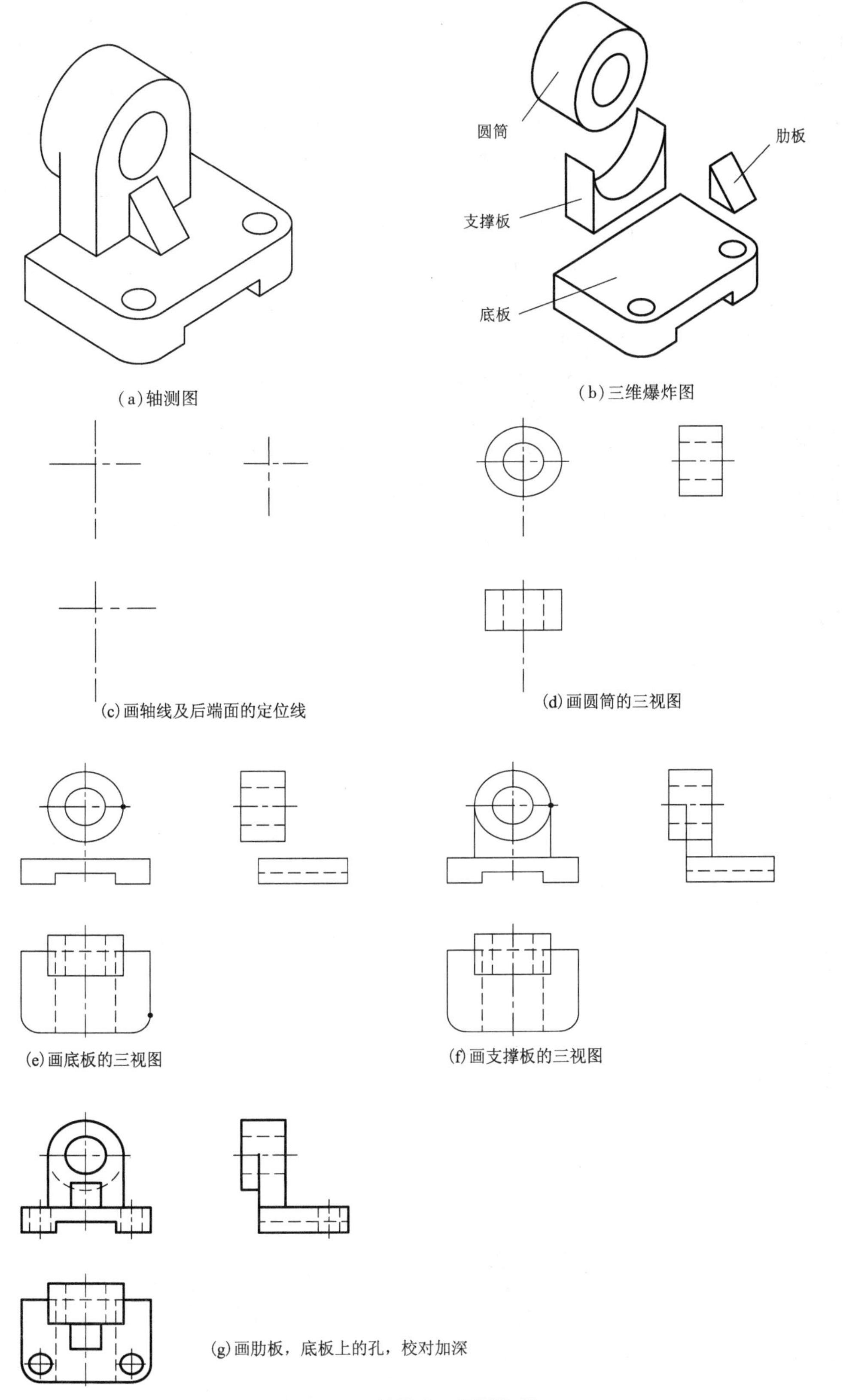

(a)轴测图

(b)三维爆炸图

(c)画轴线及后端面的定位线

(d)画圆筒的三视图

(e)画底板的三视图

(f)画支撑板的三视图

(g)画肋板，底板上的孔，校对加深

图 3－2－6　轴承座三视图绘制

导块三视图画法

2. 视图选择

选择视图的关键是选择主视图，主视图选择的原则如下：

(1)能反映组合体形状特征，并能兼顾其他视图的合理选择。

(2)先将组合体按自然位置放稳，并使其主要表面平行或垂直于投影面，以便视图较多地反映实形或积聚性，便于看图、画图。

3. 画组合体三视图

画组合体三视图的步骤如下：

(1)确定图幅和比例：根据物体的复杂程度和尺寸大小，选择符合国标的图幅和比例。选择的图幅要留有足够的空间，以便于标注尺寸和画标题栏。

(2)布置视图：布置视图时，应根据已确定的各视图每个方向的最大尺寸，并考虑到尺寸标注和标题栏等所需的空间，匀称地将各视图布置在图幅上。先确定各视图中起定位作用的对称中心线、轴线或其他直线。

(3)画底稿：根据形体分析法得到的各基本体的形状及相对位置，逐个画出各基本体的视图。注意先画反映基本体实形的视图，再画其他的视图。

(4)检查底稿，修正错误。

(5)加深图线。

组合体三视图画法

【同步练习】

1. 根据主、俯视图，补画左视图，至少画出 3 种情况。

(1)

（2）

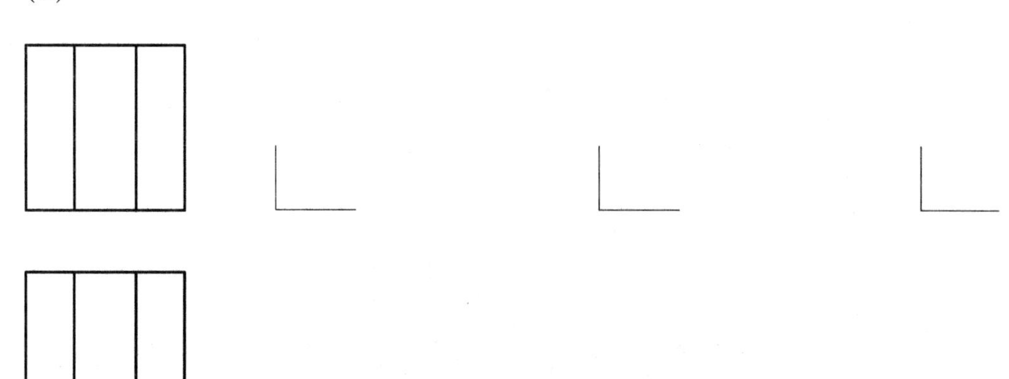

2. 根据主、俯视图，补画左视图，至少画出 4 种情况。

3. 根据轴测图的尺寸要求在指定位置画三视图。

（1）

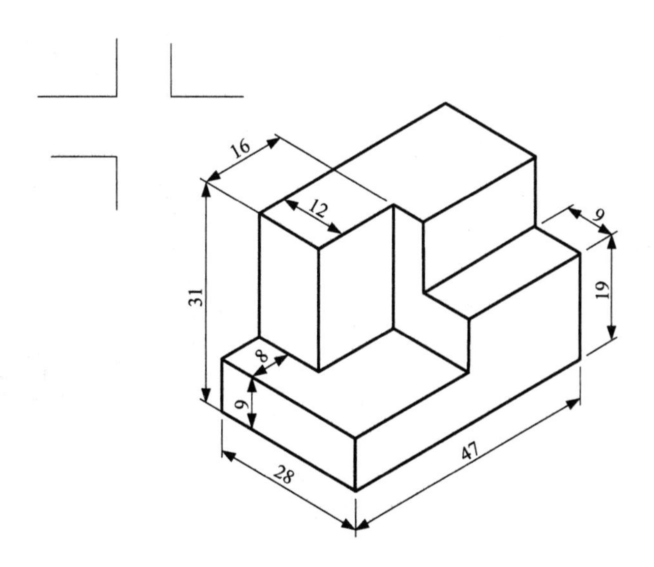

(2)

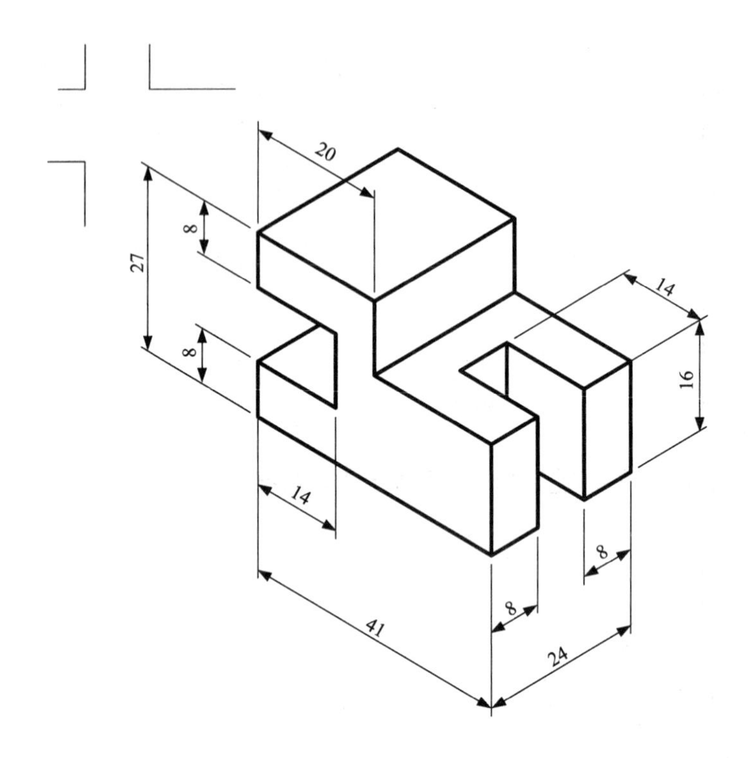

4. 根据轴测图画三视图。

(1)

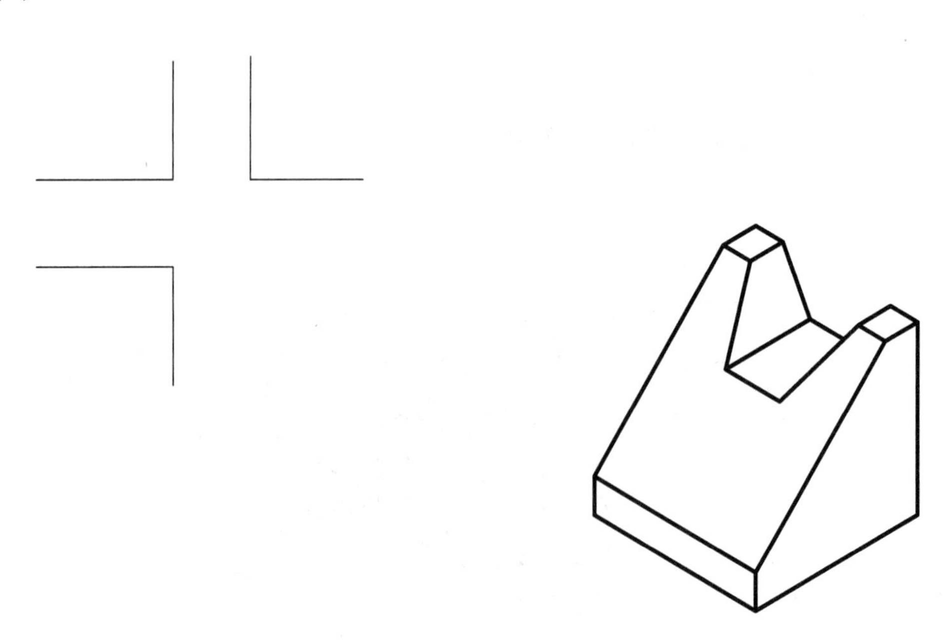

（2）

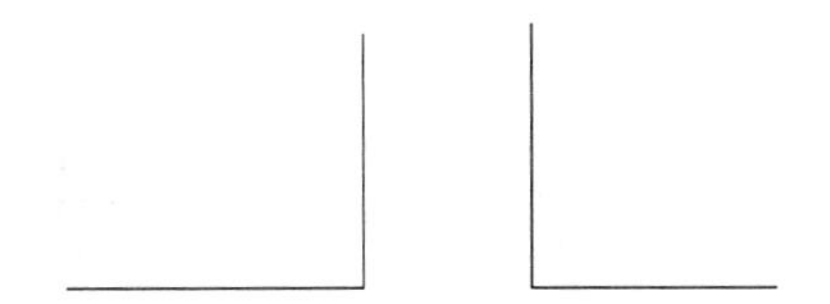

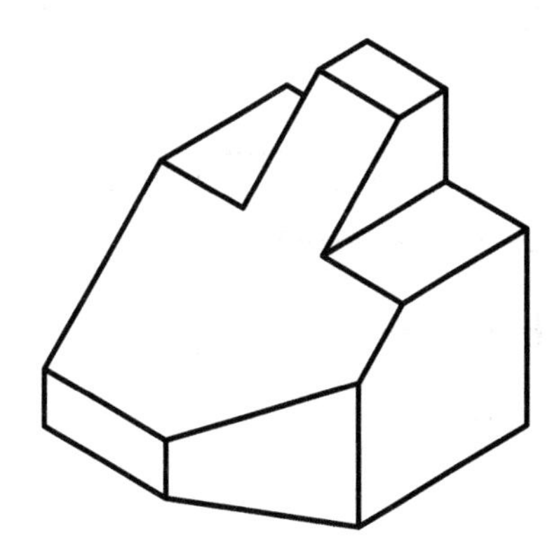

5. 根据表面相切与相交原理补画三视图中所缺的线。

（1）

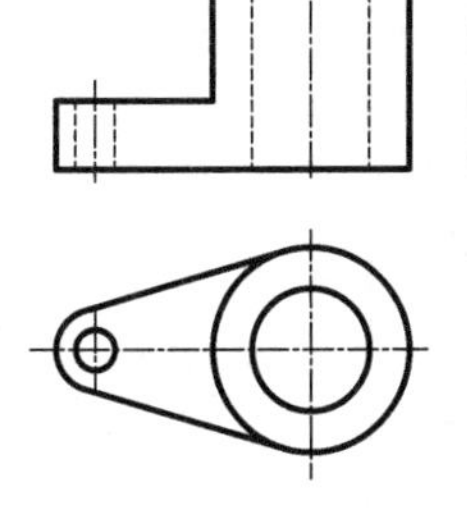

（2）

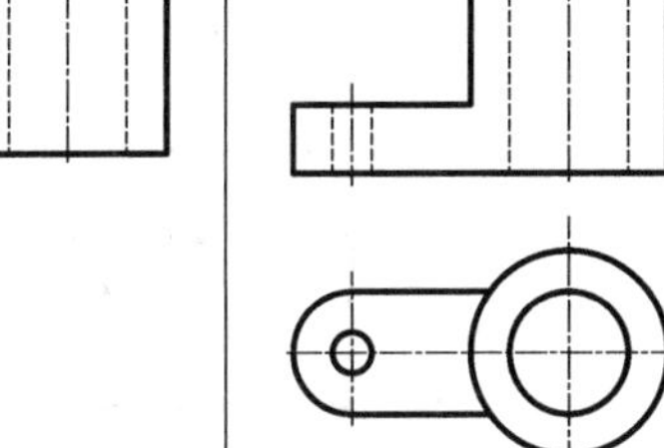

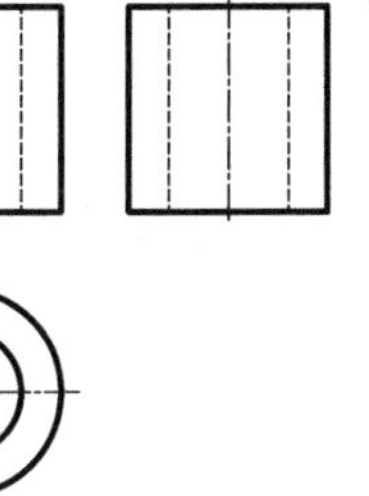

（3）

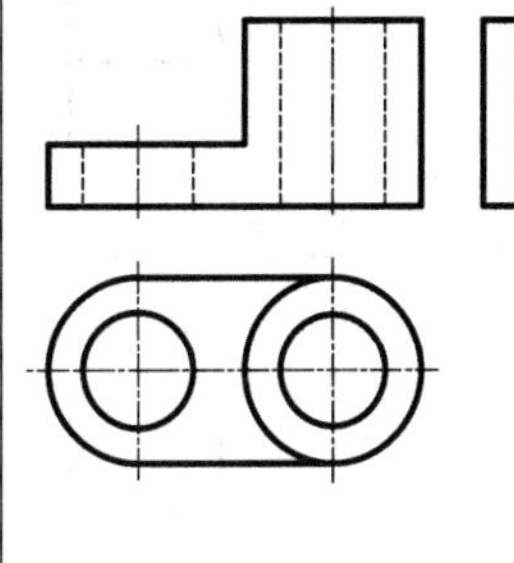

6. 根据主视图与俯视图补画左视图。

（1）

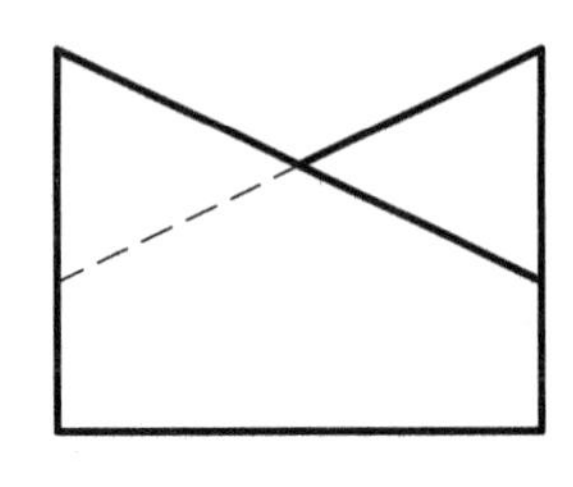

（2）

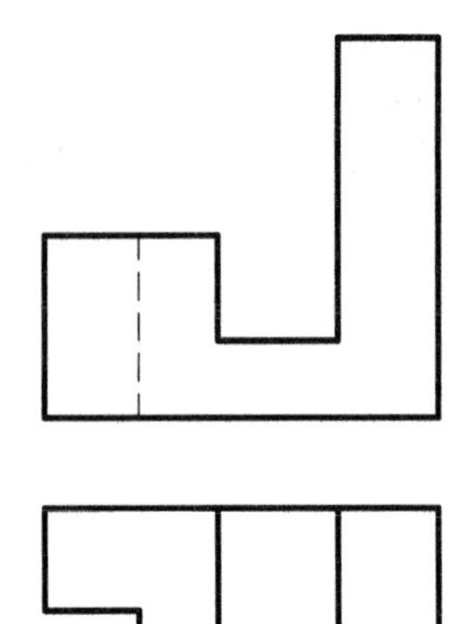

（3）

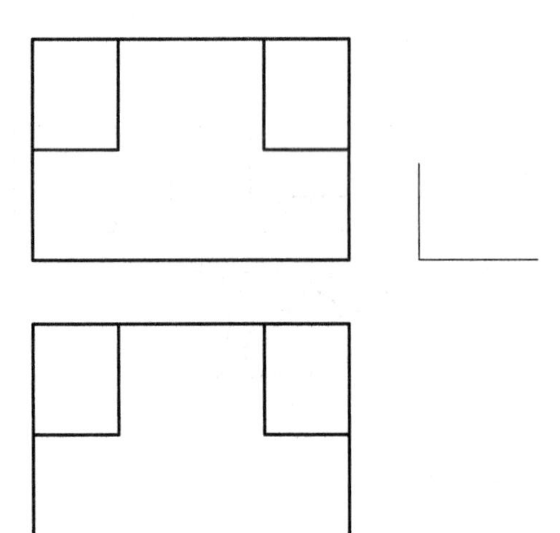

（4）

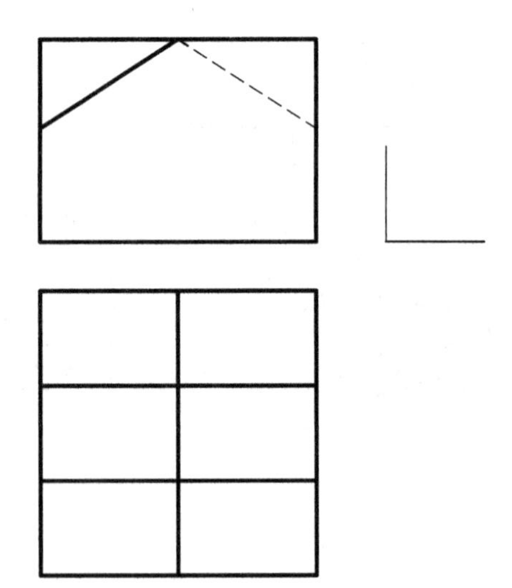

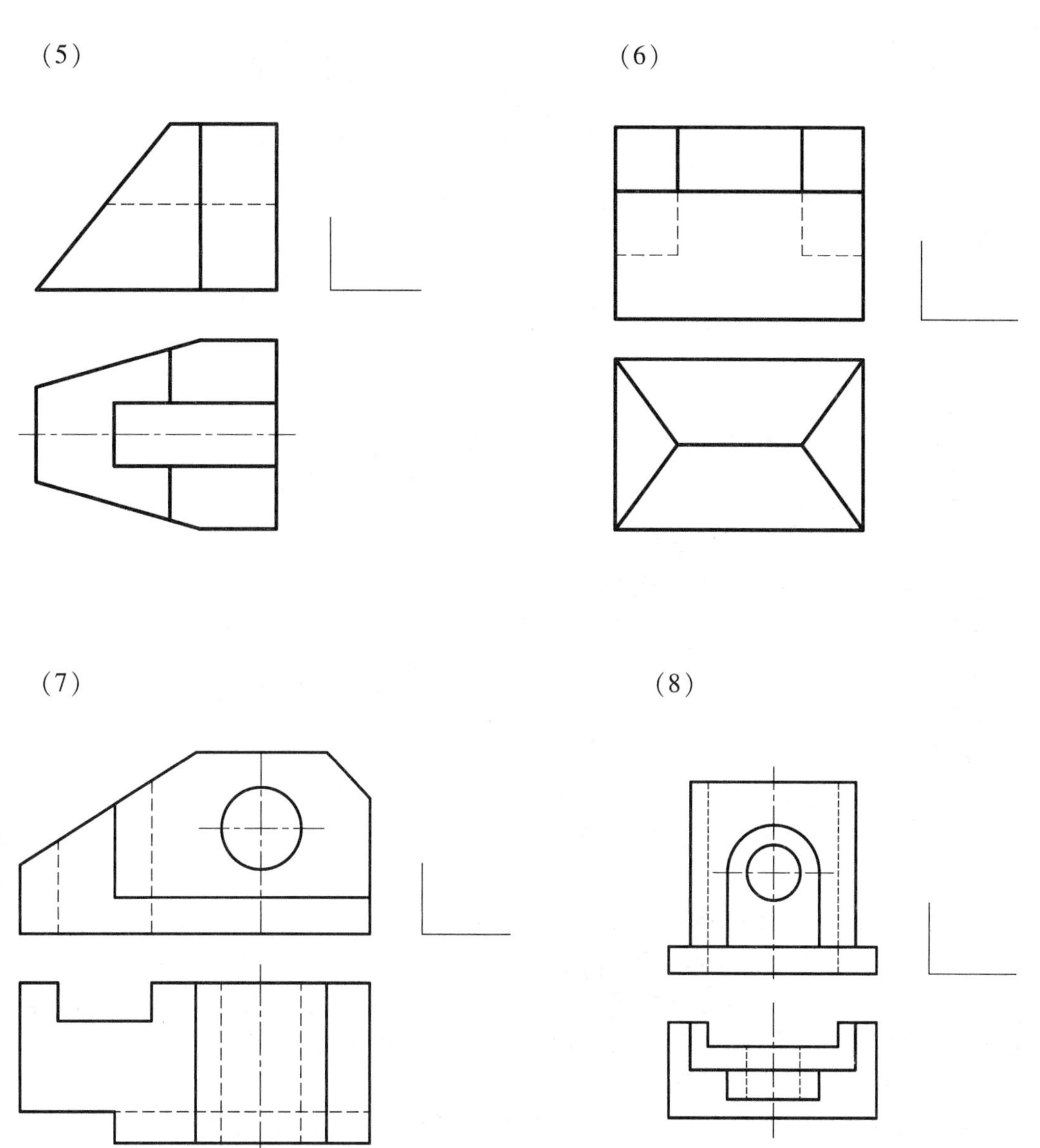
（5）
（6）
（7）
（8）

任务3　组合体的尺寸标注

【任务描述】

通过学习，能正确选择组合体的基准，对组合体三视图进行尺寸标注。

【知识导航】

一、组合体的尺寸标注

1. 组合体尺寸分析

(1)定形尺寸。确定各基本体形状大小的尺寸。

(2)定位尺寸。确定各基本体之间相对位置的尺寸。

(3)总体尺寸。确定组合体外形总长、总宽、总高的尺寸。

(4)尺寸基准。组合体长、宽、高三个方向均应设立尺寸基准。常见的基准要素有：主要对称平面、重要端面、底面及主要回转体的轴线。

2. 组合体尺寸标注的要求

(1)正确性：符合国家标准。

(2)完整性：不能遗漏也不能重复标注尺寸，应标注三类尺寸，但具体一个尺寸有时起多个作用。

①选好基准(举例，逐步分析)。

②逐步标注每一形体的定形、定位尺寸。

③标注总体尺寸时，若组合体的定形、定位尺寸已标注完整，再注总体尺寸就成了多余或重复时，则应对尺寸进行调整，减去一个该方向最不重要的尺寸。

(3)标注尺寸要清晰：尺寸标注的位置排列清楚，便于看图。

①直径尺寸尽量标注在投影为非圆的视图上，半径尺寸应标注在投影为圆弧的视图上。

②尺寸尽量标注在形状特征明显的视图上。

③尺寸尽量不标注在虚线上。

④同一个基本体的定形尺寸和定位尺寸，应尽量集中标注。

⑤尺寸要布置在标注部位的附近，与两个视图有联系的尺寸应布置在两视图之间。

⑥同一方向的几个连续或断续串联的尺寸，应尽量标注在同一直线的方向上。

⑦同一方向的平行尺寸，小尺寸在内，大尺寸在外，尽量避免尺寸线与尺寸界线相交。

二、组合体尺寸标注步骤及标注示例

下面以如图3－3－1所示的轴承座为例介绍组合体尺寸标注步骤。

标注组合体的尺寸时，应先对组合体进行形体分析，选择基准，标注出定形尺寸、定位尺寸和总体尺寸，最后检查、核对。

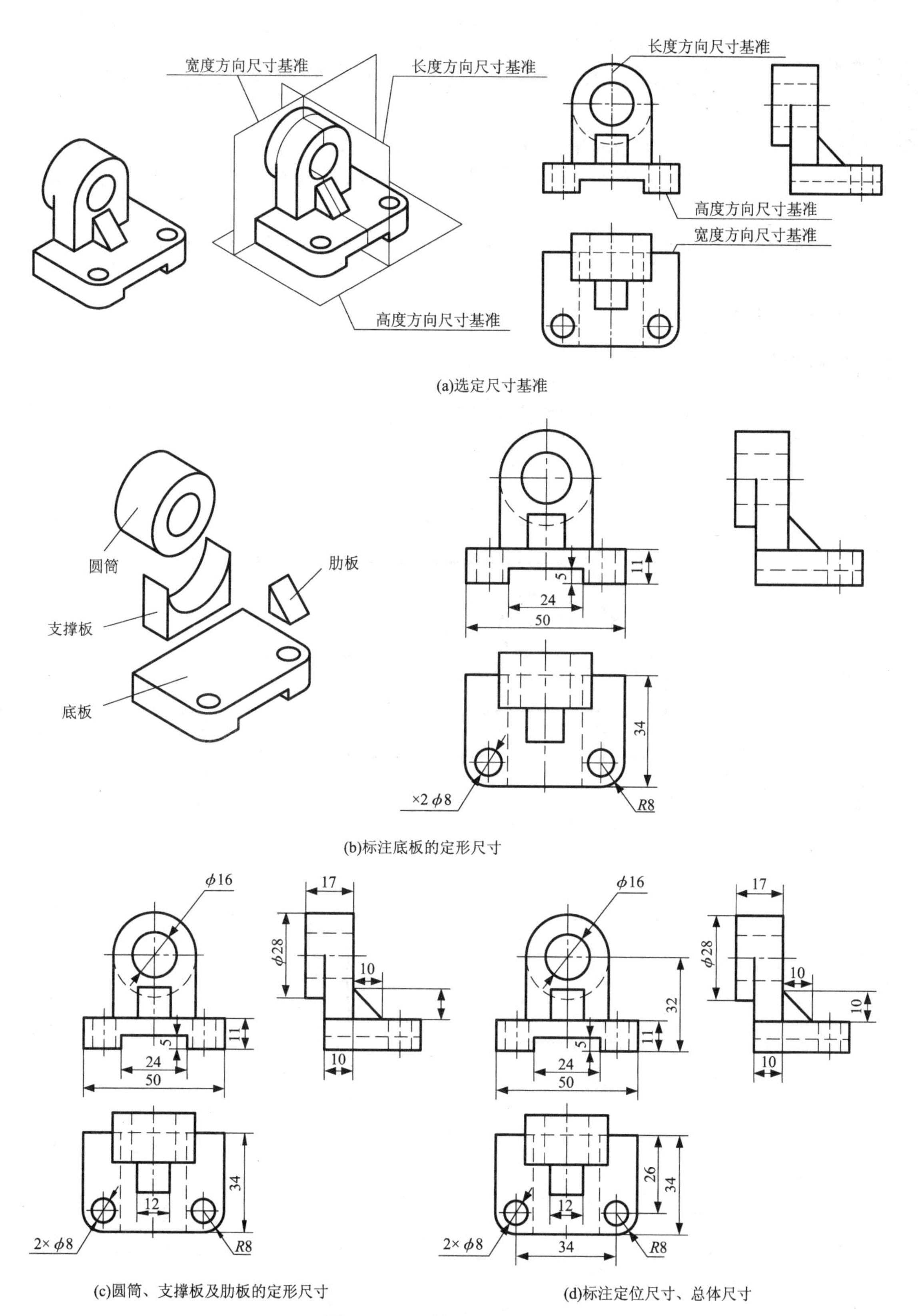

图 3-3-1　轴承座的尺寸标注

(1)进行形体分析。

该轴承座由底板、圆筒、支撑板、肋板四个部分组成，它们之间的组合形式为叠加。

(2)选择尺寸基准。如图 3-3-1(a)所示。

(3)根据形体分析，逐个注出底板、圆筒、支撑板、肋板的定形尺寸。如图 3-3-1(b)(c)所示。

(4)根据选定的尺寸基准，注出确定各部分相对位置的定位尺寸。如图 3-3-1(d)所示。

(5)标注总体尺寸，检查。

【同步练习】

1. 补齐视图中缺注的尺寸(尺寸数值从图中量取)。

(1)

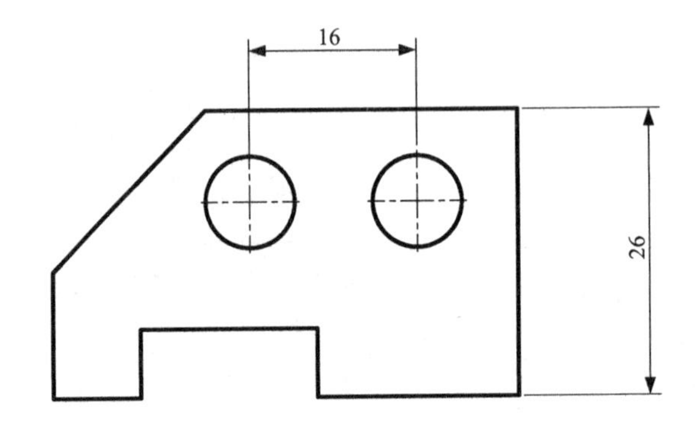

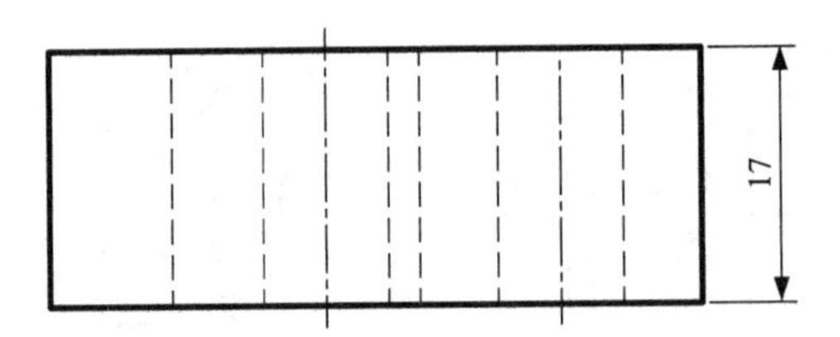

(2)

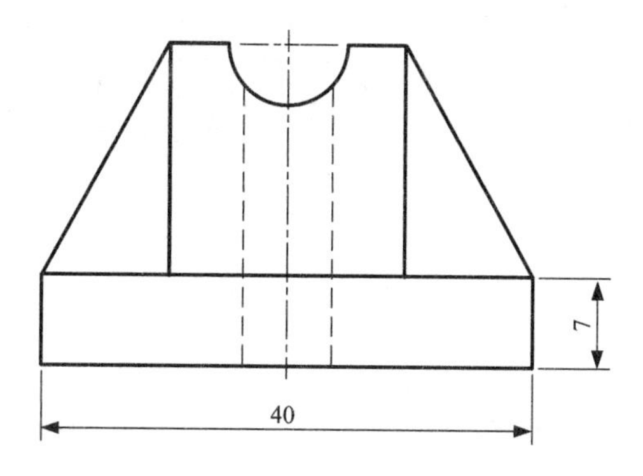

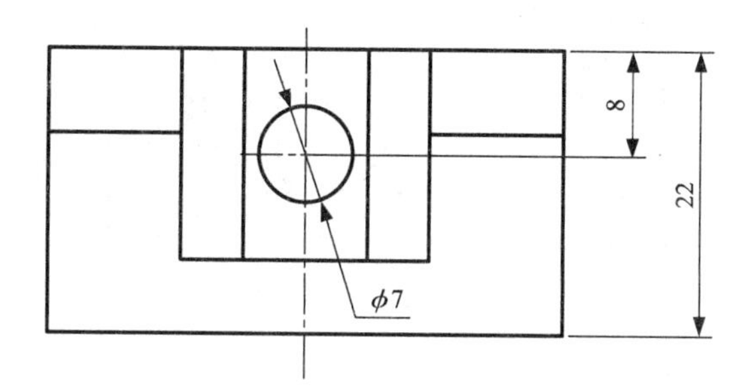

2. 补画左视图并标注全部尺寸(尺寸数值从图中量取)。

(1)

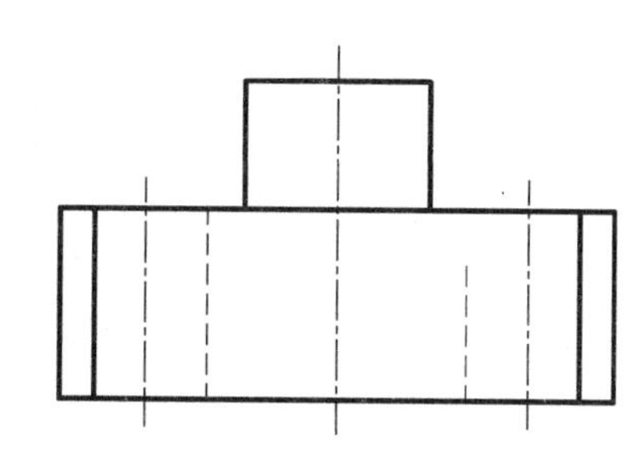

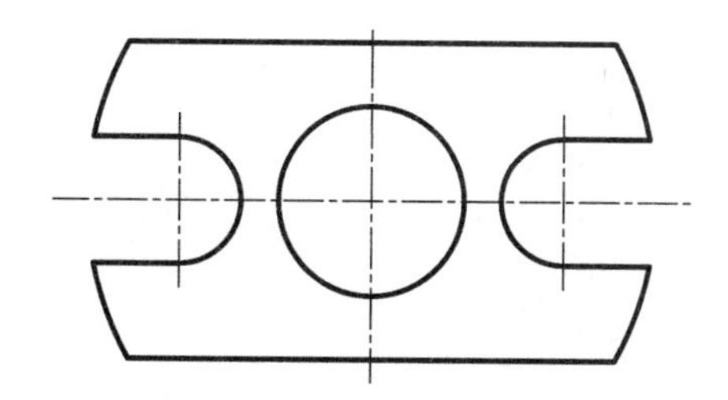

(2)

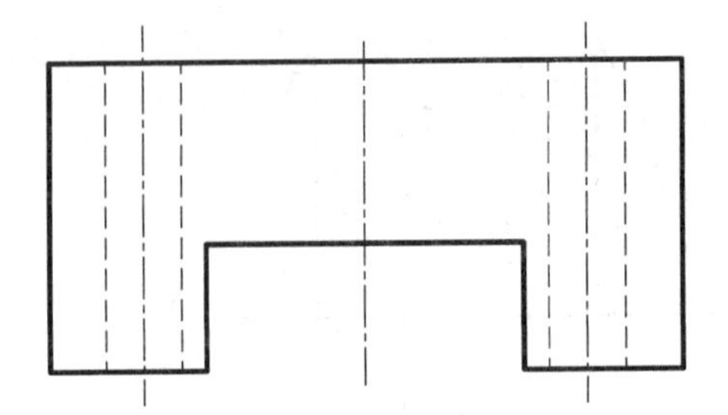

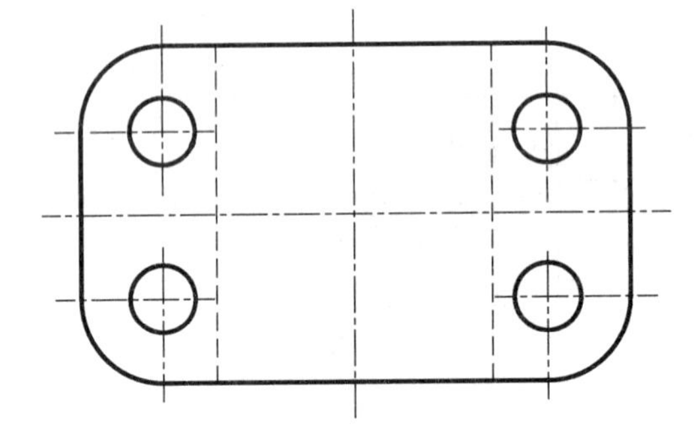

任务4　读组合体视图

【任务描述】

通过学习，能根据组合体的三视图对组合体结构进行正确分析。

【知识导航】

一、读图的要求

读图的要求为根据组合体的三视图，正确识别出组合体的形状与结构。

二、读图的前提

1. 熟练掌握基本几何体的投影特征

一般来说组合体的三视图有以下规律：

长方形对长方形→长方体。

长方形对三角形→三棱柱。

长方形对圆形→圆柱体。

圆形对三角形→圆锥体。

圆形对圆形→圆球体。

2. 明确视图中每条线、每个线框以及框中的线所代表的空间含义

(1)线：表示一个有积聚性的平面或曲面的投影。图3-4-1(a)中的1′、2、5表示曲面的转向轮廓线。图3-4-1(a)中的4′、6′表示两个相邻表面的交线。图3-4-1(a)中的3′、图3-4-1(b)中的1′表示。

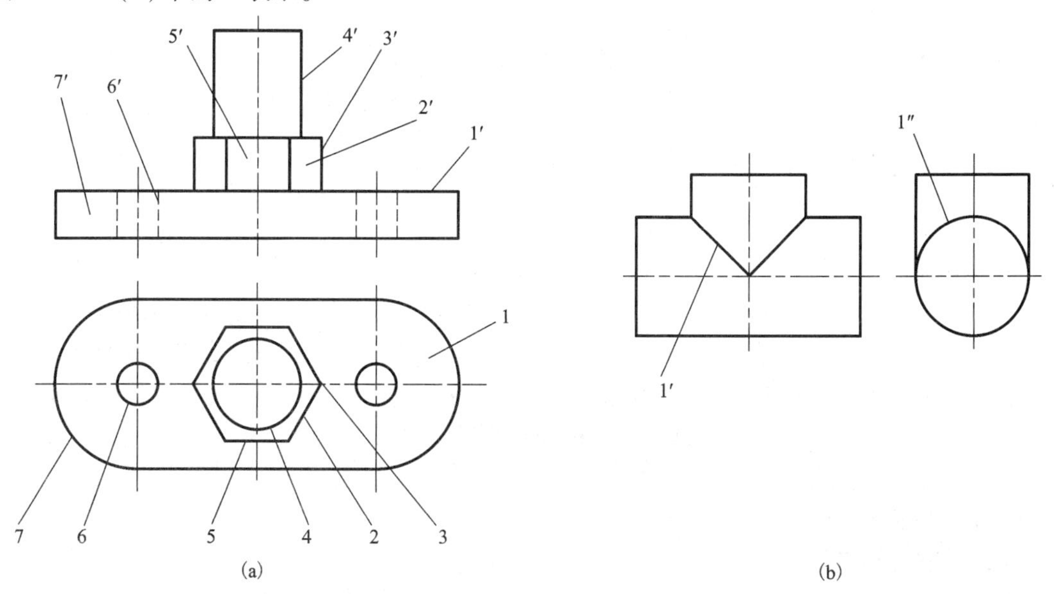

图3-4-1　线框的对应关系

(2)线框：表示一个面的投影(平面或曲面)。图3-4-1(a)中的2′、5表示立体上的孔或洞。图3-4-1(a)中的4、6表示相切的平面和曲面的投影。图3-4-1(a)中的7′表示。

(3)框中的线：如果在一个线框中有一条贯通的实线，即把线框所表示的表面划分成了两个区域，如果不存在着高度差，就一定有斜面或曲面相交。换句话说，一定存在着上下，左右，前后，斜面(若是虚线，含义相同，只是在看不到的一方)。

三、读图的基本要点

(1)要进一步理解线框的含义。

①相邻的两个封闭线框，通常表示位置不同的两个面。

②线框内包含另一个线框，通常是凸起或凹进的两立体。图3-4-1(a)中的线框2和线框4。

③视图中投影对应规律为：若非类似形，必有积聚性。

(2)要几个视图连起来看。如图3-4-2中三个组合体的主视图都相同，但总的形状是不同的。

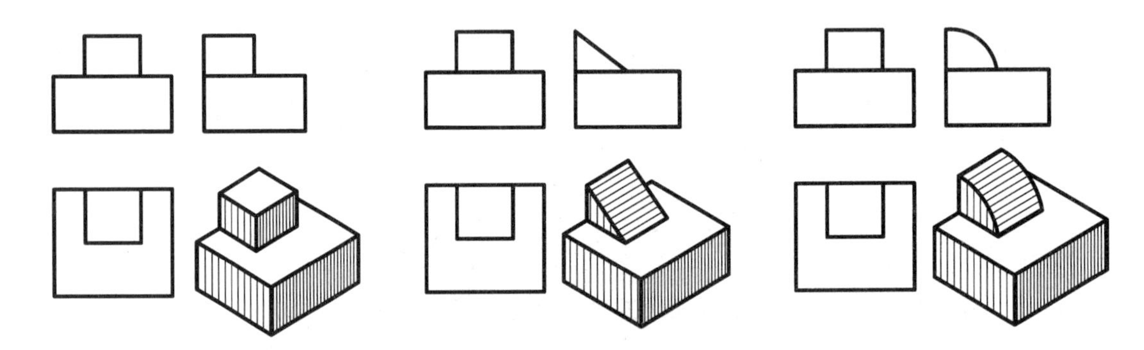

图3-4-2　关键的特征视图为左视图

(3)要抓特征视图分析：形状特征和位置特征。

用“三等关系”，分线框，分形体，找形状特征。

(4)要注意利用视图中的虚线——不可见轮廓线来分析物体的形状和结构。

四、读组合体视图的方法

1. 形体分析法

(1)概念：根据组合体的特点，将其分成大致几个部分，然后逐一将每一部分的几个投影对照进行分析，想象出其形状，并确定各部分之间的相对位置和组合形式，最后综合想象出整个物体的形状。这种读图方法称为形体分析法。此法用于叠加类组合体较为有效。

从反映物体形状特征的视图(一般是主视图)入手，对照其他视图，逐步分析各组成部分的空间形状和相对位置，从而得到组合体的总体形状。

(1)一般步骤：

(1)抓特征分线框。

(2)对准投影想形象。

(3)综合起来想总体。

一般是：先看主要部分，后看次要部分；先看容易确定的部分，后看难以确定的部分；先看整体部分，后看细节部分。

例 1　试对如图 3－4－3(a)所示的图形进行形体分析。

用形体分析法，将此形体分为三部分，逐步想出每部分的形状(图 3－4－3)。

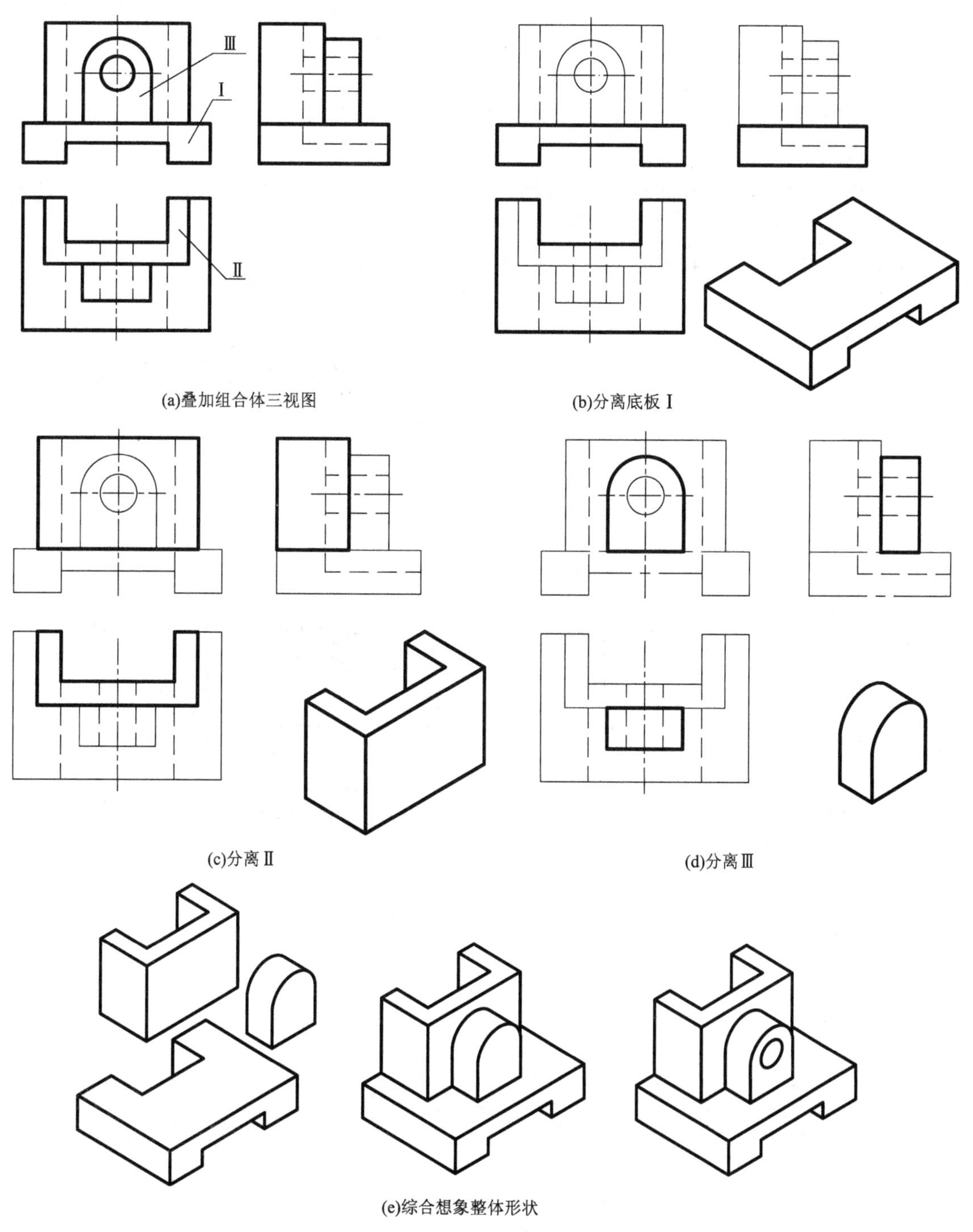

(a)叠加组合体三视图　(b)分离底板Ⅰ

(c)分离Ⅱ　(d)分离Ⅲ

(e)综合想象整体形状

图 3－4－3　叠加组合体三视图画法

2. 线面分析法

从已知视图的线框和图线入手，分析清楚每个封闭线框及图线在空间的形状与位置以及面与面的交线特征，从而构成组合体的内外表面，建立组合体的总体印象。这种方法称为线面分析法。此法用于挖切类形体和比较复杂的组合体中不易形体分析的部分较为有效。

重要提示：

①分析面的形状——当平面平行于投影面时，它在该投影面上反映实形；当平面为倾斜面时，它在投影面上的投影是其类似形；当平面垂直于投影面时，它在投影面上的投影积聚成直线。

②分析面的相对位置——视图上任何相邻的封闭线框，必是物体上相交的或不相交的两个面的投影。

③分析面与面的交线——当视图上出现面与面的交线时，应运用投影的原理，对交线的性质及画法进行分析。

例 2 读如图 3－4－4(a)所示三视图，想象出它所表示的物体的形状。

读图步骤：

(1)初步判断主体形状。

物体被多个平面切割，若把缺口、缺线补画起来，该形体可看作是由一个长方体经挖切而成。

(2)确定切割面的形状和位置。

(3)逐个想象各切割处的形状。

(4)想象整体形状。

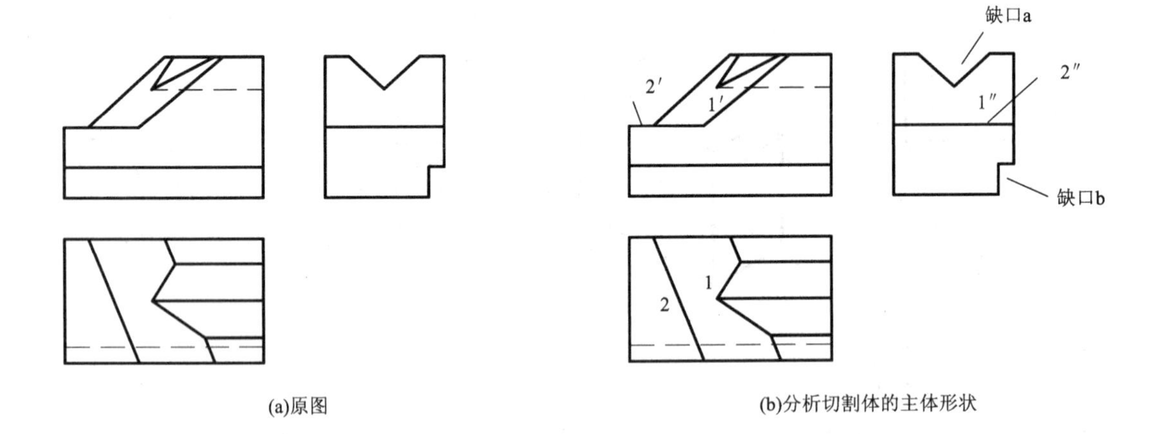

(a)原图　　(b)分析切割体的主体形状

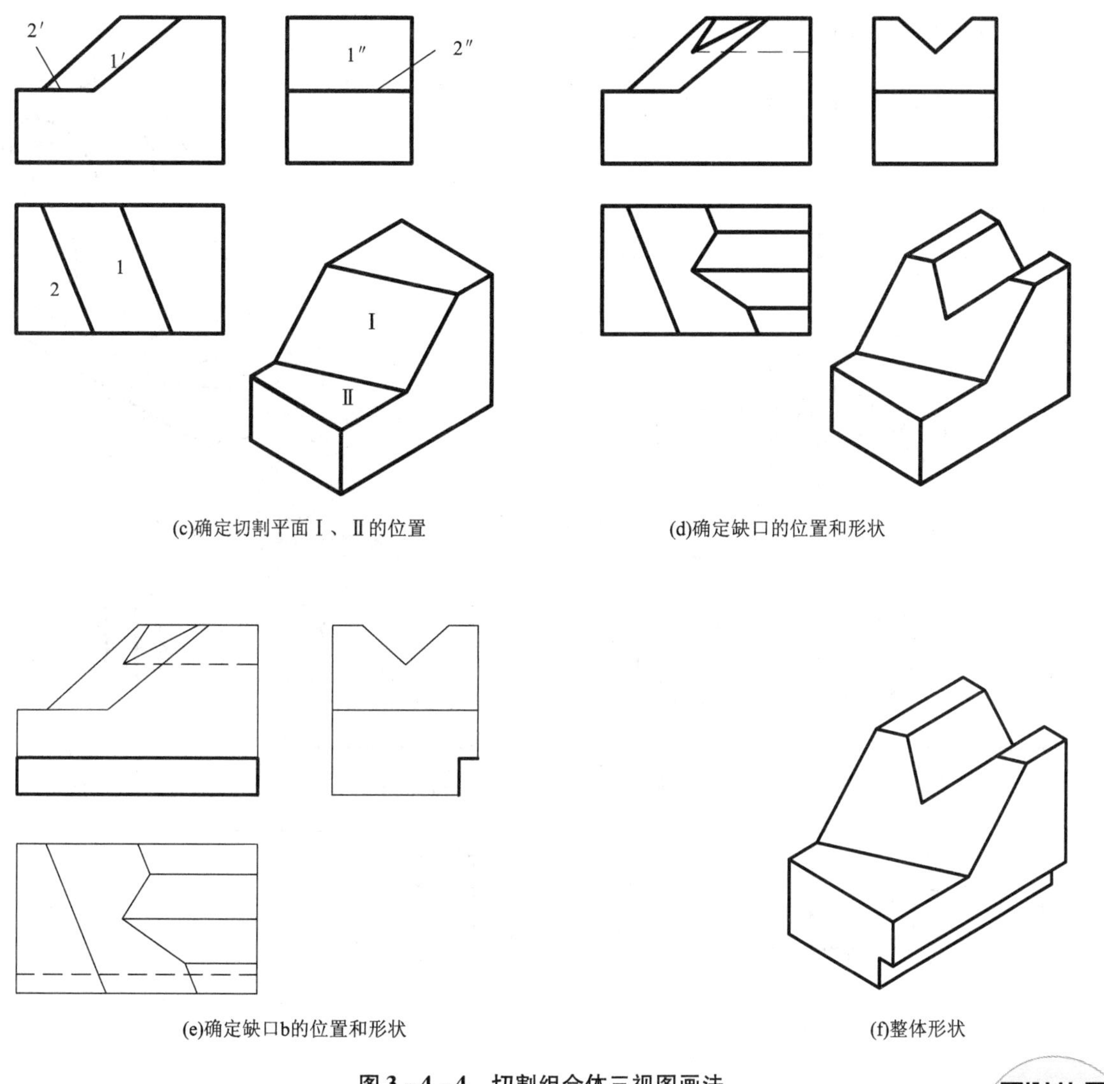

(c)确定切割平面Ⅰ、Ⅱ的位置

(d)确定缺口的位置和形状

(e)确定缺口b的位置和形状

(f)整体形状

图3－4－4　切割组合体三视图画法

线面分析法

五、读图综合示例补画视图

根据两个视图补画第三视图，是培养读图和画图能力的一种有效手段。

例3　如图3－4－5(a)所示，根据已知的组合体主、俯视图，利用形体分析法作出其左视图。

作图方法和步骤：

(1)形体分析：依次分析各基本体是什么体。

(2)分析每个封闭线框所表示的形状与位置，逐步补画每一面的投影。逐步作出每面左视图投影，注意相交处的画法。

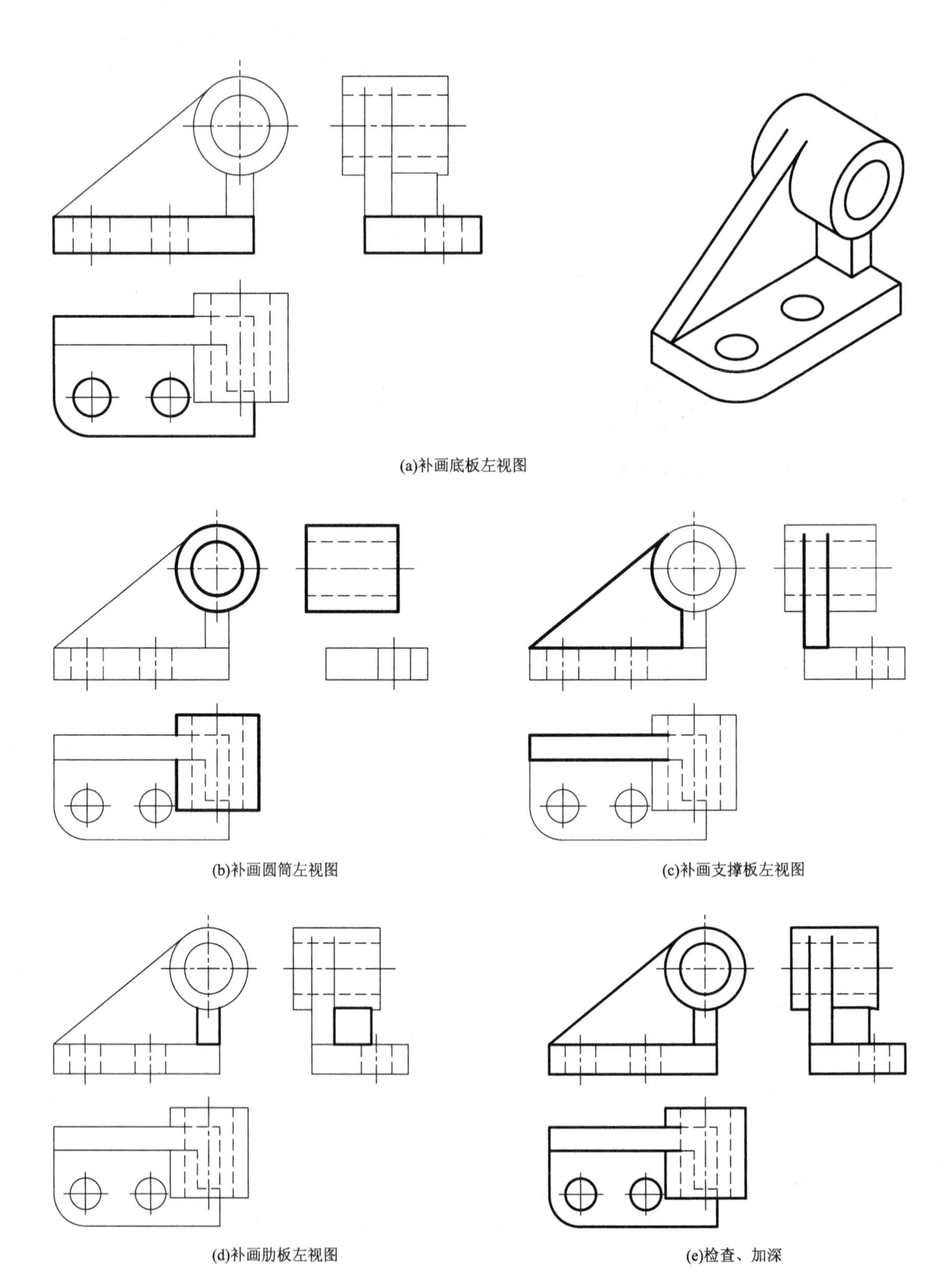

图 3-4-5　综合组合体三视图画法

例 4　如图3－4－6(a)所示，根据已知的组合体主、俯视图，利用线面分析法作出其左视图。

作图方法和步骤：

(1)分析每个封闭线框的空间位置。

根据投影规律“若非类似形，必有积聚性”，主视图中的线框1′2′3′在俯视图上均无类似形，分别积聚成三条长度相等且相互平行的直线。且Ⅰ面在最后，Ⅱ面居中，Ⅲ面在最前面，可推断，Ⅰ面居上靠后，Ⅱ面居中，Ⅲ面居下靠前。

(2)根据封闭线框所表示的平面形状与位置，构思整体形状。

根据以上分析，Ⅰ、Ⅱ、Ⅲ三个平面分别位于组合体后中前三个层面，由俯视图中相互平行的正垂线投影可知，该形体可看作是由Ⅰ、Ⅱ、Ⅲ三个平面沿着正垂线方向向后移动形成的柱体再叠加所构成。

作图过程如下：

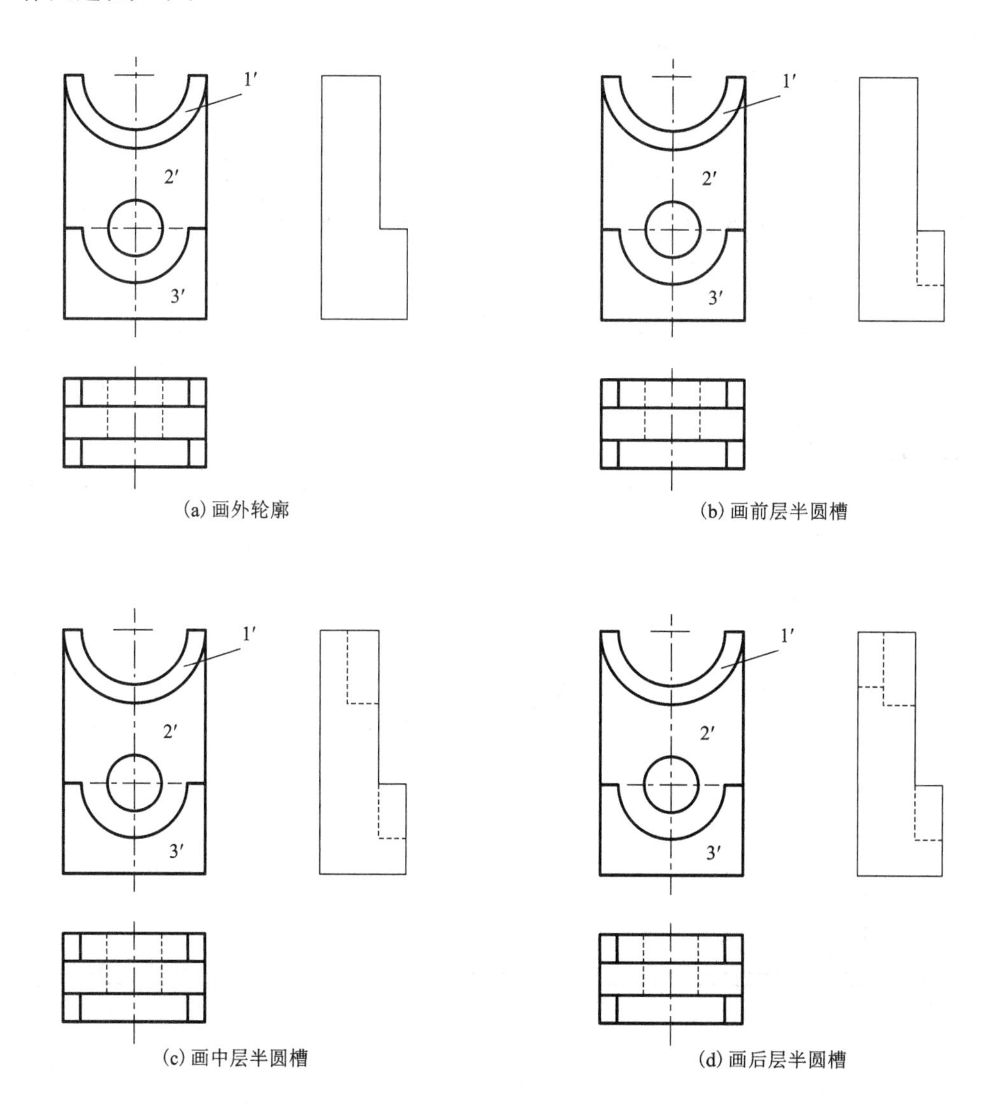

(a) 画外轮廓　(b) 画前层半圆槽　(c) 画中层半圆槽　(d) 画后层半圆槽

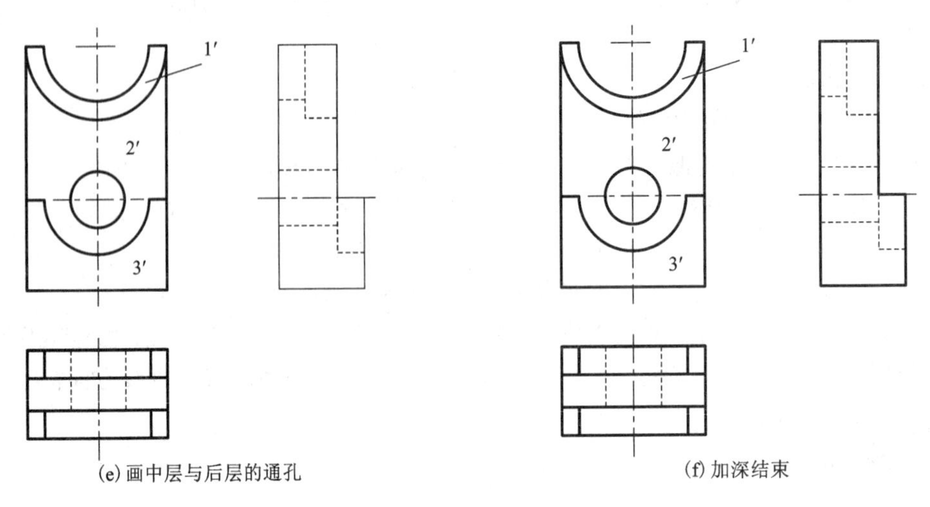

(e) 画中层与后层的通孔　　(f) 加深结束

图 3－4－6　组合体补画第三视图

【同步练习】

1. 将各投影面上的视图组合起来，想象形体，搭配成正确的三视图组，并将编号填入下列表内。

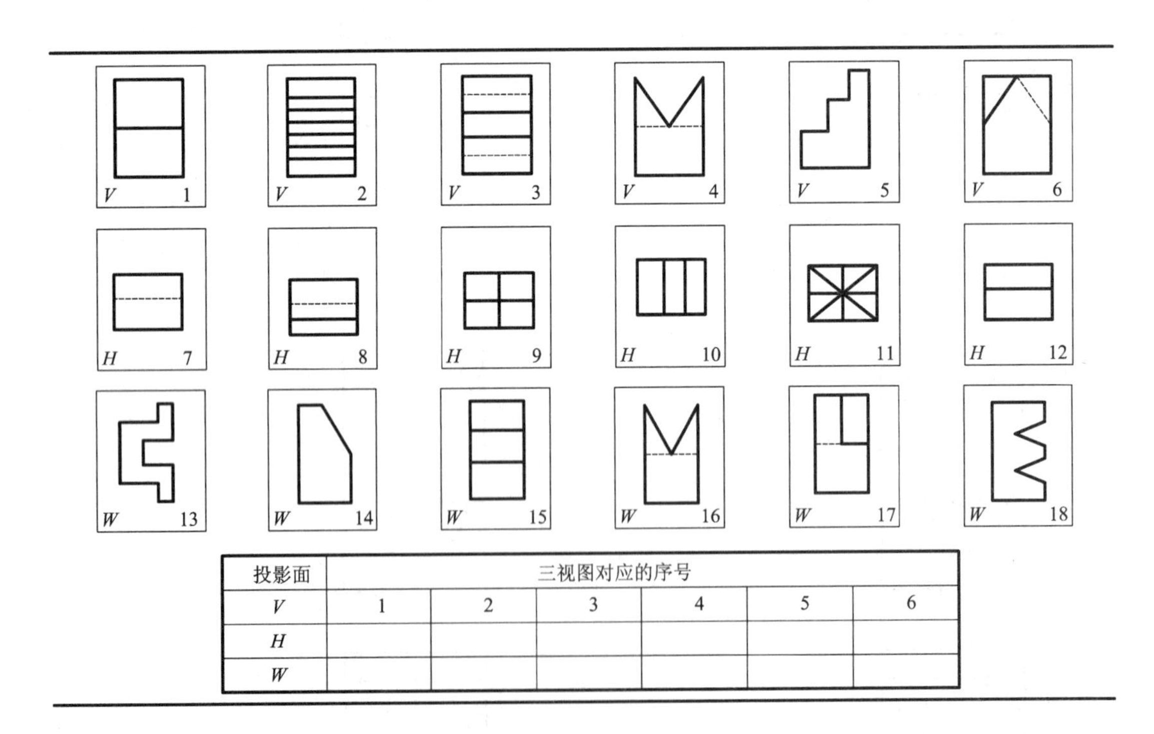

投影面	三视图对应的序号					
V	1	2	3	4	5	6
H						
W						

2. 按所给定的主、左视图，想象形体，找出相对应的俯视图，并将编号填入下列表内。

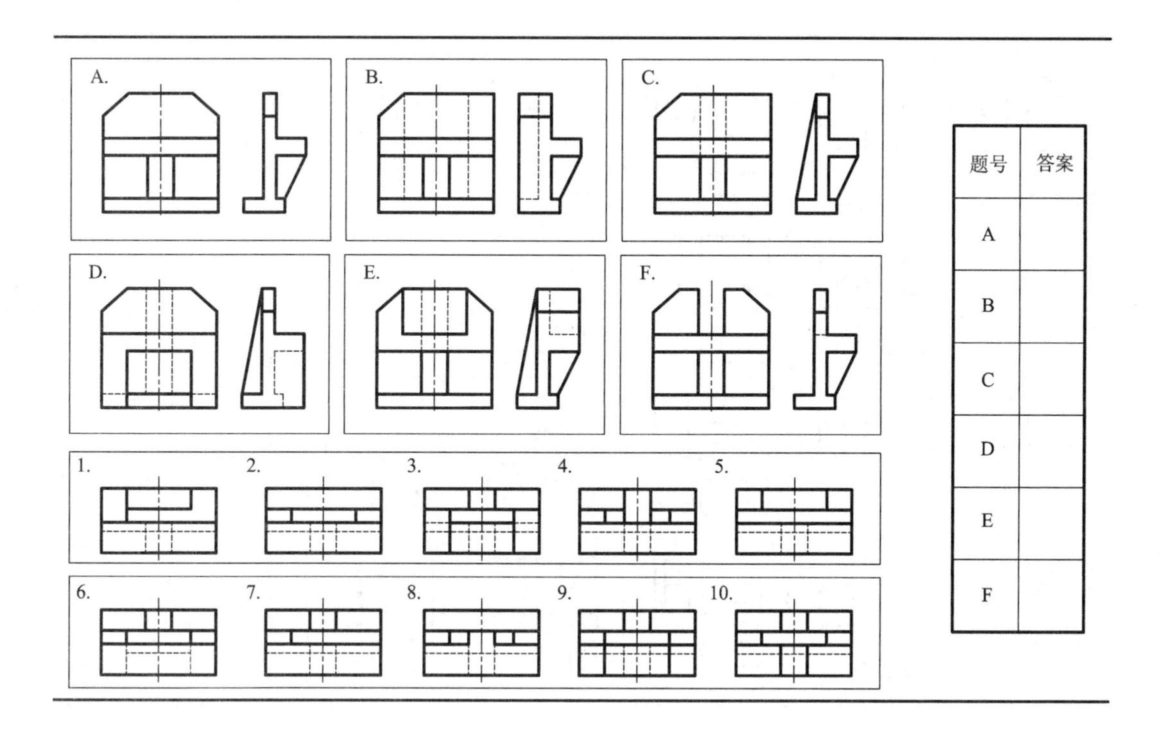

题号	答案
A	
B	
C	
D	
E	
F	

3. 按所给定的主、俯视图，想象形体，在左边找出相对应的左视图，将编号填入下列表内。

题号	答案
A	
B	
C	
D	
E	
F	

4. 按照投影原理，判断下面三视图是否正确。在对应的表格中画“√”或“×”。

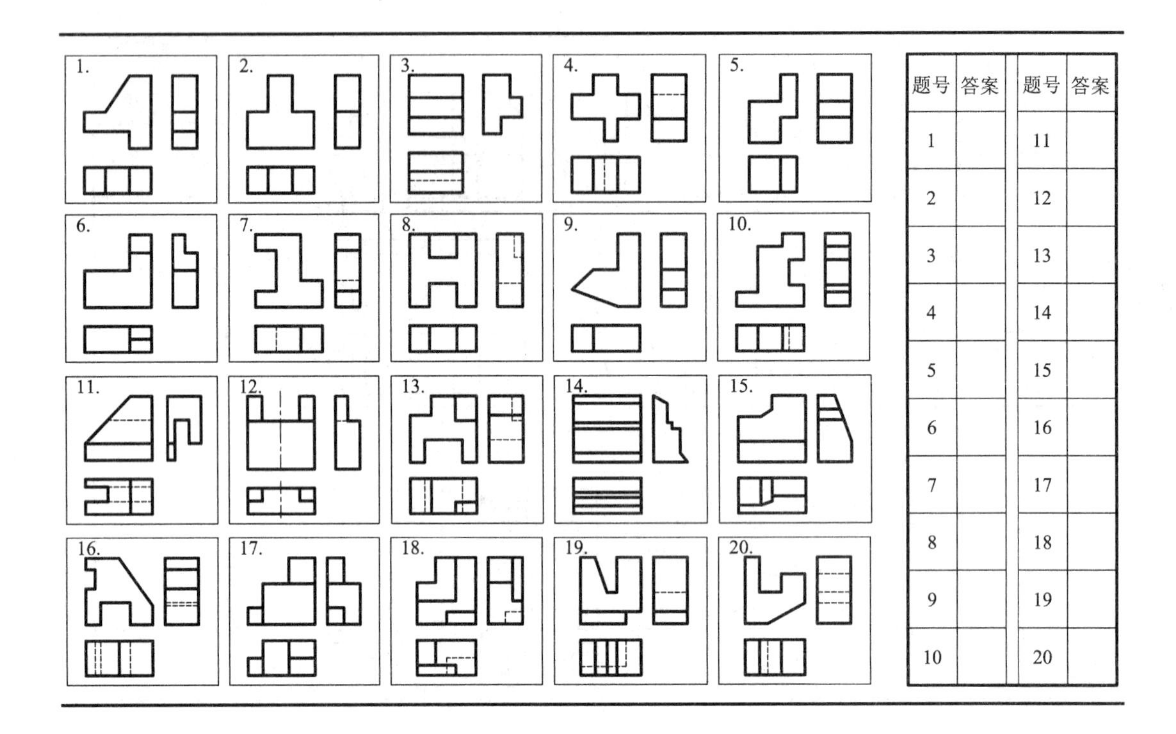

题号	答案	题号	答案
1		11	
2		12	
3		13	
4		14	
5		15	
6		16	
7		17	
8		18	
9		19	
10		20	

5. 补画三视图中所缺的线。

（1）

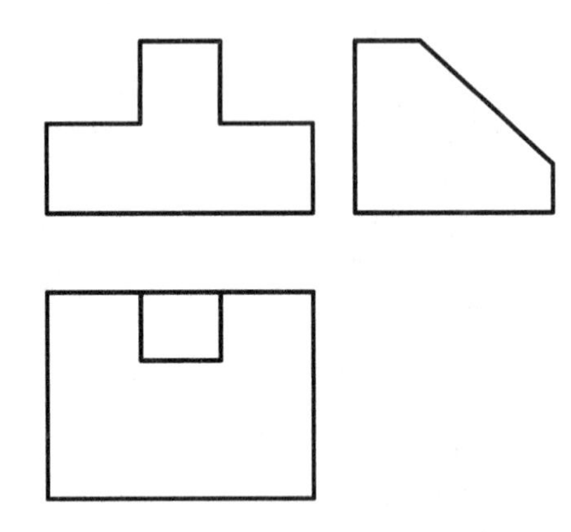

（2）

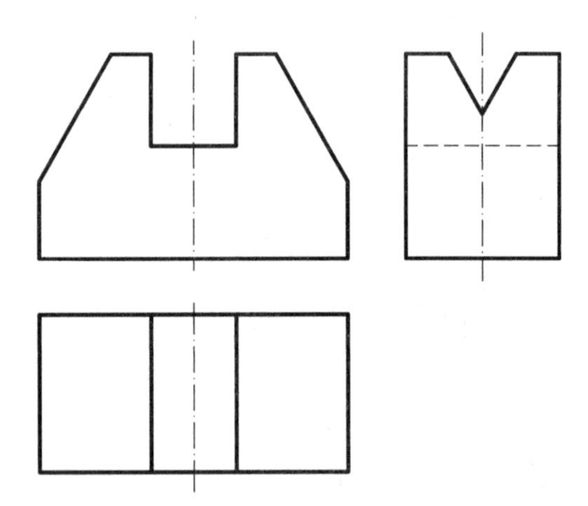

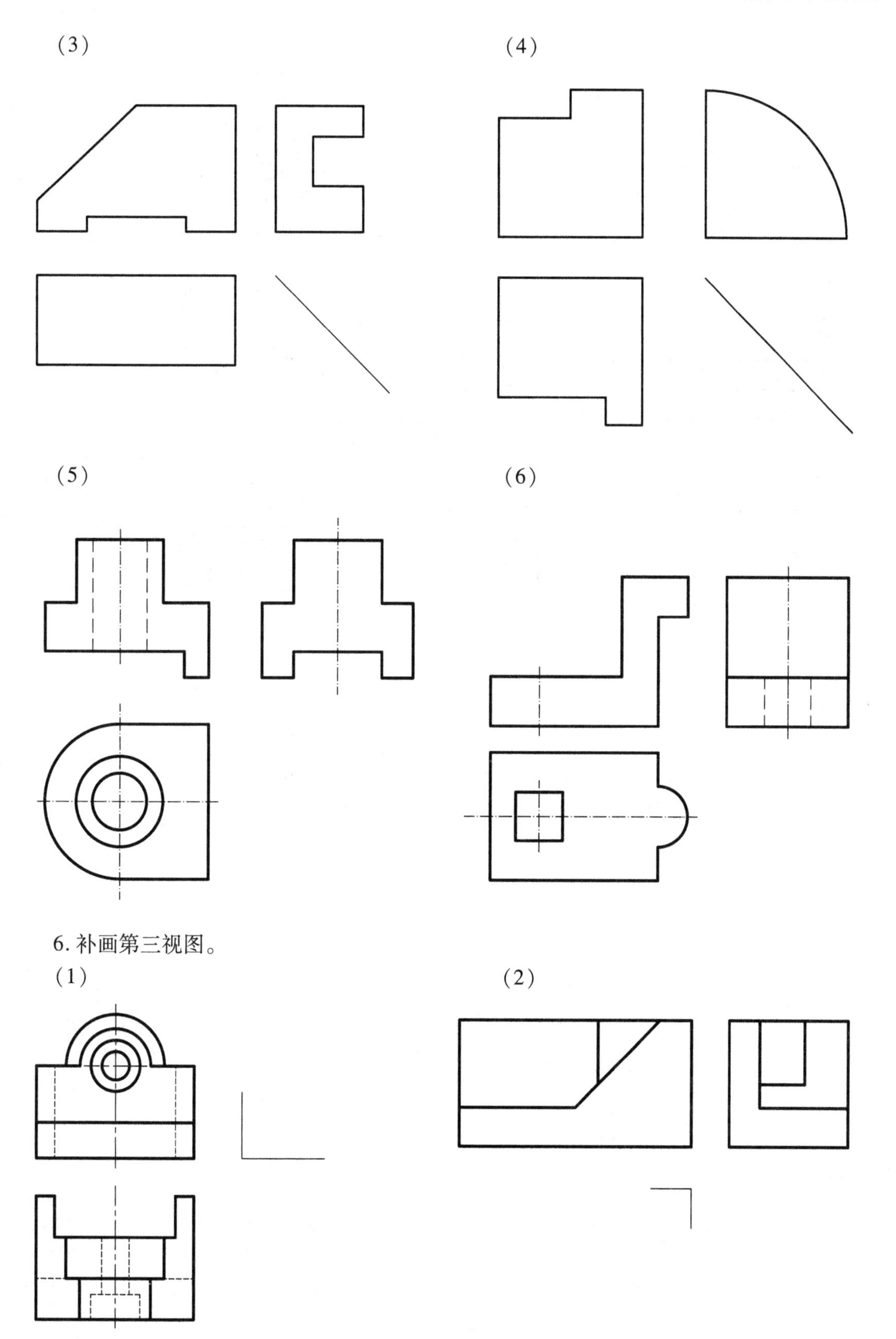
(3)
(4)
(5)
(6)
6. 补画第三视图。
(1)
(2)

(3)

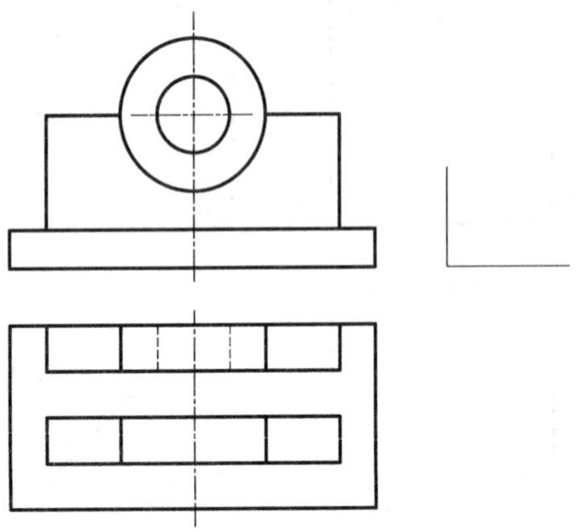

(4)

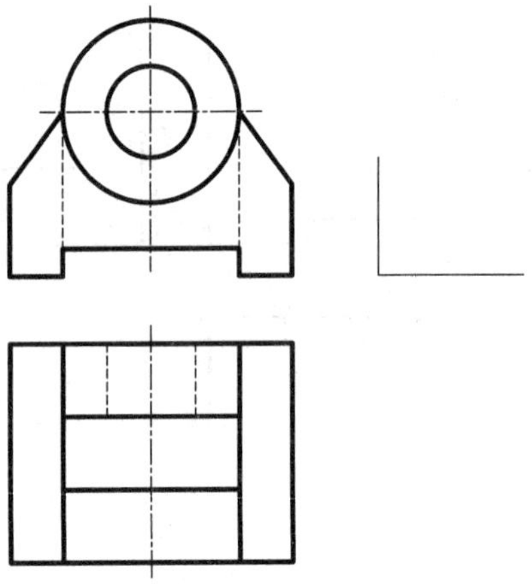

(5)

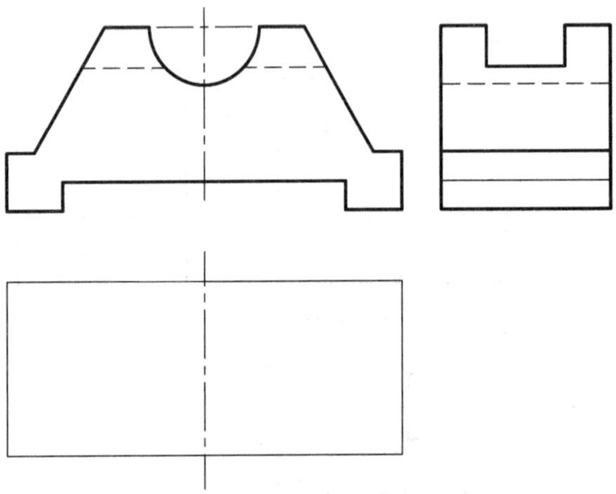

(6)

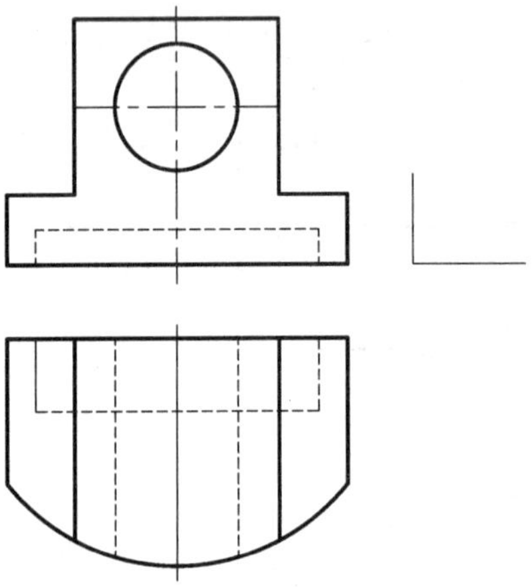

(7)

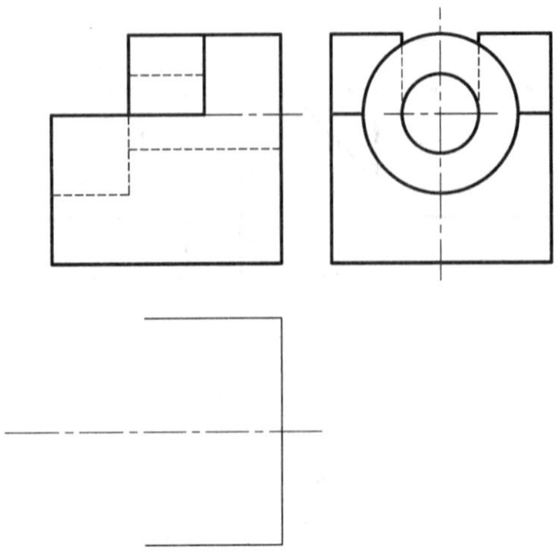

(8)

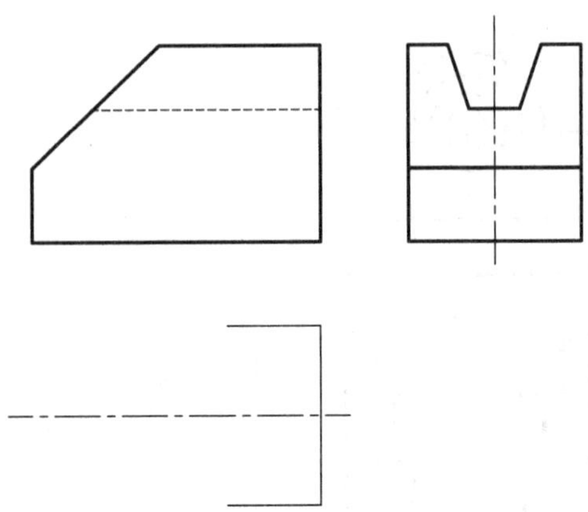

7. 根据正等轴测图在 A4 图纸上绘制三视图。

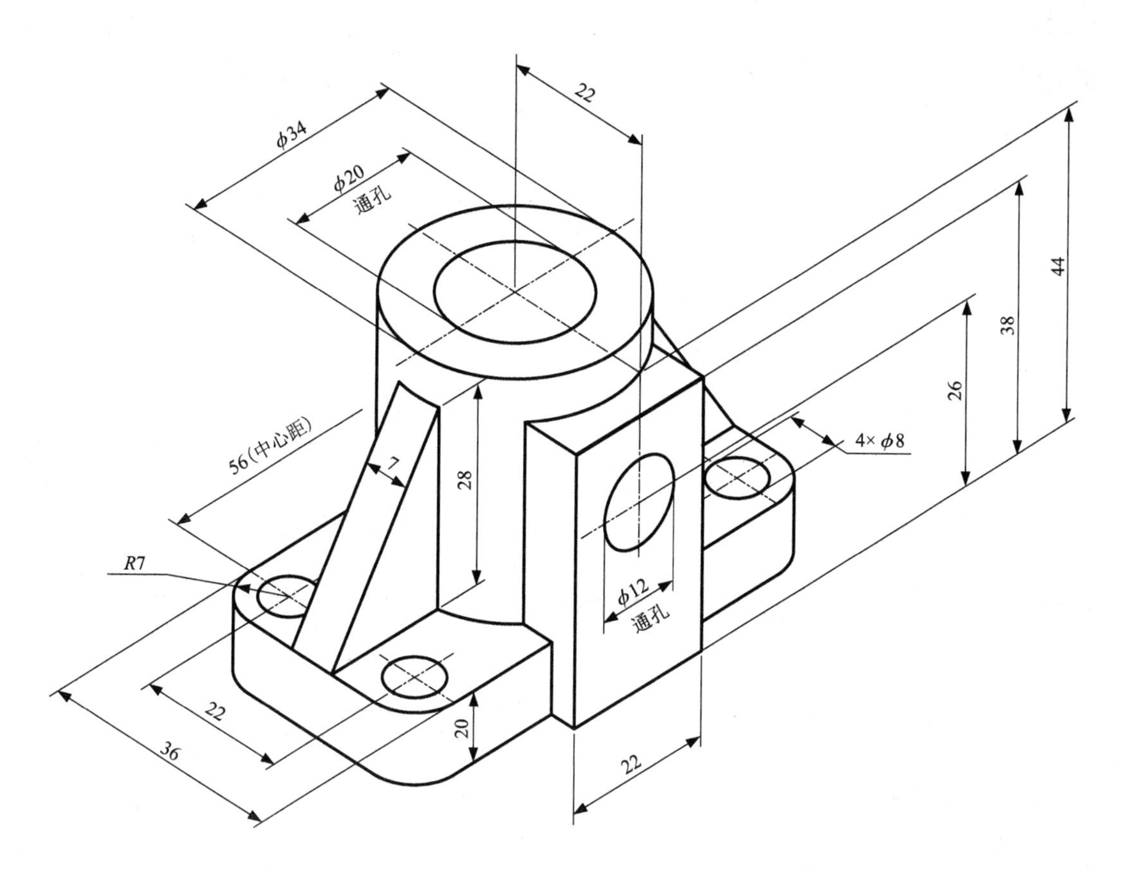

项目四
机件的基本表示法

【项目导入】

要把一个形状结构比较复杂的零件表达清楚，仅仅用三视图表达可能不够，如图 4 - 0 - 1 所示减速箱的表达，就用了六个图形，这六个图形分别是什么视图呢？

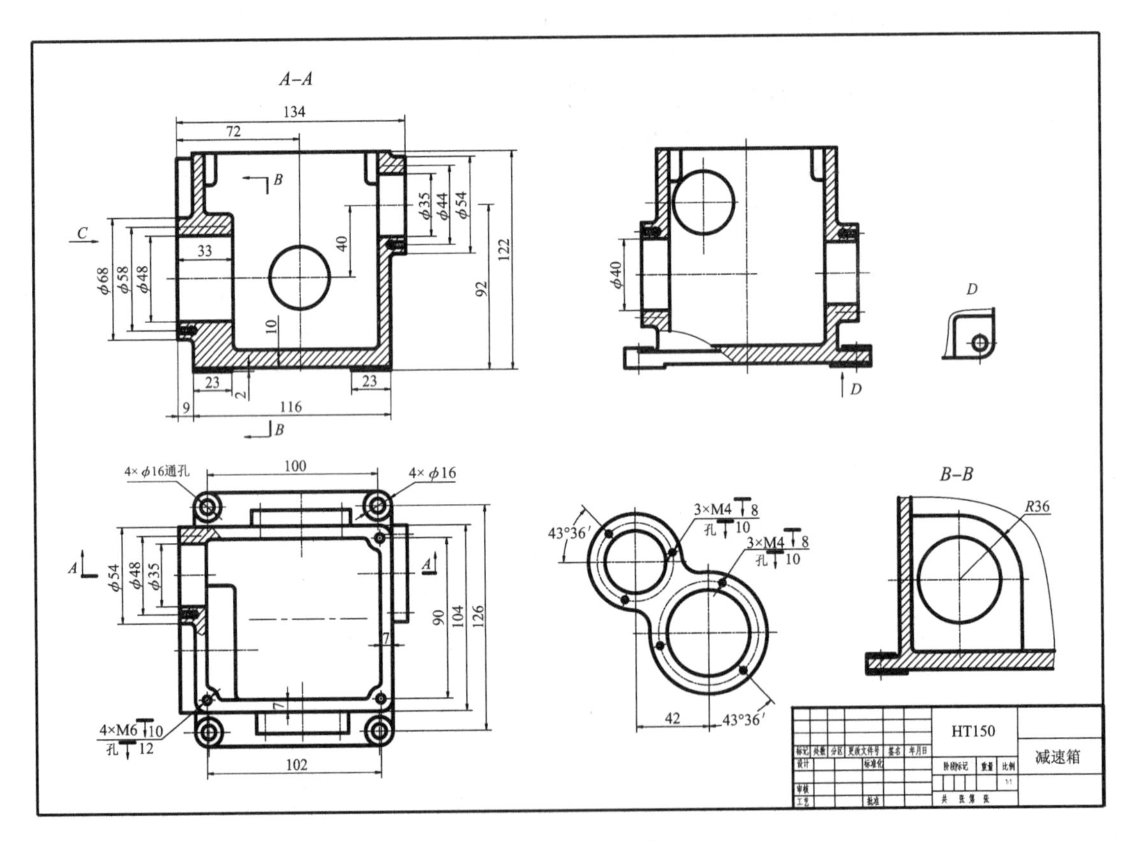

图 4 - 0 - 1　减速箱的表达

【学有所获】

通过本项目的学习，学生应该能运用如下知识点：

(1)视图的类型与绘图方法。

(2)剖视图的种类与剖切方法的种类。

(3)断面图的绘图方法与应用。

任务1　视图

【任务描述】

通过学习，能运用各视图的种类对机件进行正确表达。

【知识导航】

一、六个基本视图

国家标准《机械制图》中规定的六个基本投影面。由机件的前、后、左、右、上、下六个方向，分别向六个基本投影面投影，就得到六个基本视图(图4－1－1)。

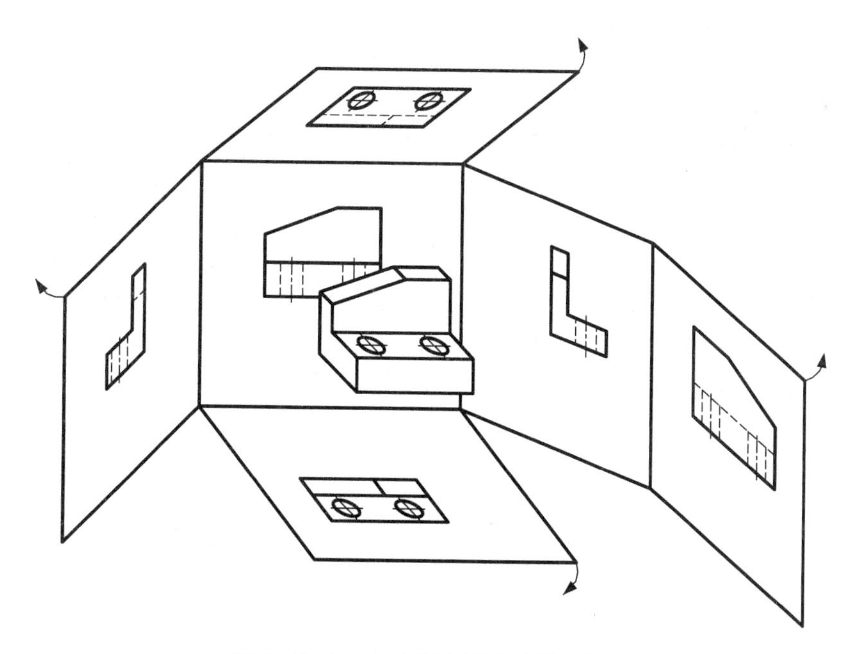

图4－1－1　六个基本视图的展开方法

如图4－1－1所示，六个基本投影面及它的展开方法。展开方法是：正投影面不动，其余按各箭头所指的方向旋转，与正投影面展开成一个平面，形成六个基本视图，各视图配置关系和名称如图 4－1－2 所示。

六个基本视图的投影规律：主、俯、仰、后长对正；主、左、右高平齐；俯、左、右、仰宽相等。

主视图：从前向后投影得到的视图；

俯视图：从上向下投影得到的视图；

左视图：从左向右投影得到的视图；

仰视图：从下向上投影得到的视图；

右视图：从右向左投影得到的视图；

后视图：从后向前投影得到的视图。

在同一张图纸内按照图 4－1－2 位置布置时，一律不标注视图的名称。

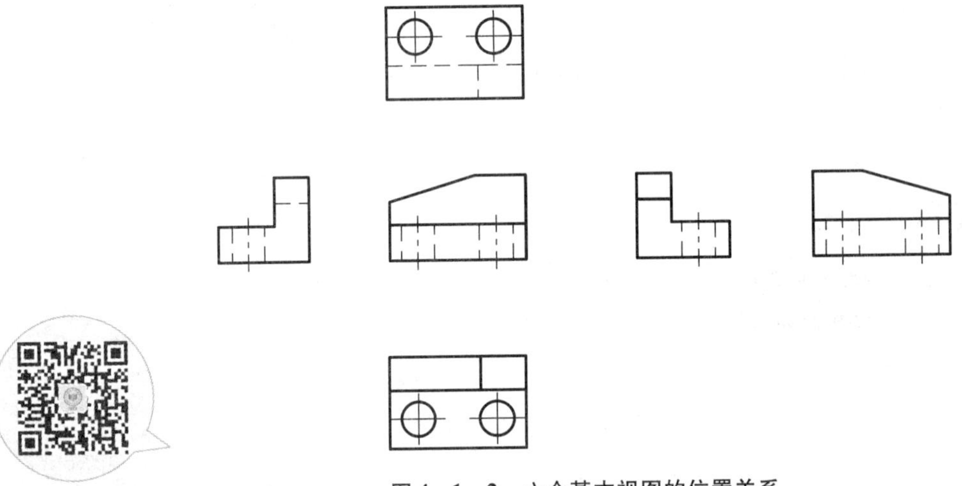

六视图的展开与形成

图 4－1－2　六个基本视图的位置关系

二、向视图

向视图是可以自由配置的视图，是基本视图的另外一种表达方法。根据机件的需要，如果不能按照图 4－1－2 配置视图时，则应在视图的上方用字母标注出视图名称“X”，并在相应视图的附近用箭头指明投影方向，标上同样的字母，见图 4－1－3。

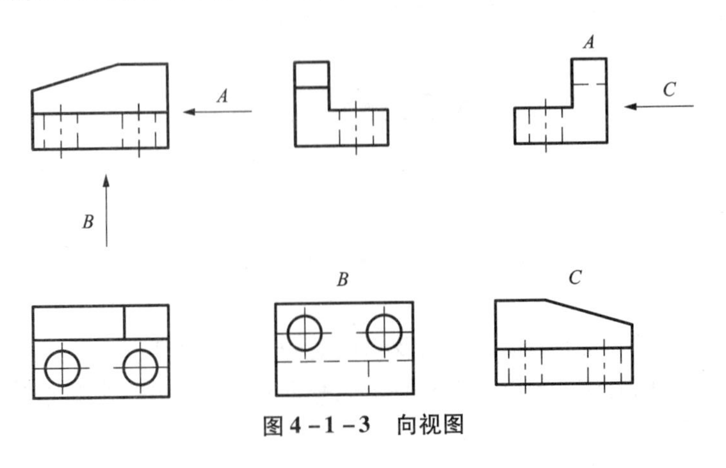

图 4－1－3　向视图

三、局部视图

将机件的某一部分向基本投影面投影而得到的视图，叫局部视图。如图 4－1－4 所示的机件，画了主视图和俯视图后，机件的形状还没有完全表达清楚，若再画左视图和右视图来表达左凸台和右凸台，则大部分投影重复，没有必要。如果按图 4－1－4 所示的那样，仅将左凸台和右凸台部分画出来，就能完整简洁地表达出机件的形状。

局部视图是不完整的基本视图，利用局部视图，可以减少基本视图的数量，补充基本视图尚未表达清楚的部分，不但简化了表达方法，节省了画图的工作量。

重要提示：

①在相应的视图上方用带箭头指明所表示的部分投影方向，并在局部视图上方用相同的字母标明“*X* 向”。

②局部视图最好画在有关视图附近，并保持投影对应关系，也可以画在图纸内的其他地方。

③局部视图的断裂边界线用波浪线表示，当所表示的结构完整，而外轮廓线又封闭时，则波浪线可省略，见图 4－1－4 中“*B*”。

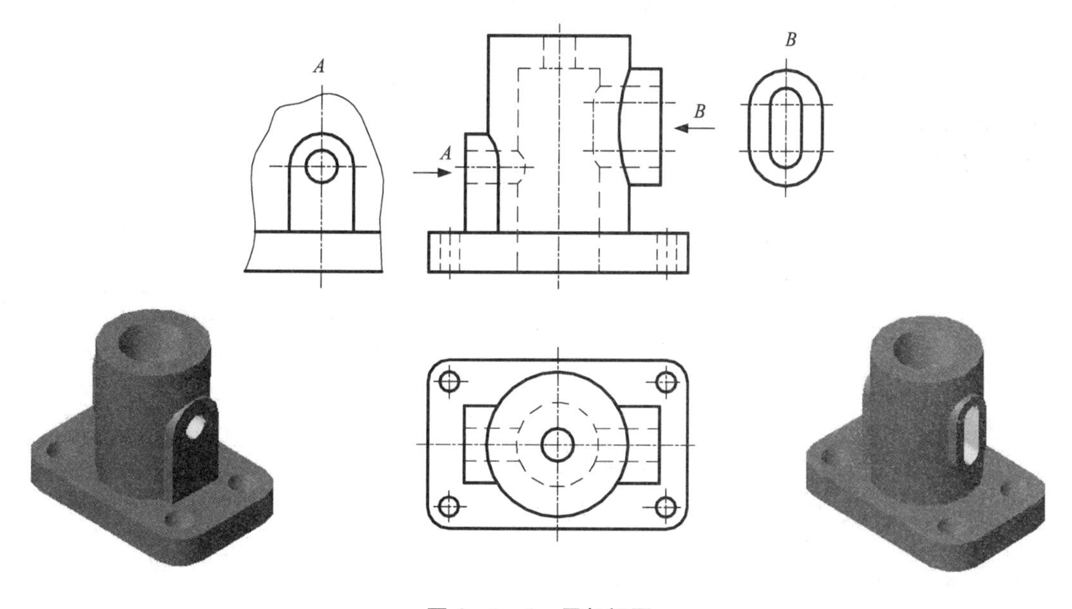

图 4－1－4　局部视图

四、斜视图的概念

机件向不平行于任何基本投影面的平面投影所得到的视图，称斜视图。

其倾斜部分的俯视图和左视图均不反映实形，此时可将机件的倾斜表面投影到与其相平行的新设的投影面上，得到的视图为斜视图，见图 4－1－5 中的“*A*”。

斜视图画法的要求：

（1）在相应视图附近用箭头指明投影方向，用字母表示斜视图的名称，并在斜视图的上方标出“X”。

(2)箭头旁边所注字母一律写成水平方向。斜视图允许转正画出，并在斜视图上方写出“X”，见图4－1－5。

(3)斜视图的断裂边界用波浪线表示。

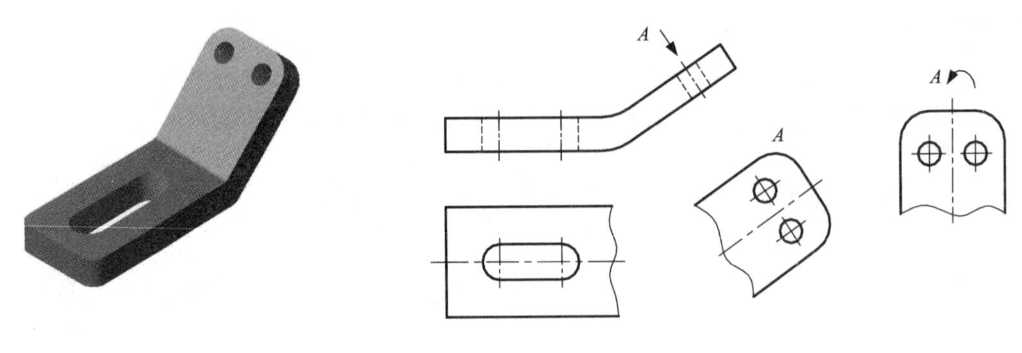

图4－1－5　斜视图

五、旋转视图

当机件上的倾斜部分具有回转轴线时，假想将其绕回转轴线旋转到平行于某一基本投影面的位置，进行投影，这样的视图叫旋转视图，见图4－1－6。

重要提示：

①旋转视图不加标注。

②旋转视图用点画线表示零件旋转部分的旋转轨迹。

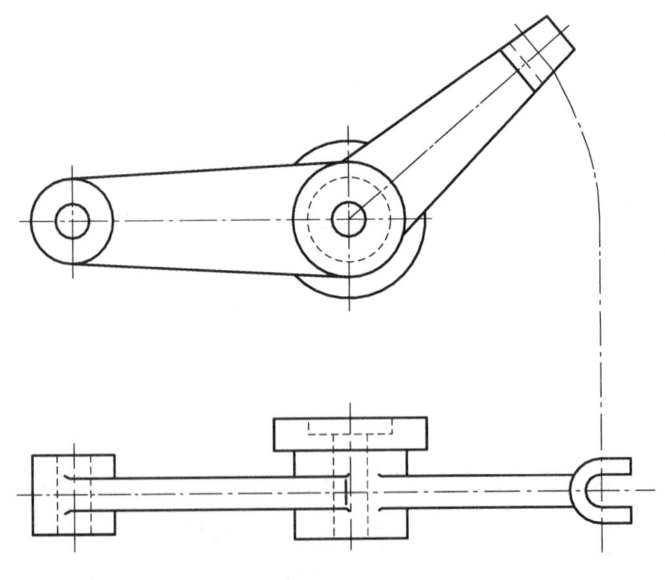

图4－1－6　旋转视图

压紧杆的视图表达

【同步练习】

1. 根据三视图，在指定位置补齐六视图。

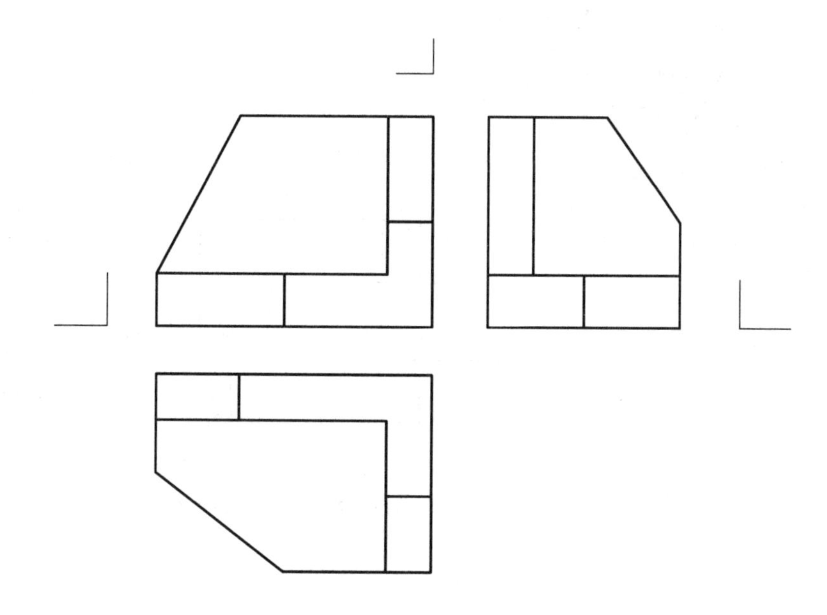

2. 根据三视图，在指定位置补齐向视图。

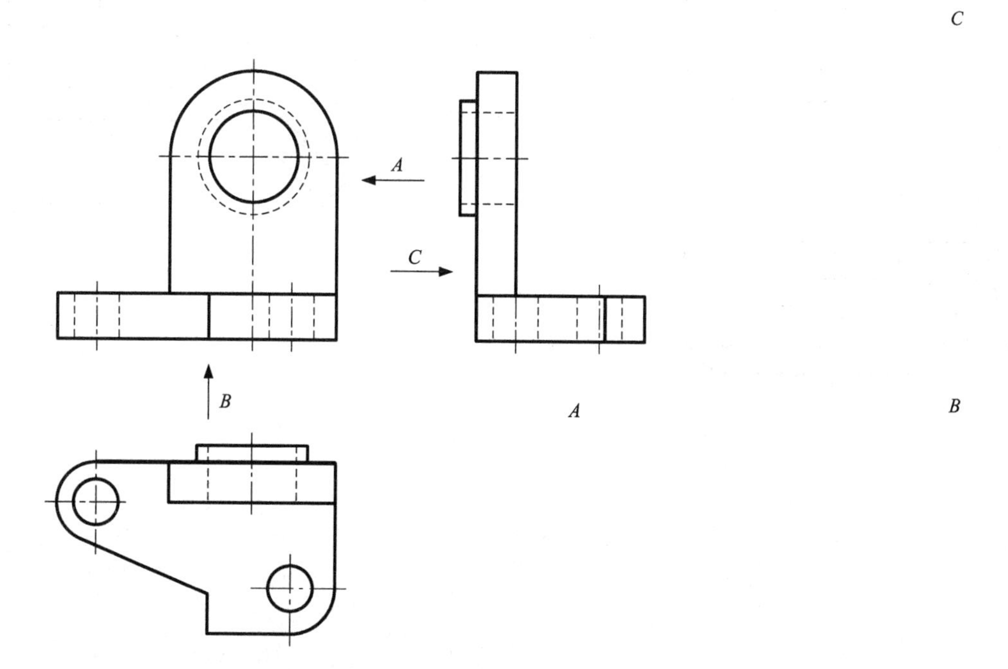

3. 根据主俯视图，在指定位置补齐斜视图和局部视图。

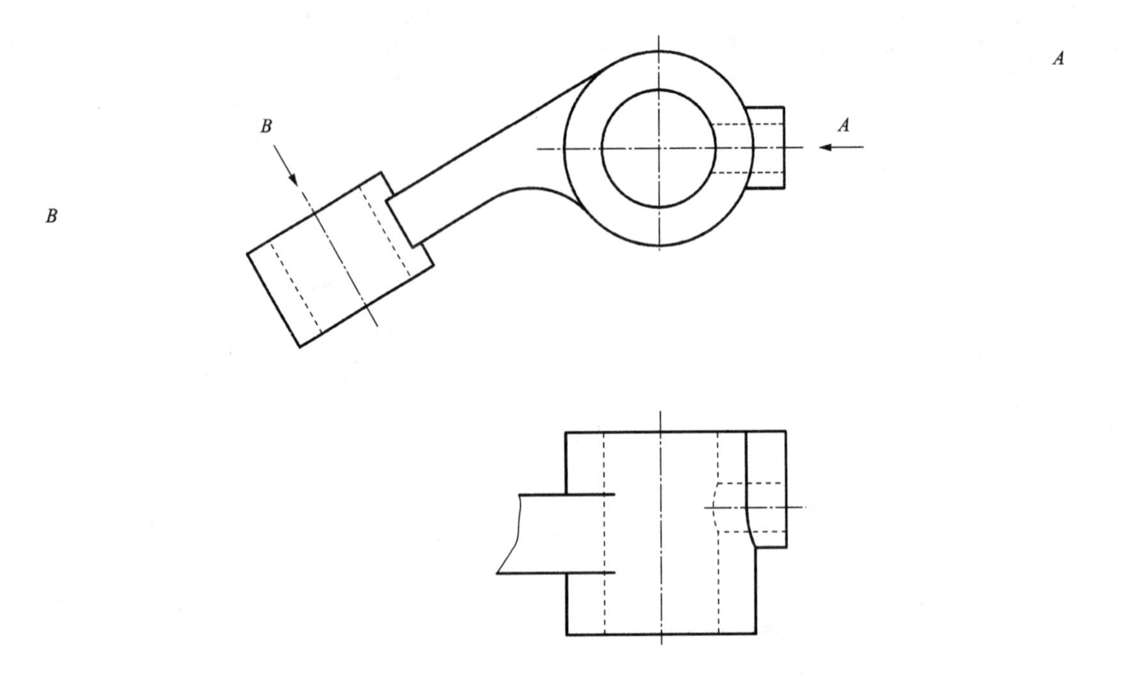

4. 根据左边已知的主俯视图，改用主视图、斜视图和局部视图表达该机件。

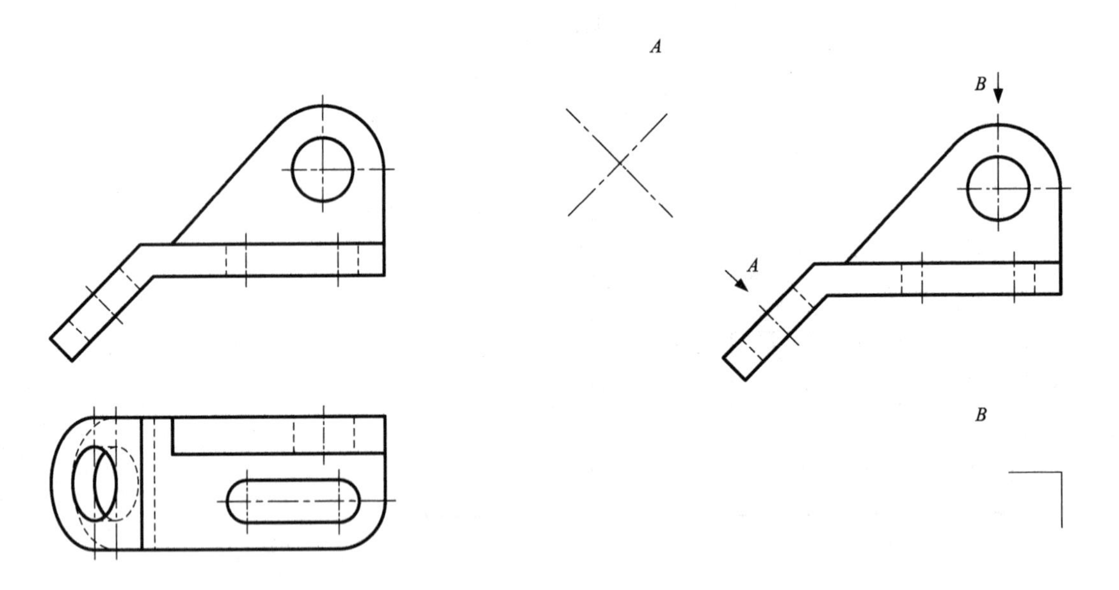

任务2　剖视图

【任务描述】

通过学习，能运用剖视图的表达方法正确表达机件。

【知识导航】

一、剖视图的概念

当机件内部结构较复杂时，视图中将出现许多虚线，影响视图的清晰程度，标注尺寸也不方便，给画图和读图带来不便。为了清晰地表达机件的内部形状，《机械制图》国家标准规定采用剖视图画法。

假想用剖切平面将机件剖开，移去观察者与剖切平面之间的部分，将剖切平面上和剖切平面后的部分向投影面投影所得到的图形称为剖视图。见图4－2－1。

在剖视图上不可见的孔转化为可见的，并在切口上(剖切平面与机件接触部分)画上剖面符号，这样远近层次就比较分明了。比较图4－2－1，就可看出剖视图比普通视图表达得清楚得多了。

剖视图的概念

重要提示

①剖视图是假想将机件剖开后画出的，并非真的把机件切掉一部分。因此，除剖视图外，其他视图仍按完整的机件画出。例如图4－2－1中机件是假想被平行于正投影面的平面剖开，将主视图画成剖视图，俯视图则应该按完整的机件画出，见图4－2－1，而不应该只画一半。

②为了使剖视图能充分地反映机件的内部结构，应使剖切面通过机件的内部结构的对称平面或轴线，并应平行于基本投影面，以便得到实形。

③在剖视图中，虚线可省略不画，但当用虚线表示可以减少视图时，则仍需画出。

④机件剖开后，凡是看得见的轮廓线都应画出，不能遗漏，要仔细分析剖面后面的结构形状，分析有关视图的投影特点，以免画错。

二、剖面符号及其画法

国家标准《机械制图》中规定在剖面视图中凡是被剖切的部分均应画出剖面符号。不同的材料，采用不同的剖面符号。各种材料的剖面符号见表4－2－1。

剖切演示

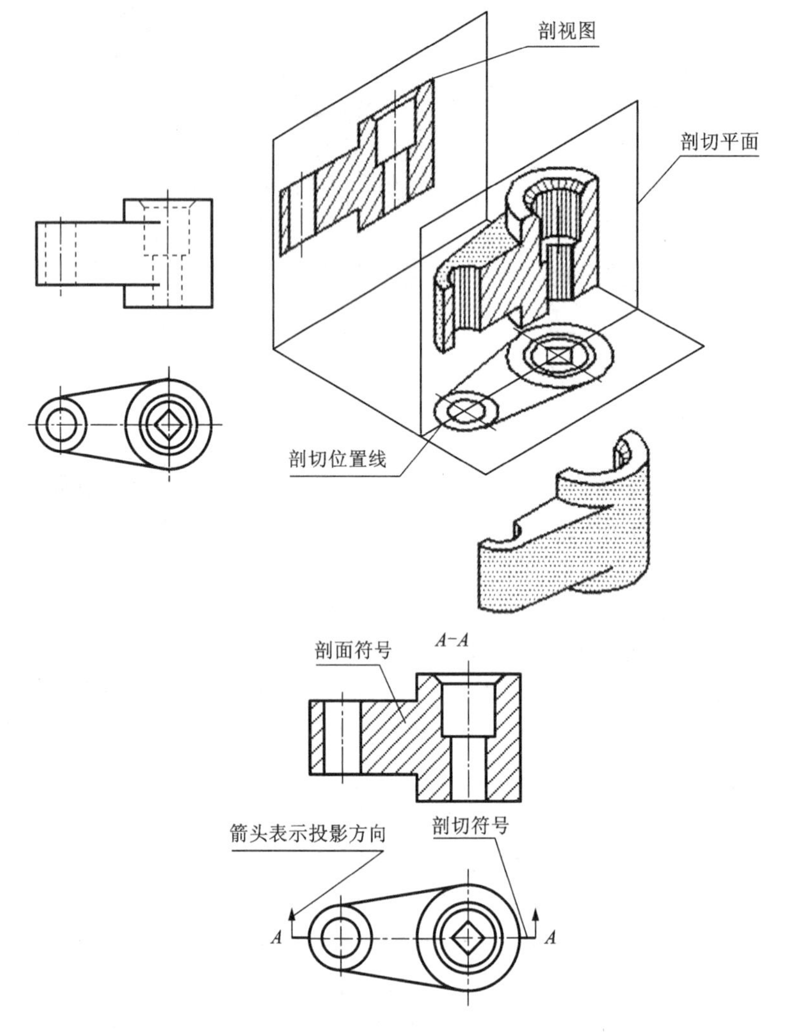

图 4-2-1　剖视图的画法

表 4-2-1　各种材料的剖面符号

材料名称	剖面符号	材料名称	剖面符号
金属材料（已有规定剖面符号者除外）		砖	
线圈绕组元件		玻璃及供观察用的其他透明材料	
转子、电枢、变压器和电抗器等的叠钢片		液体	
型砂、填砂、粉末冶金、砂轮、陶瓷刀片、硬质合金刀片等		非金属材料(已有规定剖面符号者除外)	

金属材料的剖面符号一律画成与水平线呈45°角的相互平行、间隔均匀的细实线，其方向可以向右或向左，同一物体的各个剖视图剖面线的倾斜方向和间距应一致。当某一剖视图的主要轮廓与水平方向呈45°角或接近45°角时，其剖面线应画成与水平方向呈30°角或60°角，其余图形中的剖面线仍与水平方向呈45°角，但两者的倾斜趋势应相同，见图4－2－2。

在画剖视图时，若要对主视图取剖视，剖切平面应平行于正投影面，而且要通过物体的中心轴线或对称面(图4－2－3)。不仅可以在一个视图上取剖视，而且可以根据需要，在几个视图上同时取剖视(图4－2－4)。若要对俯视图取剖视，剖切平面应平行于水平投影面；若要对左视图取剖视，剖切平面应平行于侧投影面。

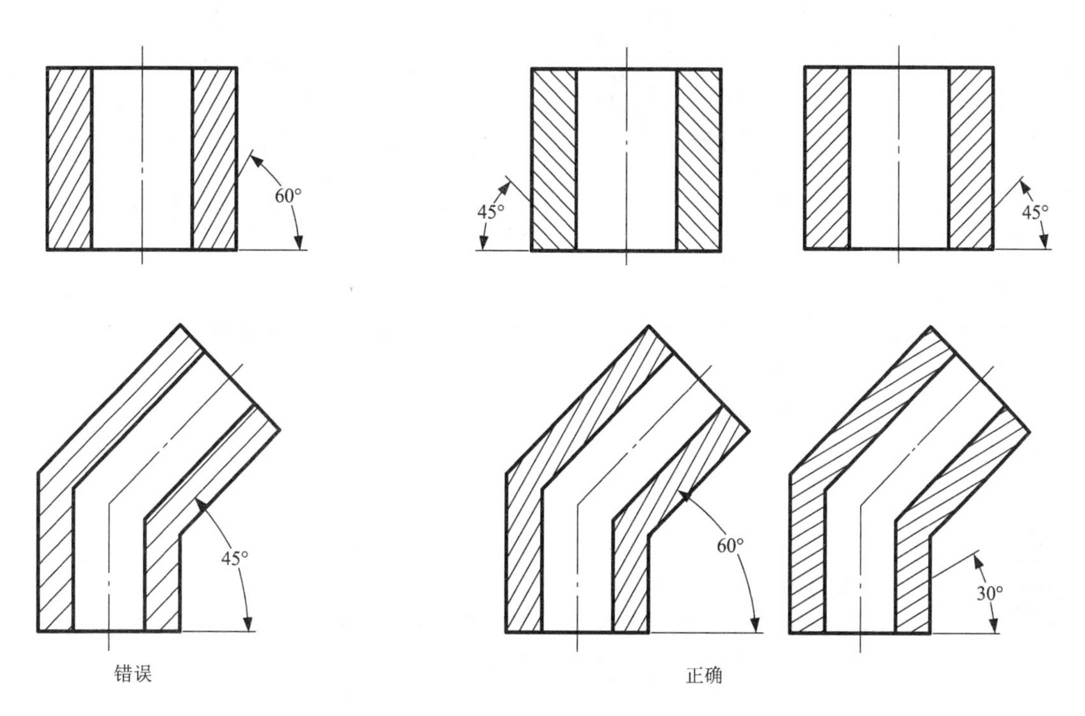

图4－2－2　剖面线与水平线成30°或60°的角

三、剖视图的标注

剖视图的标注包括以下三项内容。

1. 剖切位置

通常以剖切平面与投影面的交线表示剖切位置。在它的起迄处用加粗的短划粗实线表示，但不要与图形轮廓线相交。

2. 投影方向

在剖切位置线的两外端，用箭头表示剖切后的投影方向。

3. 剖视图名称

在箭头外侧用相同的大写拉丁字母表示，并在相应的剖视图上方标出“$X-X$”字样。如果在同一张图上，同时有若干个剖视图时，其剖视图名称的字母不得重复。

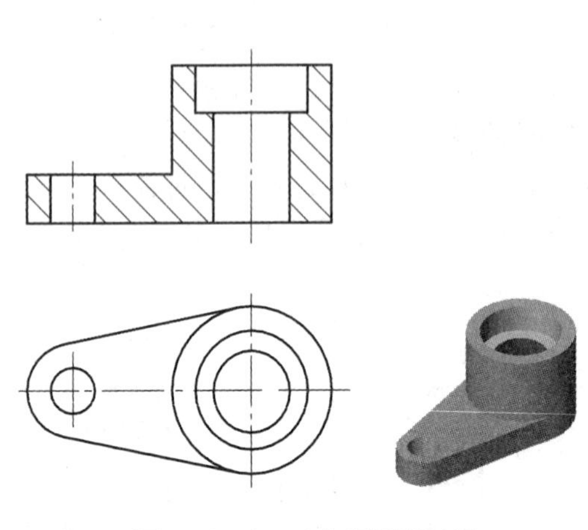

图4－2－3　对主视图取剖视

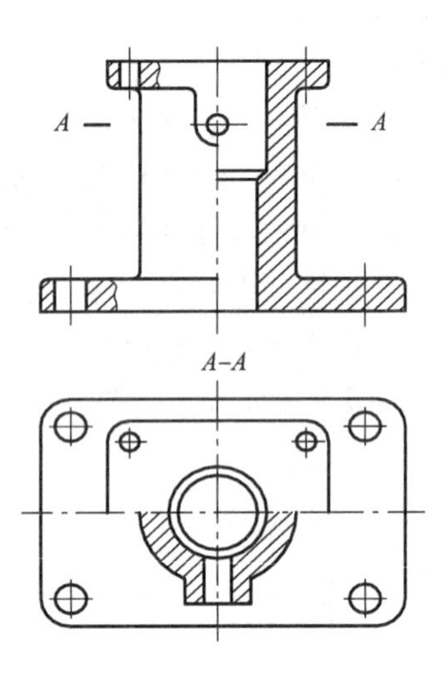

图4－2－4　对主、俯视图都取剖视

4. 剖视图标注的简化或省略

剖视图的完整标注如前所述三项内容，但在下列情况下允许简化或省略。当剖视图按投影关系配置，中间又无其他图形隔开，此时允许省略箭头。当剖切平面与零件的对称或基本对称平面重合，剖视图按投影关系配置，中间又无其他图形隔开，可省略标注。

四、剖视图的种类

全剖

剖视图可分为全剖视图、半剖视图和局部剖视图三种。

1. 全剖视图

用剖切平面完全地剖开机件所得的剖视图（图4－2－5）。前面所见图例全是全剖视图。用于表达外形简单、内形复杂又无对称平面的机件。

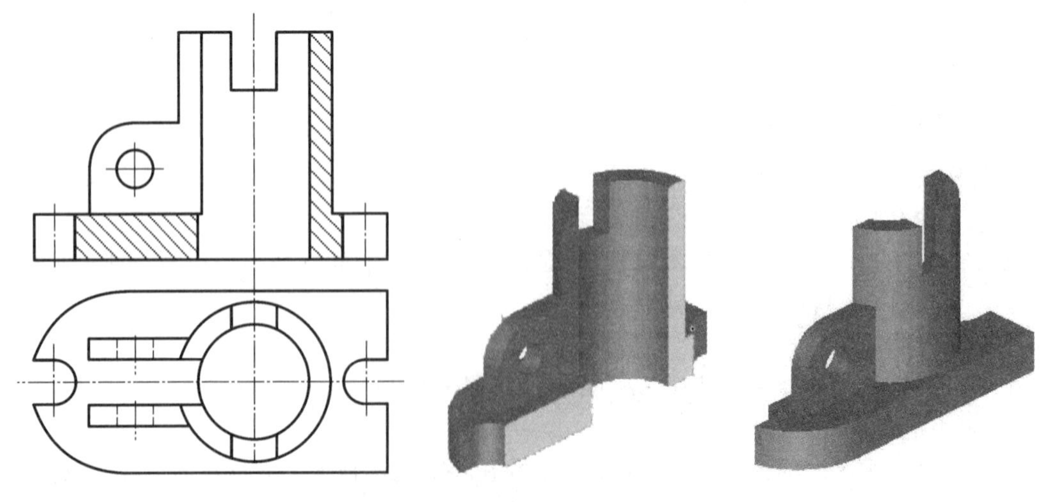

图4－2－5　全剖视图

2. 半剖视图

(1)定义：当机件具有对称平面时，在垂直于对称平面的投影面上投射所得的图形以对称中心线为界，一半画成视图以表达机件外形，另一半画成剖视图以表达机件的内形，这样的图形称为半剖视图(图 4－2－6)。

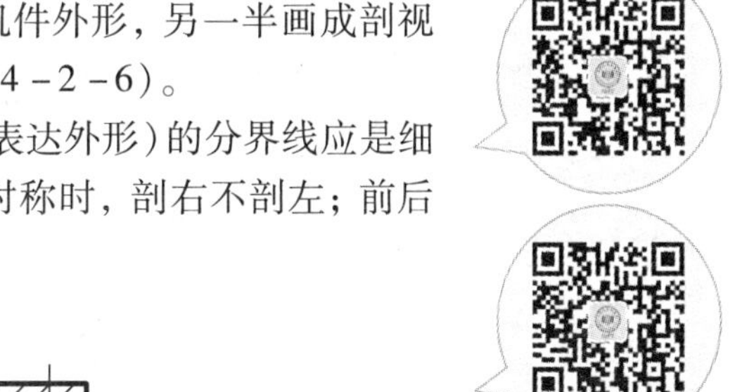

半剖视图
(俯视图和主视图)表达

(2)画法：剖视图部分(表达内形)与视图部分(表达外形)的分界线应是细点画线，另一半视图上的虚线不必画出。通常左右对称时，剖右不剖左；前后对称时，剖前不剖后；上下对称时，剖下不剖上。

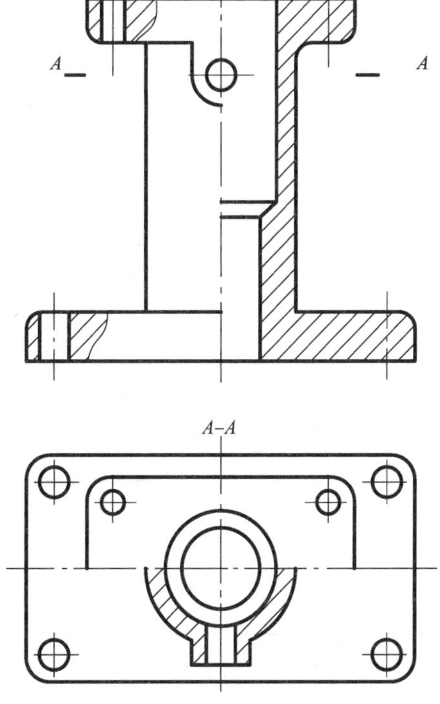

图 4－2－6　半剖视图

重要提示：

①由于剖切是假想的，所以画剖视图时必须注意视图与剖视图的分界线不能用粗实线，只可用对称中心线表示。

②机件虽然对称，但位于对称面的外形或内形上有轮廓线时，不宜作半剖视。如图 4－2－7 所示。

③由于半剖视图中，有些部分的形状只画出了一半，所以标注尺寸时，尺寸线上只能画出一端的箭头，而另一端只需超过中心线，而不画箭头。

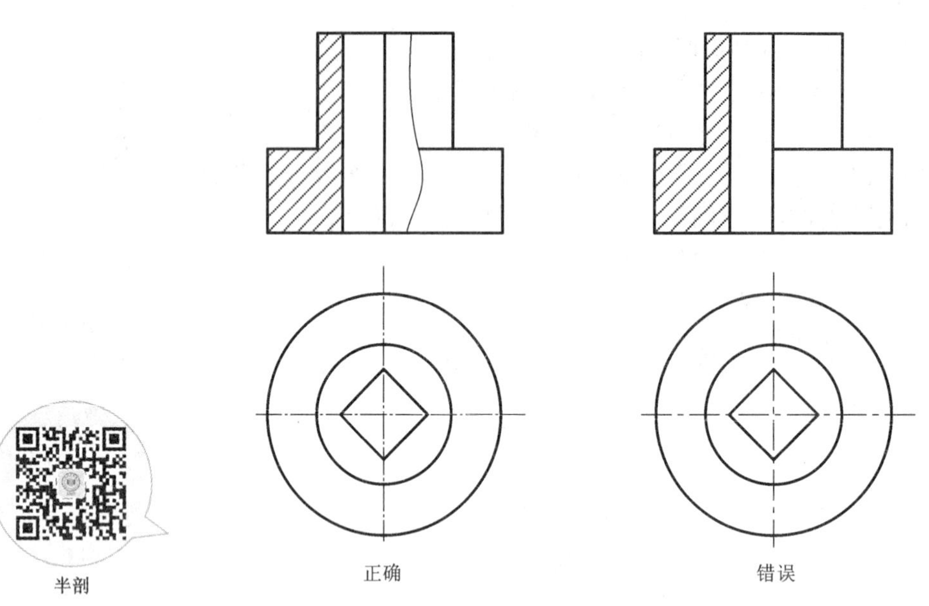

图 4 -2 -7　半剖视图

3. 局部剖视图

用剖切平面局部地剖开机件所得的剖视图称为局部剖视图(图 4 -2 -8)。

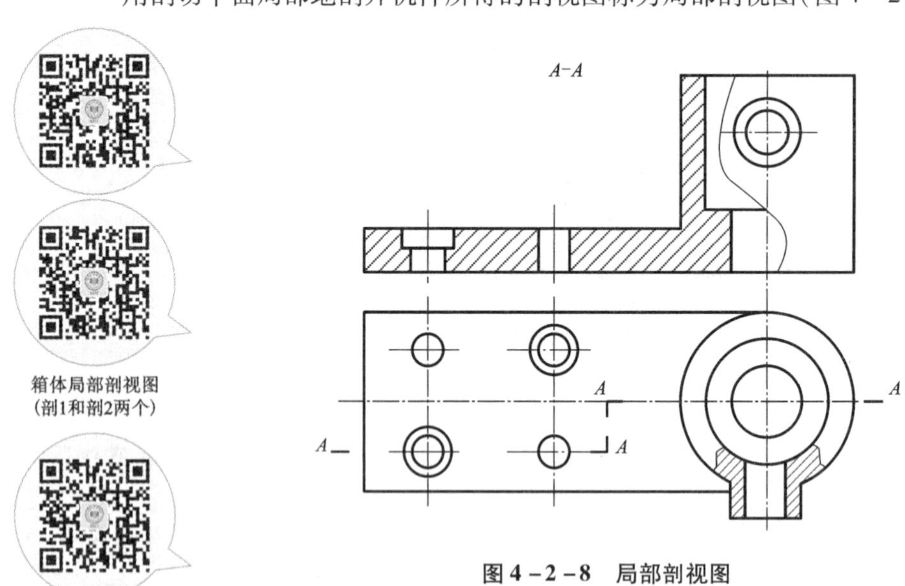

图 4 -2 -8　局部剖视图

局部表达

局部剖视部分与视图部分以波浪线为界(图 4 -2 -9):

(1)波浪线不能与其他图线重合，也不要画在其他图线的延长线上。

(2)波浪线不能超出图形轮廓线，也不能穿空而过。

(3)当被剖切部位的局部结构为回转体时，允许将该结构的轴线作为局部剖视部分与视图部分的分界线。

(4)局部剖切不应过多，以免视图零乱，割断形体的整体感。

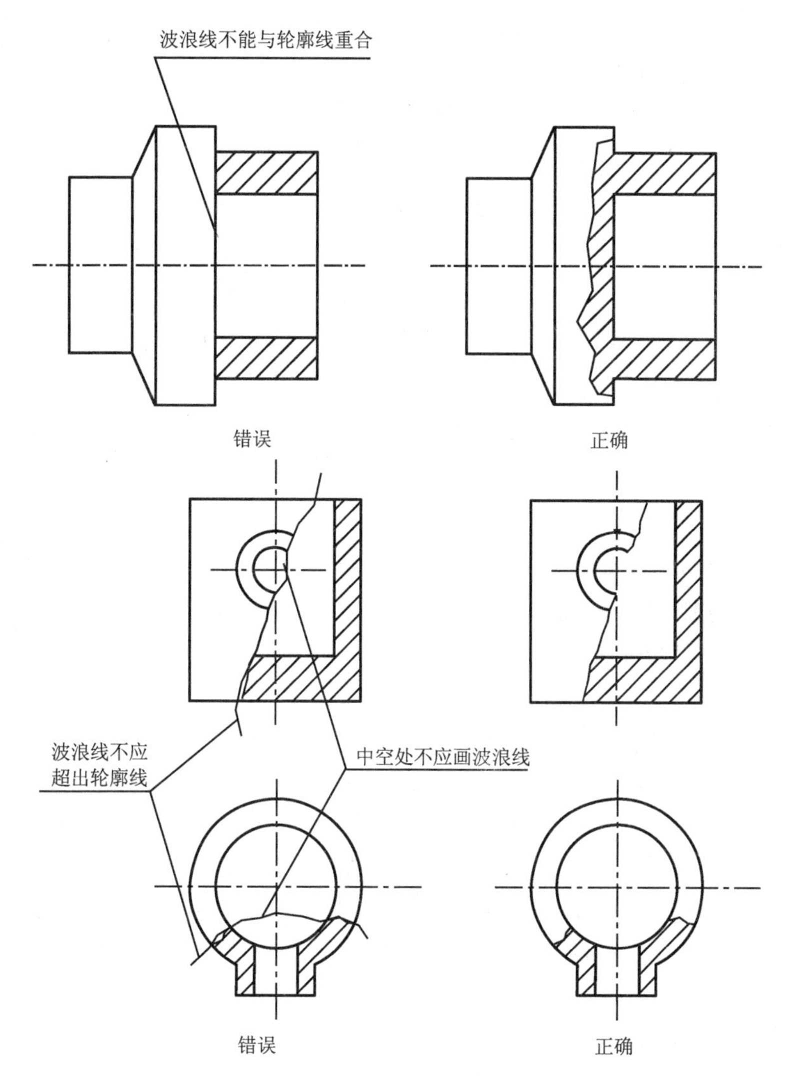

图4－2－9　局部剖视图波浪线画法

五、剖切面种类

1. 用单一剖切面剖切

(1)前面所讲的全剖、半剖、局部剖都是单一剖切。

(2)斜剖：如图4－2－10所示，倾斜的剖切平面应与倾斜的内部结构平行(或垂直)并且垂直于某基本投影面，剖开后向剖切平面的垂直方向投射，并将其翻转到与基本投影面重合后画出，以反映其内部结构。

标注一般配置在箭头所指的前方，必要时也可配置在其他位置或加以摆正，旋转摆正画出的剖视图应加带旋转箭头的标注。

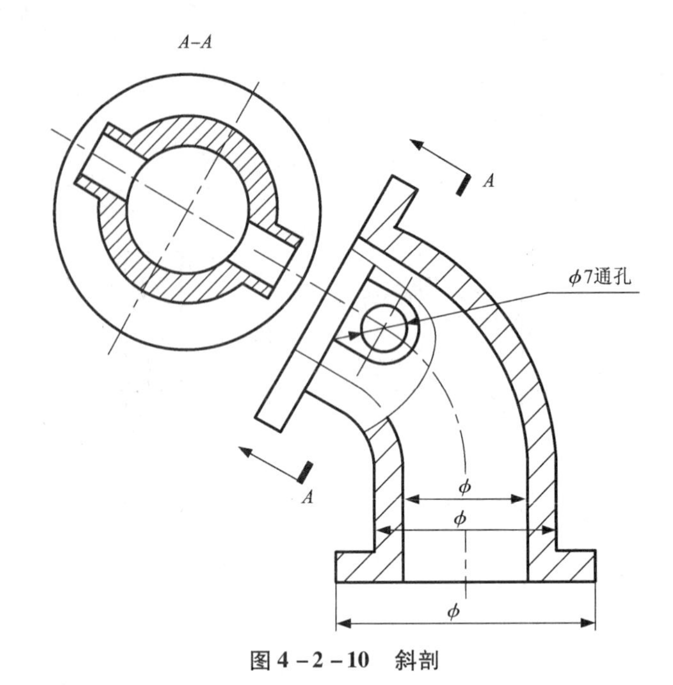

图 4－2－10　斜剖

2. 几个平行的剖切平面剖切——阶梯剖

对于内形复杂、外形简单的机件，可采用几个平行的剖切面剖开机件。

重要提示：

①剖切平面应以直角转折，且不与机件上的轮廓线重合。

由于剖切平面是假想的，所以在剖视图上不应画出两个平行剖切平面在转折处的投影。如图 4－2－11(a) 主视图中剖面线内的粗线是错误的。

②在图形中一般不应出现不完整要素，但当两个要素在图形上有公共对称中心线或轴线时，可以各画一半，以对称中心线或轴线分界[如图 4－2－11(b) 所示]。为表达得更清楚，可沿分界线将两剖切面的剖面线错开。

③在剖切平面的起、迄和转折处，用相同的大写字母及剖切符号表示剖切位置，在起、迄处注明投射方向。相应视图上方注明剖视图名称。

阶梯剖的应用举例如图 4－2－12 和图 4－2－13 所示。

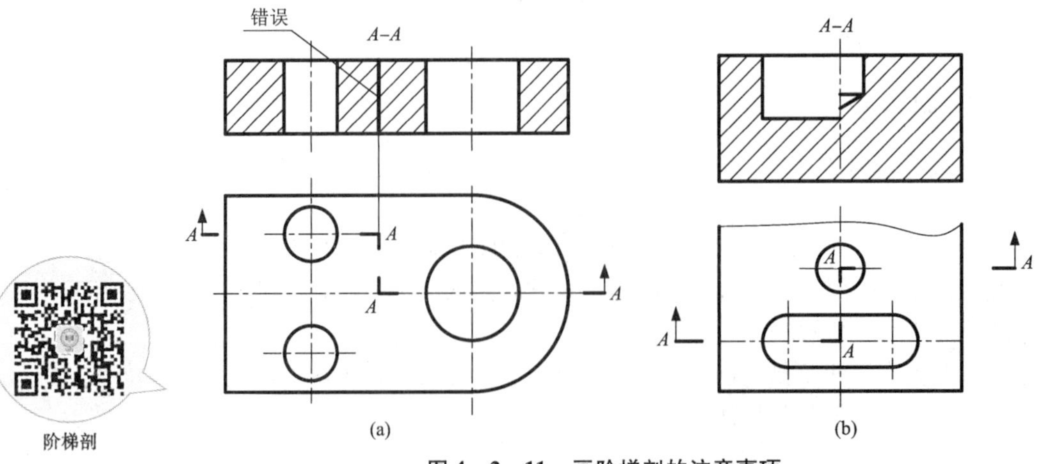

图 4－2－11　画阶梯剖的注意事项

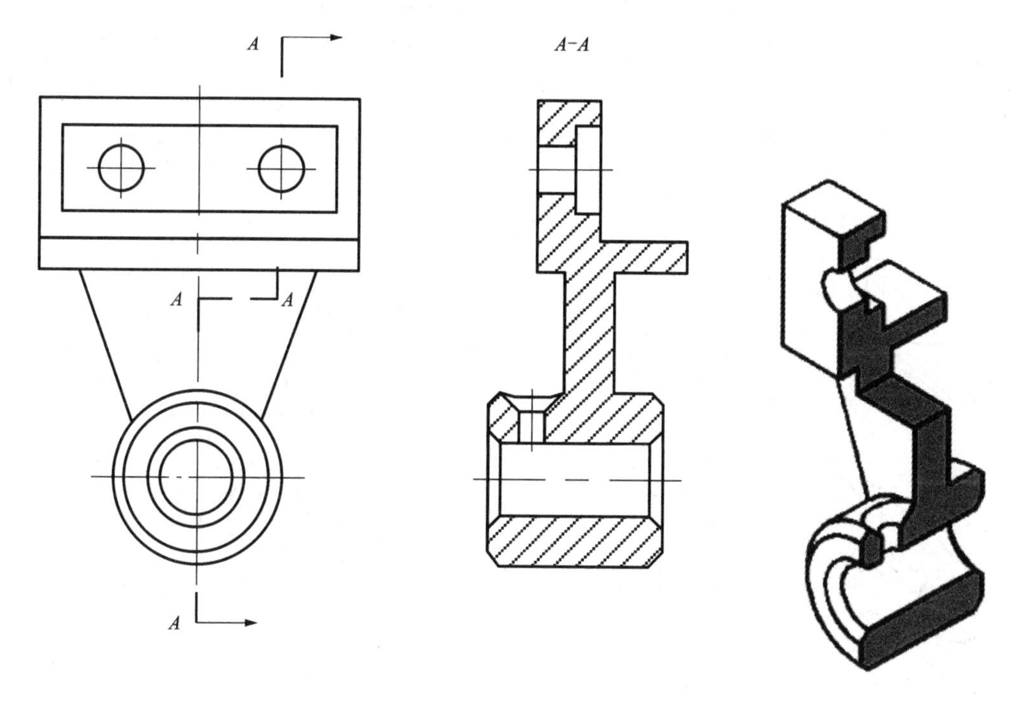

图 4-2-12　阶梯剖应用(一)

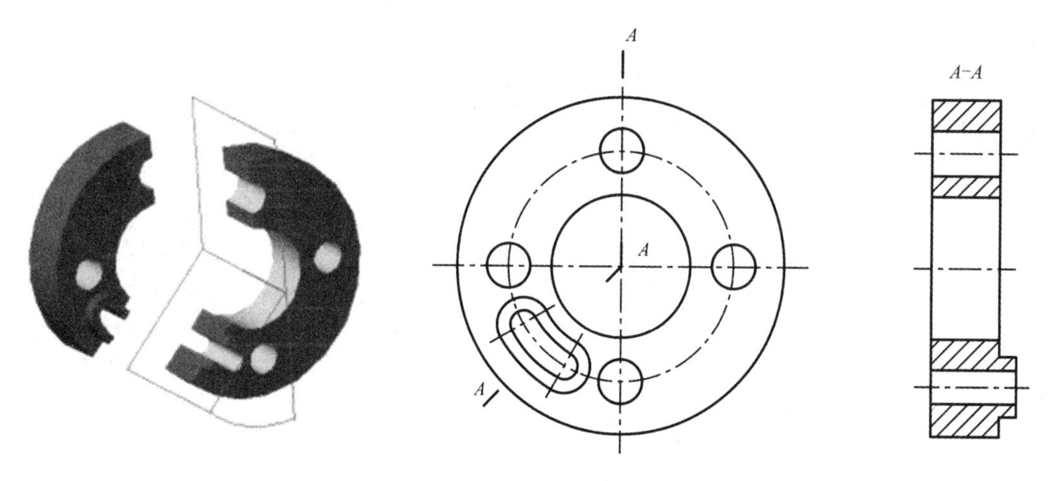

图 4-2-13　阶梯剖应用(二)

旋转剖

3. 用几个相交的剖切面剖切——旋转剖与复合剖

（1）对于具有公共轴线的机件，可采用几个相交的剖切面剖开机件（图 4 - 2 - 14、图 4 - 2 - 15）。与基本投影面不平行的剖切平面应在剖切后将其旋转到与基本投影面平行再投影，在剖切面后的其他结构仍按原位置投射。

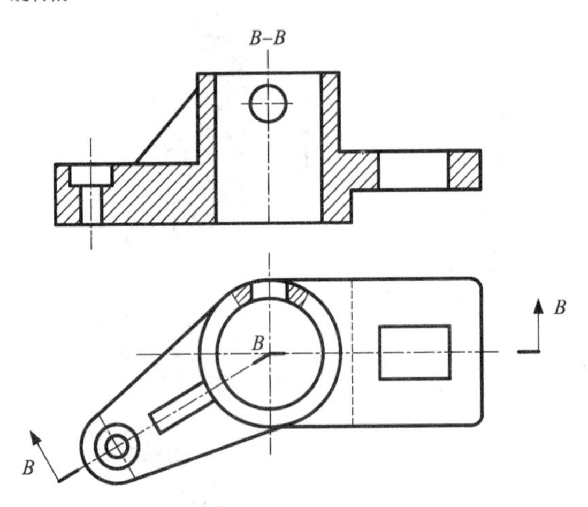

图 4 - 2 - 14　几个相交剖切平面剖切

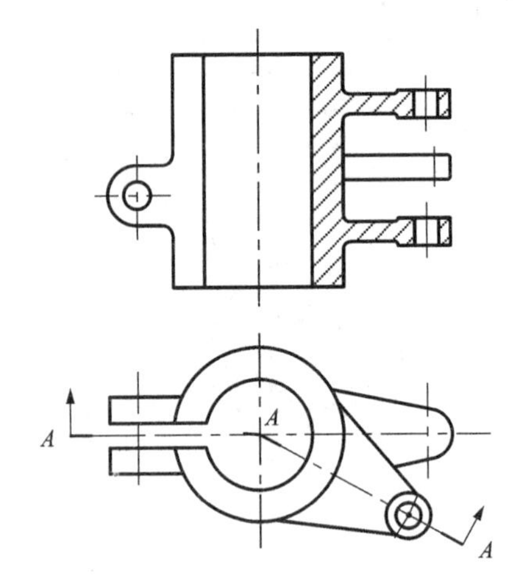

图 4 - 2 - 15　几个相交剖切平面剖切

（2）当剖切后产生不完整要素时，应将此部分按不剖绘制。

（3）当剖切面发生重叠时，应采用展开画法，此时在剖视图上方位置标注：“*X* - *X* 展开”（图 4 - 2 - 16）。

（4）在剖切平面的起、迄和转折处，用相同的大写字母及剖切符号表示剖切位置，在起、迄处注明投射方向。在相应视图上方注明剖视图名称（图 4 - 2 - 17）。

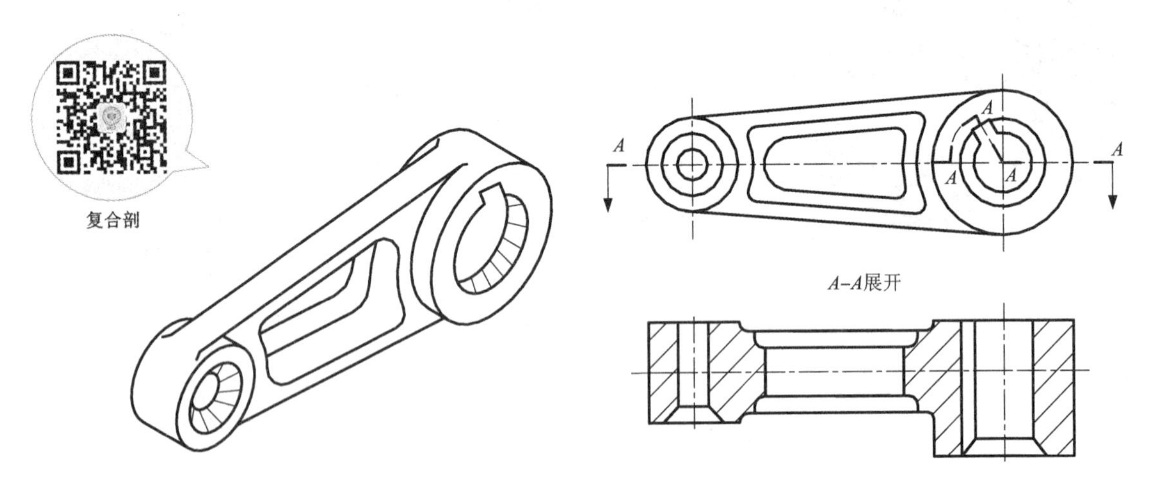

图 4 - 2 - 16　几个相交剖切平面剖切

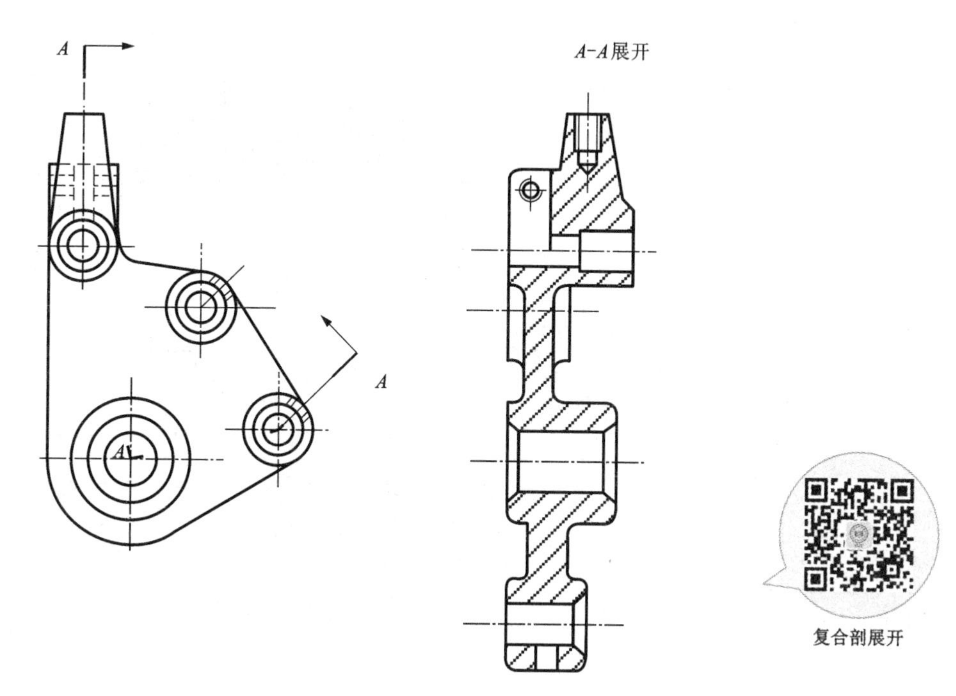

图 4-2-17　几个相交剖切平面剖切

【同步练习】

1. 将主视图改成全剖视图。

(1)　(2)　(3)

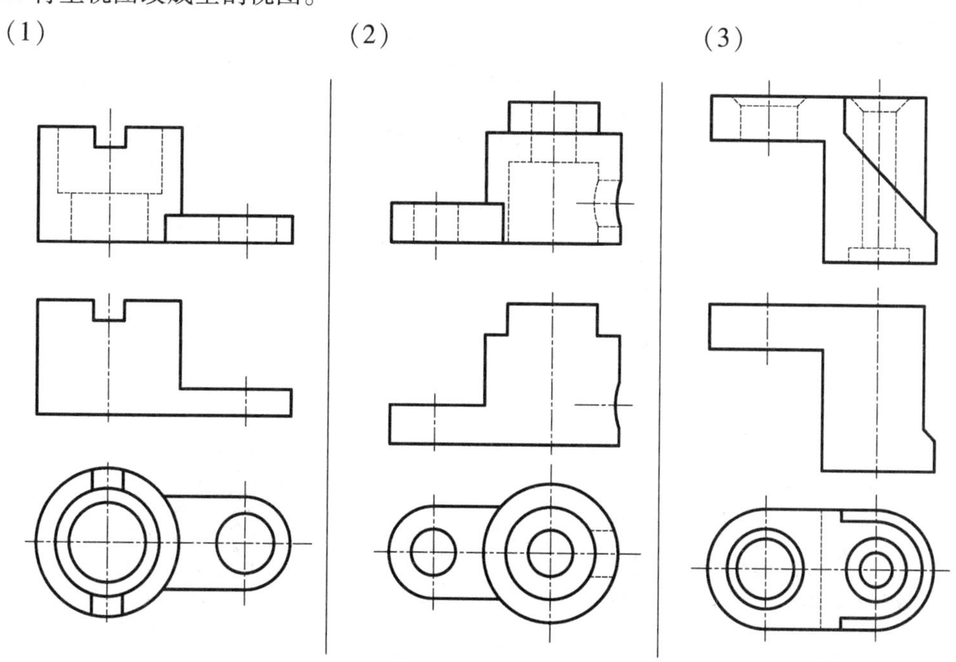

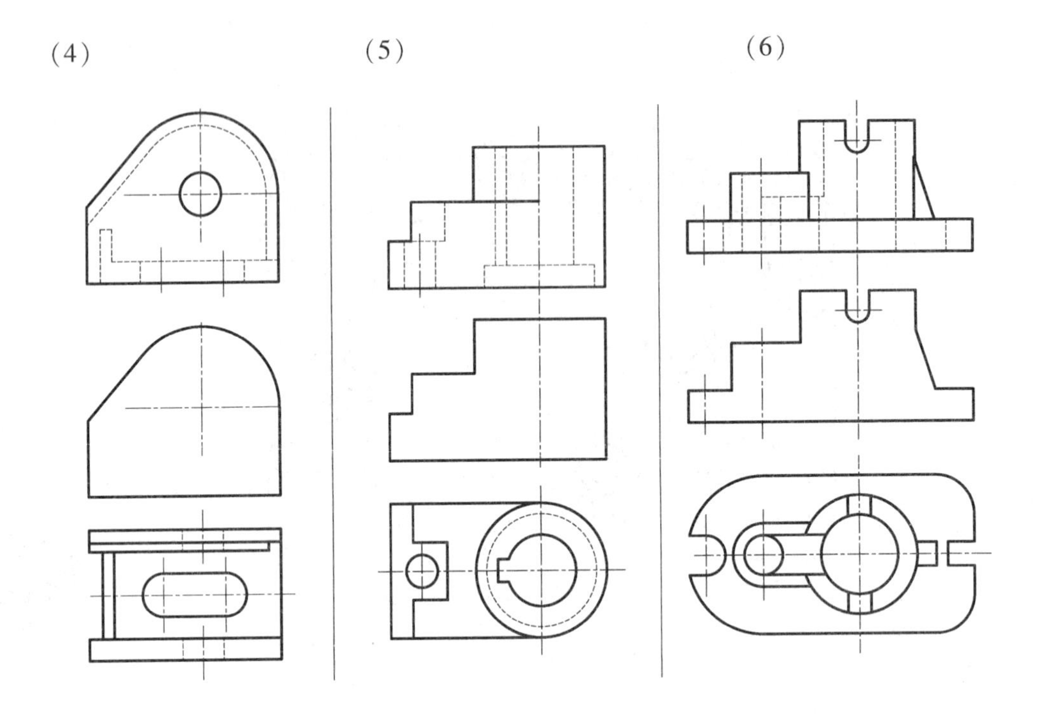

2. 判断剖视图的正误，并说出错误图例的错误原因。

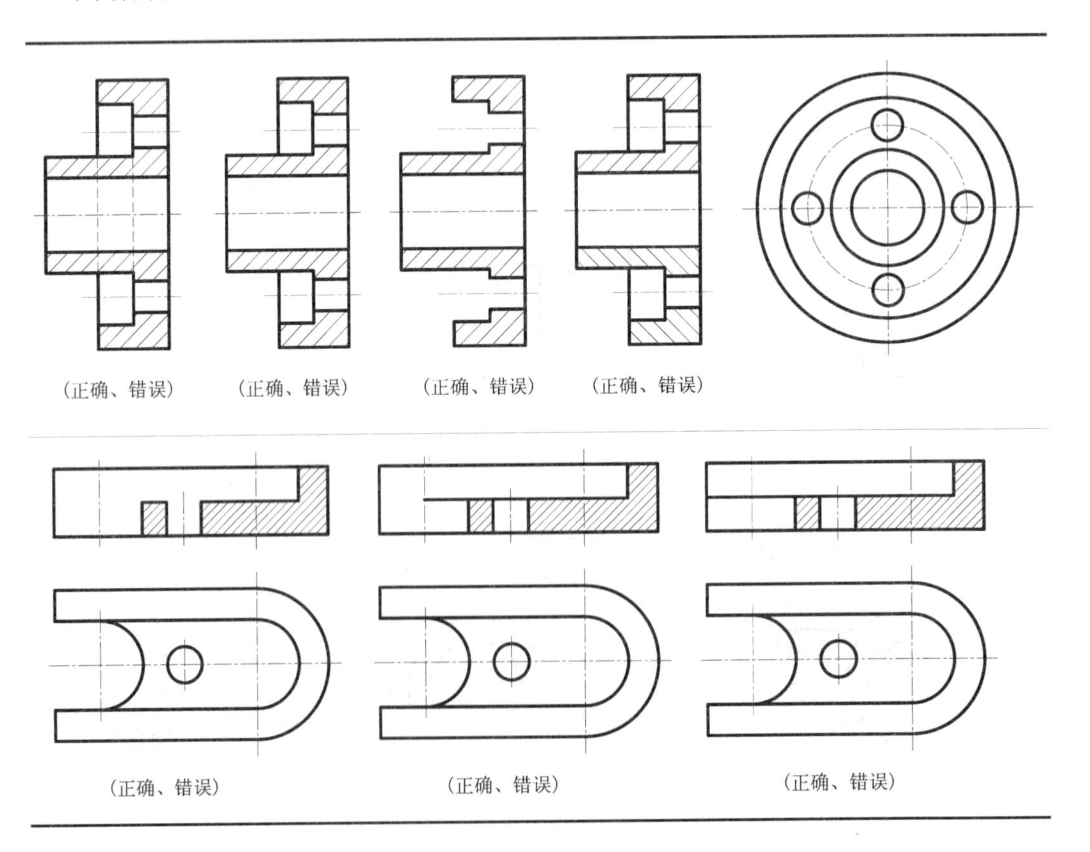

3. 将主视图改成半剖视图。

(1)

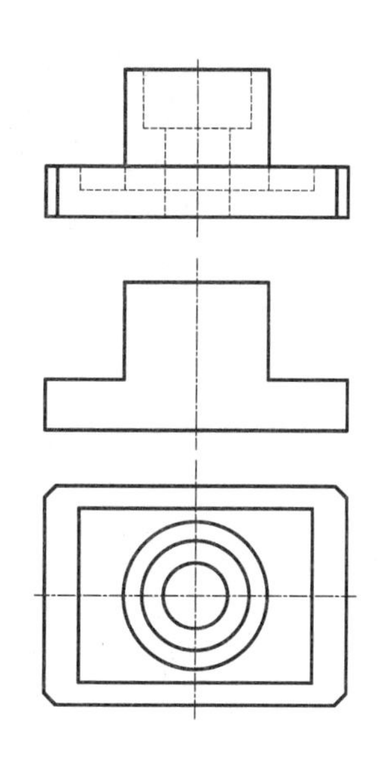

(2)

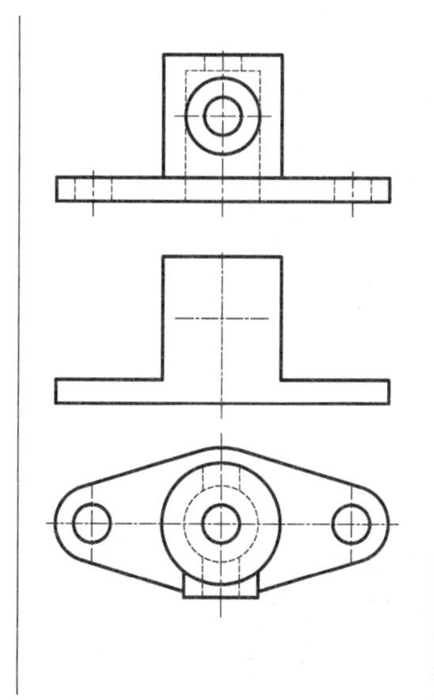

(3)

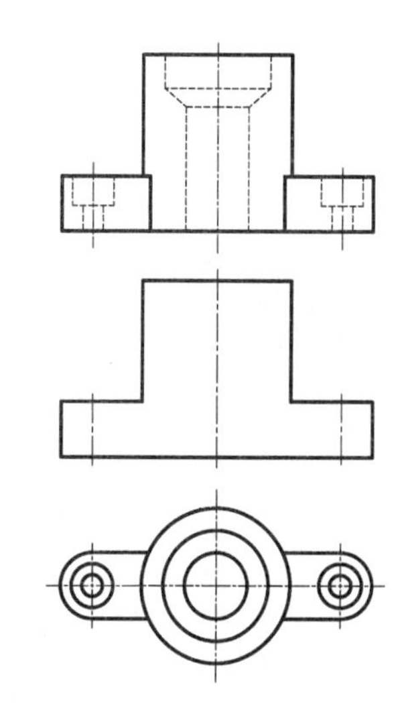

(4)

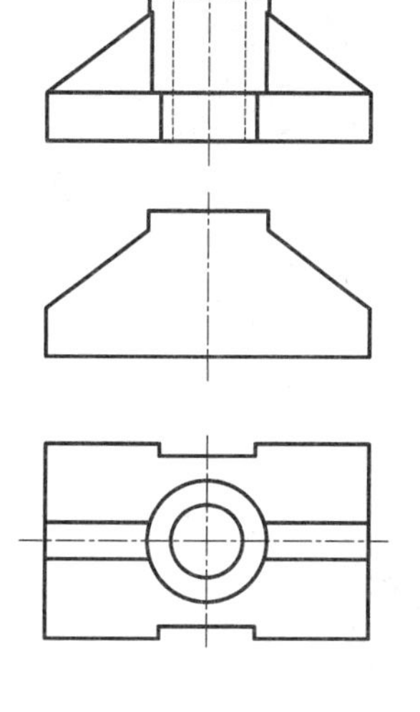

(5)

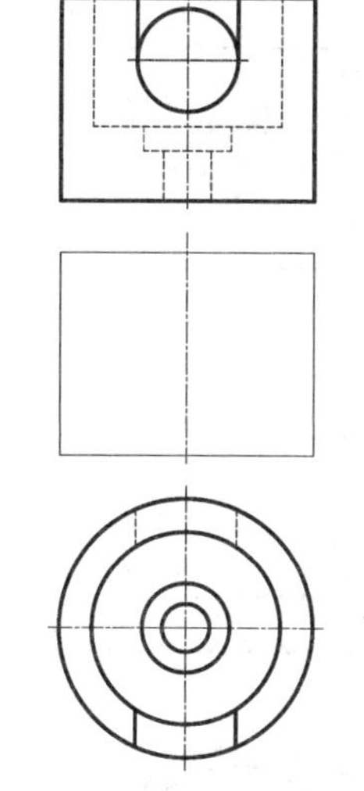

(6)

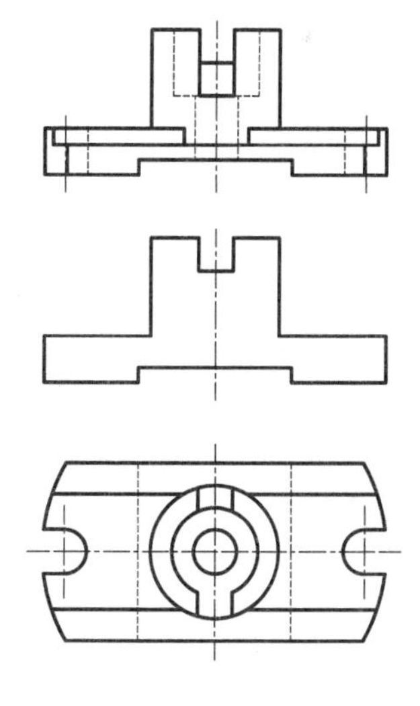

4. 将主视图改成全剖视图，并作半剖的左视图。

（1）

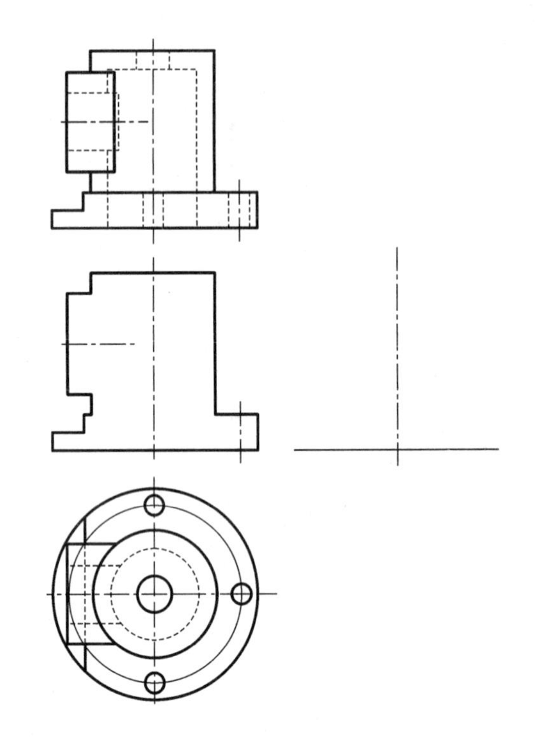

（2）

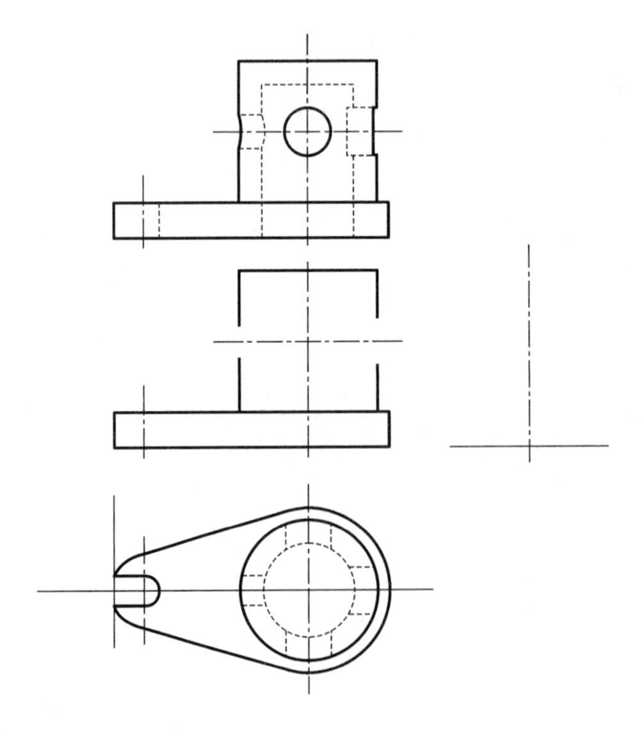

5. 补全主视图中所缺的图线。

（1）

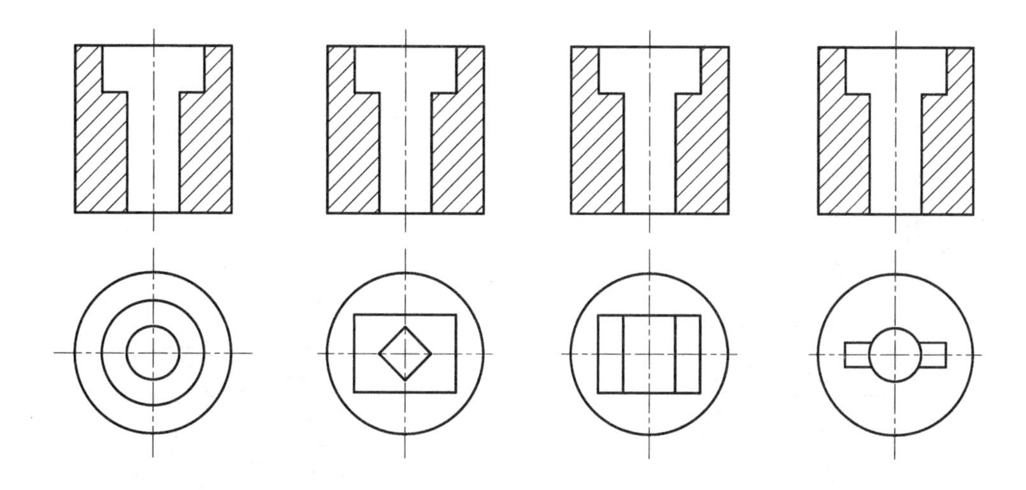

（2）　　　　　　　　　　　　　　（3）

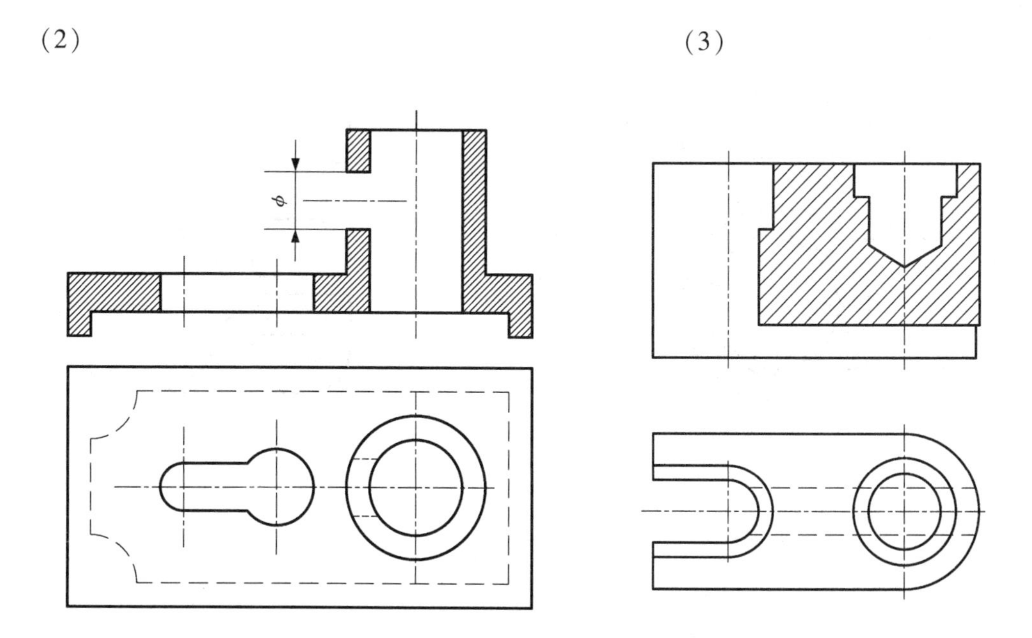

6. 看懂主、俯视图，在下方将视图改成局部剖视图。

（1）

（2）

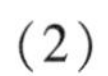

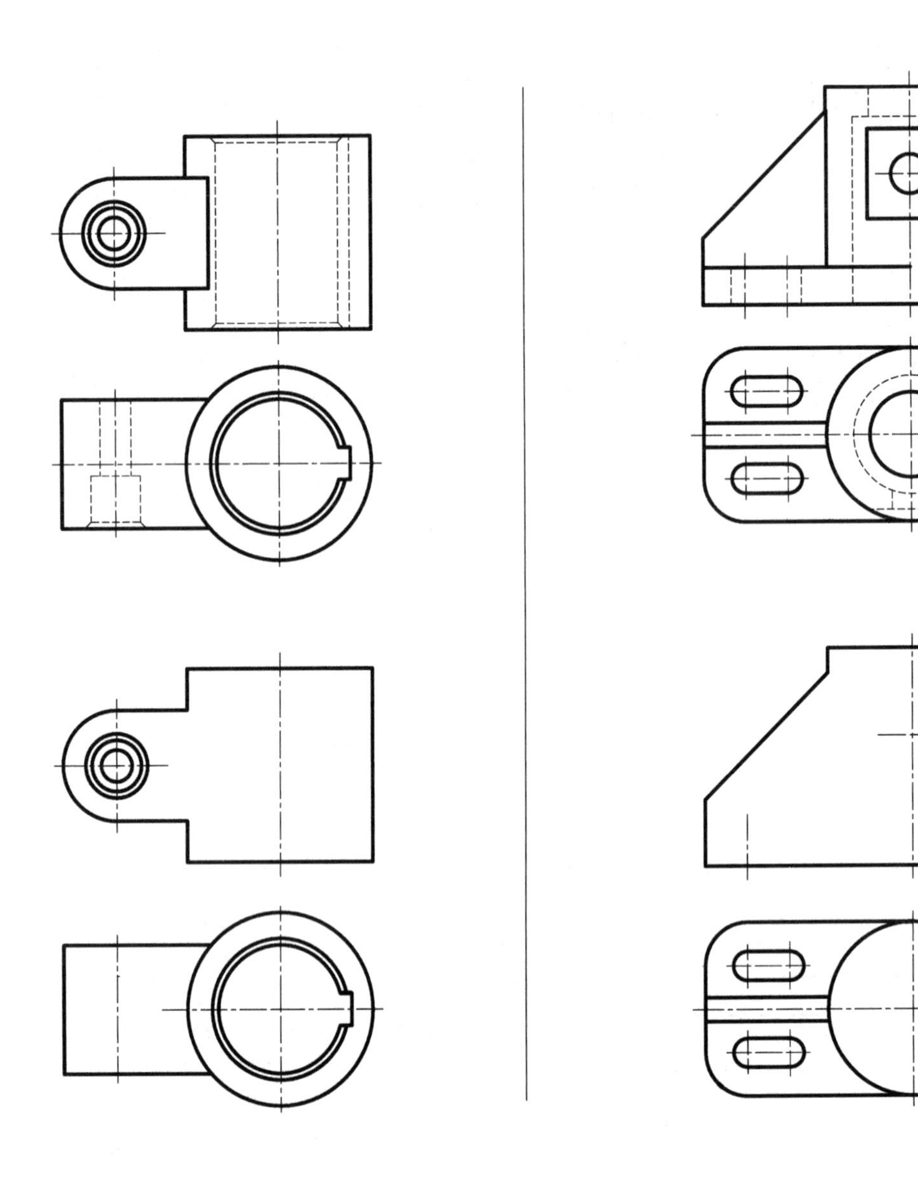

7. 将主视图改成阶梯剖的全剖视图。

(1)

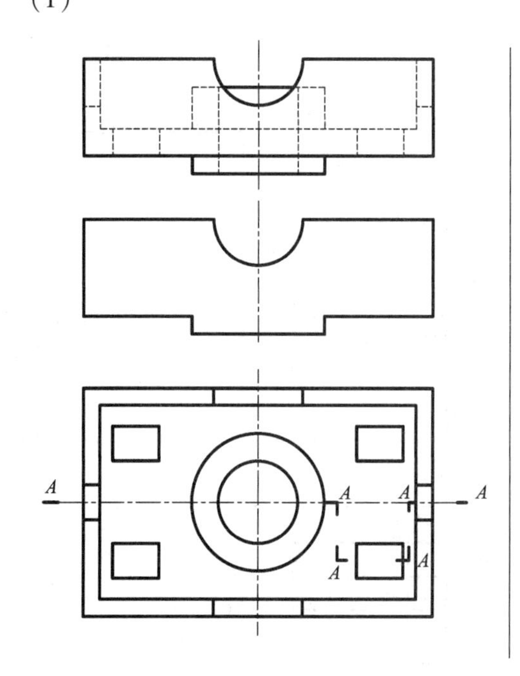

(2)

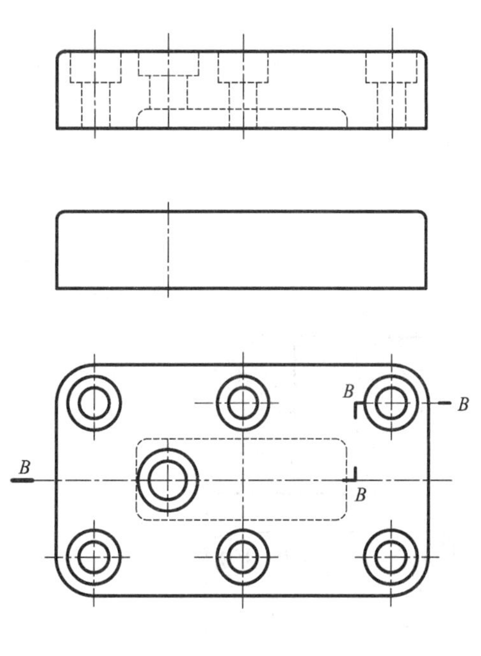

8. 将主视图改成旋转剖的全剖视图。

(1)

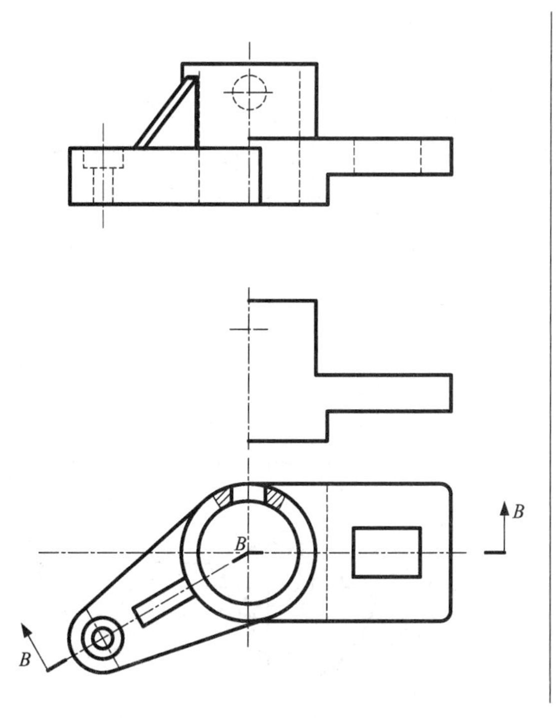

(2)

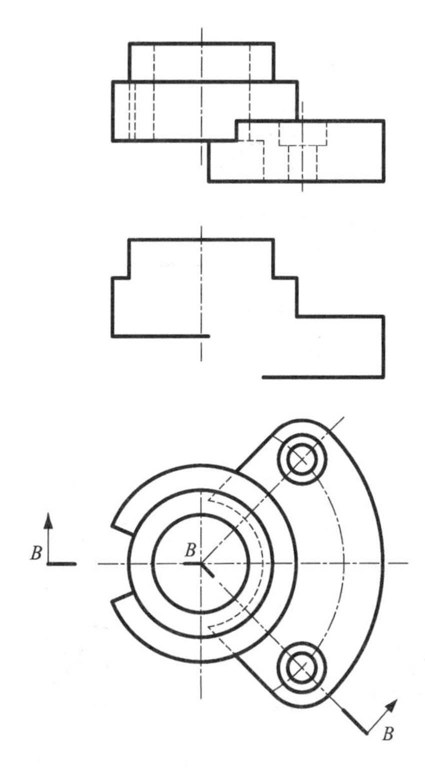

9. 将主视图改成复合剖的全剖视图。

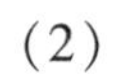

（1）

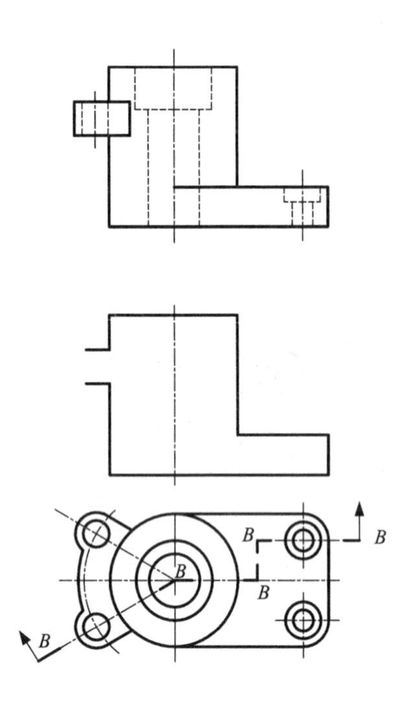

（2）

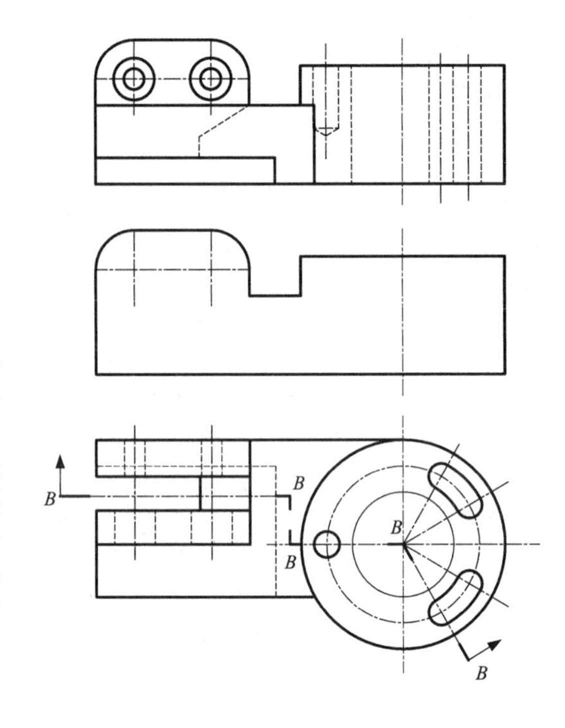

（3）

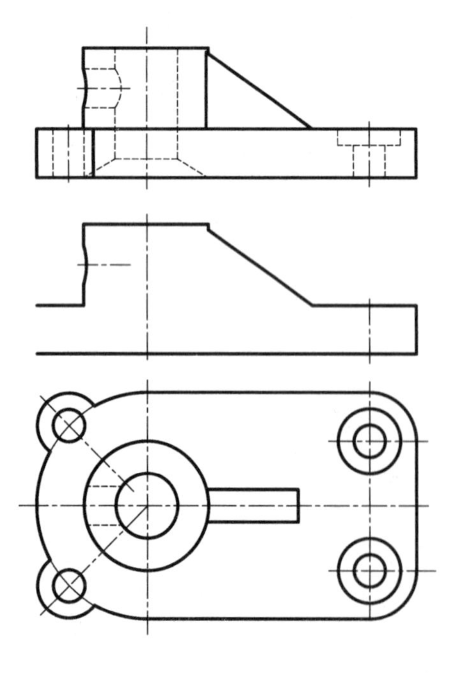

（4）

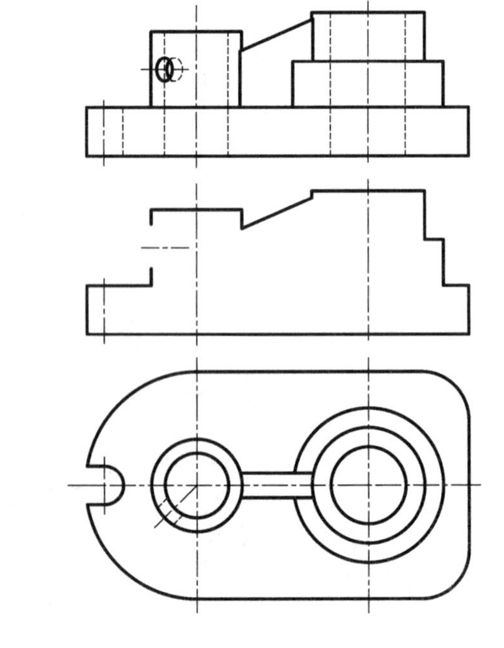

任务3　断面图

【任务描述】

通过学习，能在机件的表达中将断面图灵活运用。

【知识导航】

一、断面图概念

假想用剖切平面将机件的某处切断，仅画出该剖切面与物体接触部分的图形，此图形称为断面图。如图 4－3－1(b)(c)所示。

断面图与剖视图不同，剖视图在画出接触部分的图形外还要画出剖切平面后方所有的投影图形。如图 4－3－1(a)所示。

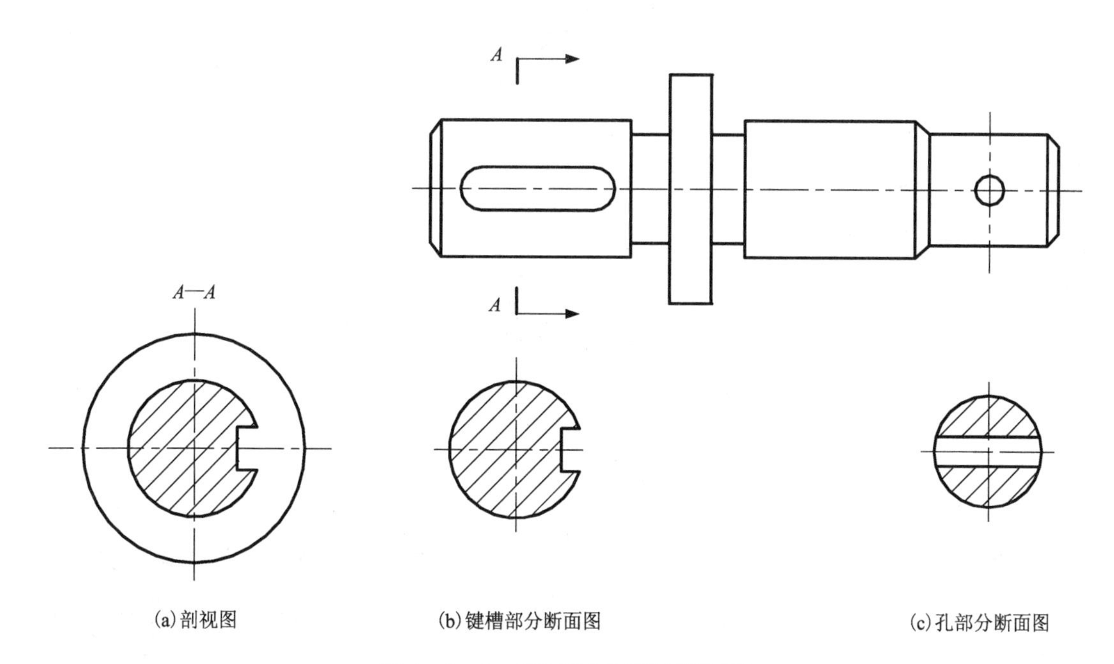

(a)剖视图　(b)键槽部分断面图　(c)孔部分断面图

图 4－3－1　断面图与剖视图的区别

断面概念

二、断面图的画法及标注

1. 移出断面图

移出断面

(1) 画法：

①移出断面的轮廓线用粗实线绘制，并在剖面区域内画上剖面符号。

②断面图尽量配置在剖切线的延长线上，也可移出配置在其他适当位置；对称断面图形可画在视图的中断处。

③剖切平面应与被剖切部分的主要轮廓线垂直，若用一个剖切平面不能满足垂足时，可用两个或多个平面分别垂直于机件的轮廓剖切，此时断面图形中间一般应断开，如图 4-3-2 所示。

④当剖切平面通过回转面形成的孔或凹坑的轴线时，这些结构应按剖视绘制，如图 4-3-3 的 $A-A$，$B-B$。

⑤当剖切平面通过非圆孔导致出现完全分离的断面时，则这些结构应按剖视绘制，如图 4-3-4 所示。

两切割面的断面

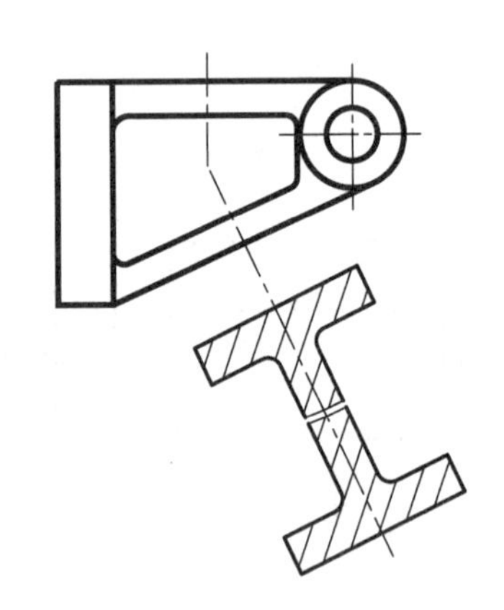

图 4-3-2　两个相交平面断面图画法

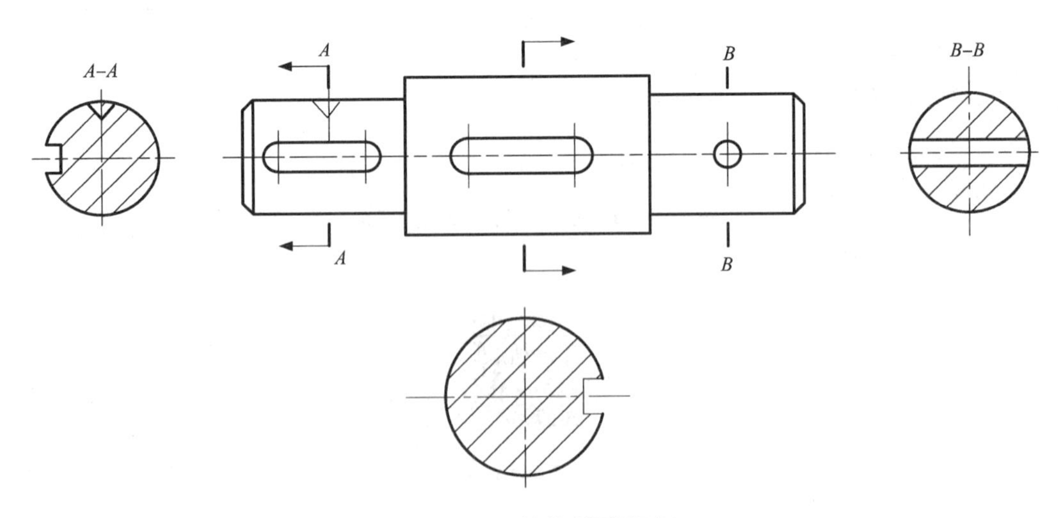

图 4-3-3　轴的断面图画法

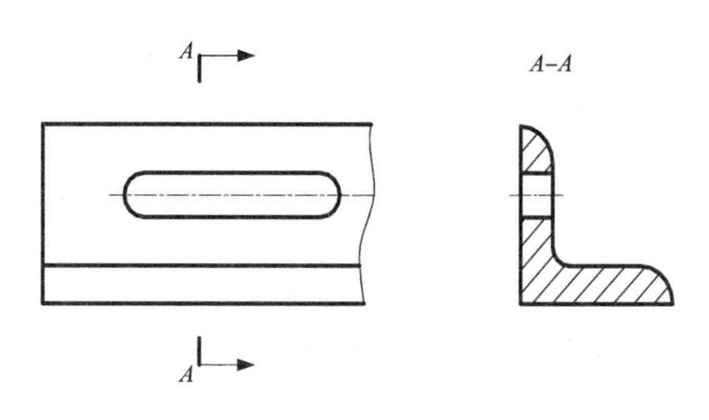

图 4-3-4　断面图

（2）标注：

同剖视图一样，移出断面应用剖切符号、剖切线、箭头表示剖切位置和投射方向，并注上大写的字母，在断面图的上方应用同样的字母标出断面图的名称“$X-X$”。

省略情况：

①配置在剖切符号延长线上的对称移出断面，可省略标注。配置在剖切符号延长线上的不对称移出断面，可省略标注字母。

②对称的移出断面和按投影关系配置的移出断面，可省略标注投射方向。

③配置在视图中断处的对称移出断面不必标注。如图 4-3-5 所示。

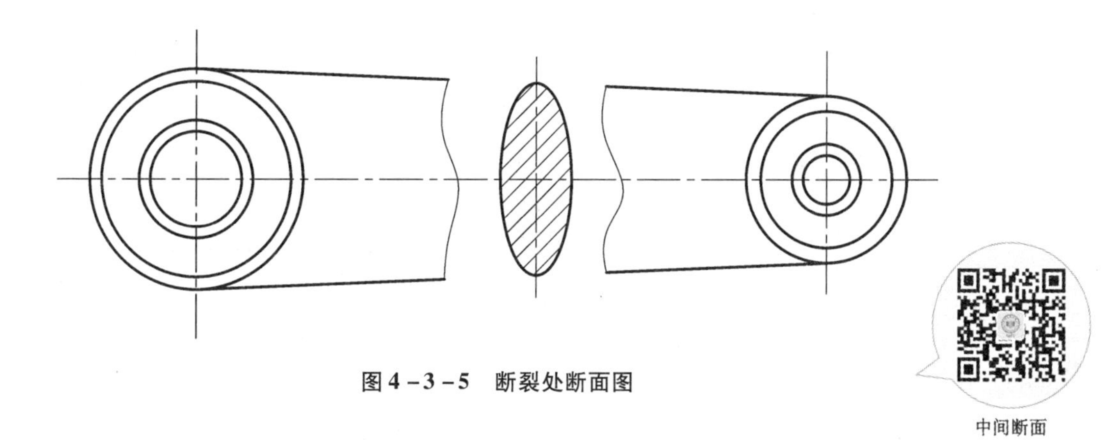

图 4-3-5　断裂处断面图

中间断面

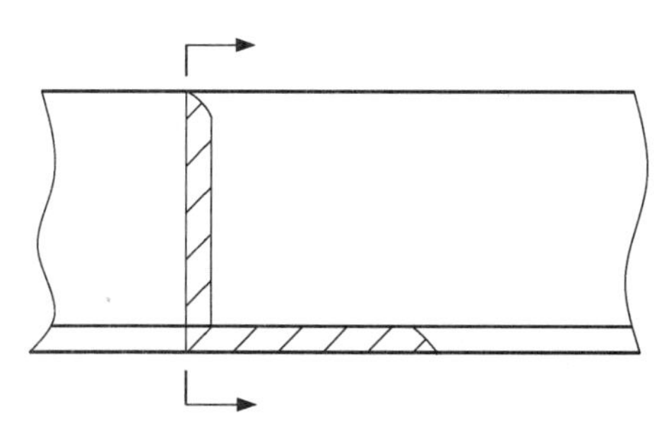

图 4-3-6　重合断面图标注

2. 重合断面图

轮廓线用细实线绘制，断面图形画在视图中，当图中的轮廓线与重合断面图的图形重合时，该图中的轮廓线不可间断。如图 4-3-6 所示。

角钢重合断面

【同步练习】

1. 在指定位置作出移出断面图。

（1）

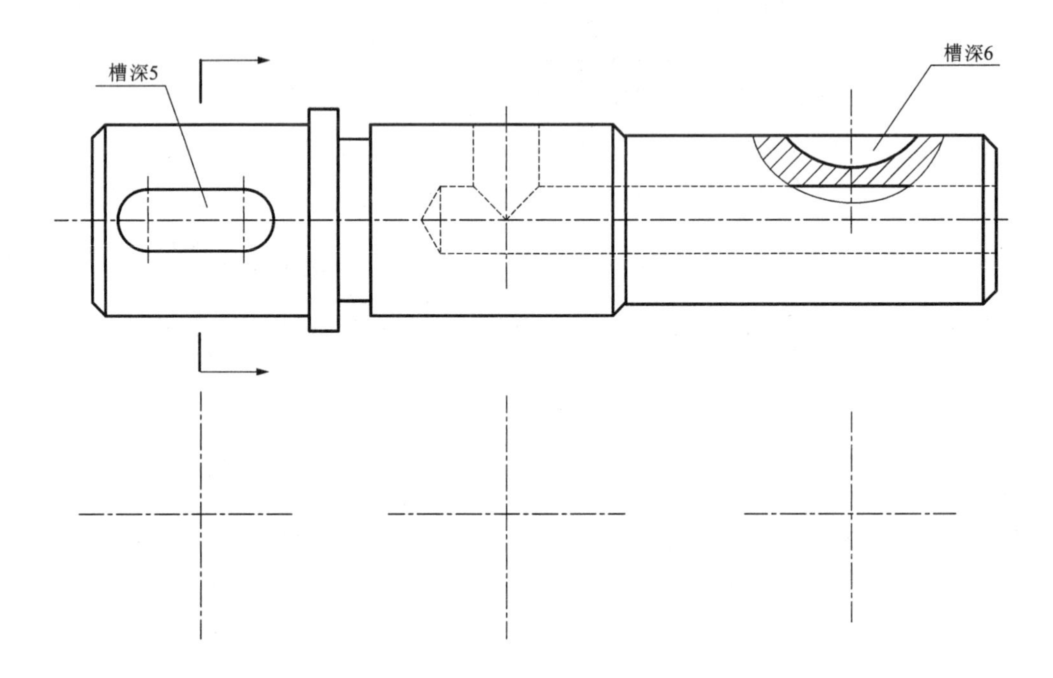

（2）

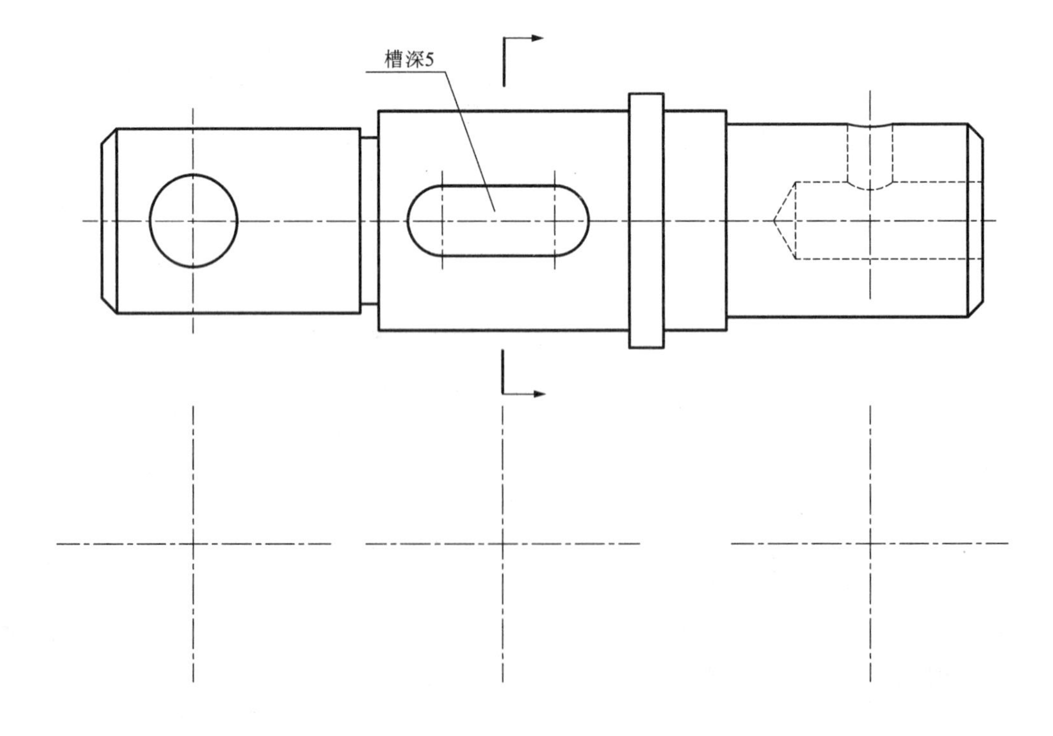

2. 在指定位置作出重合断面图。

（1）

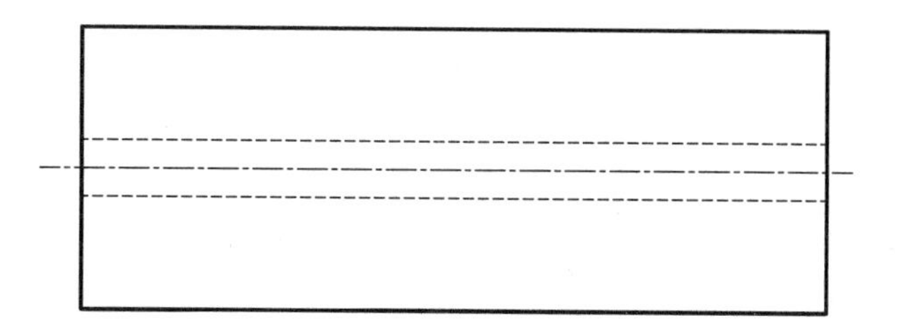

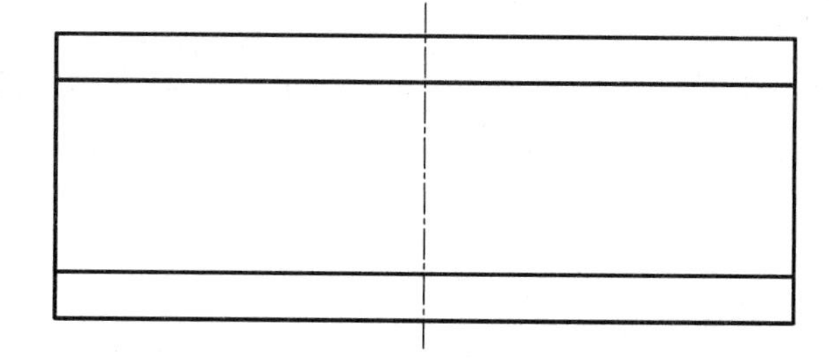

（2）

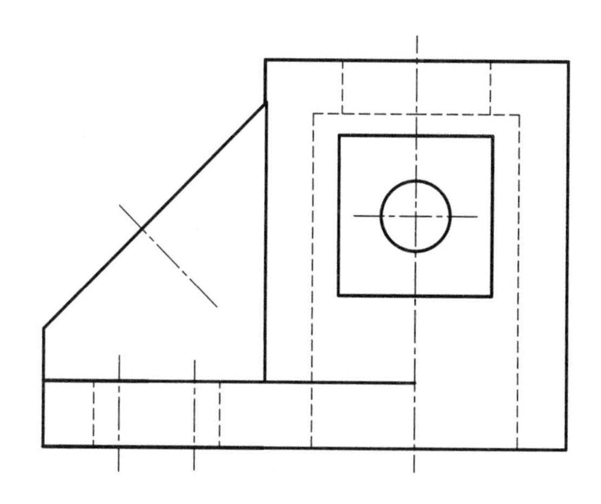

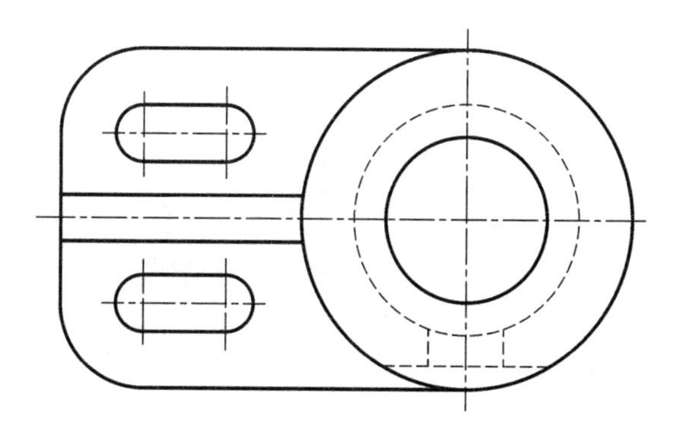

任务4　其他表达方法

【任务描述】

通过学习，能将所学表达方法灵活运用于机件的表达中。

【知识导航】

一、局部放大图

将机件上的部分结构用大于原图所采用的比例画出的图形，称为局部放大图。

局部放大图可画成视图、剖视图、断面图，它与被放大部位的表达方法无关。局部放大图应尽量配置在被放大部位的附近。如图 4－4－1 所示。

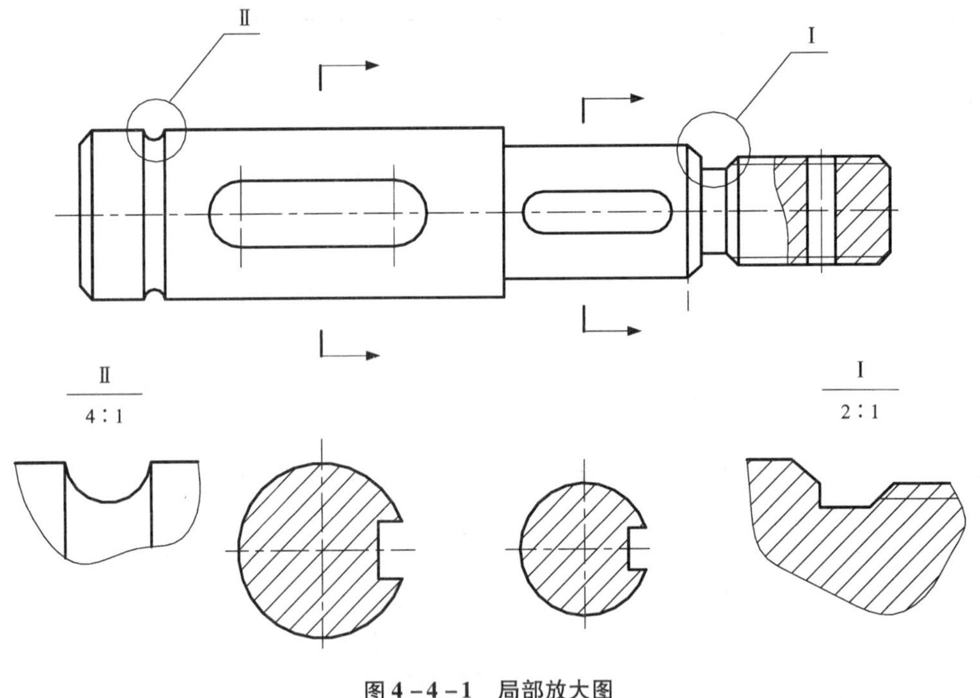

图 4－4－1　局部放大图

重要提示：

①当同一机件有几个放大部位时，需用罗马数字依次标明。

②用细实线圈出放大的部位。

③用细波浪线作为局部范围的断裂边界线。

④必要的时候可用几个图形来表达同一个被放大部位。见图 4－4－2。

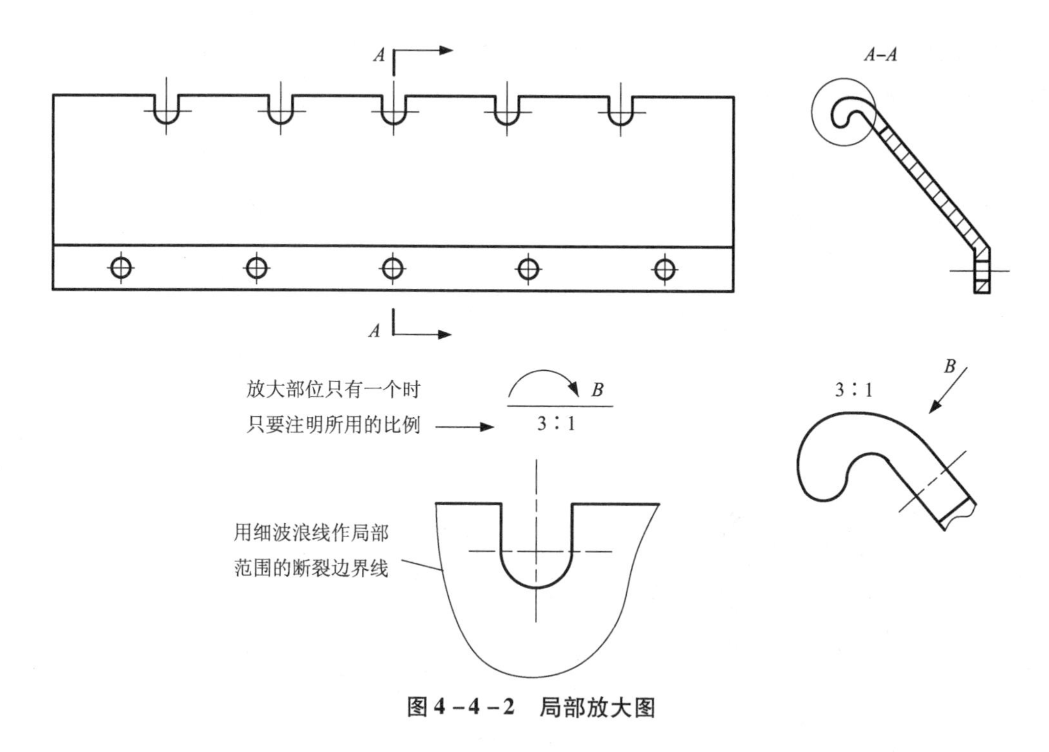

图 4－4－2　局部放大图

二、简化画法

(1)机件上的肋板、轮辐及薄壁等结构，如纵向剖切时都不需画剖面符号，只用粗实线将它们与其相邻结构分开。而横向剖切时需画剖面符号，见图 4－4－3。

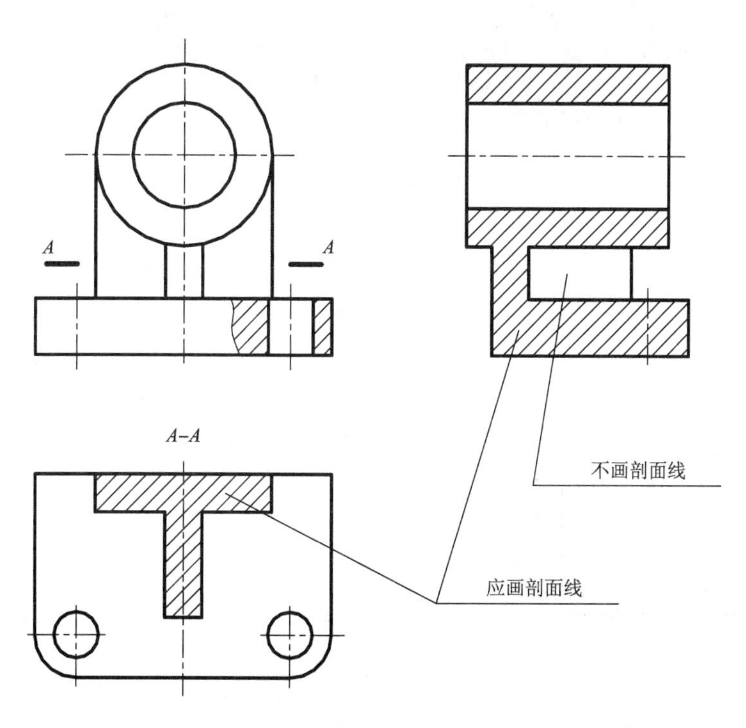

图 4－4－3　肋板纵向剖切的简化画法

(2)当回转体上均匀分布的肋、孔及轮辐等结构不处于剖切位置时，可将这些结构旋转到剖切平面后画出其剖视图。见图4－4－4。

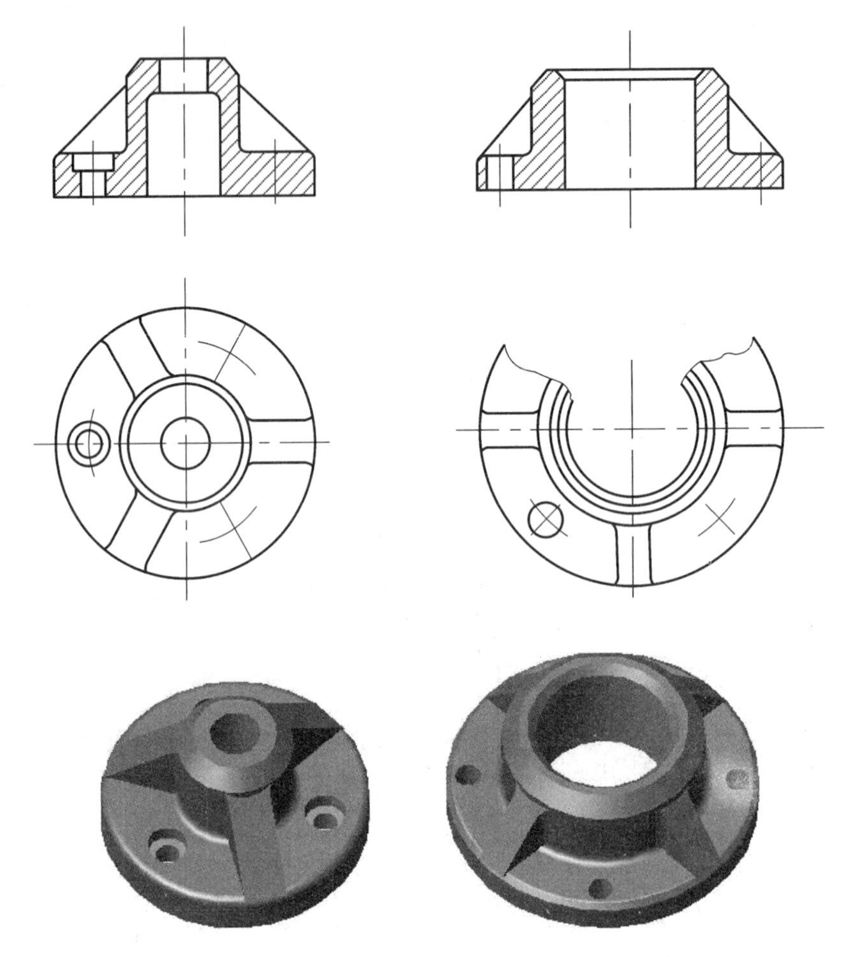

图4－4－4　回转体均布孔简化画法

(3)当机件上具有若干相同结构(齿、槽、孔等)，并按一定规律分布时，只需画出几个完整结构，其余用细实线相连或标明中心位置，并注明总数。见图4－4－5。

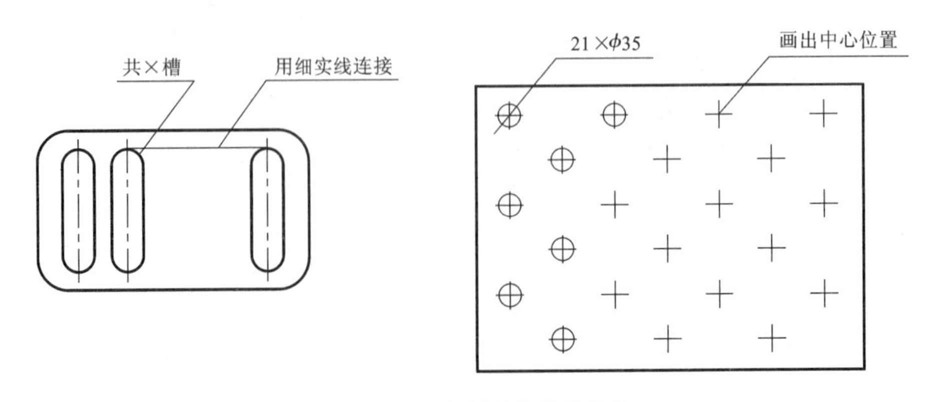

图4－4－5　相同结构简化画法

（4）较长的机件（轴、杆、型材等），沿长度方向的形状一致或按一定规律变化时，可断开缩短绘制，但必须按原来实长标注尺寸。断裂边界可用双点画线或波浪线画出。圆柱断裂边缘常用花瓣形画出。对于较大的机件可用双折线表示断裂边。见图 4 –4 –6。

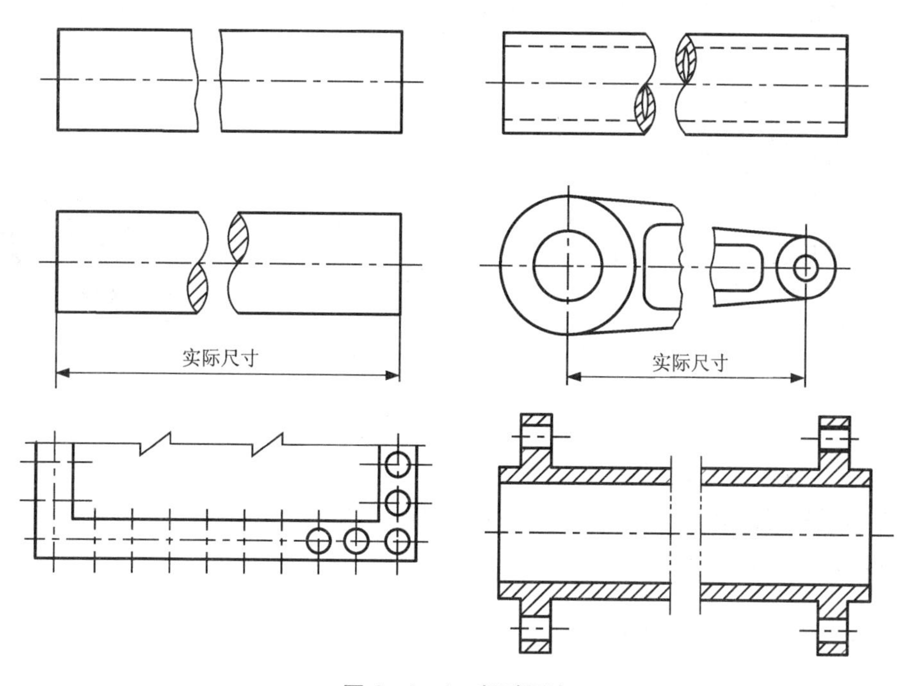

图 4 –4 –6　断裂画法

（5）对于机件上与投影面倾角小于 30°的圆或圆弧，其投影可用圆或圆弧代替。

（6）在不致引起误解时，图形中的相贯线、过渡线允许简化，例如用圆弧或直线代替非圆曲线。见图 4 –4 –7。

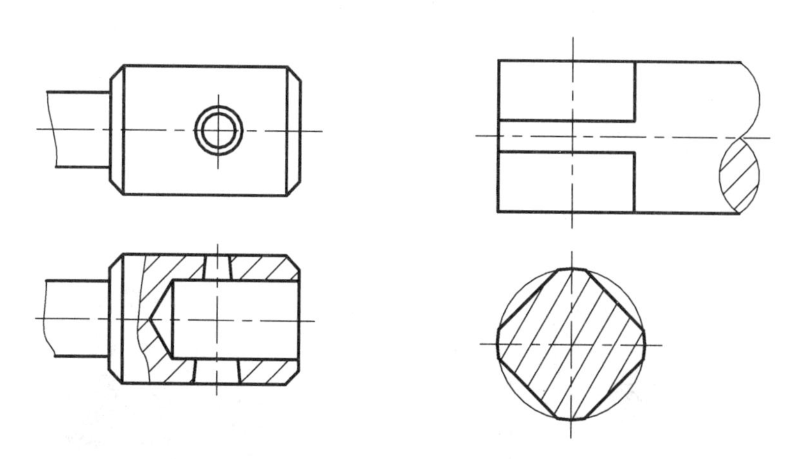

图 4 –4 –7　较小结构的相贯线与截交线的省略画法

（7）网状物、编织物或机件上的滚花部分，可在轮廓线附近用细实线示意画出，并标明其具体要求。见图4－4－8(a)。

(8)当图形不能充分表达平面时，可以用平面符号(相交细实线)表示，如已表达清楚，则可不画平面符号。见图4－4－8(b)。

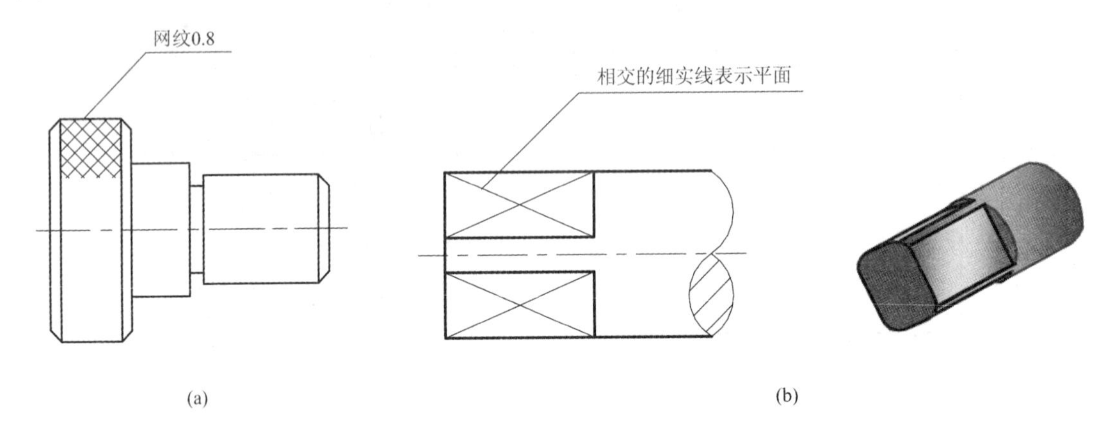

图4－4－8　圆柱上滚花与平面的表示法

(9)在不致引起误解时，对于对称机件的视图可以只画一半或四分之一，并在对称中心线的两端画出两条与其垂直的平行细实线。见图4－4－9。

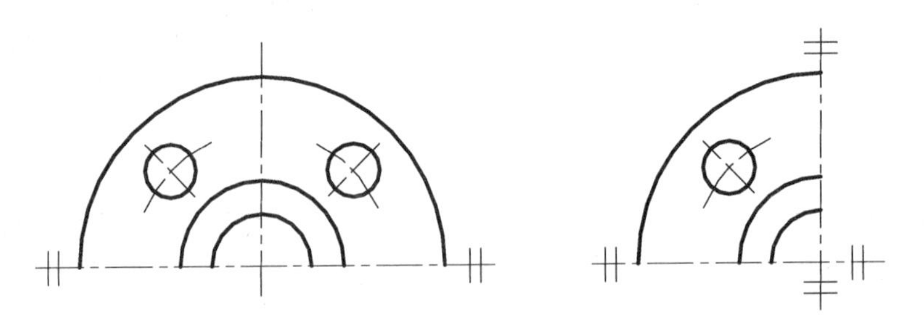

图4－4－9　对称简化画法

(10)圆柱形法兰和类似零件上的均匀分布的孔，允许只画出孔的对称中心线和孔的位置。见图4－4－10。

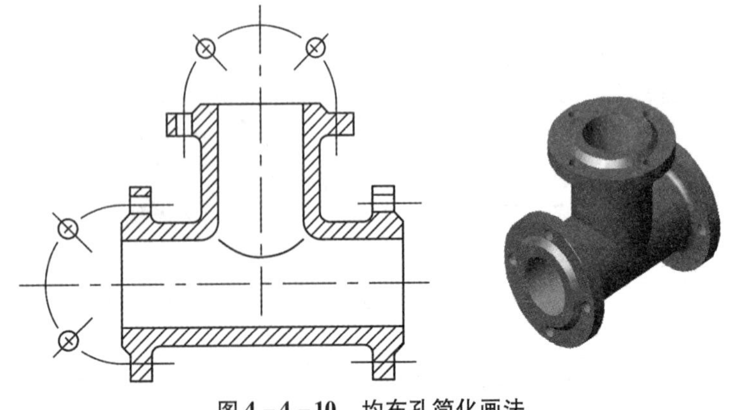

图4－4－10　均布孔简化画法

(11)在不引起误解时，零件图中的移出断面允许省略剖面符号。见图 4-4-11。

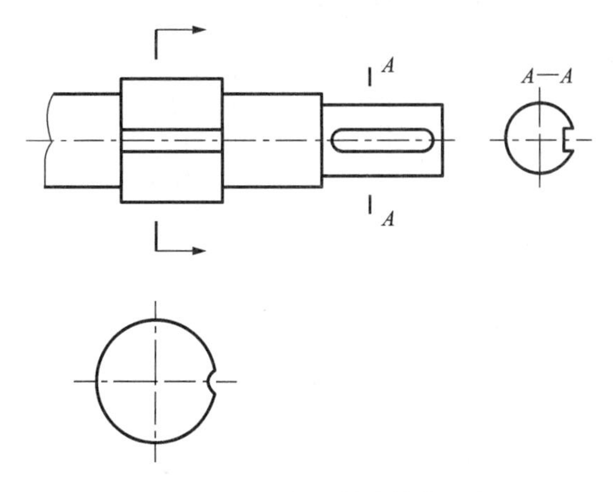

图 4-4-11　剖面符号简化画法

(12)有关图形中投影的简化画法。

①在与投影面斜度倾角≤30°的圆或圆弧，其投影可以用圆或圆弧来代替。见图 4-4-12。

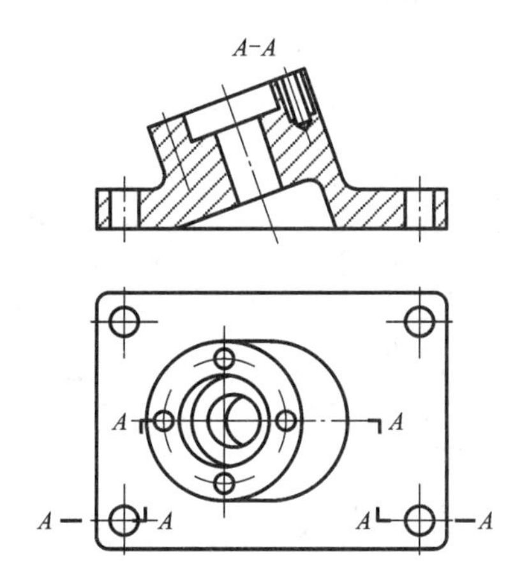

图 4-4-12　倾斜面简化画法

②机件上斜度不大的结构，如在一个视图中已表达清楚时，在其他视图上可按小端画出。见图 4-4-13。

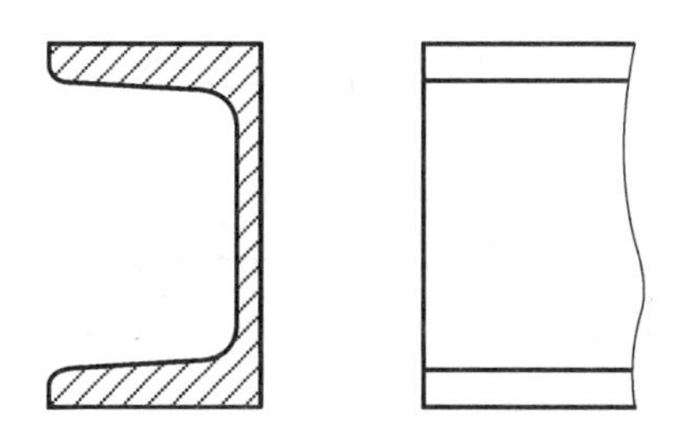

图 4-4-13　斜度不大结构简化画法

③在不致引起误解时，零件图中的小圆角、锐边的小倒圆或45°小倒角，允许省略不画，但必须注明尺寸或在技术要求中加以说明。见图4－4－14。

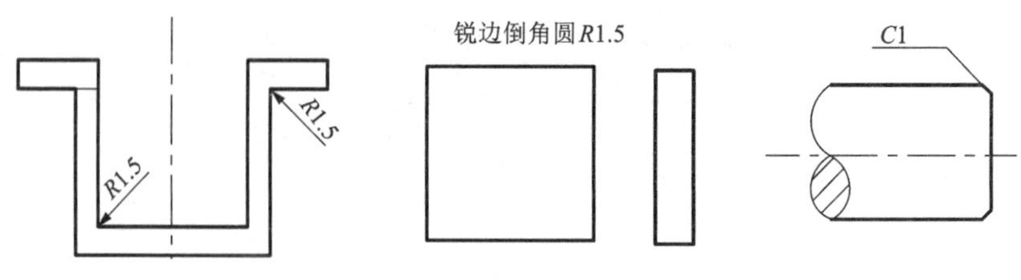

图4－4－14　小圆角、小倒角简化画法

三、其他规定画法

(1)在剖视图的剖面中，可再作一次局部剖。见图4－4－15。

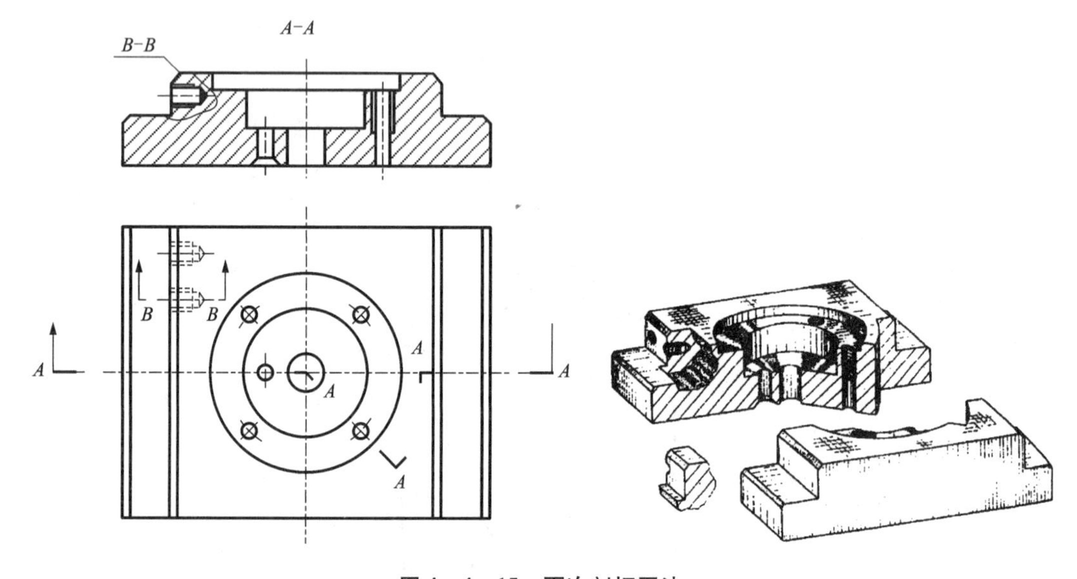

图4－4－15　再次剖切画法

(2)在需要表示位于剖切平面前的结构时，这些结构按假想的轮廓线(双点画线)绘制。见图4－4－16。

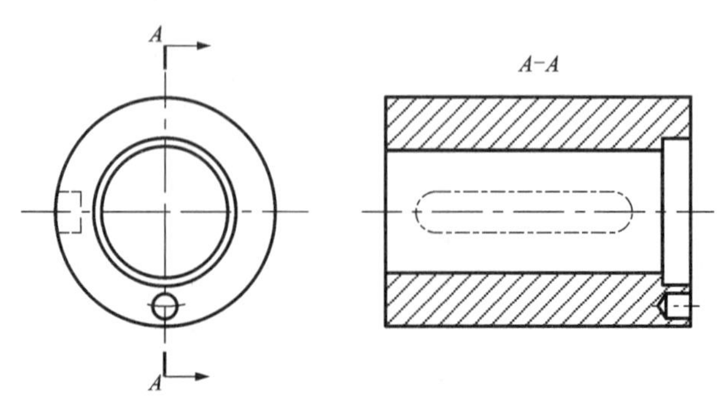

图4－4－16　假想轮廓线画法

四、表达方法综合运用举例

我们所学的机件常用的表达方法有各类视图、各类剖视图、各类断面图、局部放大图及简化画法等。机件的结构形状多种多样，表达方法也各不相同。

在表达一个机件时，应根据机件的具体形状和结构，选用适当的表达方法以及合理地标注尺寸，将机件的内外形状结构表达清楚。

例 1　下面以如图 4－4－17 所示的轴承座的三视图为例，分析其表达方法。

（1）由于主视图左右对称，因此可将其改画为半剖视图。一边反映轴承座的外形，一边反映轴承座内部空腔的情况。

（2）将左视图改为全剖视图，能从另一个角度进一步表达轴承座上下两个空腔的情况。同时用一个重合断面图描绘出下部加强筋的厚度。

（3）在俯视图中作出小孔的局部剖视图，俯视图反映轴承座外形，同时通过局部视图表达出小孔的内部形状。

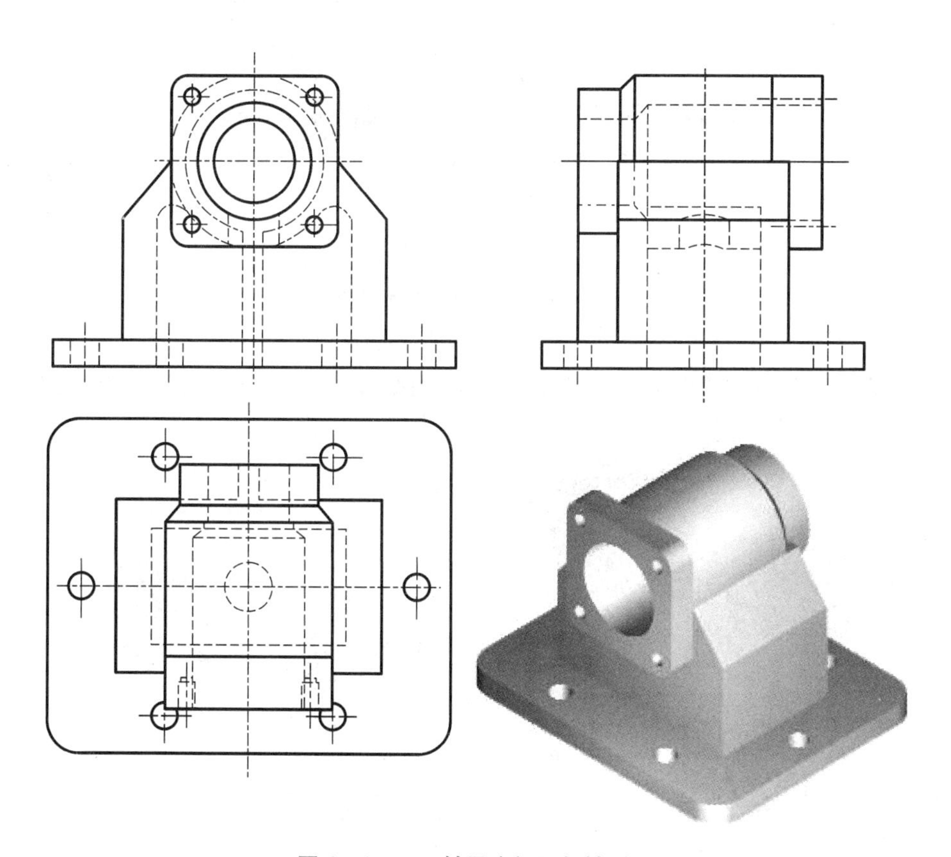

图 4－4－17　轴承座视图与轴测图

轴承座的表达用了三个视图，包含一个半剖 $A-A$，一个全剖，一个局部剖及一个重合断面图，整个轴承座就完全表达清楚了。

综合表达方法如图 4－4－18 所示。

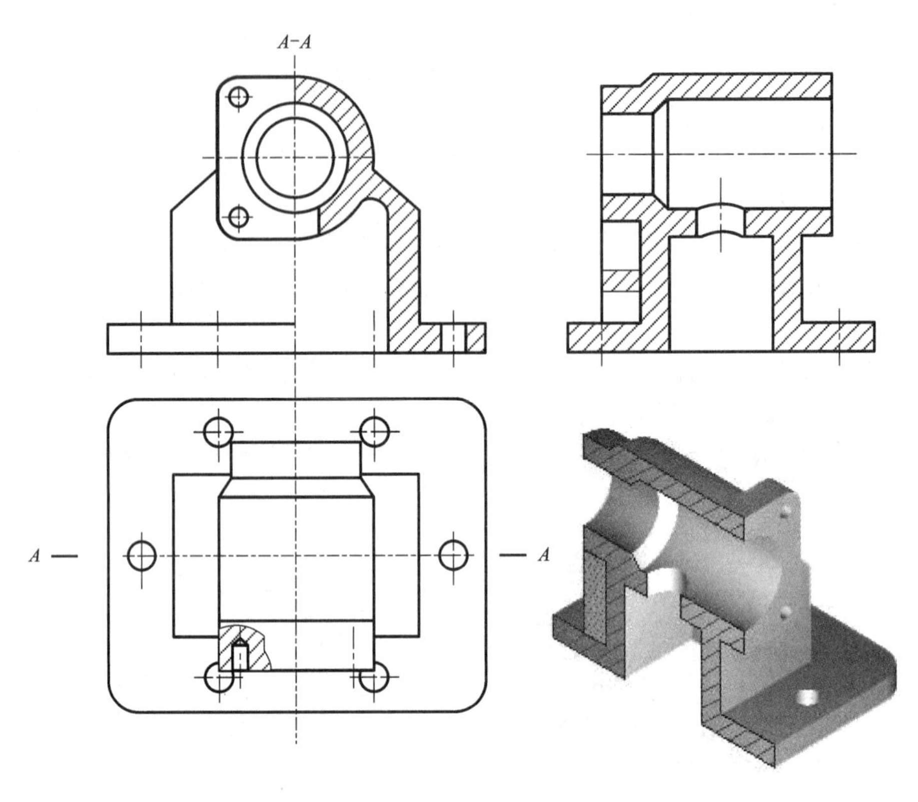

图 4-4-18　轴承座剖视图

例 2　以如图 4-4-19 所示的阀体的轴测图为例，说明其表达方法。见图 4-4-20。

图 4-4-19　阀体三维立体图

(1)主视图“*B*-*B*”是采用旋转剖画出的全剖视图，表达阀体的内部结构形状。

(2)俯视图“*A*-*A*”是采用阶梯剖画出的全剖视图，着重表达左、右管道的相对位置，还表达了下连接板的外形及小孔的位置。

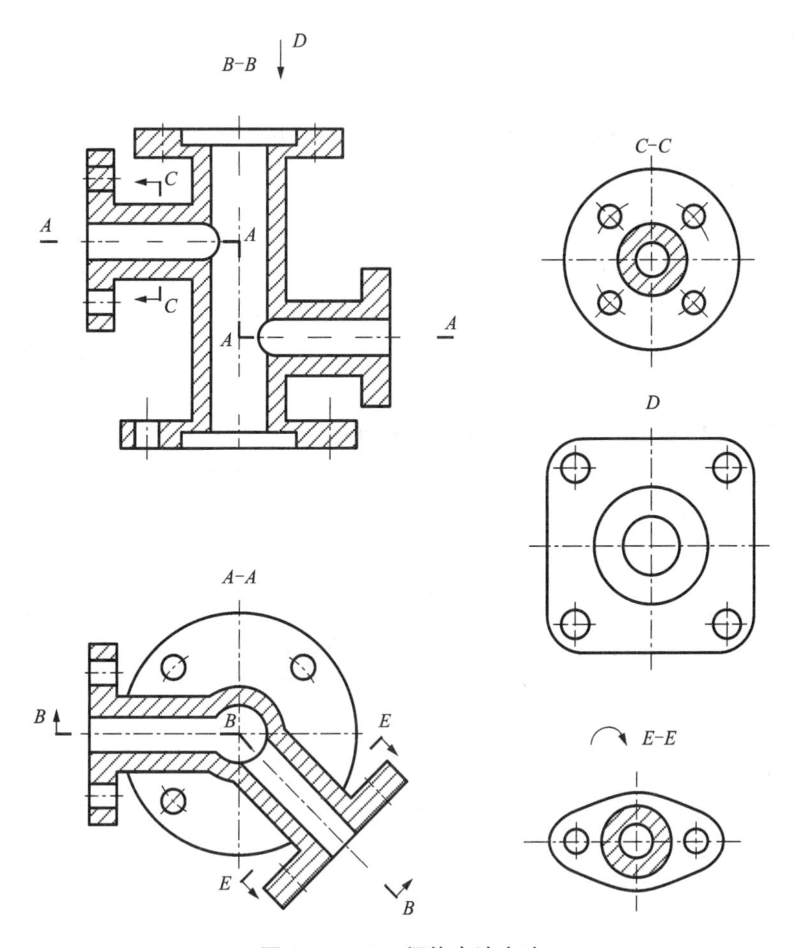

图 4 –4 –20　阀体表达方法

(3)“$C-C$”局部剖视图，表达左端管连接板的外形及其孔的大小和相对位置。

(4)“D”向局部视图，相当于俯视图的补充，表达了上连接板的外形及其上 $4\times\phi6$ 孔的大小和位置。

(5)因右端管与正投影面倾斜 45°，所以采用斜剖画出“$E-E$”全剖视图，以表达右连接板的形状。

阀体的表达共有五个图形：两个基本视图(全剖主视图“$B-B$”、全剖俯视图“$A-A$”)、一个局部视图(“D”向)、一个局部剖视图(“$C-C$”)和一个斜剖的全剖视图(“$E-E$ 旋转”)。整个阀体就表达清楚了。

综合表达运用

【同步练习】

1. 填空题。

(1)同一零件各剖视图的剖面线方向____________间隔____________。

(2)断面图分为________________和________________两种。

(3)按剖切范围分，剖视图可分为 __________、__________和__________三类。

(4)在剖视图中，剖面线用____________线绘制。

(5)六个基本视图的名称：____________、____________、____________、____________、____________、____________。

2. 选择题。

(1)根据主视图和俯视图选择正确的 A 向视图为(　　)。

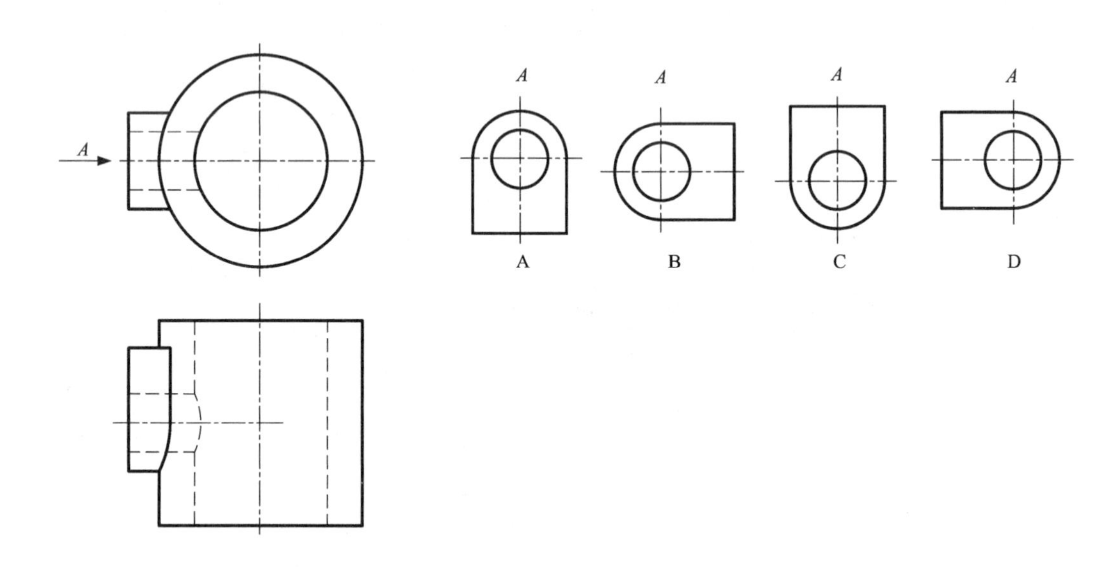

(2)下列局部剖视图中，正确的画法是______。

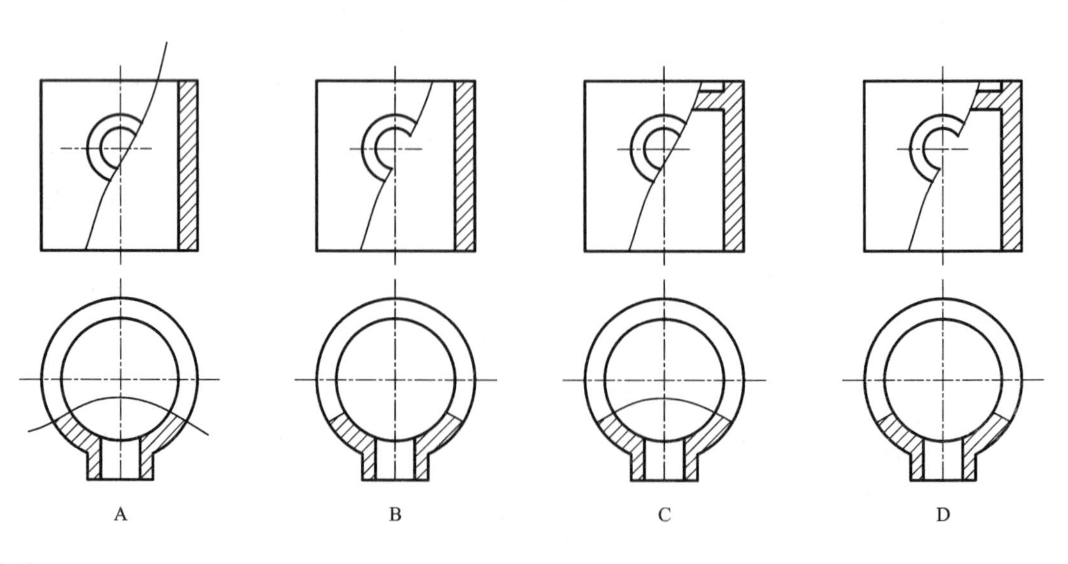

（3）在半剖视图中，剖视图部分与视图部分的分界线为(　　)。

A. 细点画线　　B. 粗实线　　C. 双点画线　　D. 波浪线

（4）重合断面的轮廓线都是用(　　)绘制。

A. 细实线　　B. 粗实线　　C. 细点画线　　D. 虚线

（5）下列四组视图中，主视图均为全剖视图，其中(　　)的主视图有缺漏的线。

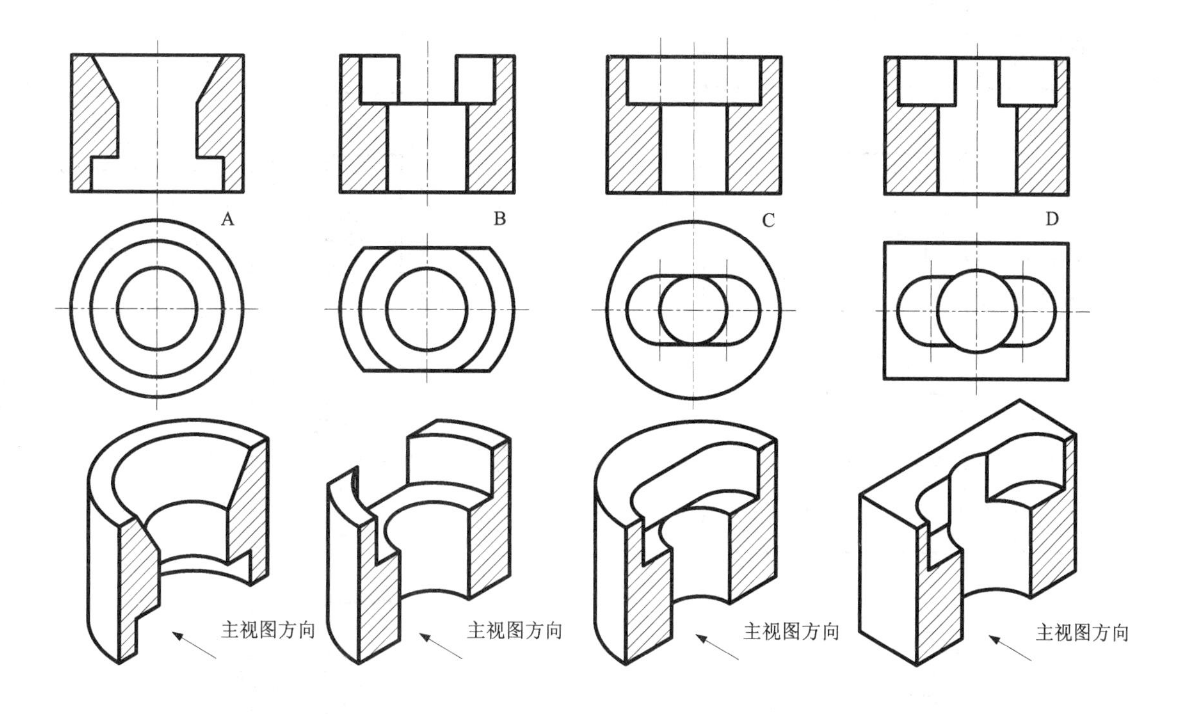

（6）正确的移出断面图是(　　)。

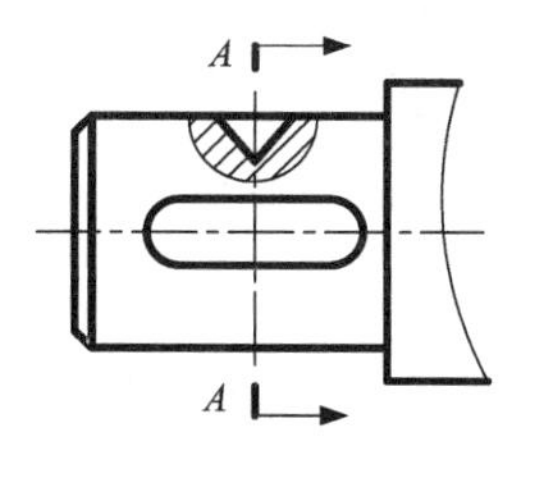

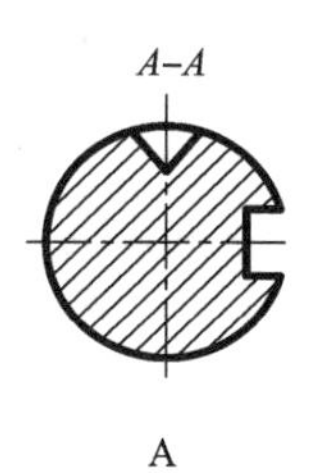

A

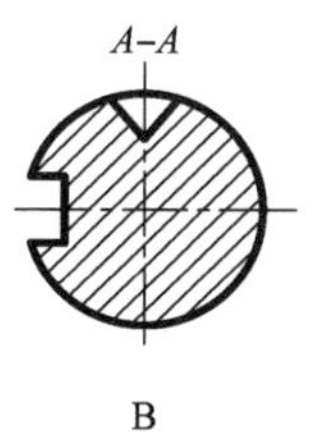

B

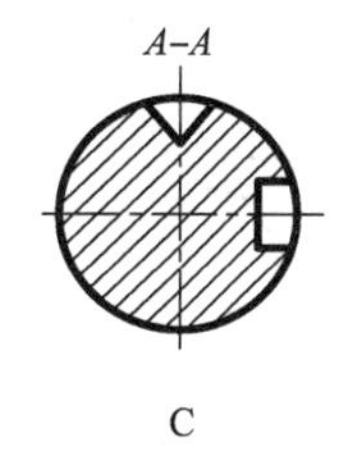

C

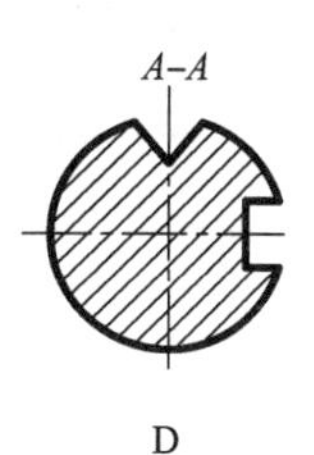

D

(7)正确的半剖视图是(　　)。

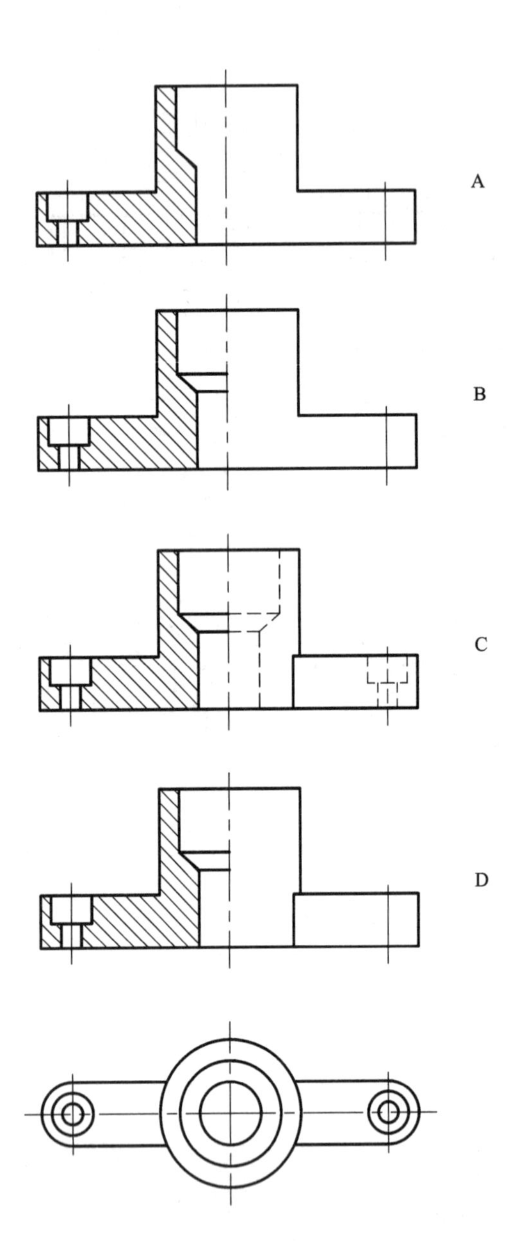

(8)正确的局部剖视图是(　　)。

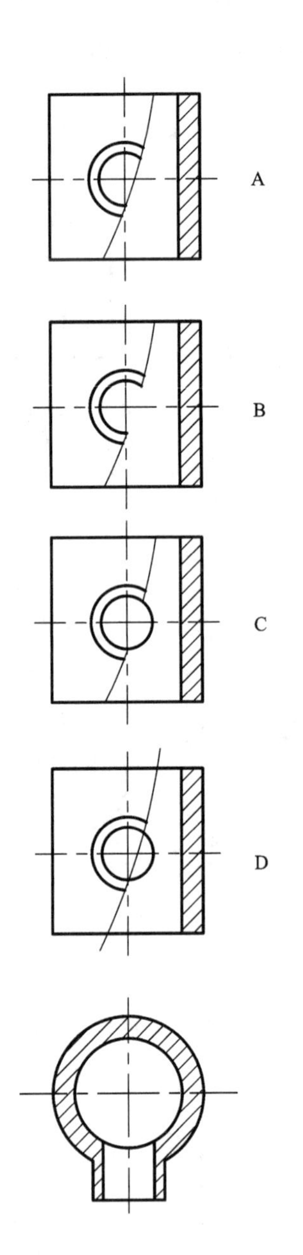

3. 用单一剖切面，将主视图画成全剖视图。

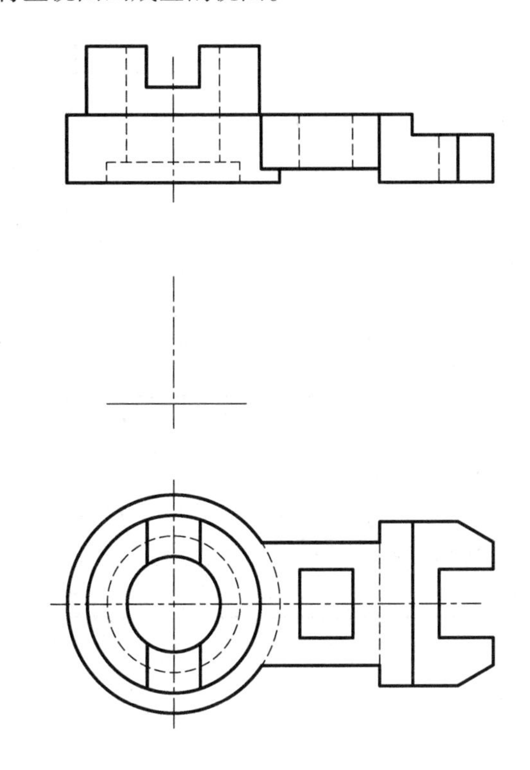

4. 用单一剖切面，将主视图画成半剖视图。

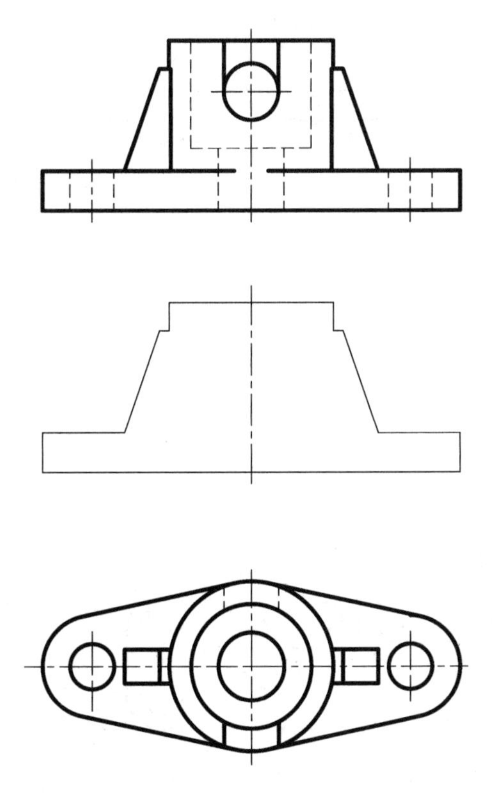

5. 补全图中漏画的线条。

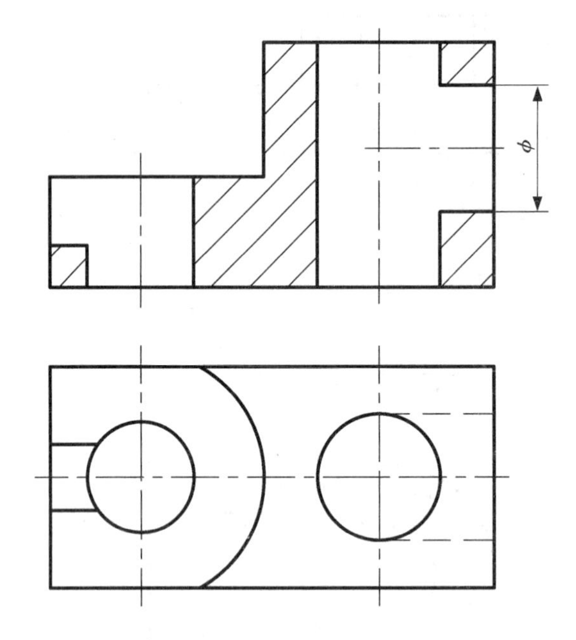

6. 将物体的主视图改画成半剖视图，并作全剖的左视图。

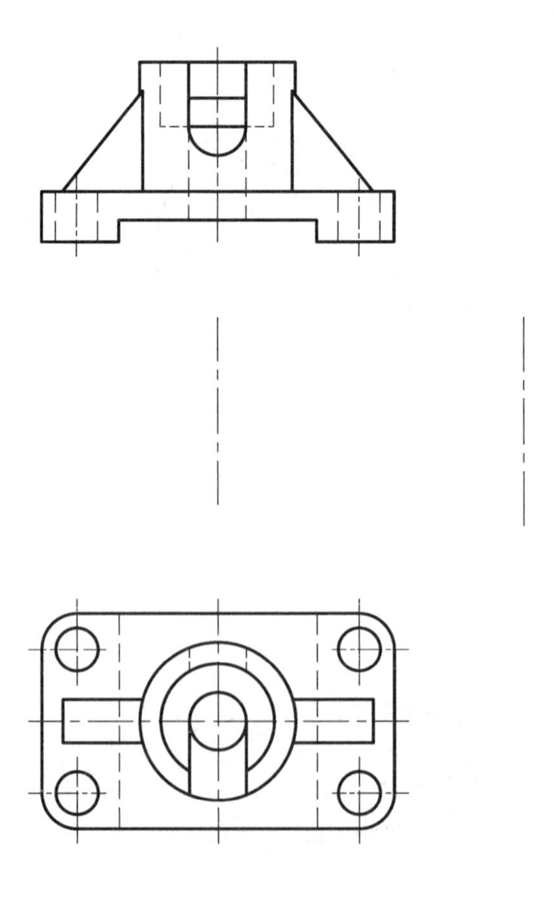

7. 用几个平行的剖切面，将主视图画成全剖视图。

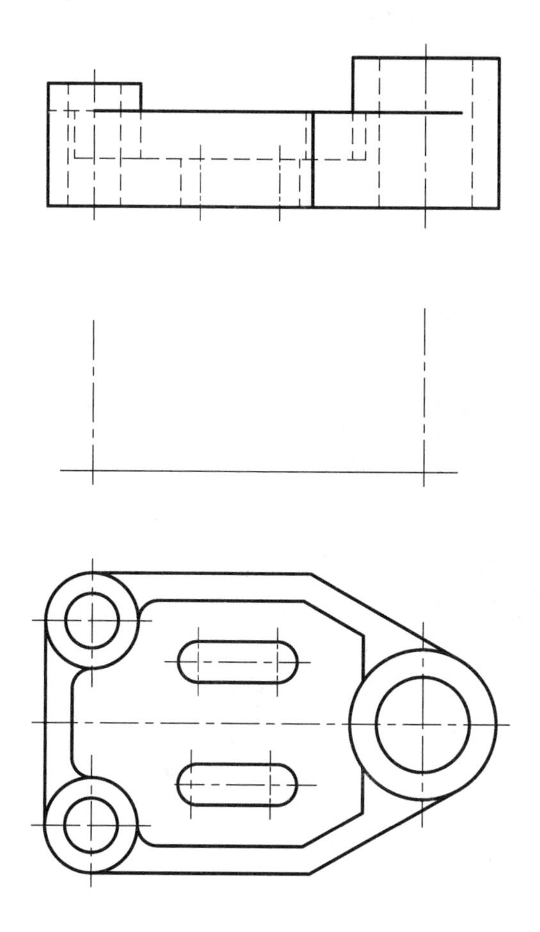

8. 在阶梯轴上作出各指定位置的断面图。(左面键槽深 5 mm，右面键槽深 4 mm)

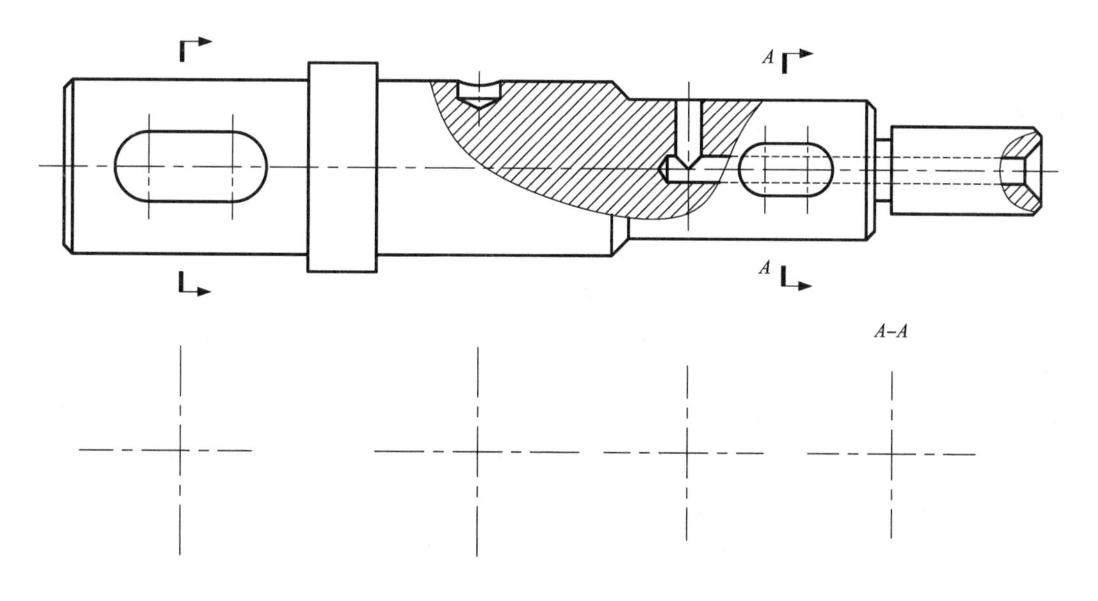

9. 根据下面所给视图，在A4图纸上综合应用所学的各种表达方法进行表达。作图比例为1∶1，并标注尺寸。图线要符合国家机械制图标准。尺寸标注要完整、正确、清晰、合理。

提示：

(1)图中虚线应尽量省略不画。

(2)注意剖切位置的标注。

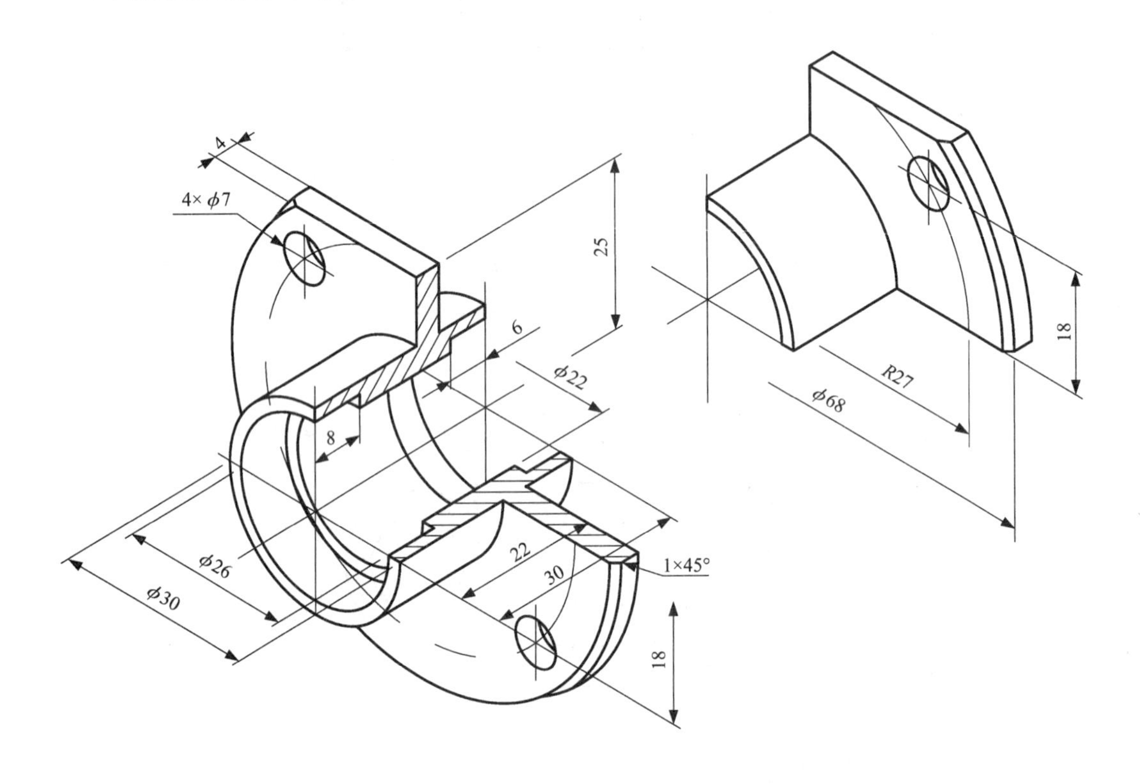

任务5　第三视角

【任务描述】

通过学习，了解第三角投影法，能分清第一视角与第三视角的区别。

【知识导航】

将物体置于第Ⅰ分角内，并使其处于观察者与投影面之间而得到的多面正投影称为第一角投影。将物体置于第Ⅲ分角内，并使投影面处于观察者与物体之间而得到的多面正投影称为第三角投影。在GB/T 4458.1—2002和GB/T 17451—1998中规定，我国优先采用第一角投影。英国、德国、法国及东欧一些国家也采用第一角投影。但有些国家如美、日、加拿大、澳大利亚等国则采用第三角投影。为了更好地进行国际间的技术交流和发展国家间贸易的需要，我们应了解和掌握第三角投影法。

一、机件在投影体系中的位置

图 4 -5 -1 表示出了两个相互垂直的投影面，把空间分成Ⅰ、Ⅱ、Ⅲ、Ⅳ四个分角，机件放在第Ⅰ分角表达称为第一角投影，若放在第Ⅲ角表达则称为第三角投影。

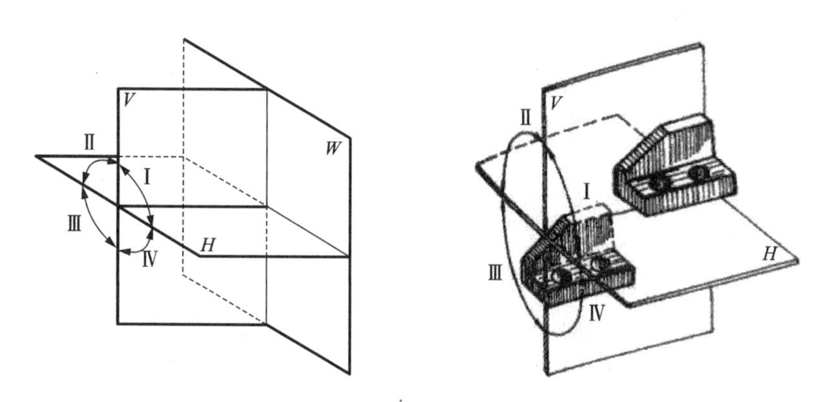

图 4 -5 -1　机件在第一角和第三角中

二、投影面、机件与观察者的相对位置关系及视图的配置

如图采用第三角投影时，物体置于第Ⅲ分角内，假设投影面是透明的，凤影面处于观察者与物体之间进行投射，然后按规定展开投影图，即得第三角投影图。如图 4 -5 -2 所示。

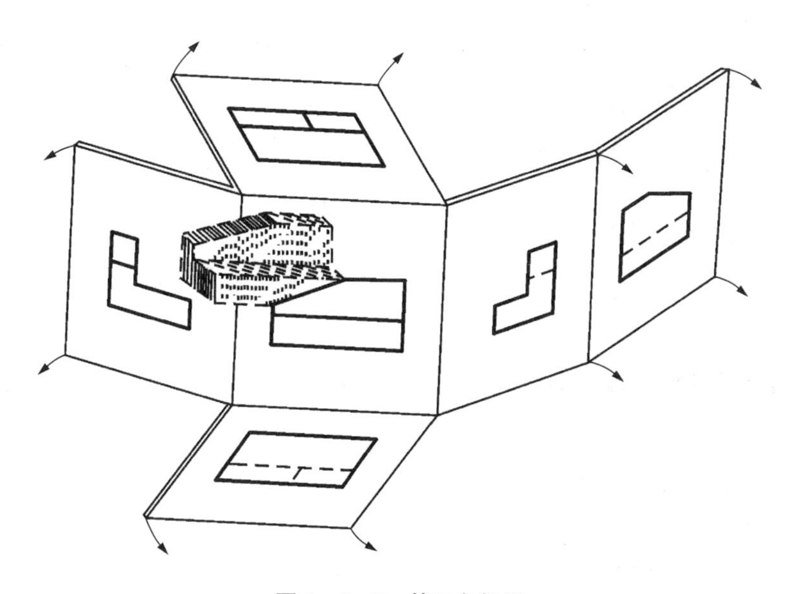

图 4 -5 -2　第三角投影

在同一张图纸中，按图 4 -5 -3 所示配置视图时，一律不标注视图的名称，否则必须标注视图名称和投射方向。

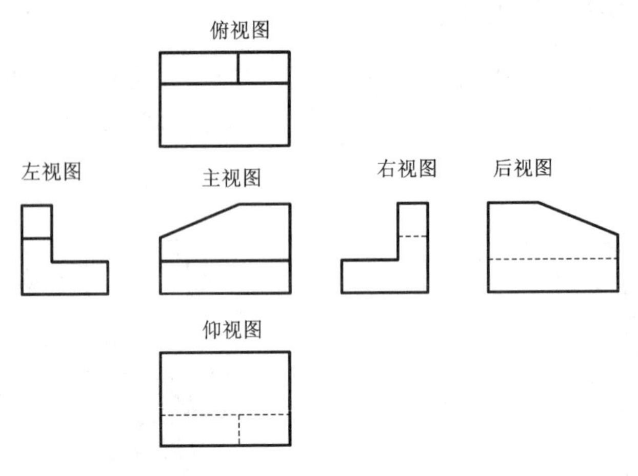

图 4－5－3　第三视角六视图的配置

三、两种画法的识别符号

在国际标准 ISO 中，第一角和第三角画法均被认为是允许的画法。我国尽管历来采用第一角画法，但为了与国际接轨，在国家标准 GB/T 14692—2008《技术制图投影法》中规定：必要时，可画出第一角的识别符号，如图 4－5－4(a)所示；当采用第三角画法时，必须在图样中画出第三角投影的识别符号，如图 4－5－4(b)所示。

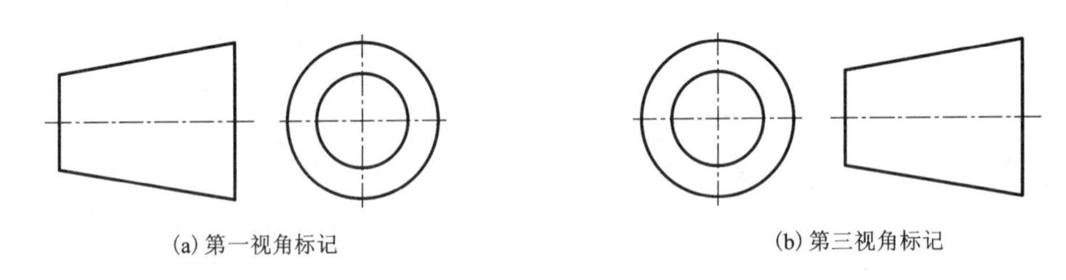

(a) 第一视角标记　　(b) 第三视角标记

图 4－5－4　第一视角与第三视角的标记

四、两种投影画法的视图转换

两种投影画法视图相互转换的方法有两种：

1. 按向视图标注处理

转换时，原视图间配置位置不动，只需在视图的上方注上大写字母，在相应视图附近标上表示投射方向的箭头及同样的字母(或视图的下方标出图名)，如图 4－5－5(b)所示。

2. 按转换为新投影画法的规则重新调配视图的位置

其中前视图(或主视图)的位置不变，只移动其余的视图，使其转换为新投影法的位置，如图 4－5－5(c)所示。

由第三角投影画法转为第一角画法时，可省去画第一角画法的识别符号。

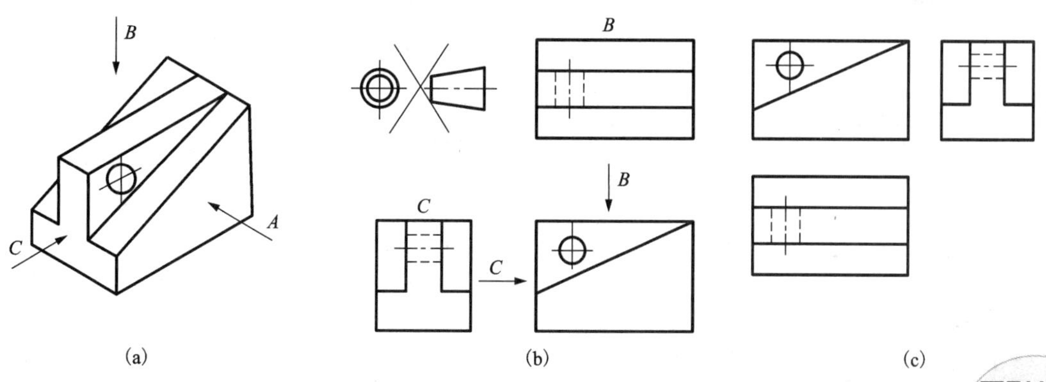

图 4-5-5　两种投影画法的视图转换

【同步练习】

1. 根据第三视角在指定位置补全六视图。

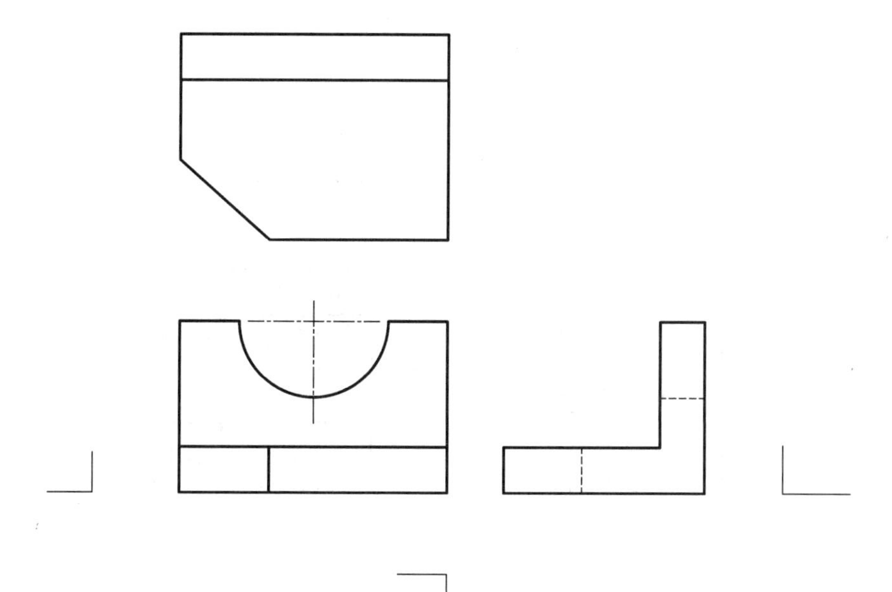

2. 根据第三视角，分析视图，想象形状，补全三视图。

(1)　　　　　　　　　　　　　　　　(2)

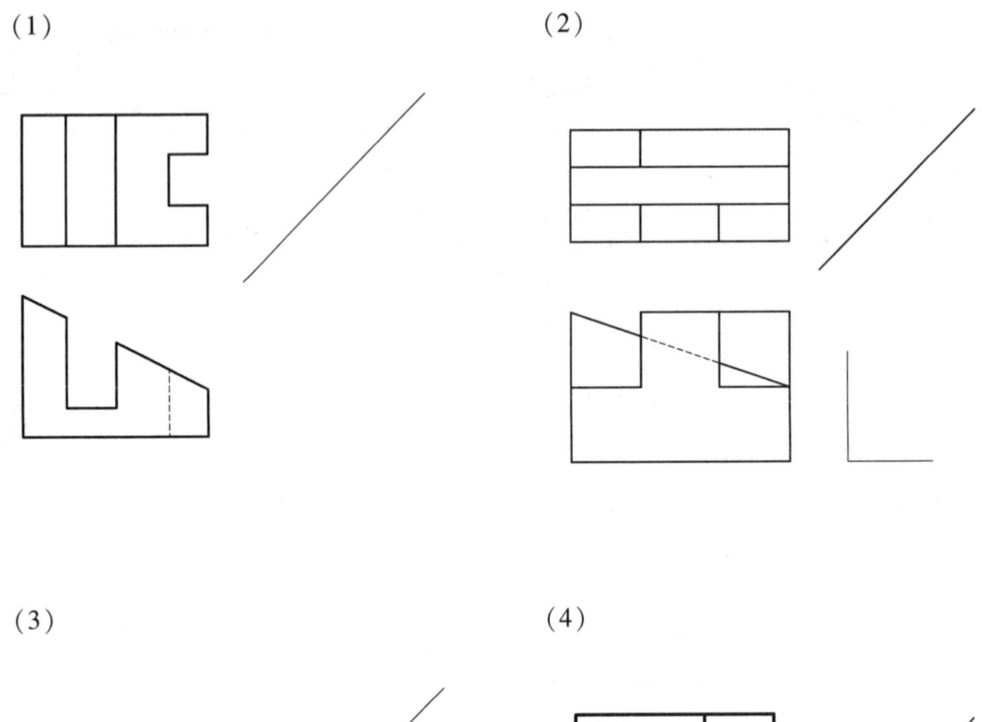

(3)　　　　　　　　　　　　　　　　(4)

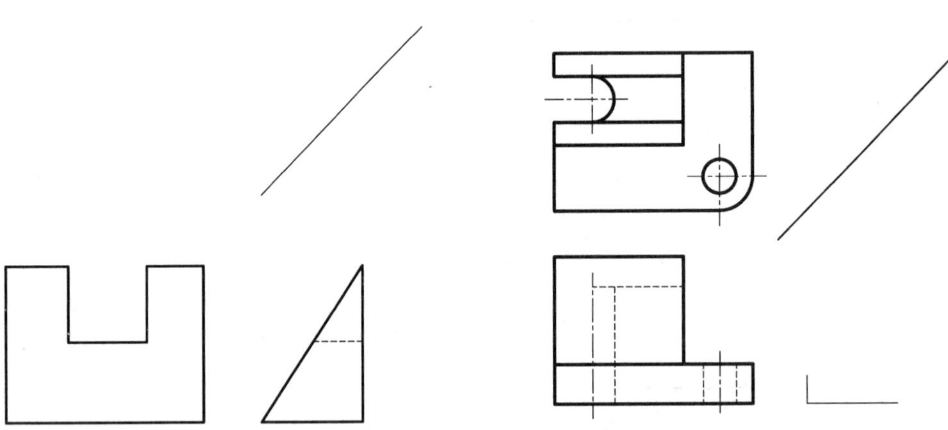

项目五
机件的特殊表示法

【项目导入】

任何机器或部件都是由若干零件按一定方式组合而成的。如图 5 - 0 - 1 所示的齿轮泵就是由多个零件组成。组成机器设备的这些零件中，有些零件应用十分广泛，如螺栓、螺母、垫圈、键、销、滚动轴承等。为了适应专业化大批量生产、提高产品质量、降低生产成本，国家标准对这类零件的结构尺寸和加工要求等作出了一系列的规定，是已经标准化、系列化了的零件，这类零件就称为标准件。另有一些零件，如齿轮、弹簧等，国家标准只对其部分尺寸和参数作出规定，但这类零件结构典型，应用也十分广泛，通常被称为常用件。我们应重点掌握标准件及常用件的规定画法。学习时应注意养成遵守国标的良好习惯。

图 5 - 0 - 1　齿轮泵轴测分解图

【学有所获】

通过本项目的学习，学生应该能运用如下知识点：

(1)螺纹的画法与标记，螺纹紧固件的连接画法。

(2)齿轮的参数计算与画法。

(3)键与销连接画法，滚动轴承标记与画法，装配图中弹簧的表示法。

任务1　螺纹与螺纹紧固件

【任务描述】

通过学习，能根据螺纹的规定画法正确绘制螺纹与识读螺纹标记。

【知识导航】

一、螺纹的基本知识

车外螺纹

1. 螺纹的形成

螺纹是指在圆柱或圆锥表面上，沿着螺旋线所形成的具有相同轴向剖面的连续凸起(牙)和沟槽。在圆柱(或圆锥)外表面上形成的螺纹称外螺纹，在圆柱(或圆锥)内表面上形成的螺纹称内螺纹。

2. 螺纹的基本要素

螺纹的基本要素有牙型、直径、螺距、线数和旋向。

(1)牙型：通过螺纹轴线的剖面上，螺纹的轮廓形状称为牙型。常见的螺纹牙型有三角形、梯形、锯齿形、矩形等，图5-1-1所示螺纹的牙型为三角形。

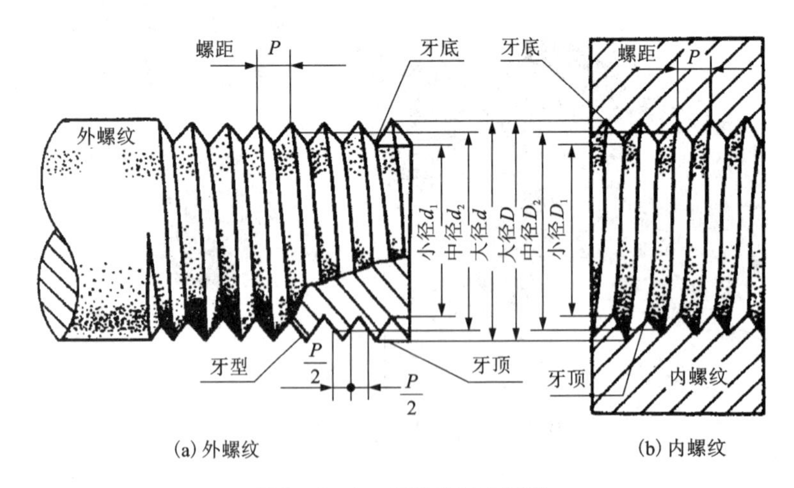

(a) 外螺纹　　(b) 内螺纹

图5-1-1　螺纹的基本要素

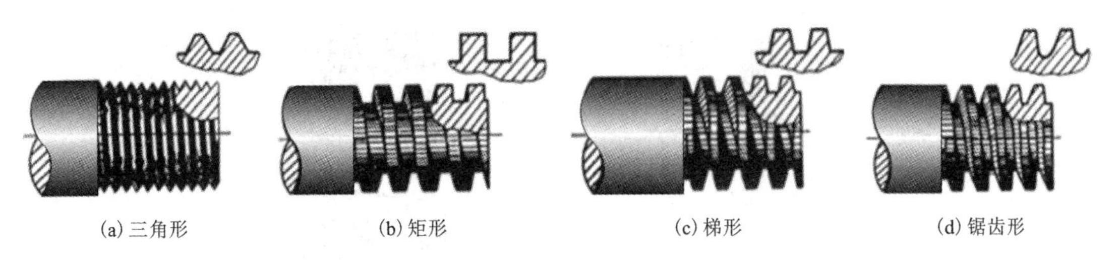

图 5－1－2　螺纹的牙型

(2) 直径：螺纹的直径有大径（d、D）、中径（d_2、D_2）和小径（d_1、D_1）之分，外螺纹用相应的小写字母表示，内螺纹用相应的大写字母表示，如图 5－1－1 所示。螺纹大径是与外螺纹牙顶或内螺纹牙底相重合的假想圆柱面的直径；螺纹小径是与外螺纹牙底或内螺纹牙顶相重合的假想圆柱面的直径；螺纹中径是指通过牙型上凸起和沟槽宽度相等处的一个假想圆柱面的直径。螺纹的公称直径为大径，是代表螺纹尺寸的直径。

(3) 线数：螺纹有单线和多线之分。沿一条螺旋线形成的螺纹称单线螺纹，沿轴向等距分布的两条或两条以上螺旋线形成的螺纹称多线螺纹，图 5－1－3(b) 所示为双线螺纹。螺纹的线数用 n 表示。

(4) 螺距和导程：螺距是指相邻两牙在中径线上对应两点间的轴向距离，用 P 表示。导程是指在同一条螺旋线上，相邻两牙在中径线上对应两点间的轴向距离，用 s 表示。如图 5－1－3 所示，螺距和导程之间的关系为 $P=s/n$。

单线螺纹：$s=P$　　多线螺纹：$s=nP$

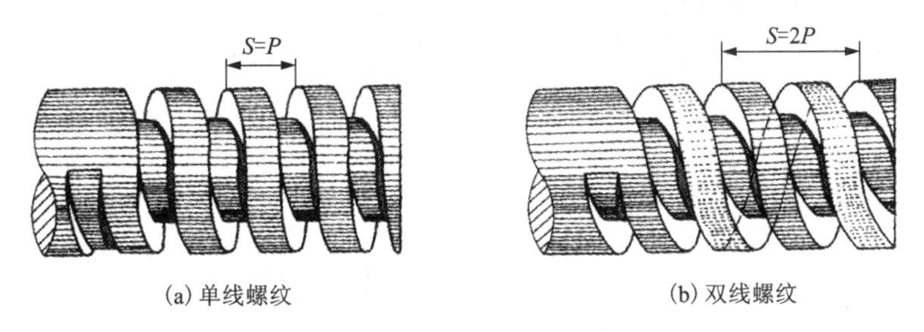

图 5－1－3　螺纹的线数、导程和螺距

(5) 旋向：螺纹的旋向分为两种：右旋、左旋。顺时针旋转时旋入的螺纹为右旋螺纹，逆时针旋转时旋入的螺纹为左旋螺纹。工程上常使用右旋螺纹。

判定方法为：将外螺纹的轴线铅垂放置，螺纹的可见部分右边高者为右旋螺纹，左边高者为左旋螺纹，如图 5－1－4 所示。

外螺纹、内螺纹成对使用，但只有牙型、直径、螺距、线数和旋向都相同的内、外螺纹才能旋合在一起。牙型、直径、螺距三要素都符合标准的螺纹，称为标准螺纹；牙型符合标准，直径或螺距不符合标准的，称为特殊螺纹；牙型不符合标准的称为非标准螺纹。

(a) 左旋螺纹

(b) 右旋螺纹

各种螺纹的加工方法

图 5－1－4　螺纹的旋向

二、螺纹的规定画法

国家标准《机械制图》GB/T 4459.1—1995 规定了机械图样中螺纹及螺纹紧固件画法。

1. 内、外螺纹的规定画法

(1)螺纹牙顶圆的投影用粗实线表示，牙底圆的投影用细实线表示(通常按照牙顶圆大小的 0.85 倍画出)，在螺杆的倒角或倒圆部分也应画出。在垂直于螺纹轴线的投影面的视图中，表示牙底圆的细实线只画约在 3/4 圈(空出约 1/4 圈的位置不作规定)，螺杆或螺孔上的倒角投影不应画出。对于外螺纹来说，大径用粗实线绘制，小径用细实线绘制，如图 5－1－5 所示。对于内螺纹来说，大径用细实线绘制，小径用粗实线绘制。不可见螺纹的所有图线用虚线绘制。

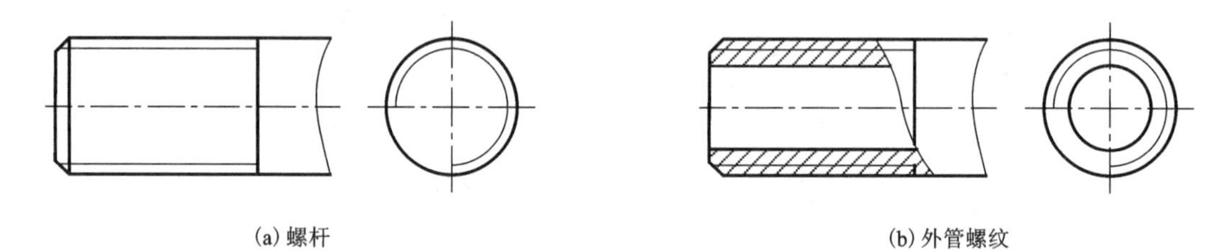

(a) 螺杆　　(b) 外管螺纹

图 5－1－5　外螺纹的规定画法

(2)螺纹终止线用粗实线表示，如图 5－1－5、图 5－1－6 所示。

(3)螺尾部分一般不必画出，当需要表示螺尾时，用与轴线成 30°的细实线画出。

(4)无论外螺纹还是内螺纹，在剖视或断面图中的剖面线都应画至粗实线为止。

(5)绘制不穿通的螺孔(俗称盲孔)时，通常钻孔深度比螺纹部分深度深 $0.2d \sim 0.5d$，钻孔底部的圆锥凹坑的锥角应画成 120°，不能画成 90°，如图 5－1－6 所示。

(6)当需要表示螺纹牙型时，可以按照如图 5－1－7 所示的局部剖视图画出几个牙型。

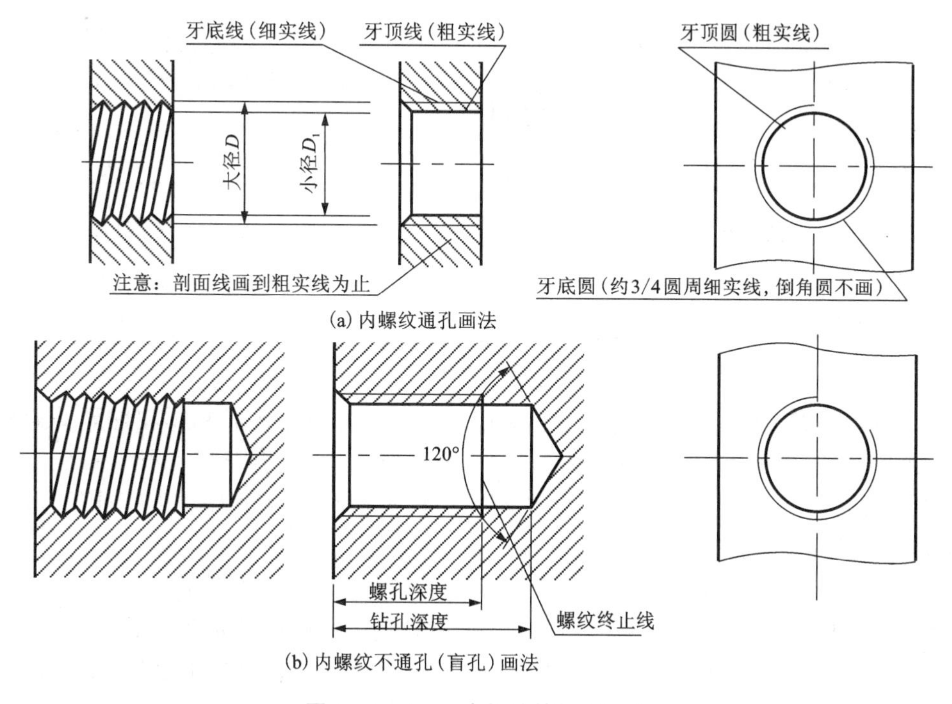

图 5－1－6　内螺纹的规定画法

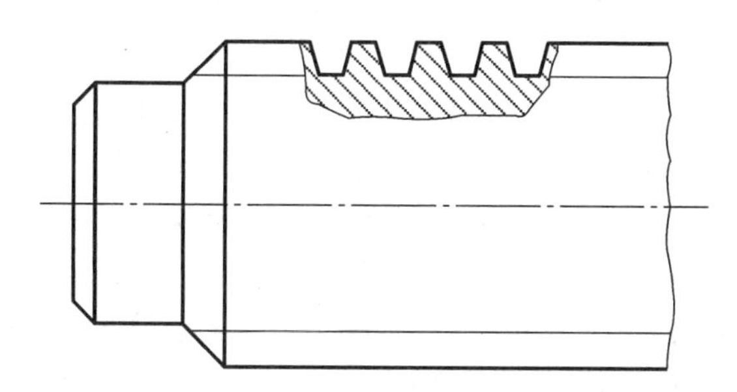

图 5－1－7　螺纹牙型的表示方法

2. 螺纹连接的规定画法

如图 5－1－8 所示，用剖视图表示内外螺纹的连接时，旋合部分按外螺纹的画法绘制，其余部分仍按照各自的画法绘制。应当注意：表示大、小径的粗实线和细实线应分别对齐。

三、螺纹的标注

螺纹按照国标的规定画法画出以后，并未表明牙型、公称直径、螺距、线数和旋向等要素，需要用标记在图上说明。螺纹的直径和螺距等尺寸可以查阅附录。

1. 常用螺纹的种类和标记

按照用途来分，螺纹可以分为连接螺纹和传动螺纹两类。

（1）连接螺纹：主要起连接作用，常用的有普通螺纹和管螺纹。

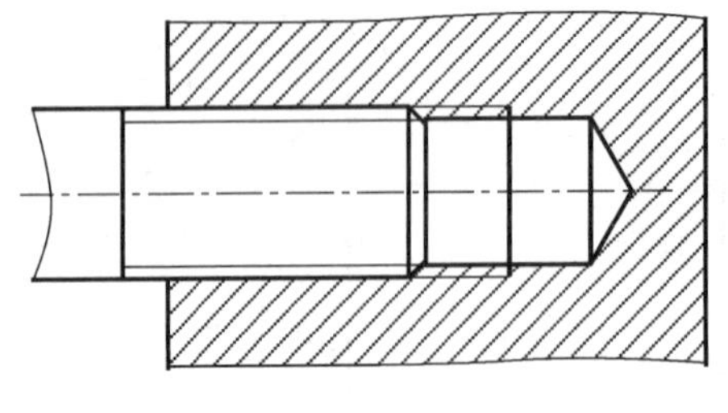

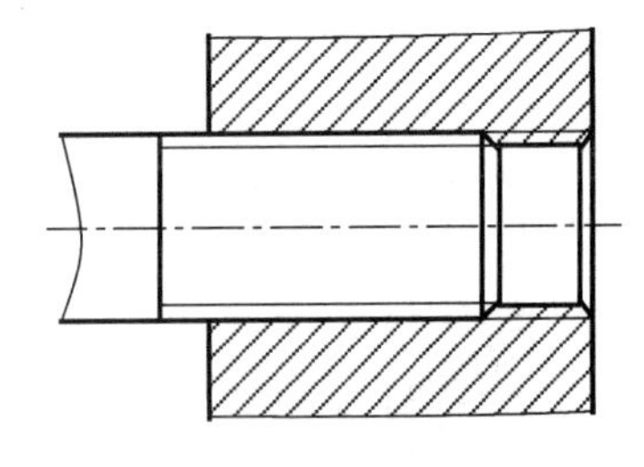

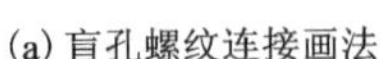

(a) 盲孔螺纹连接画法　　(b) 通孔螺纹连接画法

图 5－1－8　螺纹连接的规定画法

①普通螺纹(需按照新国标重新改)：应用最广，又有粗牙普通螺纹和细牙普通螺纹之分。普通螺纹的标记由三部分组成：螺纹代号、公差带代号、旋合长度代号。

其中螺纹代号又包括：特征代号、公称直径、螺距、旋向。普通螺纹的特征代号为“M”。

普通螺纹的完整标记为：

M　公称直径×螺距　旋向－公差带代号－旋合长度代号

需要说明的是：同一公称直径的粗牙普通螺纹只有一种螺距，而细牙普通螺纹有一种或一种以上的螺距，因此粗牙普通螺纹不注螺距，细牙普通螺纹必须标注螺距；右旋螺纹不注旋向，左旋螺纹加注 LH(各种螺纹的标记均如此)；公差带代号应注明中径公差带代号和顶径公差带代号，公差带代号相同时，只标注一个代号，外螺纹用小写字母表示，内螺纹用大写字母表示；旋合长度共分三组，即长(L)、短(S)和中等(N)，中等旋合长度可以省略标注 N。

例如：M20×2LH－6H 的含义为：公称直径为 20 mm，螺距为 2 mm 的细牙普通螺纹(内螺纹)，左旋，中径公差带和顶径公差带均为 6H，中等旋合长度。

M10－5g6g－S 的含义为：公称直径为 10 mm 的粗牙普通螺纹(外螺纹)，右旋，中径公差带为 5g，顶径公差带为 6g，短旋合长度。

②管螺纹：用于管道的连接，为英寸制的，包括 55°非密封管螺纹和 55°密封管螺纹。55°密封管螺纹包括圆锥外螺纹、圆锥内螺纹和圆柱内螺纹，其螺纹特征代号分别为 R_1 或 R_2(R_1 表示与圆柱内螺纹相配合的圆锥外螺纹，R_2 表示与圆锥内螺纹相配合的圆锥外螺纹)、R_C、R_P。55°非密封管螺纹的特征代号为 G。管螺纹应标注螺纹特征代号和尺寸代号；55°非密封外管螺纹还应标注公差等级，A 或 B，55°非密封内管螺纹和 55°密封管螺纹均只有一种公差带，因而不需标注公差带代号；左旋螺纹还应加注 LH，并用“－”隔开。管螺纹的尺寸代号与带有外螺纹管子的孔径相近，而不是管螺纹的大径。

例如：$G1^{1/2}A$ 表示 55°非密封外管螺纹，尺寸代号为 $1\frac{1}{2}$ 英寸，公差等级为 A 级，右旋。$R_1^{\frac{1}{2}}$－LH 表示 55°密封圆锥外螺纹，尺寸代号为 1/2 英寸，左旋。

(2)传动螺纹：主要用于传递动力和运动，常用的有梯形螺纹和锯齿形螺纹。

①梯形螺纹：用来传递双向动力，如机床的丝杠。

②锯齿形螺纹：用来传递单向动力，如千斤顶中的螺杆。

常用标准螺纹的标记方法见表 5－1－1。

表 5－1－1　常用标准螺纹的标记方法

<table>
<tr><th>序号</th><th colspan="2">螺纹类别</th><th>特征代号</th><th>标记示例</th><th>螺纹副标记示例</th><th>说明</th></tr>
<tr><td>1</td><td colspan="2">普通螺纹</td><td>M</td><td>M8×1－LH</td><td>M20－6H/5g6g</td><td>粗牙不标注螺距，左旋时加“LH”</td></tr>
<tr><td>2</td><td colspan="2">小螺纹</td><td>S</td><td>S0.8－4H5</td><td>S0.8－4H5/5h3</td><td>标记中末位的 4 和 5 为顶径公差等级</td></tr>
<tr><td>3</td><td colspan="2">梯形螺纹</td><td>Tr</td><td>Tr40×14(P7)－7H</td><td>Tr36×6－7H/7c</td><td>导程与螺距不相等时都要标记，P 表示螺距，双线</td></tr>
<tr><td>4</td><td colspan="2">锯齿形螺纹</td><td>B</td><td>B40×7LH－8c－L</td><td>B40×7－7A/7c</td><td>L 表示长旋合长度，中等旋合长度省略</td></tr>
<tr><td>5</td><td colspan="2">55°非密封管螺纹</td><td>G</td><td>G1 $\frac{1}{2}$A</td><td>G1 $\frac{1}{2}$A</td><td>外螺纹需标注公差等级 A 和 B，内螺纹不标，螺纹副仅标注外螺纹</td></tr>
<tr><td rowspan="4">6</td><td rowspan="4">55°密封管螺纹</td><td>圆锥外螺纹</td><td>R_1</td><td>$R_1$3</td><td rowspan="2">$R_P/R_1$3</td><td rowspan="4">内外螺纹均只有一种公差带，故不标注，螺纹副尺寸代号只标注一次。</td></tr>
<tr><td>圆柱内螺纹</td><td>R_P</td><td>R_P 1/2</td></tr>
<tr><td>圆锥外螺纹</td><td>R_2</td><td>$R_2$3/4</td><td rowspan="2">$R_C/R_2$3/4</td></tr>
<tr><td>圆锥内螺纹</td><td>R_C</td><td>R_C $1^1/_2$</td></tr>
</table>

梯形螺纹和锯齿形螺纹的标记内容相同，完整标记为：

螺纹特征代号　公称直径×导程(P 螺距)旋向－公差带代号－旋合长度代号

梯形螺纹的特征代号为“Tr”，锯齿形螺纹的特征代号为“B”；单线螺纹不注导程，尺寸规格用“公称直径×螺距”表示；公差带代号只标注中径公差带。

例如：Tr40×7－7H 的含义为：公称直径为 40 mm，螺距为 7 mm，中径公差带为 7H，中等旋合长度，单线、右旋的梯形螺纹(内螺纹)。

B40×14(P7)LH－8c－L 的含义为：公称直径为 40 mm，导程为 14 mm，螺距为 7 mm，中径公差带为 8c，长旋合长度，双线、左旋的锯齿形螺纹(外螺纹)。

2. 常用螺纹的标注

常用螺纹在图中的标注见表 5－1－2。

四、螺纹紧固件的种类及标记

常用的螺纹紧固件有螺栓、双头螺柱、螺钉、螺母、垫圈等，如图 5－1－9 所示。这些零件均属标准件，其结构和尺寸可以按其规定标记在附录中的相应标准中查出。

普通螺纹与管螺纹参数表

普通螺纹直径与螺距系列

表 5－1－2　常用螺纹的标注

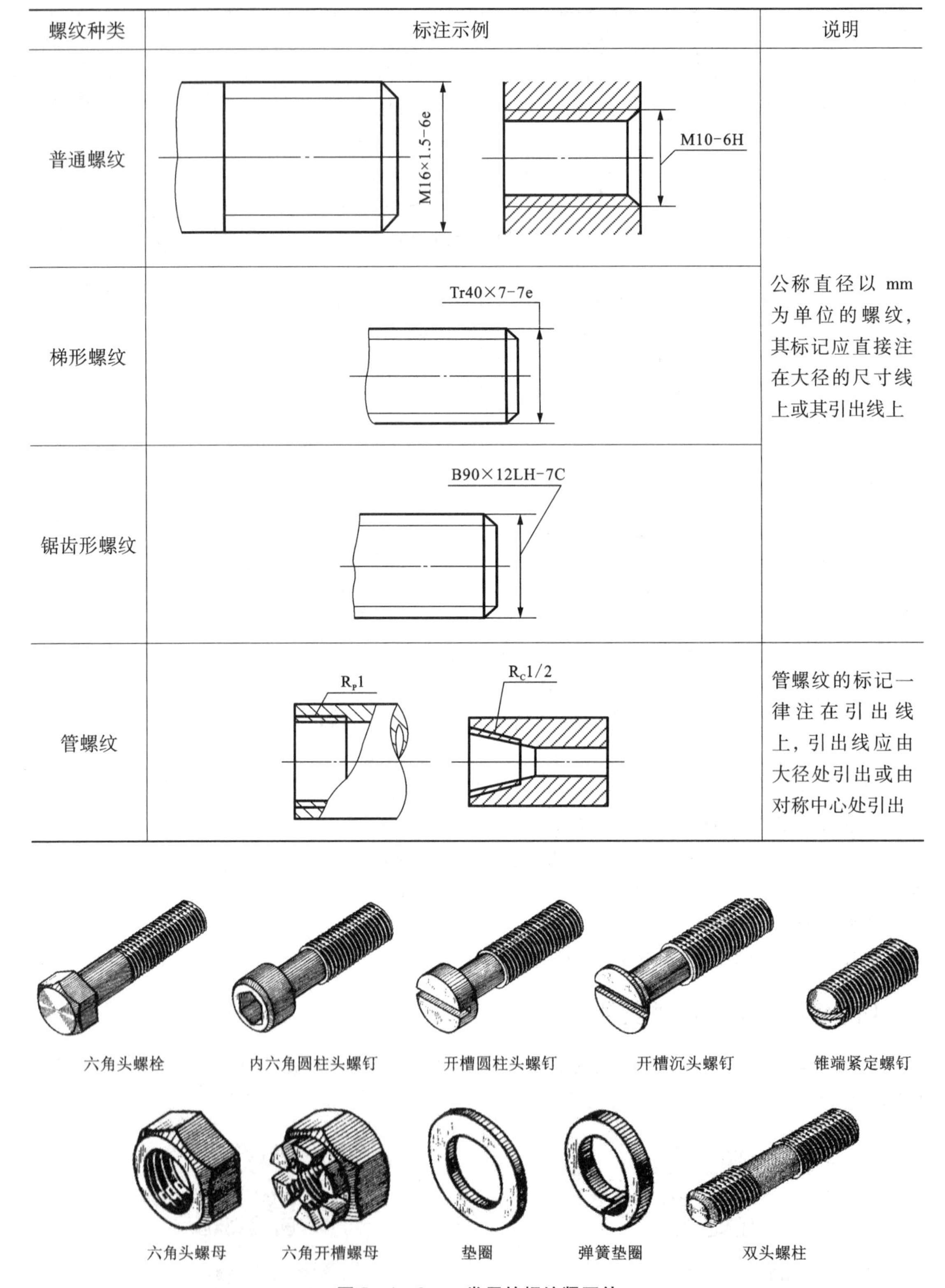

螺纹种类	标注示例	说明
普通螺纹	M16×1.5-6e　M10-6H	公称直径以 mm 为单位的螺纹，其标记应直接注在大径的尺寸线上或其引出线上
梯形螺纹	Tr40×7-7e	
锯齿形螺纹	B90×12LH-7C	
管螺纹	R_P1　$R_C1/2$	管螺纹的标记一律注在引出线上，引出线应由大径处引出或由对称中心处引出

图 5－1－9　常用的螺纹紧固件

螺纹紧固件的标记内容为：

名称　国标编号　规格尺寸

不同紧固件的规格尺寸含义不同，表 5－1－3 归纳了一些常用螺纹紧固件的标记。

表 5－1－3　常用螺纹紧固件的标记

名称及视图	标记示例及说明	名称及视图	标记示例及说明
六角头螺栓 40　M8	螺栓 GB/T 5780 M8×40	开槽锥端紧定螺钉 M8　25	螺钉 GB/T 71 M8×25
双头螺柱 35　M8	螺柱 GB/T 898 M8×35 （旋入端 $b_m = 1.25d$）	1 型六角螺母 M8	螺母 GB/T 6170 M8
开槽沉头螺钉 M8　45	螺钉 GB/T 68 M8×45	平垫圈	垫圈 GB/T 97.1 12－140HV
内六角圆柱头螺钉 M8　30	螺钉 GB/T 70.1 M8×30	标准型弹簧垫圈	垫圈 GB/T 93 20 （注：20 为螺栓直径）

五、螺纹紧固件的连接画法

各种螺纹紧固件的画法

工程上常见的螺纹紧固件的连接形式有螺栓连接、双头螺柱连接和螺钉连接。在装配图中，螺纹紧固件应按照规定标记在明细栏中注写清楚，为提高绘图速度，图中可以采用国标规定的简化画法，即螺纹紧固件的工艺结构，如倒角、退刀槽、缩颈、凸肩等均可省略不画，各部分按照与螺纹大径的比例关系近似地画出。画图时，应遵循以下规定：

当剖切平面通过螺杆的轴线时，螺栓、螺柱、螺钉、螺母、垫圈等均按不剖绘制，只画外形；两个零件的接触面只画一条线，不得特意加粗，非接触面，不论间隙大小，必须画两条线；剖视图中，两个相邻零件的剖面线方向相反，或者方向一致，间隔不同，以便于区分不同的零件；同一个零件在各个剖视图中，剖面线的方向和间隔都应相同，以方便读图。

1. 螺栓连接

使用螺栓连接时，先将螺栓的杆身从下向上穿过通孔，然后套上垫圈，拧紧螺母，如图 5－1－10(a)所示。螺栓连接适用于两个被连接的零件都不太厚，并且便于加工成通孔的情况。

螺栓连接的画法如图 5－1－10(b)所示。确定螺栓的公称长度 l 时，可以按照下式计算：

$$l=\delta_1+\delta_2+h+m+a$$

螺纹紧固件的参数表

其中“δ_1”“δ_2”分别为两个被连接零件的厚度，“h”“m”分别为垫圈及螺母的厚度，可以查阅相应的国标，“a”为螺栓伸出螺母的长度，一般取(0.3～0.4)d，求出 l 的初算值后，再根据国标中所列出的长度系列值，选取最为接近的标准值。其余各部分按照图中的比例关系绘制。注意两个零件接触面的投影应画至螺栓，而不应只画到光孔处。

螺栓连接

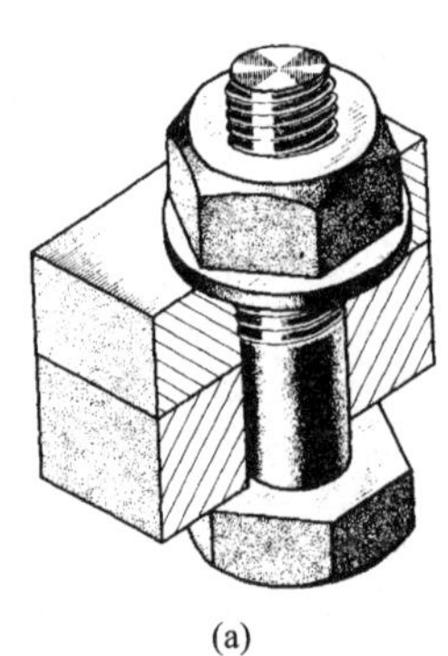

(a)

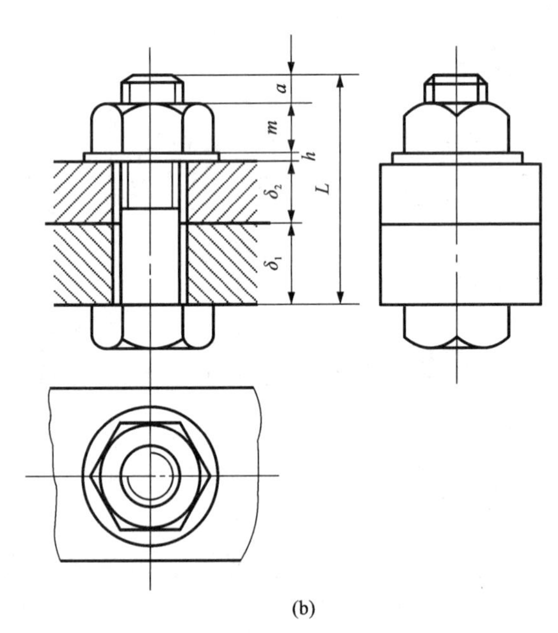

(b)

图 5－1－10　螺纹连接

2. 双头螺柱连接

双头螺柱连接适用于被连接零件之一较厚、不便于加工成通孔的情况。使用时，在较厚的零件上加工成不穿通的螺孔，在较薄的零件上加工成通孔。装配时，先将双头螺柱的旋入端旋入较厚零件的螺孔，再将通孔零件穿过螺柱的旋螺母端，然后套上垫圈，拧紧螺母。

根据被旋入零件的材料不同，双头螺柱的旋入端长度 b_m 不同，国家标准将其分为四种规格：

$b_m=d$(GB/T 897—1988)　$b_m=1.25d$(GB/T 898—1988)

$b_m=1.5d$(GB/T 899—1988)　$b_m=2d$(GB/T 900—1988)

一般情况下，被旋入零件的材料为钢与青铜时，取 $b_m=d$；为铸铁时，取 $b_m=1.25d$ 或 $1.5d$；为铝合金时，取 $b_m=2d$。

双头螺柱的公称长度 l，也应通过计算确定：

$$l=\delta+h+m+a$$

其中“δ”为较薄零件的厚度，“h”“m”分别为垫圈及螺母的厚度，可以查阅相应的国标，“a”为螺柱伸出螺母的长度，一般取$(0.3\sim0.4)d$，求出 l 的初算值后，再从相应的国标中选取最为接近的标准值。

双头螺柱连接的画法如图 5－1－11 所示，其旋螺母端的画法与螺栓相同。在这里，我们选用的弹簧垫圈，可以按照图中的比例关系绘制，其开口画成与水平线成60°角、从右下向左上方向倾斜的加粗实线，线宽为粗实线的 2 倍。螺栓、螺柱连接简化画法如图 5－1－12 所示。

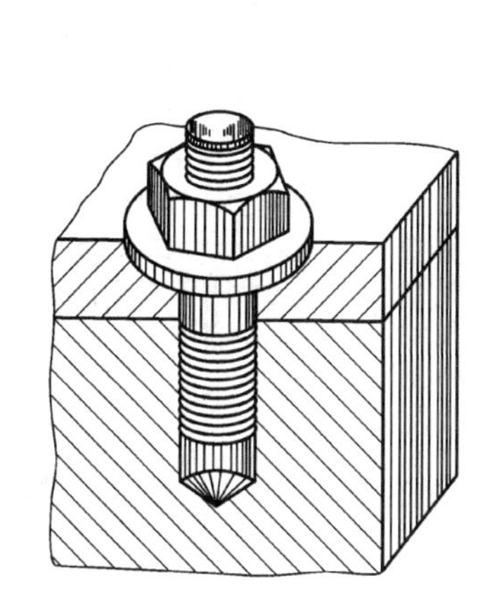

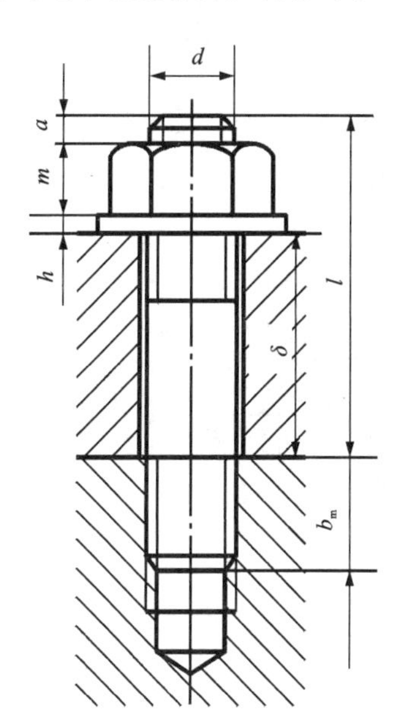

图 5－1－11　双头螺柱连接

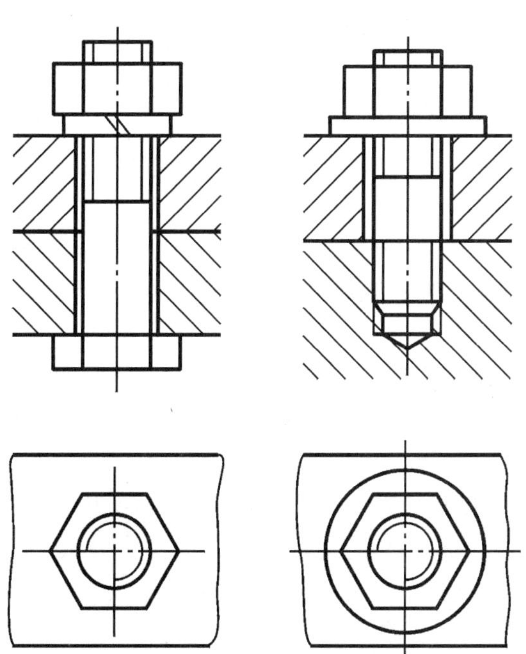

图 5－1－12　螺栓、螺柱连接简化画法

重要提示：

双头螺柱旋入端的螺纹终止线与两被连接零件的接触面平齐，表示旋入端已足够拧紧；不穿通的螺纹孔可以不画出钻孔深度，仅画出螺纹部分的深度，一般可以按 $b_{m}+0.5d$ 画出。

螺钉连接法

3. 螺钉连接

螺钉连接常用于受力不大和不需经常拆卸的情况。使用时，被连接的零件中，一个加工成通孔，另一个加工为螺孔。装配时，先将螺钉的杆身穿过通孔，旋入螺孔，然后拧紧螺钉。

图 5－1－13 为螺钉连接的画法，图中的螺钉为开槽圆柱头、球头和沉头螺钉。为简化作图，螺钉上表示螺纹牙底的细实线可以一直画到螺钉头的肩部。旋入端的画法与双头螺柱连接相同。螺钉头部按照图中的比例绘制。螺钉头部的一字槽在垂直于轴线的视图中用上述的加粗实线绘制，与水平线成 45°角，从左下向右上方向倾斜。

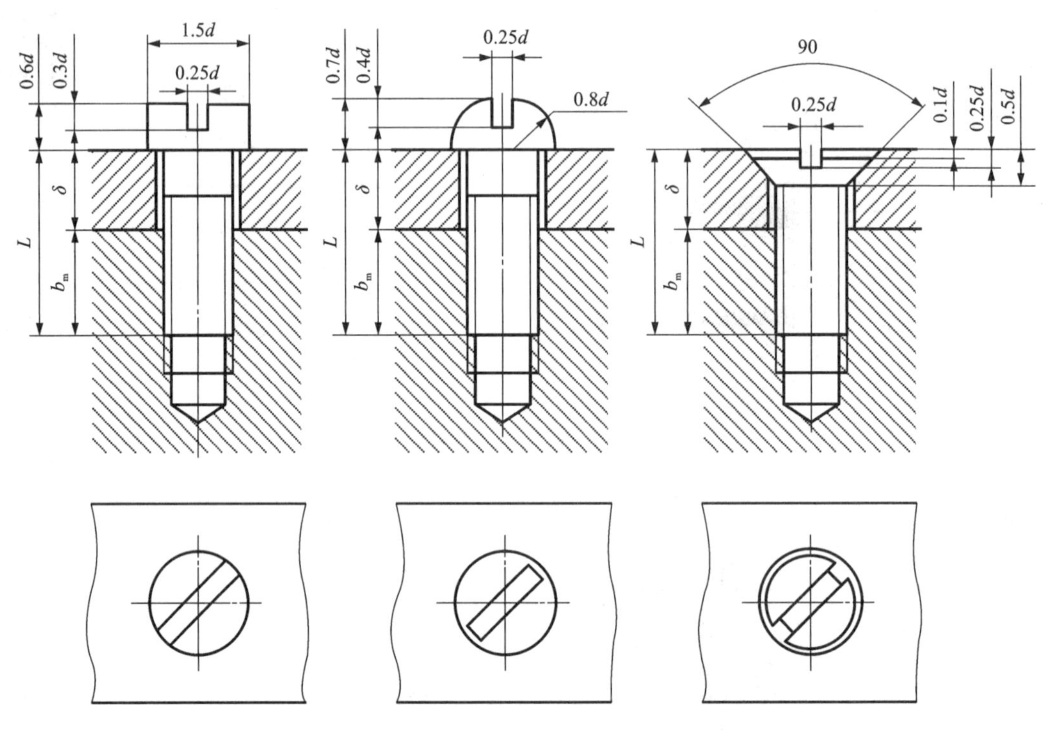

图 5－1－13　螺钉连接

图 5－1－14 为内六角圆柱头螺钉连接的画法。

图 5－1－15 为紧定螺钉连接的装配图画法，图中的螺钉为开槽锥端紧定螺钉。紧定螺钉通常起固定作用，限制两个相配零件间的相对运动，或者防止零件脱落。装配时，将螺钉旋入一个零件的螺孔中，并将其尾端压入另一个零件的凹坑中。

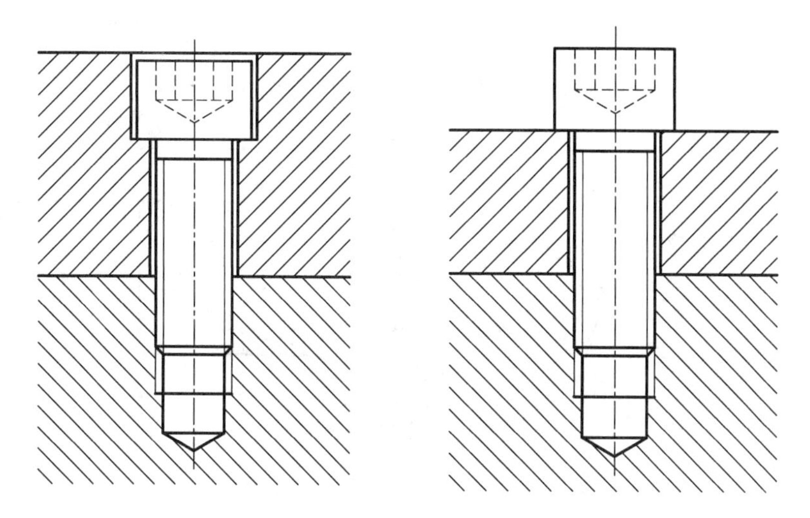

图 5-1-14　内六角圆柱头螺钉连接

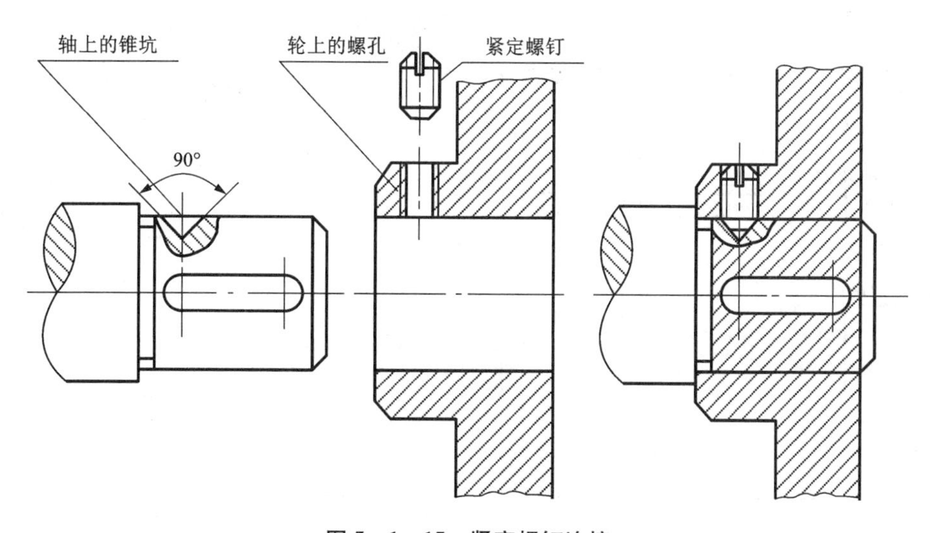

图 5-1-15　紧定螺钉连接

其他螺钉连接画法

【同步练习】

1. 分析下列螺纹画法中的错误，在下方画出正确的画法。

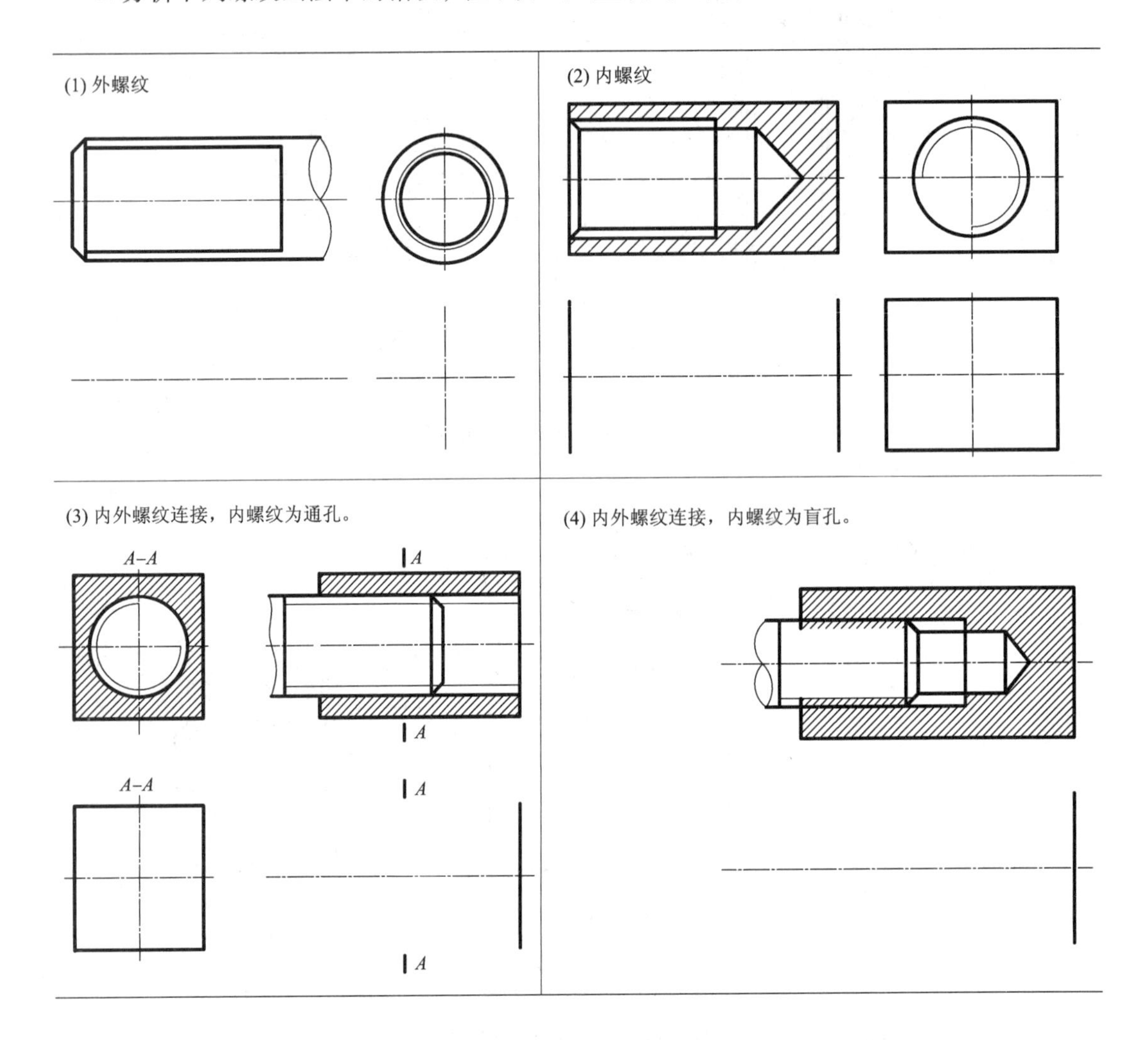

2. 根据螺纹的标记，填全表内各项内容。

(1) 普通螺纹和梯形螺纹。

螺纹标记	螺纹种类(内/外)	公称直径	导程	螺距	线数	旋向	公差带代号	旋合长度
M20 − 7H								
M16 × 1.5 − 5g6g − S								
M10LH − 7H − L								
Tr32 × 6 − 7H								
Tr40 × 7LH − 8e − L								
Tr40 × 14(P7) − 7e								

(2)管螺纹。

螺纹标记	螺纹种类	尺寸代号	螺纹大径	螺纹小径	第25.4 mm内的牙数	螺距	旋向
$G1^{1}/_{2}A$							
G1/2							
G3/8B－LH							
$R_C3/7$							
$R_P3/4$							
1/2							

3. 在图上注出下列螺纹的规定标记。

(1)粗牙普通螺纹，大径20 mm，螺距2.5 mm，右旋，公差带代号7h6h，长旋合长度。

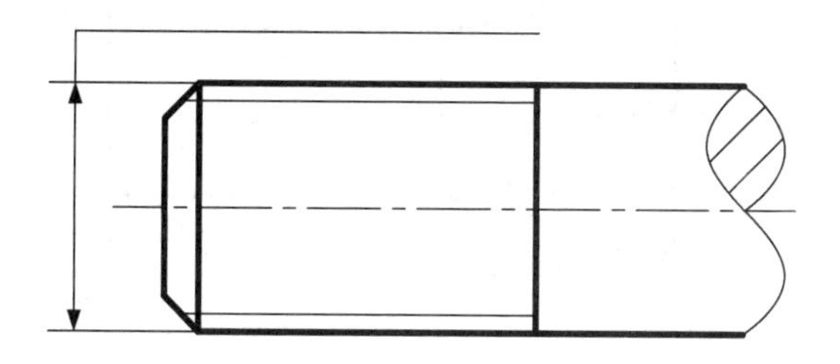

(2)细牙普通螺纹，大径20 mm，螺距1.5 mm，左旋，公差带代号7H，中等旋合长度。

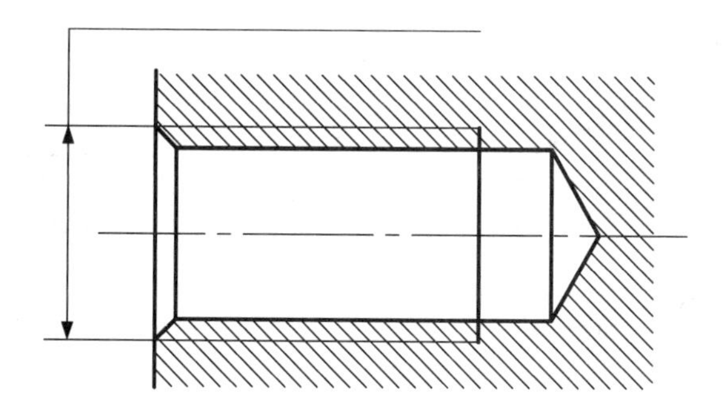

(3)梯形螺纹，大径24 mm，导程6 mm，螺距3 mm，左旋，公差带代号7e，中等旋合长度。

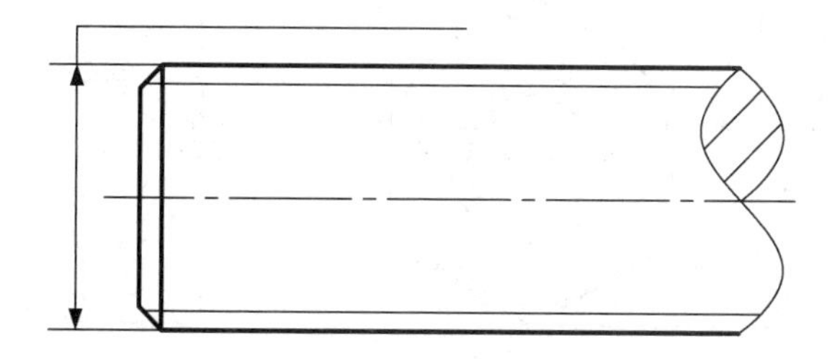

(4)非螺纹密封的管螺纹，尺寸代号 5/8，公差等级为 A 级，右旋。

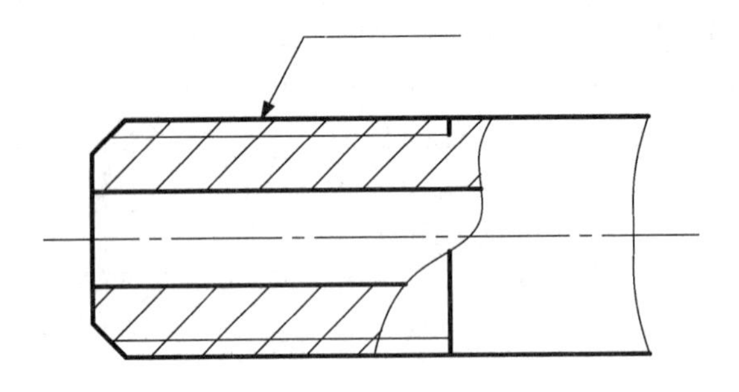

(5)用螺纹密封的管螺纹(圆锥内螺纹)，尺寸代号 3/8，右旋。

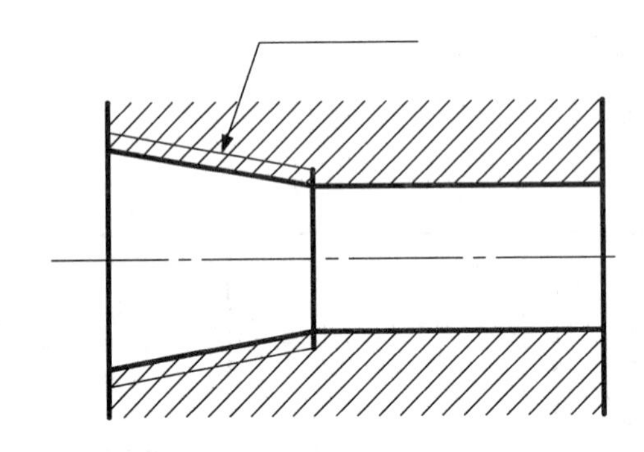

4. 查表后注出下列螺纹紧固件的尺寸，并注写其规定标记。

(1)六角头螺栓：大径 $d=12$ mm，长 $L=30$ mm，标记________________。

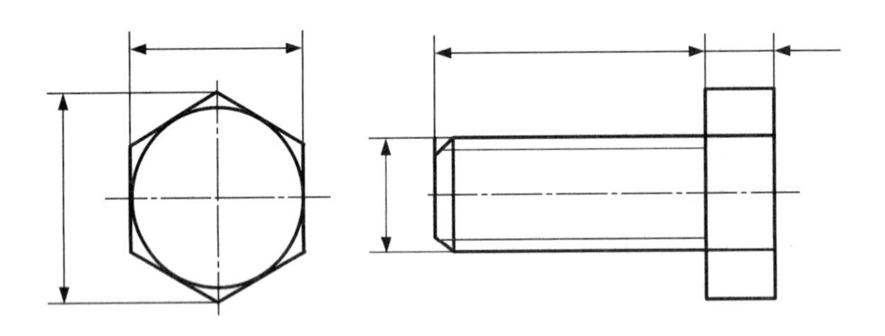

(2)六角螺母：大径 $D=16$ mm，标记________________。

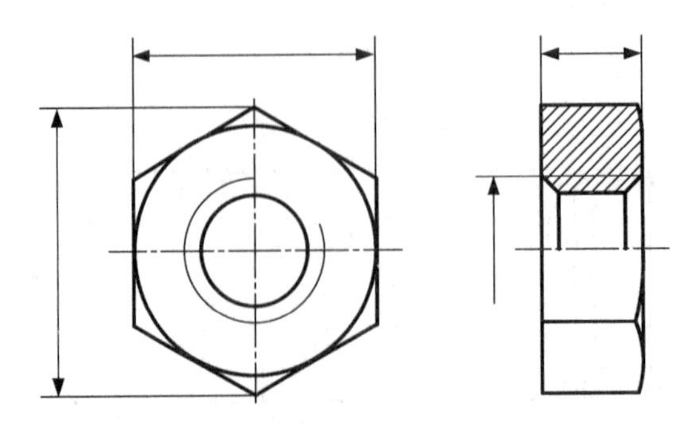

(3)双头螺柱：大径 $d=20$ mm，长 $L=45$ mm，$b_m=1d$，标记______________。

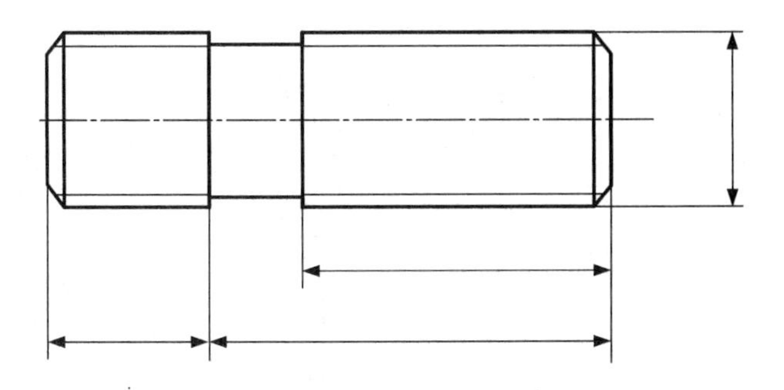

(4)内六角圆柱头螺钉：大径 $d=10$ mm，长 $L=40$ mm，标记______________。

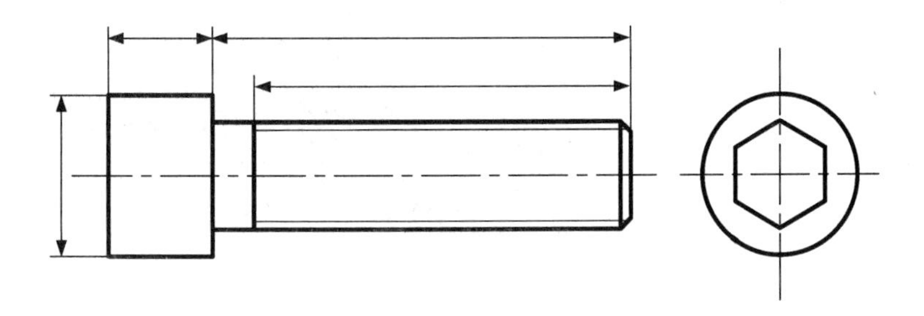

5. 补全螺栓连接中所缺的图线，螺栓 GB/T 5782 M12X70。

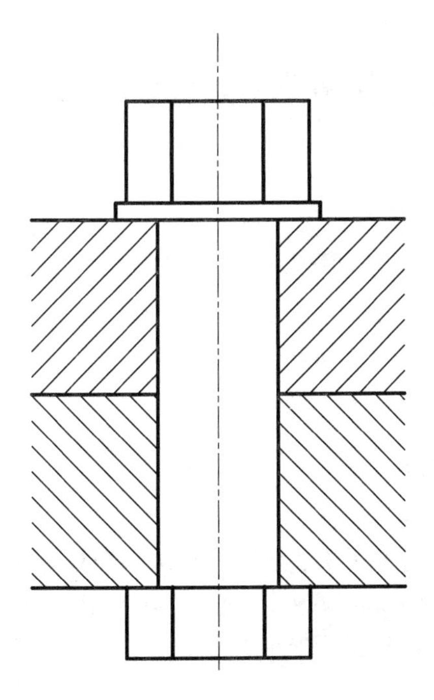

6. 补全双头螺柱连接中所缺的图线，双头螺柱 GB/T 898 M12X60。

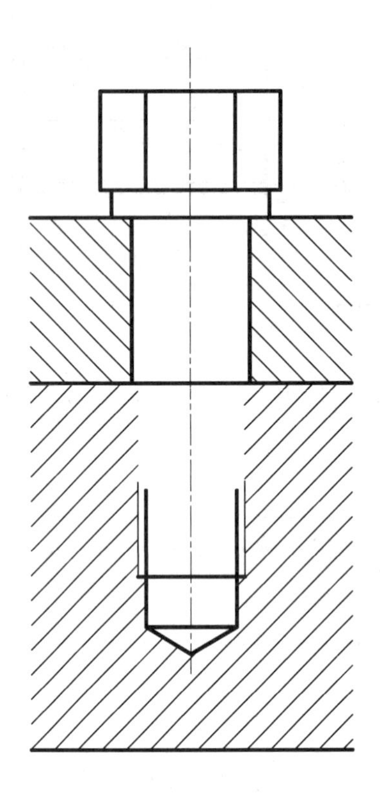

任务2　键与销连接

【任务描述】

通过学习掌握键与销连接画法和键与销的标记方法。

【知识导航】

一、键连接

键通常用来连接轴和装在轴上的转动零件(齿轮、带轮等)，起到传递扭矩的作用。

键连接的运用

1. 常用键的种类和标记

常用的键有普通平键、半圆键和钩头楔键等，如图 5 - 2 - 1 所示。普通平键应用最广，又可以分为圆头普通平键(A 型)、方头普通平键(B 型)和单圆头普通平键(C 型)。键是标准件，其结构型式和尺寸都有相应的规定，可以查阅附录。

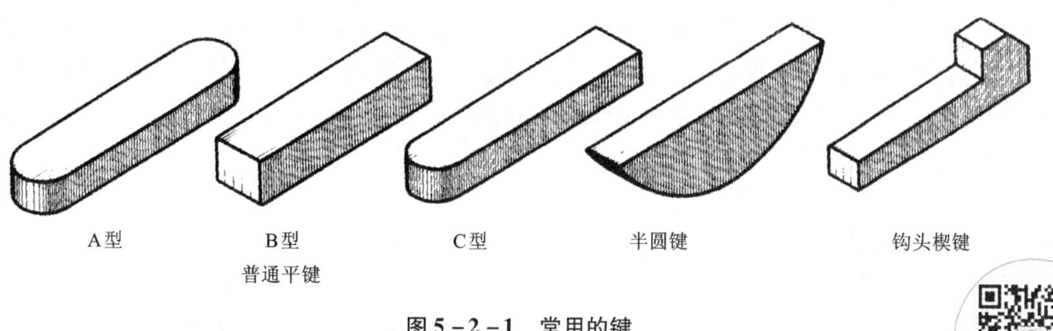

图 5－2－1　常用的键

键槽的加工方法

表 5－2－1　键及其标记

	图例	标记示例
普通平键 （GB/T 1096—2003）		$b=8$ mm、$h=7$ mm、$L=25$ mm 的普通平键（A 型）： GB/T 1096—2003　键　8×25
半圆键 （GB/T 1099.1—2003）		$b=6$ mm、$h=10$ mm、$d_1=25$mm、$L=24.5$ 的半圆键： GB/T 1099.1—2003　键 6×25
钩头楔键 （GB/T 1565—2003）		$b=18$ mm、$h=11$ mm、$L=100$ mm 的钩头楔键： GB/T 1565—2003　键 18×100

2. 普通平键连接的规定画法

普通平键连接，需在轴和轮毂上分别加工出键槽，装配时，先将键装入轴的键槽内，然后把轮毂上的键槽对准键，将轮子装在轴上。

如图 5－2－2 所示为普通平键连接的规定画法。其中，图 a、b 分别为轴及轮毂上键槽的表示法和尺寸标注，t 为轴上的键槽深度，t_1 为轮毂上键槽的深度，b 为键槽的宽度，它们都可以根据轴径在附录上查出，L 是键的长度，可以根据设计要求，在附录中选定，应小于或等于轮毂的长度。图(c)为普通平键连接的装配画法，为了表达键在轴上的装配情况，主视图采用了局部剖视，当剖切平面通过轴的轴线和键的纵向对称平面时，轴和键均按不剖处理。普通平键的两个侧面是工作面，键的侧面与键槽的侧面相配合，其底面与轴上键槽的底面接触，均应画一条线，键的顶面和轮毂上键槽的底面有一定间隙，必须画两条线。键的倒角或圆角可以省略不画。

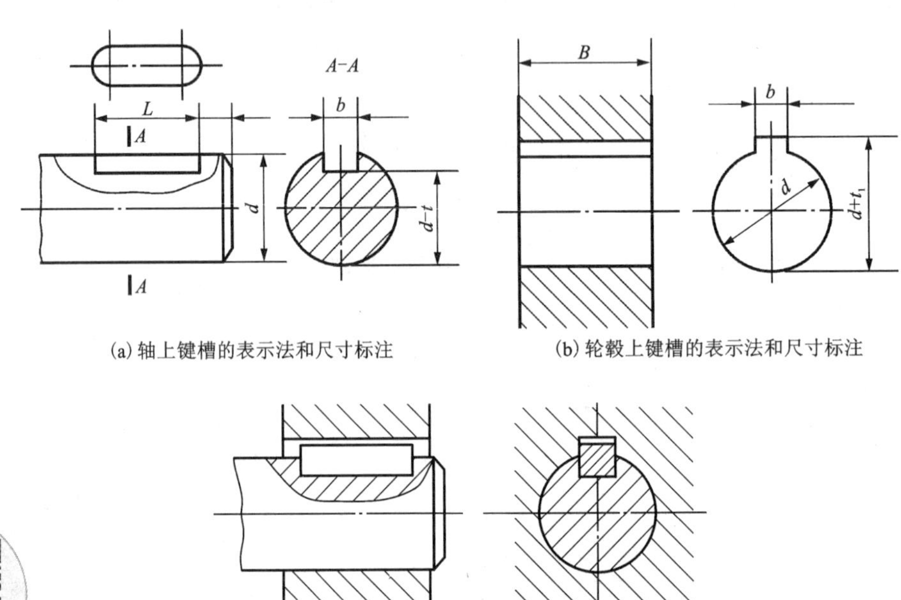

(a) 轴上键槽的表示法和尺寸标注

(b) 轮毂上键槽的表示法和尺寸标注

(c) 普通平键连接的装配画法

键的参数表

图 5 –2 –2　普通平键连接的规定画法

图 5 –2 –3 为其他键连接的规定画法。

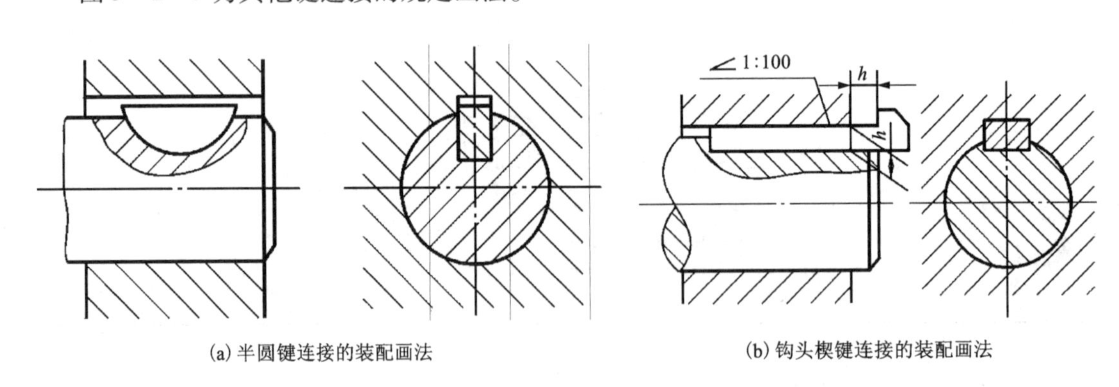

(a) 半圆键连接的装配画法

(b) 钩头楔键连接的装配画法

图 5 –2 –3　其他键连接的规定画法

销连接的实际应用

二、销连接

销也是标准件，常用于零件之间的连接、定位或防松。

1. 销的种类

常见的销有圆柱销、圆锥销和开口销等(图 5-2-4)。开口销常与槽形螺母和带孔螺栓配合，将其穿过螺母上的槽和螺栓的孔中，并将销的尾部叉开，防止螺母松脱。

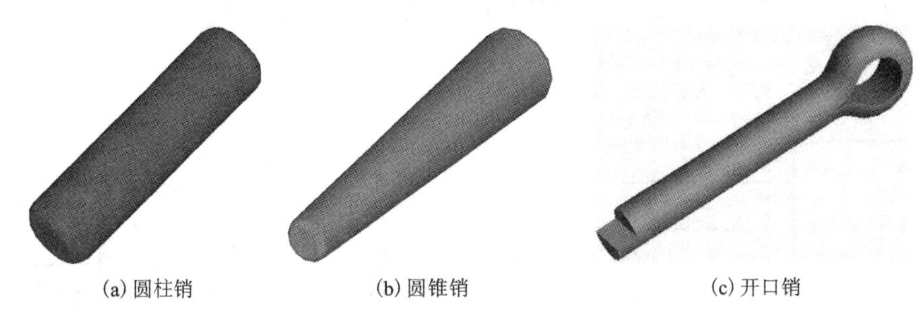

图 5-2-4　销的种类

2. 销的标记

公称直径 $d=8$、长度 $l=40$、公差为 m6 的圆柱销标记为：

销 GB/T 119.1—2000 8 m6 ×40

公称直径 $d=12$、长度 $l=70$ 的 A 型圆锥销标记为：

销 GB/T 117—2000 A12 ×70

公称直径 $d=4$(指销孔直径)、长度 $l=40$ 的开口销标记为：

销 GB/T 91—2000 4 ×40

3. 销连接的画法(图 5-2-5)

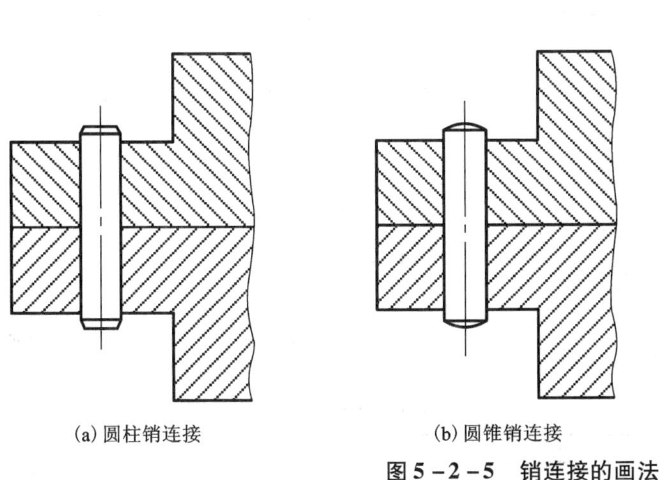
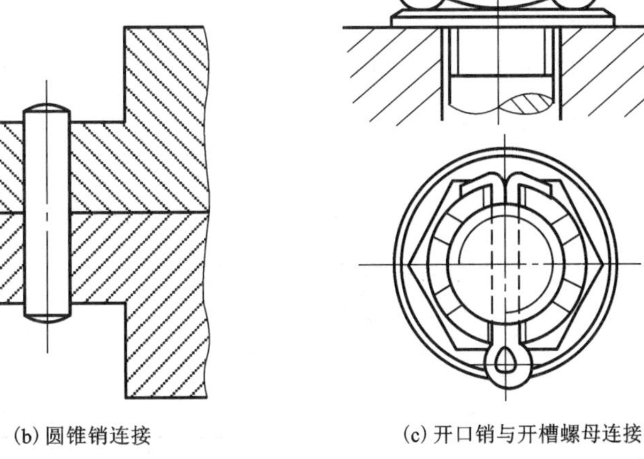

图 5-2-5　销连接的画法

关于销的结构型式和尺寸也都有相应的规定，可以查阅附录。当剖切平面通过销的轴线时，销按不剖处理。

【同步练习】

1. 普通平键连接画法。

(1)按轴径(由图中量取)查表画出键槽 $A-A$ 断面图，并标注尺寸。

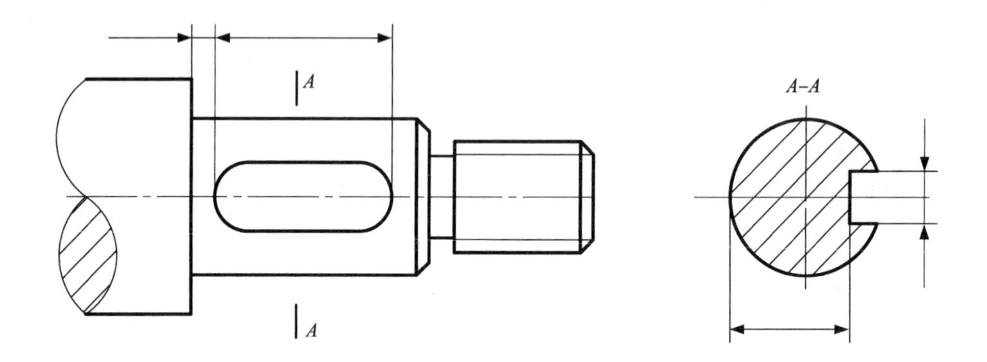

(2)画出与上轴相配合的齿轮轴孔的键槽图，并标注尺寸。

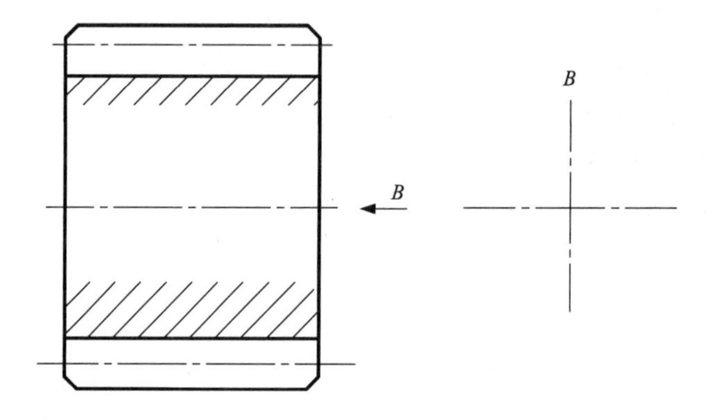

(3)画出(1)(2)两题的轴与齿轮用键连接的装配图，并写出键的规定标记。

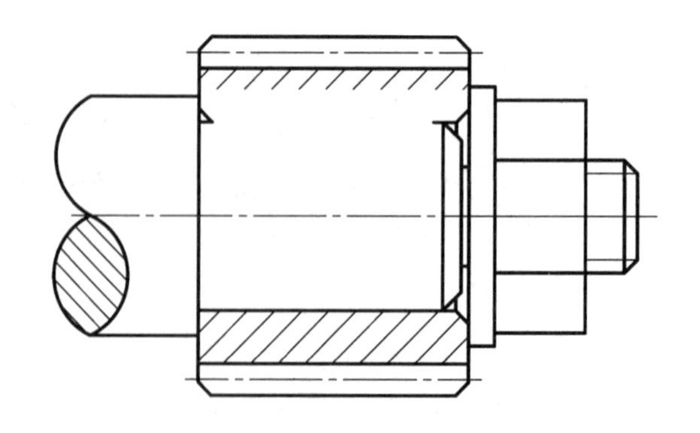

标记________________________

2. 销连接画法。

(1) 画出 $d=6$、A 型圆锥销连接图(补齐轮廓线和剖面线)，并写出该销的标记。

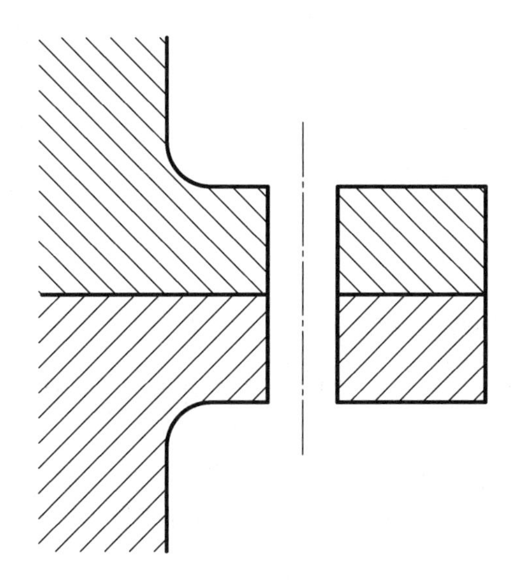

标记________________________

(2) 画出 $d=8$、A 型圆柱销连接图，并写出该销的标记。

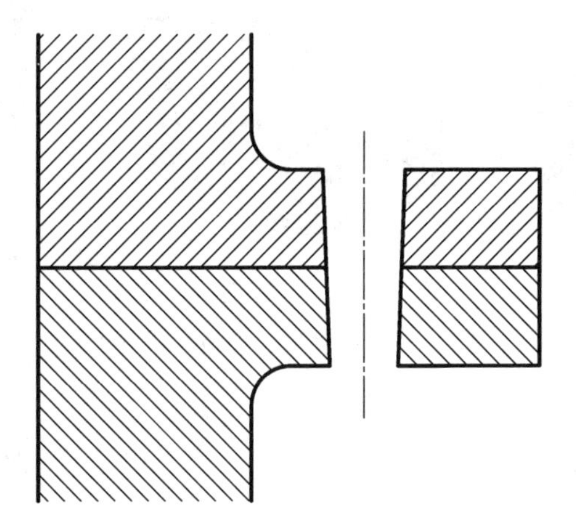

标记________________________

任务3　齿轮

【任务描述】

通过学习，能计算出齿轮各参数并根据规定画法绘制齿轮。

【知识导航】

直齿圆柱齿轮

一、齿轮的基本知识

齿轮是传动零件，它不仅可以传递动力，而且可以改变轴的转速和旋转方向。

常见的齿轮传动形式有三种，如图5－3－1所示。圆柱齿轮多用于平行两轴间的传动；锥齿轮多用于相交两轴间的传动；蜗杆和蜗轮用于交叉两轴间的传动。

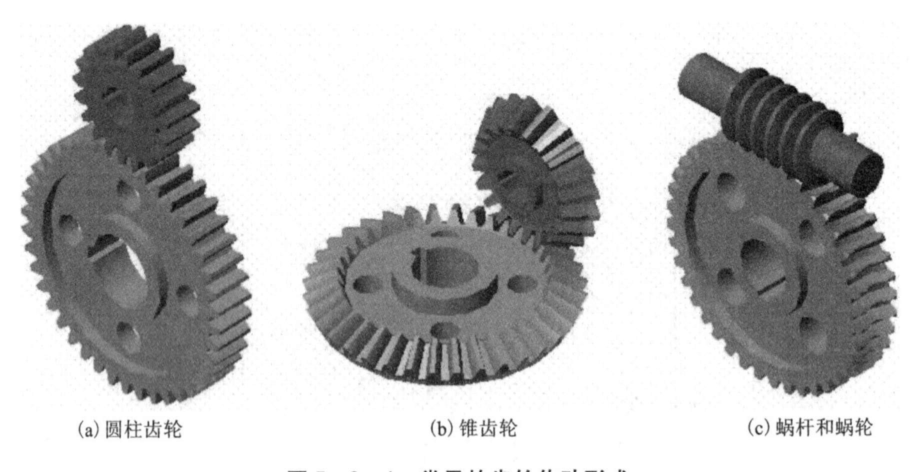

(a) 圆柱齿轮　　(b) 锥齿轮　　(c) 蜗杆和蜗轮

图5－3－1　常见的齿轮传动形式

锥齿轮　　蜗轮蜗杆

二、圆柱齿轮

圆柱齿轮的轮齿有直齿、斜齿和人字齿等。我们主要介绍直齿圆柱齿轮各部分的尺寸计算及规定画法。

1. 直齿圆柱齿轮各部分名称及尺寸关系

直齿圆柱齿轮各部分名称及尺寸关系，如图 5－3－2 所示。

(1) 齿顶圆直径(d_a)：通过轮齿顶部的圆周直径。

(2) 齿根圆直径(d_f)：通过轮齿根部的圆周直径。

(3) 分度圆直径(d)：分度圆是用来均分轮齿的圆，它是设计、制造齿轮时计算各部分尺寸的基准圆。对于标准齿轮来说，齿厚和齿槽宽度相等处的圆周直径为分度圆直径。

(4) 齿高(h)：齿顶圆与齿根圆之间的径向距离，$h = h_a + h_f$。

齿顶高(h_a)：齿顶圆与分度圆之间的径向距离。

齿根高(h_f)：齿根圆与分度圆之间的径向距离。

(5) 齿距(p)：分度圆上相邻两齿廓对应点之间的弧长，$p = s + e$。

齿厚(s)：每个轮齿的齿廓在分度圆上的弧长。

槽宽(e)：相邻两齿之间在分度圆上的弧长。

(6) 中心距(a)：一对啮合圆柱齿轮轴线之间的距离，对于标准齿轮，$a = \frac{1}{2}(d_1 + d_2)$。

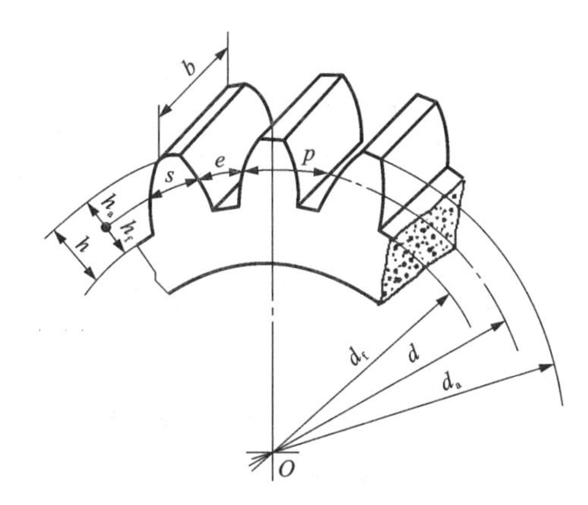

图 5－3－2　直齿圆柱齿轮各部分名称及代号

2. 直齿圆柱齿轮的基本参数

(1) 齿数(z)：齿轮上轮齿的个数。

(2) 模数(m)：齿轮的分度圆的周长为：$\pi d = pz$，则 $d = \frac{p}{\pi}z$，令 $m = \frac{p}{\pi}$，则 $d = mz$。式中的 m 即为模数(单位：mm)，它是设计、制造齿轮的重要参数。因为两个啮合齿轮的齿距必须相等，所以它们的模数必然相同。模数越大，齿距增大，齿厚随之加大，齿轮的承载能力增强。不同模数的齿轮，需要用不同模数的刀具进行加工。为了便于设计和加工，模数的数值已经标准化，见表 5－3－1。

表 5－3－1　圆柱齿轮模数系列(GB/T 1357—2008)(单位：mm)

第一系列	1　1.25　1.5　2　2.5　3　4　5　6　8　10 12　16　20　25　32　40　50
第二系列	1.75　2.25　2.75　(3.25)　3.5　(3.75)　4.5　5.5　(6.5) 7　9　(11)　14　18　22　28　36　45

注：优先选用第一系列，其次选用第二系列，括号内的模数尽可能不选用。本表未摘录小于 1 的模数。

(3)齿形角(α)：齿廓曲线与分度圆交点处的径向与齿廓在该点处的切线所夹的锐角。我国采用的标准齿形角为20°。

3. 直齿圆柱齿轮各部分的尺寸计算

设计齿轮时，首先确定模数和齿数，其他各部分尺寸可以通过计算来求出，标准直齿圆柱齿轮的计算公式见表5-3-2。

表5-3-2　标准直齿圆柱齿轮各部分的尺寸计算

名称	代号	计算公式
齿顶高	h_a	$h_a = m$
齿根高	h_f	$h_f = 1.25m$
齿高	h	$h = 2.25m$
分度圆直径	d	$d = mz$
齿顶圆直径	d_a	$d_a = m(z+2)$
齿根圆直径	d_f	$d_f = m(z-2.5)$
齿距	p	$p = \pi m$
中心距	a	$a = \frac{1}{2}m(z_1 + z_2)$

4. 圆柱齿轮的规定画法

(1)单个圆柱齿轮的规定画法：根据GB/T 4459.2—2003齿轮画法的规定，齿顶圆和齿顶线用粗实线绘制，分度圆和分度线用点画线绘制，齿根圆和齿根线用细实线绘制(也可以省略不画)，如图5-3-3(a)所示。在剖视图中，当剖切平面通过齿轮的轴线时，轮齿部分按不剖处理，齿根线用粗实线绘制，如图5-3-3(b)所示。当需要表示斜齿、人字齿的齿线特征时，可以用三条与齿线方向一致的细实线表示，如图5-3-3(c)、(d)所示。

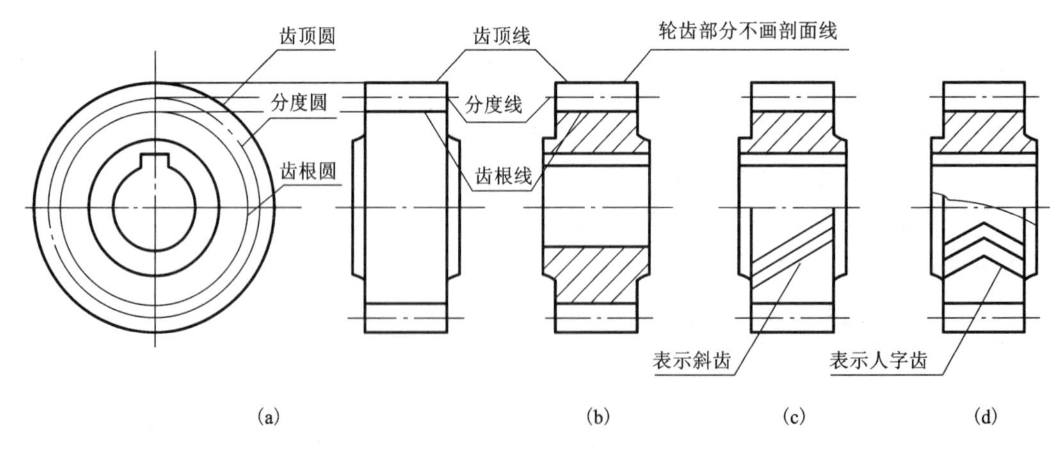

图5-3-3　单个圆柱齿轮的规定画法

(2)圆柱齿轮啮合的规定画法：在垂直于齿轮轴线的投影面的视图中，啮合区内的齿顶圆用粗实线绘制，如图5－3－4(a)中的左视图，也可以省略不画，如图5－3－4(b)所示，但相切的两分度圆(两标准齿轮啮合时，分度圆相切)必须用点画线画出。在平行于齿轮轴线的投影面的视图中，啮合区的齿顶线不画，分度线用一条粗实线绘制，如图5－3－4(c)所示。在剖视图中，当剖切平面通过两啮合齿轮的轴线时，在啮合区内，将一个齿轮的轮齿用粗实线绘制，另一个齿轮的轮齿被遮挡的部分用虚线绘制，如图5－3－4(a)中的主视图，被遮挡的部分也可以省略不画。正确画出啮合区内的五条线，搞清每条线的含义，其中一个齿轮的齿顶线与另一个齿轮的齿根线之间应有0.25 m的间隙，如图5－3－4所示。非啮合区内仍按单个齿轮的规定画法绘制。

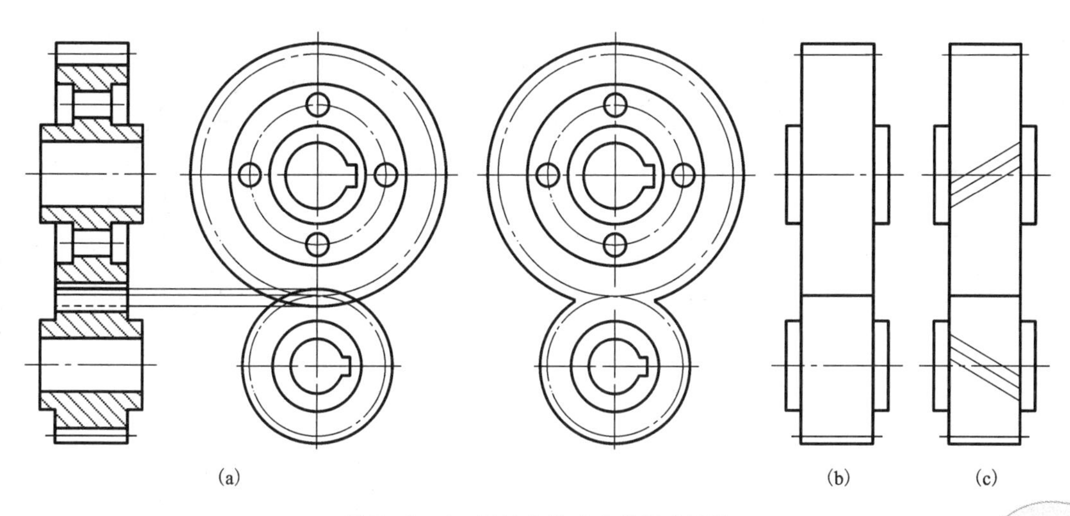

图5－3－4　圆柱齿轮啮合的规定画法

斜齿圆柱齿轮

5. 齿轮齿条啮合的画法

当齿轮的直径无限大时，齿轮就成为齿条，如图5－3－5(a)所示。此时，齿顶圆、齿根圆、分度圆和齿廓曲线都成为直线。齿轮与齿条啮合时，齿轮旋转，齿条做直线运动。齿轮和齿条啮合的画法与两圆柱齿轮啮合的画法基本相同，如图5－3－5(b)所示。

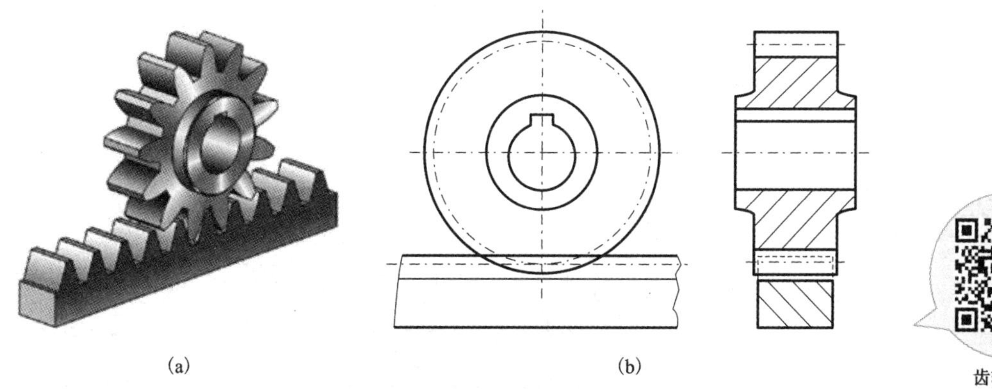

齿轮齿条

图5－3－5　齿轮齿条啮合

6. 圆柱齿轮的零件图

如图 5 –3 –6 所示为圆柱齿轮的零件图，它具备一张完整零件图的所有内容和齿轮的基本参数。

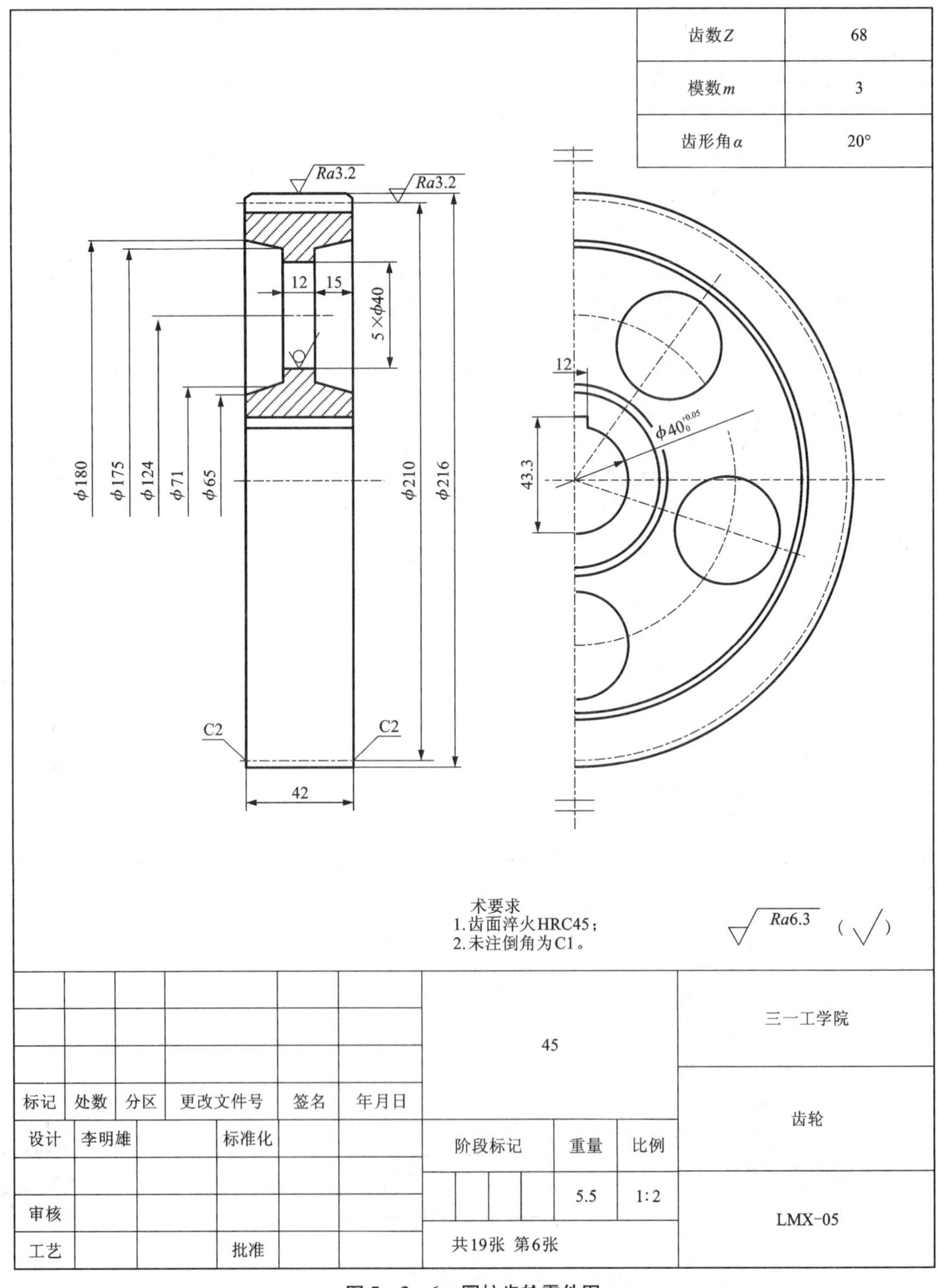

图 5 –3 –6　圆柱齿轮零件图

★ 三、锥齿轮简介

锥齿轮传动中，常见的是垂直相交两轴之间的传动。由于轮齿是在圆锥面制成的，因而轮齿一端大，另一端小，齿厚、槽宽是逐渐变化的，直径、模数、齿高也随之变化。为了设计和制造方便，规定以大端的模数为标准模数，用来确定齿轮的有关尺寸。一对啮合的锥齿轮模数必须相同。

1. 直齿锥齿轮各部分名称及尺寸计算

(1)直齿锥齿轮各部分名称及代号(如图 5-3-7 所示)。

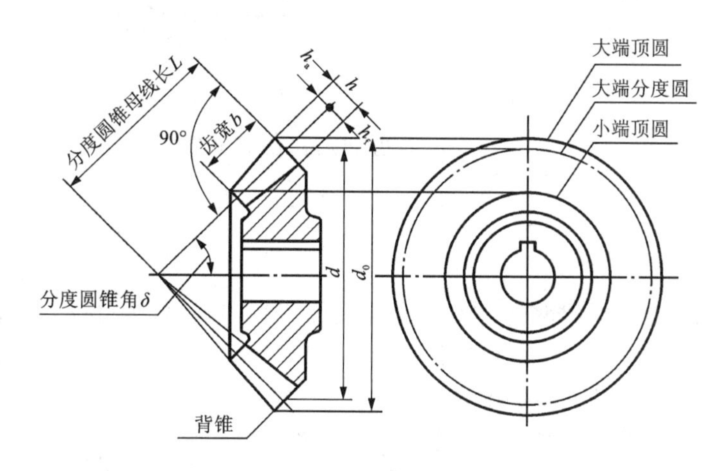

图 5-3-7　直齿锥齿轮

(2)直齿锥齿轮各部分的尺寸计算：直齿锥齿轮各部分的尺寸与大端模数 m、齿数 z 及分度圆锥角 δ 有关，可以按照计算公式来确定。锥齿轮的齿顶高 h_a、齿根高 h_f、齿高 h 及分度圆直径 d、齿顶圆直径 d_a、齿根圆直径 d_f 都是指的大端。

2. 直齿锥齿轮的规定画法

(1)单个锥齿轮的规定画法：如图 5-3-7 所示，主视图通常画成剖视图，轮齿部分按不剖处理。在投影为圆的左视图中，大端齿顶圆、小端齿顶圆均用粗实线绘制，大端分度圆用细点画线绘制，齿根圆及小端分度圆不画。

(2)锥齿轮啮合的规定画法：锥齿轮啮合的画法和圆柱齿轮啮合的画法基本相同，如图 5-3-8 所示。

直齿圆锥齿轮各部分的尺寸计算

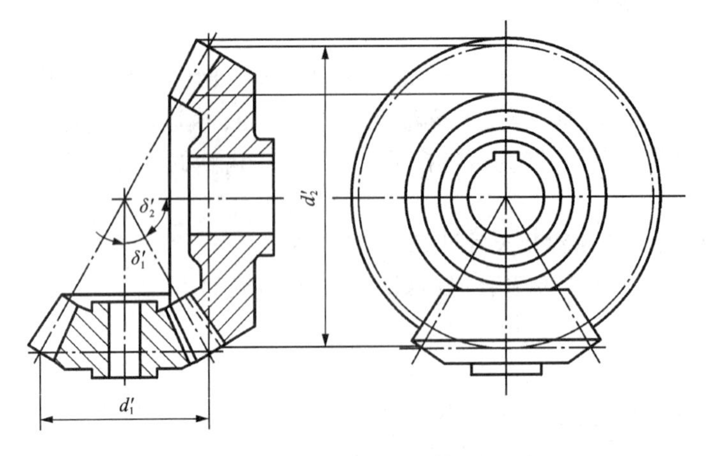

图 5 - 3 - 8　锥齿轮啮合的规定画法

★四、蜗轮蜗杆简介

蜗杆和蜗轮用于垂直交错两轴之间的传动（图 5 - 3 - 9），通常蜗杆是主动的，蜗轮是从动的。蜗杆、蜗轮的传动比大，结构紧凑，但效率低。蜗杆的齿数（即头数）相当于螺杆上螺纹的线数。蜗杆常用单头或双头，在传动时，蜗杆旋转一圈，则蜗轮只转过一个齿或两个齿。因此，可得到大的传动比。蜗杆和蜗轮的轮齿是螺旋形的，蜗轮的齿顶面和齿根面常制成圆环面。啮合的蜗杆、蜗轮的模数相同，且蜗轮的螺旋角和蜗杆和螺旋线升角大小相等、方向相同。

图 5 - 3 - 9　蜗轮蜗杆传动模型

蜗杆和蜗轮的画法与圆柱齿轮基本相同（如图 5 - 3 - 10 ~ 图 5 - 3 - 12 所示），但是在蜗轮投影为圆的视图中，只画出分度圆和最外圆，不画齿顶圆与齿根圆。在外形视图中，蜗杆的齿根圆和齿根线用细实线绘制或省略不画。

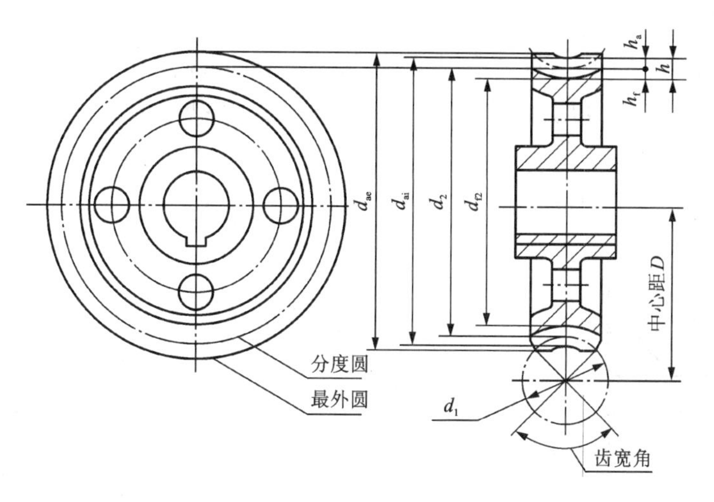

图 5-3-10　蜗轮规定画法

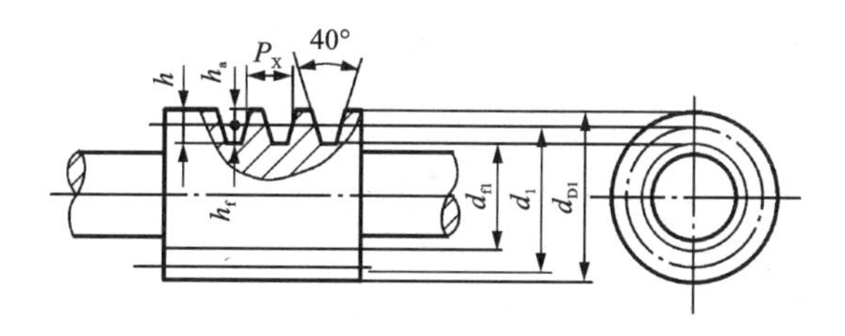

图 5-3-11　蜗杆规定画法

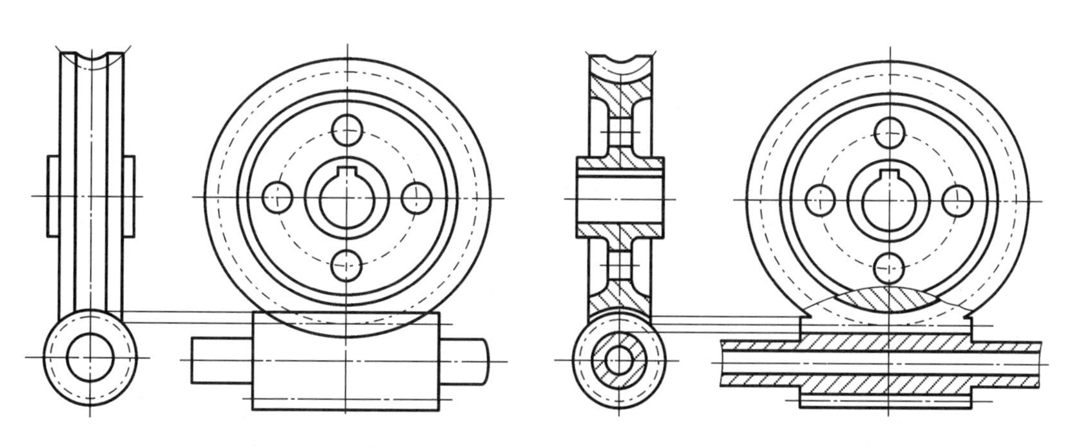

图 5-3-12　蜗轮蜗杆啮合画法

【同步练习】

1. 已知直齿圆柱齿轮顶圆直径是60 mm，齿数是18，齿宽20 mm，轴孔直径ϕ20 mm，从附录表中查出键槽尺寸，并用规定画法画出齿轮图（比例1∶1）。

d = ________；d_a = ________；d_f = ________。

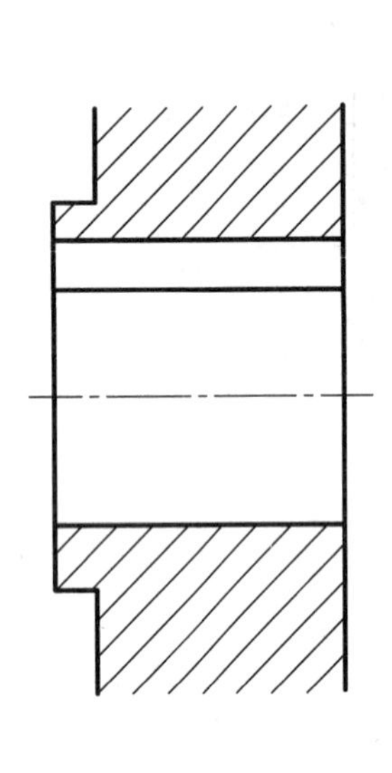

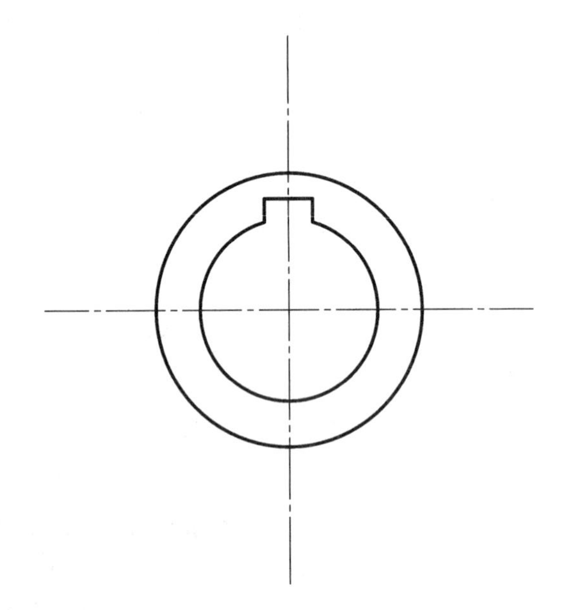

2. 已知大齿轮的模数$m=3$，齿数$Z_1=18$，两轮的中心距$a=90$ mm，试计算大小两齿轮分度圆、齿顶圆和齿根圆的直径及传动比（大齿轮为主动轮）。并按1∶2完成下列直齿圆柱齿轮的啮合图。

d_1 = ________

d_{a1} = ________

d_{f1} = ________

d_2 = ________

d_{a2} = ________

d_{f2} = ________

i = ________

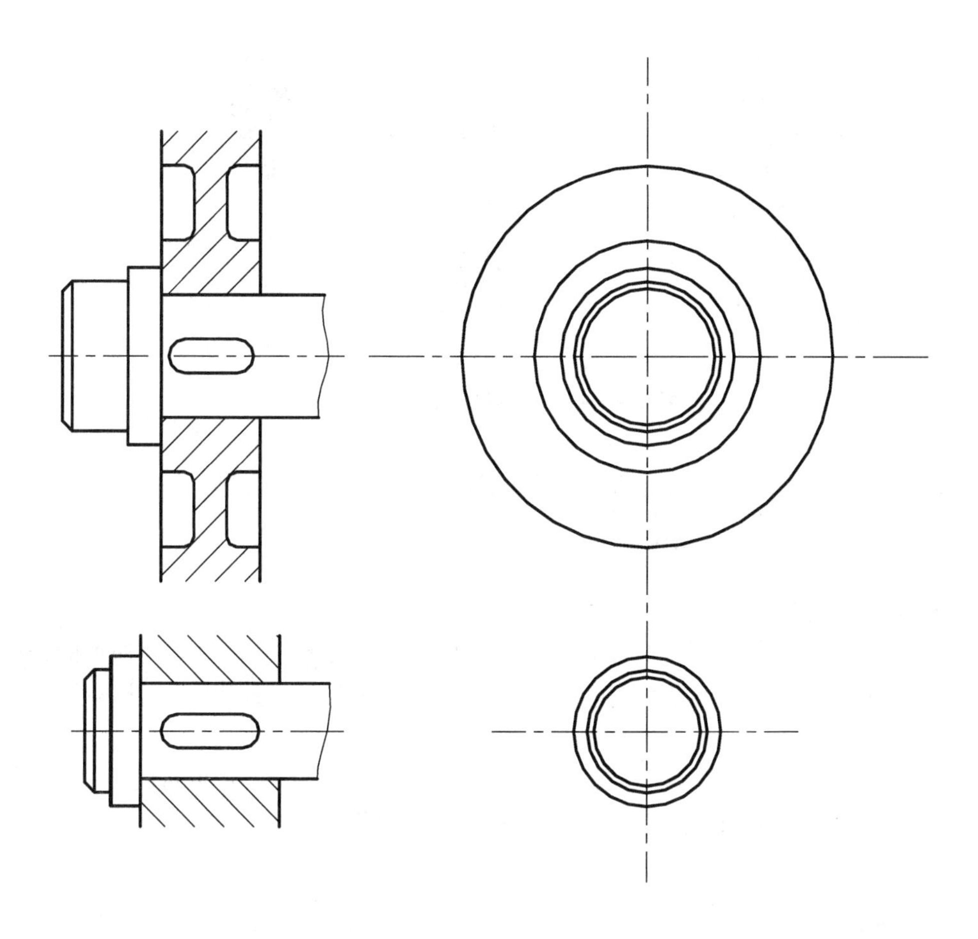

任务4　滚动轴承

【任务描述】

通过学习，能看懂滚动轴承代号的含义并根据规定画法绘制齿轮。

【知识导航】

一、滚动轴承的结构和种类

滚动轴承是用来支承旋转轴的组件。它的优点是摩擦力小、机械效率高、结构紧凑，因而得到广泛应用。滚动轴承是标准部件，其结构型式及尺寸均已标准化，可以在相应的国标中查到。滚动轴承的结构一般由外圈、内圈、滚动体和保持架组成，如图5-4-1所示。

滚动轴承按照承受载荷的方向不同可以分为三类：

(1)向心轴承：主要承受径向载荷，如图5-4-1(a)所示的深沟球轴承；

(2)推力轴承：主要承受轴向载荷，如图5-4-1(b)所示的推力球轴承；

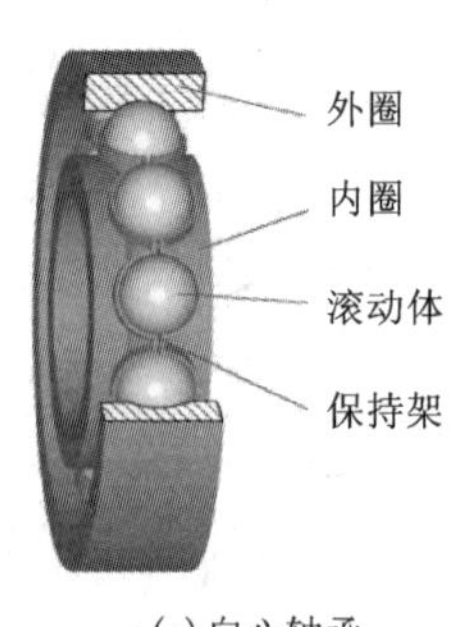

(a) 向心轴承

(b) 推力轴承

(c) 向心推力轴承

图 5－4－1　滚动轴承的结构和种类

(3) 向心推力轴承：同时承受轴向和径向载荷，如图 5－4－1(c) 所示的圆锥滚子轴承。

二、滚动轴承的代号和标记

1. 滚动轴承的代号

滚动轴承参数表

滚动轴承的代号是用数字（或者字母加数字）来表示滚动轴承的结构、尺寸、公差等级、技术性能等。从左至右依次为：前置代号－基本代号－后置代号。

(1) 基本代号从左至右依次为：轴承类型代号－尺寸系列代号－内径代号。

轴承类型代号用字母或数字表示，见表 5－4－1。

表 5－4－1　滚动轴承类型代号（GB/T 272—1993）

代号	轴承类型	代号	轴承类型
0	双列角接触球轴承	7	角接触球轴承
1	调心球轴承	8	推力圆柱滚子轴承
2	调心滚子轴承和推力调心滚子轴承	N	圆柱滚子轴承 双列或多列用字母 NN 表示
3	圆锥滚子轴承	U	外球面球轴承
4	双列深沟球轴承	QJ	四点接触球轴承
5	推力球轴承		
6	深沟球轴承		

尺寸系列代号由宽（高）度系列代号和直径系列代号组成，即在轴承内径相同时，有各种不同的宽度和外径。一般用两位数字表示，宽度系列代号为 0 时，常省略不注。

内径代号表示轴承的公称内径，一般用两位数字表示：

代号数字为 04～96 时，代号数字乘以 5，即为轴承内径；

代号数字为 00，01，02，03 时，轴承内径分别为 10、12、15、17 mm；

轴承的公称内径为 1～9，或≥500，或为 22、28、32 时，直接用公称内径毫米数表示，但需用“/”与尺寸系列代号隔开。

(2) 前置、后置代号是轴承在结构形状、尺寸、公差、技术要求等有改变时，在基本代号前、后添加的代号。

(3)滚动轴承的代号举例。

6214NR 中，6 表示轴承类型为深沟球轴承，宽度系列代号为 0(省略)、直径系列代号为 2，轴承内径为 70 mm(14 ×5)。NR 为后置代号，表示轴承外圈上有止动槽，并带止动环。

323/22 中，3 表示轴承类型为圆锥滚子轴承，宽度系列代号为 2、直径系列代号为 3，轴承内径为 22 mm。

2. 滚动轴承的标记

轴承的标记由三部分组成：轴承名称　轴承代号　国标编号

标记示例：滚动轴承　51214　GB/T 301

三、滚动轴承的画法

滚动轴承的画法有简化画法和规定画法。简化画法又包括通用画法和特征画法，在同一图样中一般只采用其中一种画法。用规定画法绘制滚动轴承的剖视图时，轴承的滚动体不画剖面线，内外圈可以画成方向和间隔相同的剖面线。规定画法一般在轴的一侧画成剖视图，另一侧按通用画法绘制。

(1)在装配图中需详细表达滚动轴承的主要结构时，可采用规定画法。当滚动轴承一侧采用规定画法时，另一侧用通用画法画出；只需简单表达滚动轴承的主要结构时，可采用特征画法，如图 5 -4 -2(a)所示。

(2)同一轴上相同型号的轴承，在不致引起误解时，可采用图 5 -4 -2(b)所示的画法。

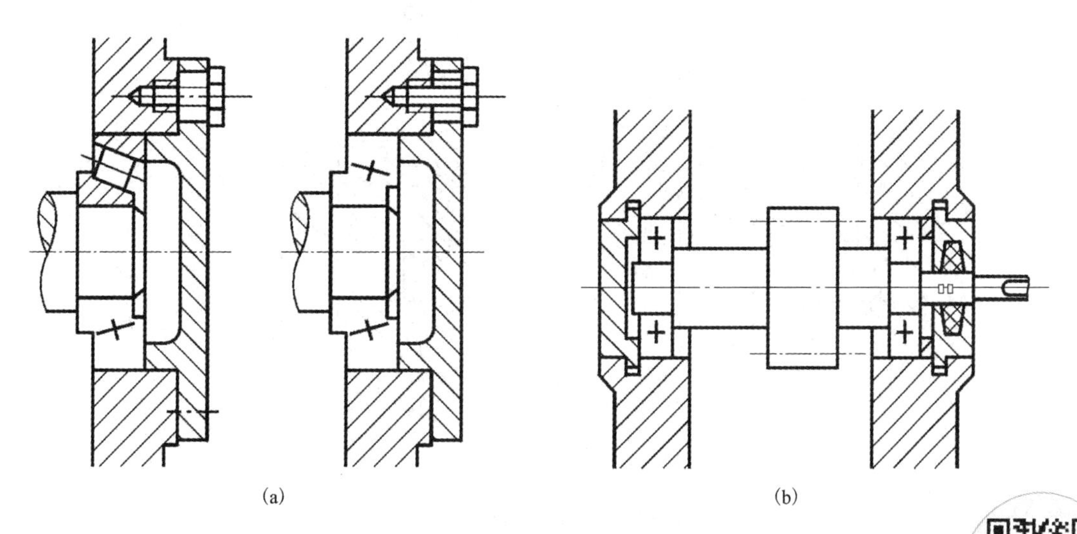

图 5 -4 -2　装配图中滚动轴承的画法

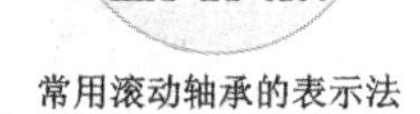

常用滚动轴承的表示法

★四、中心孔

1. 中心孔的形式

中心孔是轴类零件常见的结构要素。在多数情况下，中心孔只作为工艺结构要素。当某零件必须以中心孔作为测量或维修中的工艺基准时，则该中心孔既是工艺结构要素，又是完工零件上必须具备的结构要素。

中心孔通常为标准结构要素。国家标准规定了 A 型、B 型、C 型和 R 型四种中心孔形式（GB/T 145—2001），A 型如图 5－4－3 所示。

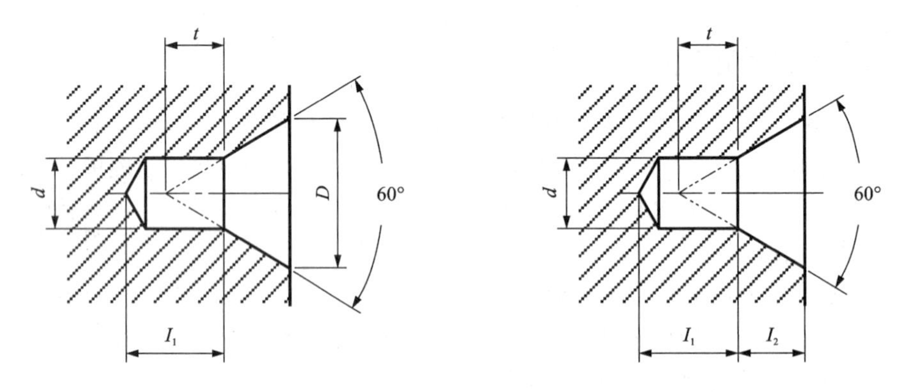

图 5－4－3　A 型中心孔

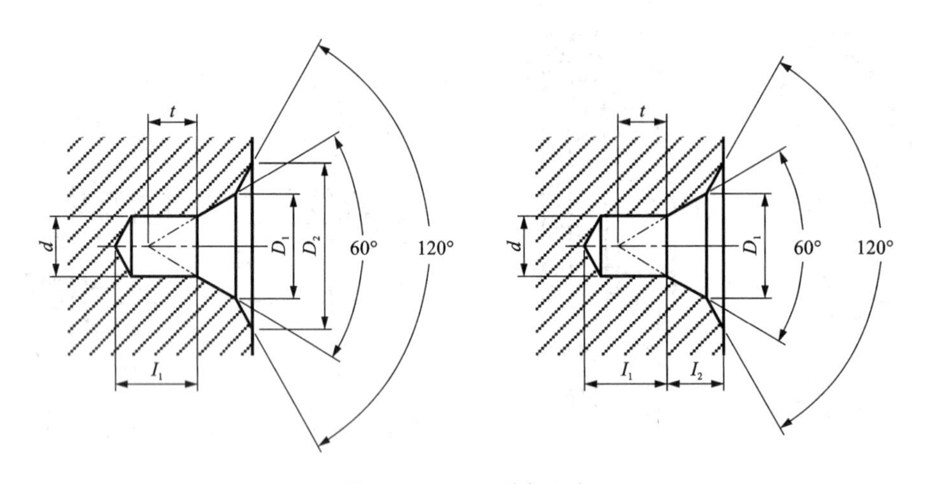

图 5－4－4　B 型中心孔

2. 中心孔的符号

为了体现在完工的零件上是否保留中心孔的要求，可采用表 5－4－2 中规定的符号。符号画成张开 60°的两条线段，符号的图线宽度等于相应图样上所注尺寸数字字高的 1/10。

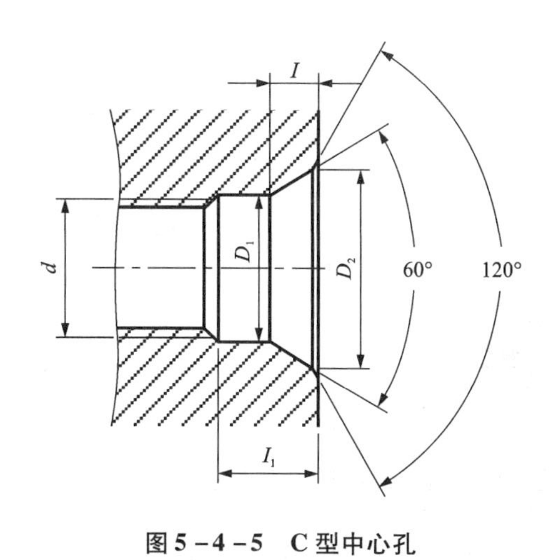

图 5-4-5　C 型中心孔

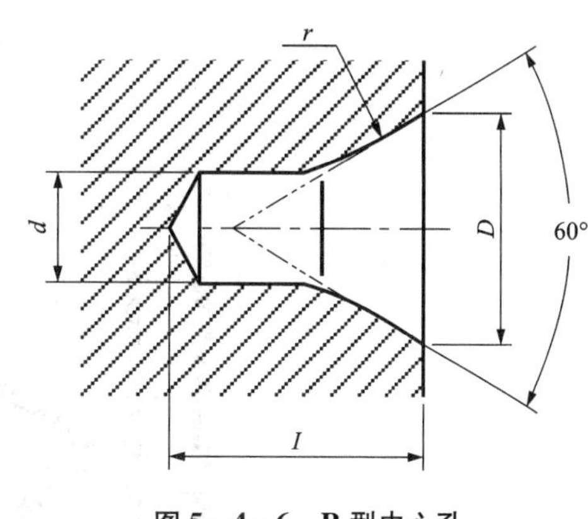

图 5-4-6　R 型中心孔

表 5-4-2　中心孔的符号

要求	符号	标注示例	解释
在完工的零件上要求保留中心孔		GB/T 4459.5-B2.5/8	要求做出 B 型中心孔，$D=2.5$，$D_1=8$，在完工的零件上要求保留
在完工的零件上可以保留中心孔		GB/T 4459.5-A4/8.5	用 A 型中心孔，$D=4$，$D_1=8.5$，在完工的零件上是否保留都可以
在完工的零件上不允许保留中心孔		GB/T 4459.5-A1.6/3.35	用 A 型中心孔，$D=1.6$，$D_1=3.35$，在完工的零件上不允许保留

符号的尺寸及其各部分的比例关系如图 5-4-7 所示。

3. 在图样上的标注

对于已经有相应标准规定的中心孔，在图样中可不绘制详细结构，只需注出其代号。如同一轴的两端中心孔相同时，可只在其一端标出，但应注出其数量，如图 5-4-8 所示。

如需指明中心孔的标准代号时，则可标注在中心孔型号的下方。

图 5-4-9 左图表示：C 型中心孔，螺纹代号为 M10，螺纹长度 $L=30$ mm，锥形孔端面直径 $D_3=16.3$ mm。

中心孔工作表面的粗糙度应在引出线上标出，表面粗糙度的上限值为 1.25 μm。以中心孔的轴线为基准时，基准代(符)号标注如图 5-4-10 所示。

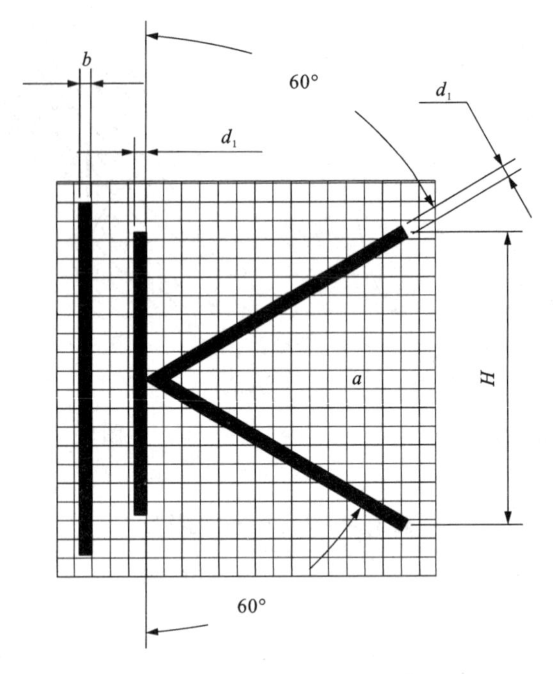

图 5 - 4 - 7　中心孔符号的画法

$d' = 1/10\ h$　$H_1 = 1.4h$　h = 字体高度

a—标注中心孔符号的区域；b—零件轮廓的图线粗度

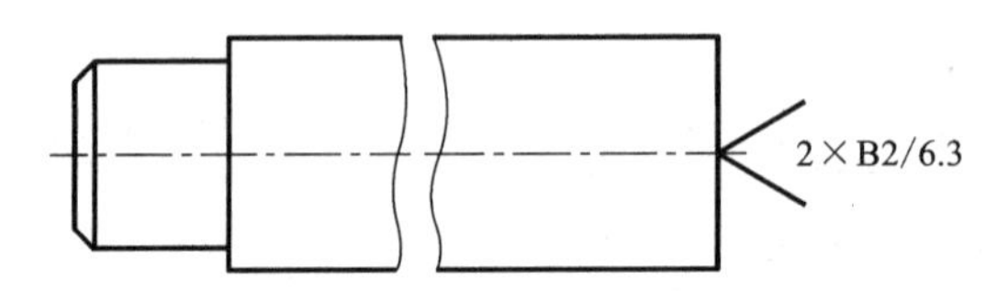

图 5 - 4 - 8　中心孔符号的数量

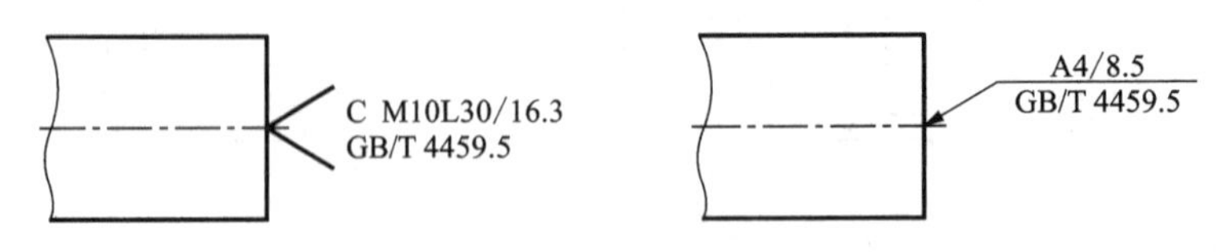

图 5 - 4 - 9　中心孔标准代号表示法

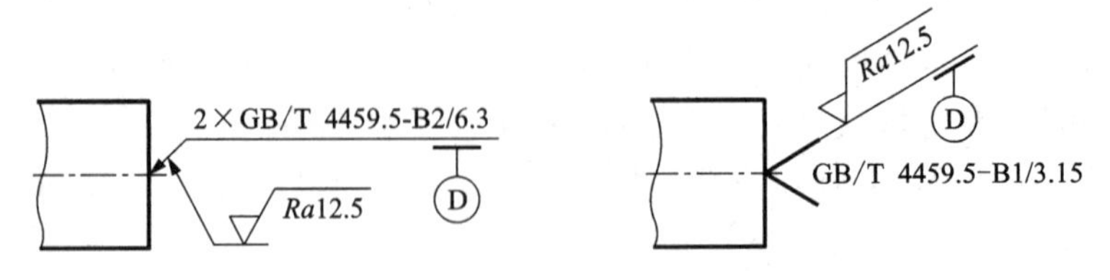

图 5 - 4 - 10　中心孔表面粗糙度的表示法

【同步练习】

采用规定画法画出 6208、30307、51206 三种滚动轴承图。

(1)深沟球轴承 6208。

(2)圆锥滚子轴承 30307。

(3)平底推力球轴承 51207。

任务5　弹簧

【任务描述】

通过学习，了解弹簧的种类及弹簧在装配图中的画法。

【知识导航】

弹簧是常用件，用途很广，主要用来减振、夹紧、测力和储存能量等，其特点是外力去除后，能够立即恢复原状。弹簧的种类很多，如图 5－5－1 所示，其中的圆柱螺旋弹簧按照用途不同可分为压缩弹簧、拉伸弹簧和扭转弹簧，如本节介绍最常用的圆柱螺旋压缩弹簧。

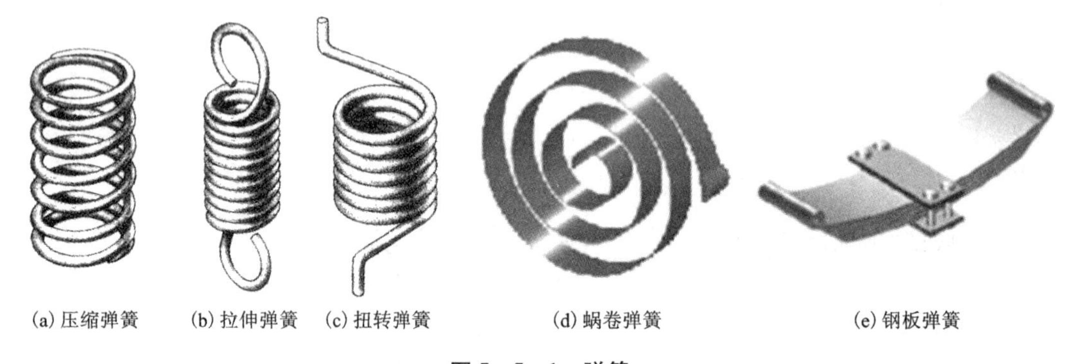

(a) 压缩弹簧　(b) 拉伸弹簧　(c) 扭转弹簧　(d) 蜗卷弹簧　(e) 钢板弹簧

图 5－5－1　弹簧

一、圆柱螺旋压缩弹簧的各部分名称及尺寸关系

(1) 弹簧丝直径 d。

(2) 弹簧外径 D、内径 D_1 和中径 D_2：弹簧外径是指弹簧的最大直径；弹簧内径是指弹簧的最小直径；弹簧中径是指弹簧的规格直径，其中 $D_2 = \frac{D + D_1}{2} = D_1 + d = D - d$。

(3) 节距 t：除支承圈外，相邻两圈对应点之间的轴向距离。

(4) 有效圈数 n、支承圈数 n_2、总圈数 n_1：为了保证螺旋压缩弹簧的轴线垂直于端面，使弹簧工作时受力均匀，增强平稳性，弹簧的两端常常并紧、磨平，这部分弹簧圈只起支承作用，称为支承圈。一般情况下，支承圈数 $n_2 = 2.5$。除支承圈外，保持节距相等的圈数，称为有效圈数。有效圈数和支承圈数之和，称为总圈数，即 $n_1 = n + n_2$。

(5) 自由高度 H_0：弹簧在不受外力时的高度(或长度)，$H_0 = nt + (n_2 - 0.5)d$。

(6) 展开长度 L：制造弹簧时弹簧丝的长度，$L \approx n_1 \sqrt{(\pi D_2)^2 + t^2}$。

二、圆柱螺旋压缩弹簧的规定画法

(1) 螺旋弹簧在平行于轴线的投影面的视图中，各圈的轮廓应画成直线，如图 5－5－2

所示的圆柱螺旋压缩弹簧。

(2)螺旋弹簧均可画成右旋，对于必须保证的旋向要求应在“技术要求”中注明。

(3)有效圈数在四圈以上的螺旋弹簧中间部分可以省略，中间只需用通过弹簧丝剖面中心的细点画线连起来，此时可以适当缩短图形长度。不论支承圈数多少和末端贴紧情况如何，圆柱螺旋压缩弹簧的支承圈均可以按照图 5－5－2 绘制。

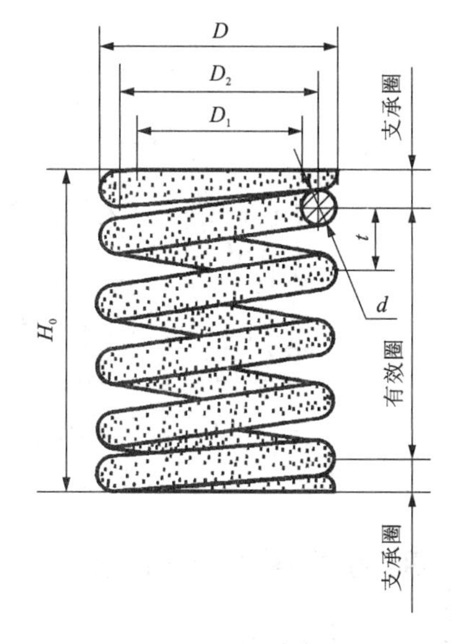

图 5－5－2 圆柱螺旋压缩弹簧

三、圆柱螺旋压缩弹簧的画图步骤

(1)根据弹簧中径 D_2、自由高度 H_0 画出作图基准线，如图 5－5－3(a)所示。

(2)根据弹簧丝直径 d 画出支承圈部分弹簧丝的剖面，如图 5－5－3(b)所示。

(3)根据节距 t 画出中间各圈弹簧丝的剖面，如图 5－5－3(c)所示。

(4)按右旋方向画相应圆的公切线，然后画剖面线，完成全图，如图 5－5－3(d)所示。

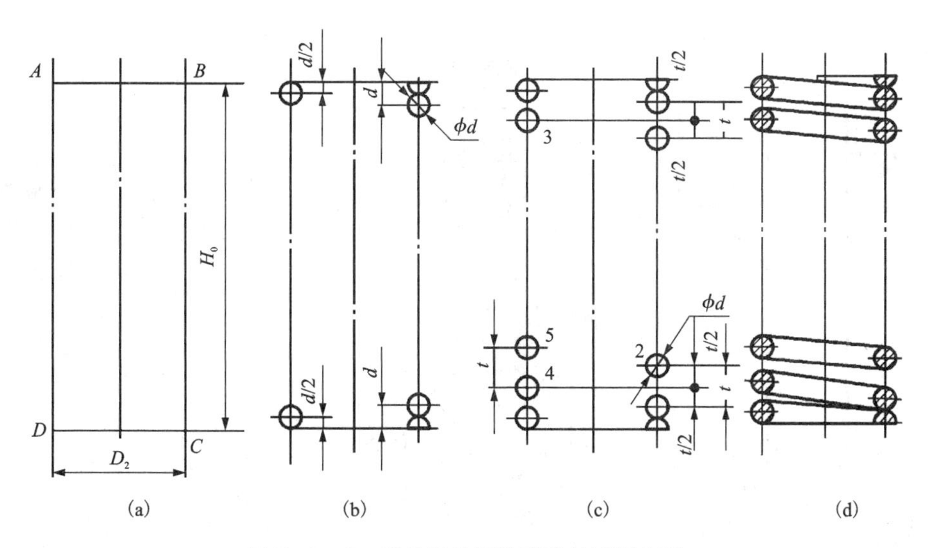

图 5－5－3 圆柱螺旋压缩弹簧的画图步骤

圆柱螺旋压缩弹簧的零件工作图画法参照图样格式如图 5－5－4 所示。

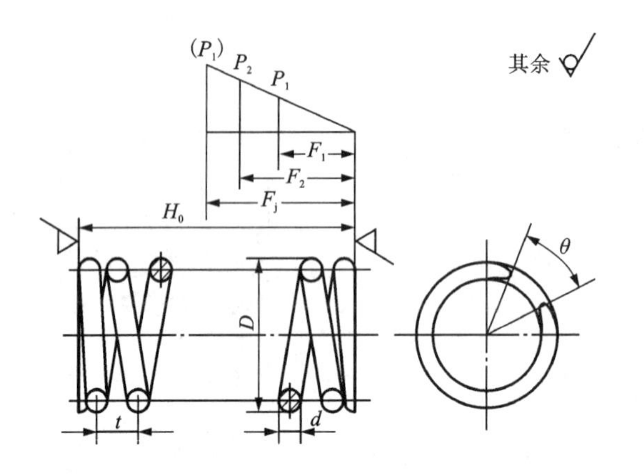

图 5－5－4　圆柱螺旋压缩弹簧图样格式

四、装配图中弹簧的画法

(1)螺旋弹簧被剖切时，允许只画簧丝断面，且当簧丝直径小于或等于 2 mm 时，其断面可涂黑表示。

(2)被弹簧挡住部分的结构一般不画，可见部分应从弹簧的外径或中径画起。

(3)当簧丝直径小于或等于 2 mm 时，也允许采用示意画法。

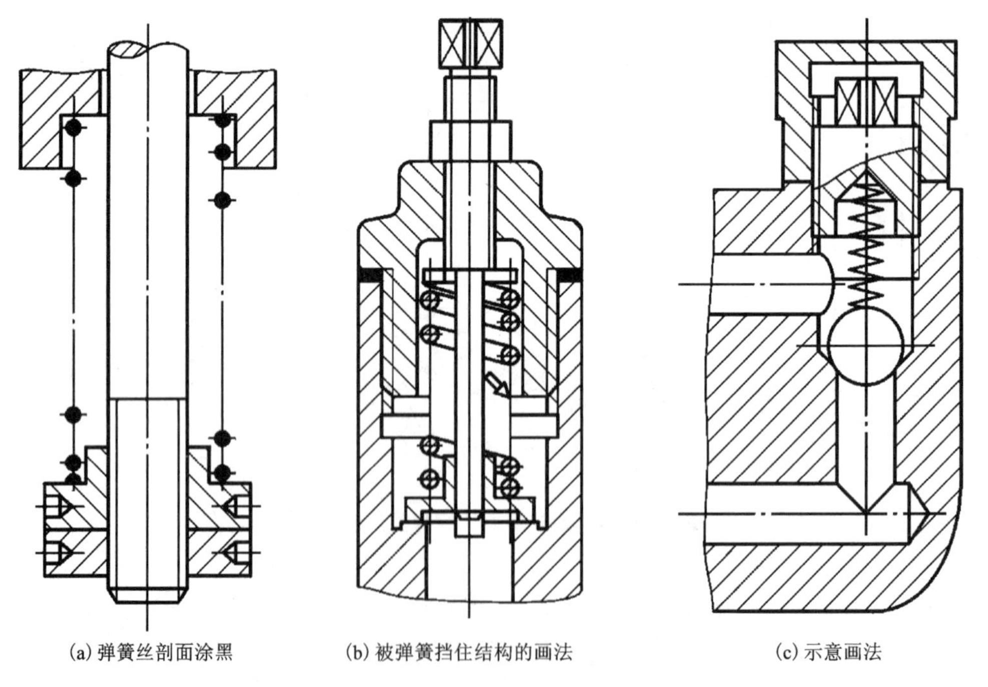

(a) 弹簧丝剖面涂黑　　(b) 被弹簧挡住结构的画法　　(c) 示意画法

图 5－5－5　装配图中弹簧的画法

【同步练习】

已知圆柱螺旋压缩弹簧的簧丝直径为5 mm，弹簧的中径为40 mm，节距10 mm，弹簧自由高度为76 mm，支承圈数为2.5，右旋。请在下方画出弹簧的全剖视图。

项目六
零件图

【项目导入】

机器或部件都是由许多零件装配而成的，制造机器或部件必须首先制造零件。零件图是表达单个零件的图样，它是制造和检验零件的主要依据，因此零件图是机械行业非常重要的技术文件(图 6－0－1)。

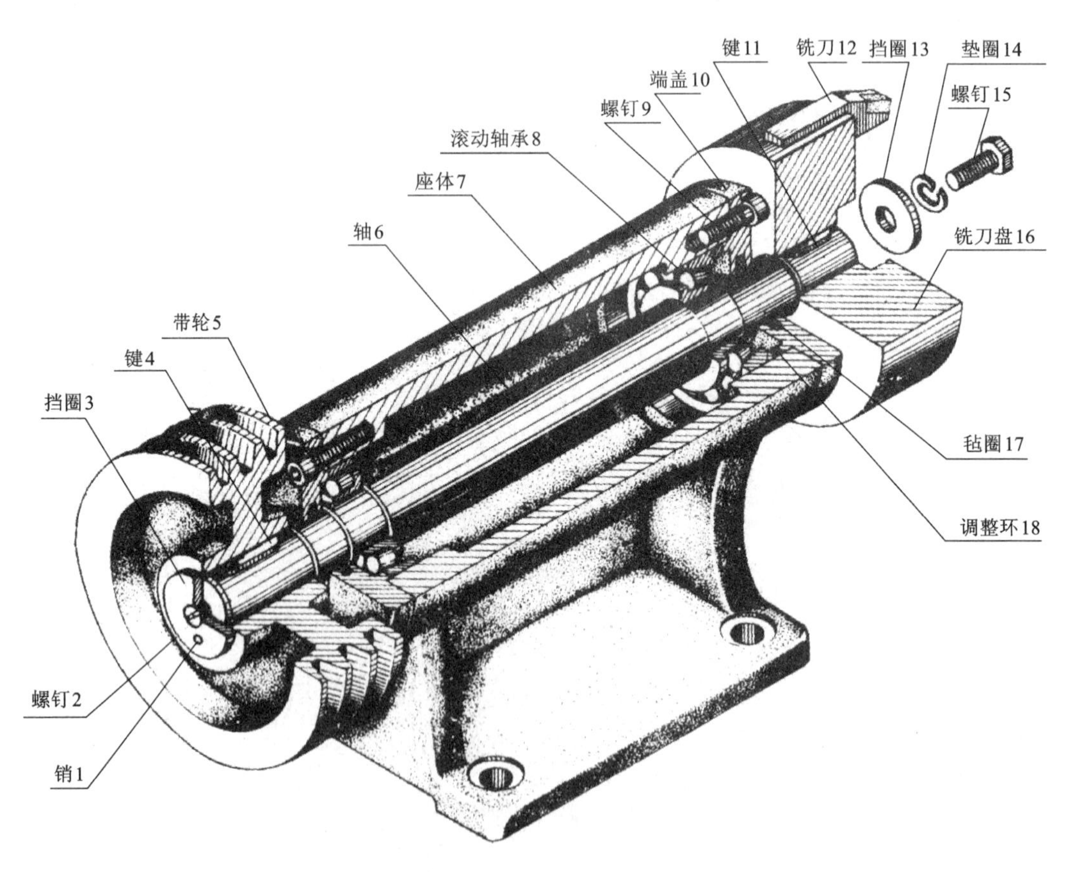

图 6－0－1　铣刀头的轴测图

【学有所获】

通过本项目的学习，学生应该能运用如下知识点：

1. 零件图的内容与零件的表达方案。
2. 零件图的尺寸标注、技术要求与零件的工艺结构。
3. 看零件图与零件测绘。

任务1　零件图的内容与零件的表达方案

【任务描述】

通过学习，能了解零件图的作用与内容，能对各种类型的零件进行正确视图表达。

【知识导航】

一、零件图的作用

零件图是表示零件结构、大小及技术要求的图样。

任何机器或部件都是由若干零件按一定要求装配而成的。图6－0－1所示的铣刀头是通用铣床上的一个部件，供装铣刀盘用。它是由座体7、轴6、端盖10、带轮5等十多种零件组成。图6－1－1所示即是其中轴的零件图。

二、零件图的内容

零件图是生产中指导制造和检验该零件的主要图样，它不仅仅需要把零件的内、外结构形状和大小表达清楚，还需要对零件的材料、加工、检验、测量提出必要的技术要求。零件图必须包含制造和检验零件的全部技术资料。因此，一张完整的零件图一般应包括以下几项内容(如图6－1－1所示)：

1. 一组图形

用于正确、完整、清晰和简便地表达出零件内外形状的图形，其中包括机件的各种表达方法，如视图、剖视图、断面图、局部放大图和简化画法等。

2. 完整的尺寸

零件图中应正确、完整、清晰、合理地注出制造零件所需的全部尺寸。

3. 技术要求

零件图中必须用规定的代号、数字、字母和文字注解说明制造和检验零件时在技术指标上应达到的要求。如表面粗糙度、尺寸公差、形位公差、材料和热处理、检验方法以及其他特殊要求等。技术要求的文字一般注写在标题栏上方图纸空白处。

4. 标题栏

题栏应配置在图框的右下角。它一般由更改区、签字区、其他区、名称以及代号区组成。填写的内容主要有零件的名称、材料、数量、比例、图样代号以及设计、审核、批准者的姓

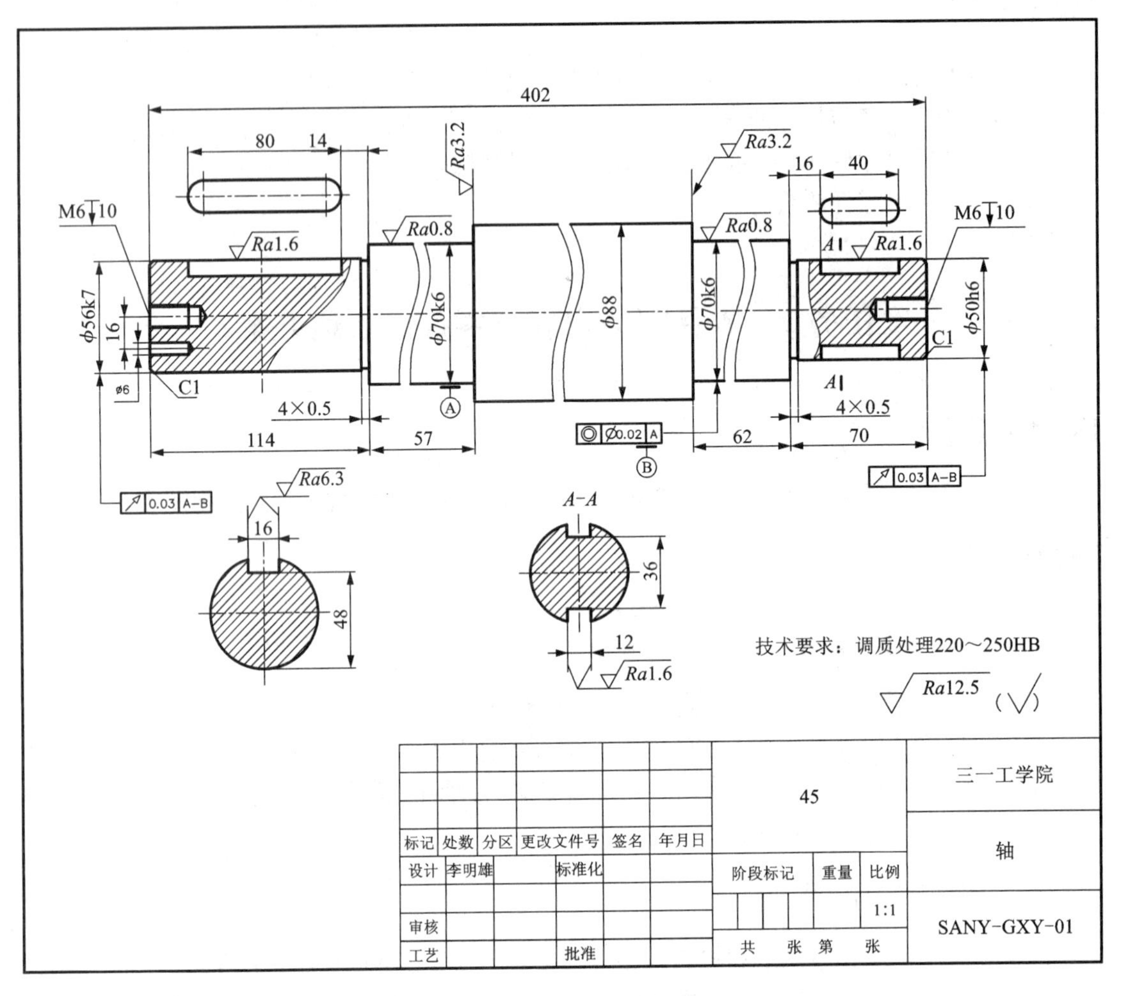

图 6－1－1　铣刀头轴的零件图

名、日期等。标题栏的尺寸和格式已经标准化，可参见有关标准。

三、零件视图的表达

由于零件的结构形状是多种多样的，所以零件的表达方案选择应首先考虑看图方便。根据零件的结构特点，选用适当的表示方法。在画图前，应对零件进行结构形状分析，结合零件的工作位置和加工位置，选择最能反映零件形状特征的视图作为主视图，并选好其他视图，以确定一组最佳的表达方案。

选择表达方案的原则是：在完整、清晰地表示零件形状的前提下，力求制图简便。

1. 零件分析

零件分析是认识零件的过程，是确定零件表达方案的前提。零件的结构形状及其工作位置或加工位置不同，视图选择也往往不同。因此，在选择视图之前，应首先对零件进行形体分析和结构分析，并了解零件的工作和加工情况，以便确切地表达零件的结构形状，反映零件的设计和工艺要求。

2. **主视图的选择**

主视图是表达零件形状最重要的视图，其选择是否合理将直接影响其他视图的选择和看图是否方便，甚至影响到画图时图幅的合理利用。一般来说，零件主视图的选择应满足“合理位置”和“形状特征”两个基本原则。

(1)“合理位置”原则。

所谓“合理位置”通常是指零件的加工位置和工作位置。

①加工位置是零件在加工时所处的位置。主视图应尽量表示零件在机床上加工时所处的位置。这样在加工时可以直接进行图物对照，既便于看图和测量尺寸，又可减少差错。如轴套类零件的加工，大部分工序是在车床或磨床上进行的，因此通常要按加工位置(即轴线水平放置)画其主视图，如图6－1－2所示。

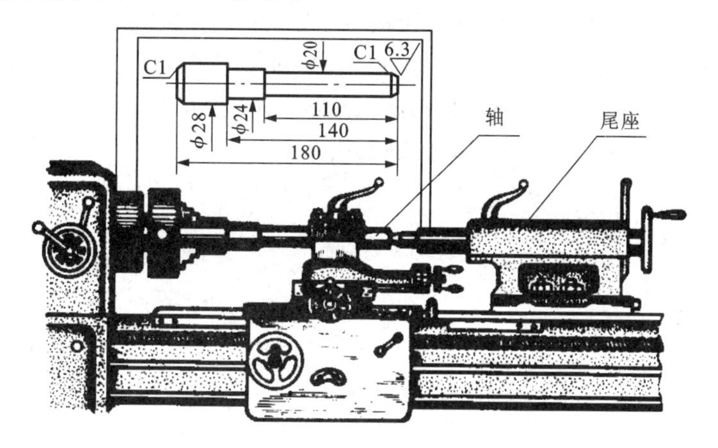

图6－1－2　轴类零件的加工位置

车削轴

②工作位置是零件在装配体中所处的位置。零件主视图的放置，应尽量与零件在机器或部件中的工作位置一致。这样便于根据装配关系来考虑零件的形状及有关尺寸，便于校对。如图6－0－1所示的铣刀头座体零件的主视图就是按工作位置选择的。对于工作位置歪斜放置的零件，因为不便于绘图，应将零件放正。

(2)“形状特征”原则。

确定了零件的安放位置后，还要确定主视图的投影方向。形状特征原则就是将最能反映零件形状特征的方向作为主视图的投影方向，即主视图要较多地反映零件各部分的形状及它们之间的相对位置，以满足表达零件清晰的要求。图6－1－3所示是确定机床尾架主视图投影方向的比较。由图可知，图6－1－3(a)的表达效果显然比图6－1－3(b)的表达效果要好得多。

零件的工作位置

3. **选择其他视图**

一般来讲，仅用一个主视图是不能完全反映零件的结构形状的，必须选择其他视图，包括剖视、断面、局部放大图和简化画法等各种表达方法。主视图确定后，对其表达未尽的部分，再选择其他视图予以完善表达。具体选用时，应注意以下几点：

(1)根据零件的复杂程度及内、外结构形状，全面地考虑还需要的其他视图，使每个所选视图应具有独立存在的意义及明确的表达重点，注意避免不必要的细节重复，在明确表达零件的前提下，使视图数量为最少。

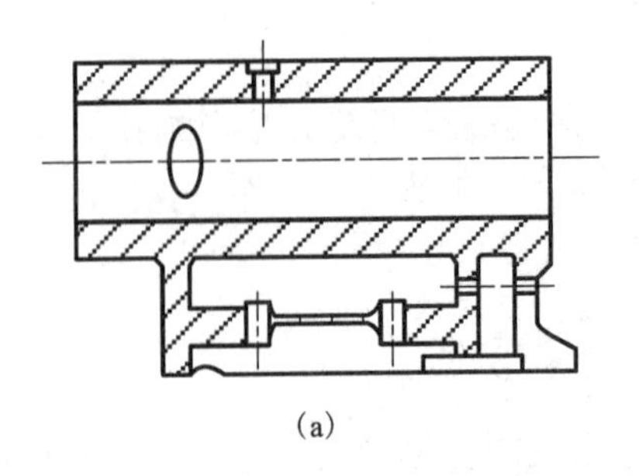
(a)

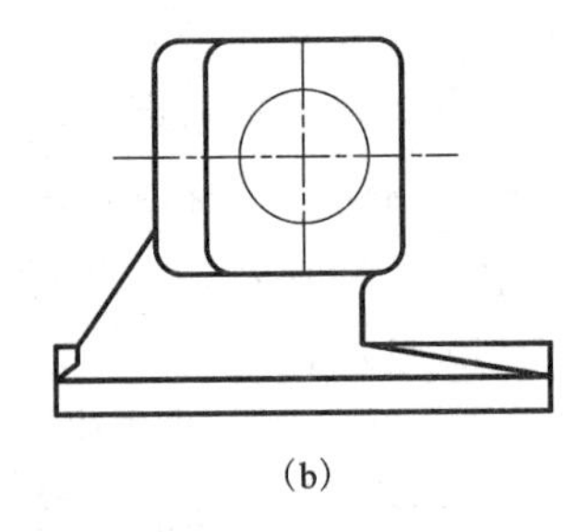
(b)

图 6－1－3　确定主视图投影方向的比较

各种零件的表达

(2)优先考虑采用基本视图，当有内部结构时应尽量在基本视图上作剖视；对尚未表达清楚的局部结构和倾斜部分结构，可增加必要的局部(剖)视图和局部放大图；有关的视图应尽量保持直接投影关系，配置在相关视图附近。

(3)按照视图表达零件形状要正确、完整、清晰、简便的要求，进一步综合、比较、调整、完善，选出最佳的表达方案。

【同步练习】

1. 填空题。

(1)零件图四大内容是：__________、__________、__________、__________。

(2)零件图主视图的选择原则有____________原则，____________原则。

2. 根据轴测图在 A4 图纸上画出轴的零件图。

名称：轴

材料：45

图号：SYZ－01

单位：三一工学院

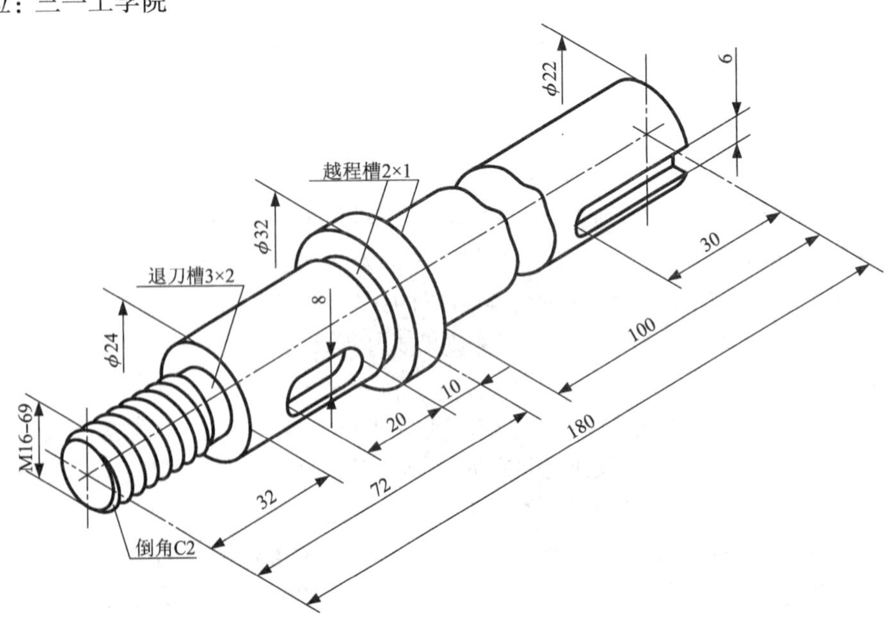

任务2　零件图的尺寸标注

【任务描述】

通过学习，了解零件的尺寸基准选择方法，并能对零件进行完整、正确、清晰、合理的尺寸标注。

【知识导航】

零件图中的尺寸，不但要按前面的要求标注得正确、完整、清晰，而且必须标注得合理。为了合理地标注尺寸，必须对零件进行结构分析、形体分析和工艺分析，根据分析先确定尺寸基准，然后选择合理的标注形式，结合零件的具体情况标注尺寸。

零件的结构形状，主要是根据它在部件或机器中的作用决定的。但是制造工艺对零件的结构也有某些要求。

本任务将重点介绍标注尺寸的合理性问题。

一、正确选择尺寸基准

零件图尺寸标注既要保证设计要求又要满足工艺要求，首先应当正确选择尺寸基准。所谓尺寸基准，就是指零件装配到机器上或在加工测量时，用以确定其位置的一些面、线或点。它可以是零件上对称平面、安装底平面、端面、零件的接合面、主要孔和轴的轴线等。

1. 选择尺寸基准的目的

一是为了确定零件在机器中的位置或零件上几何元素的位置，以符合设计要求；二是为了在制作零件时，确定测量尺寸的起点位置，便于加工和测量，以符合工艺要求。

2. 尺寸基准的分类

根据基准作用不同，一般将基准分为设计基准和工艺基准两类。

(1)设计基准。

根据零件结构特点和设计要求而选定的基准，称为设计基准。零件有长、宽、高三个方向，每个方向都要有一个设计基准，该基准又称为主要基准，如图6－2－1(a)所示。

对于轴套类和轮盘类零件，实际设计中经常采用的是轴向基准和径向基准，而不用长、宽、高基准，如图6－2－1(b)所示。

(2)工艺基准。

在加工时，确定零件装夹位置和刀具位置的一些基准以及检测时所使用的基准，称为工艺基准。工艺基准有时可能与设计基准重合，该基准不与设计基准重合时又称为辅助基准。零件同一方向有多个尺寸基准时，主要基准只有一个，其余均为辅助基准，辅助基准必有一个尺寸与主要基准相联系，该尺寸称为联系尺寸。如图6－2－1(a)中的40、11、30，图6－2－1(b)中的30、90。

3. 选择基准的原则

尽可能使设计基准与工艺基准一致，以减少两个基准不重合而引起的尺寸误差。当设计

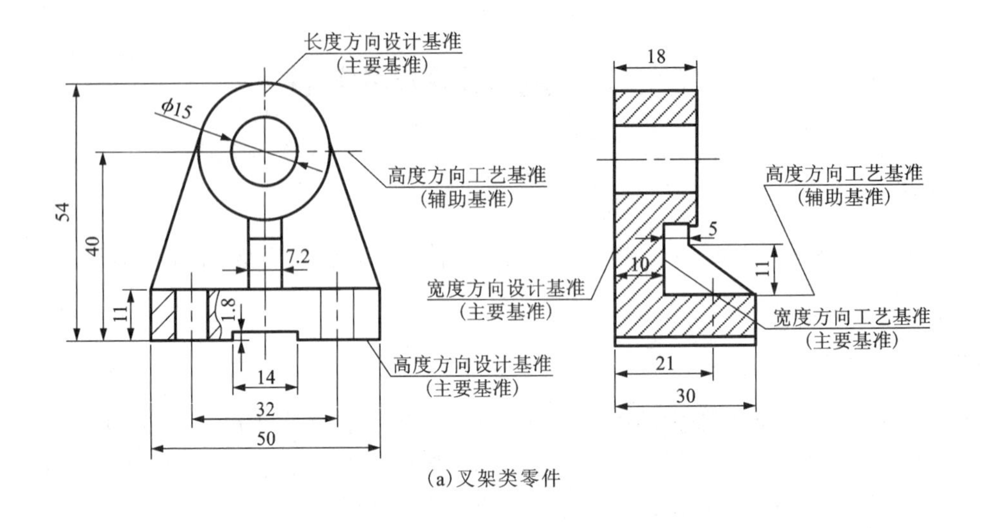

(a)叉架类零件

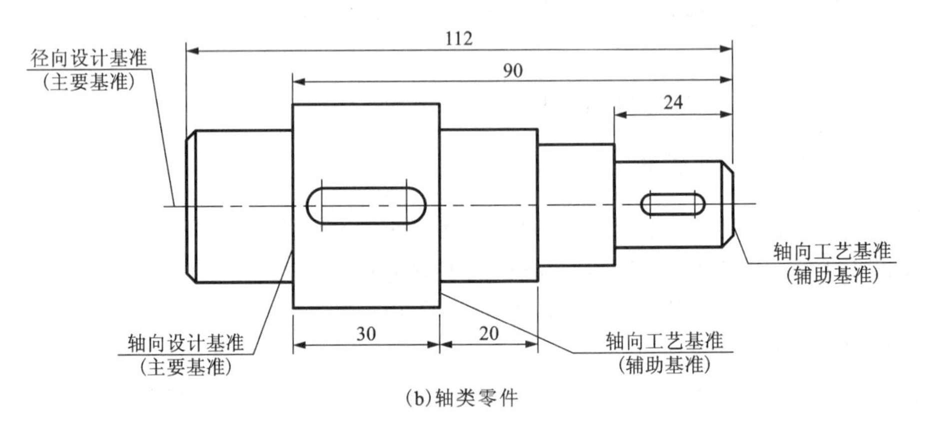

(b)轴类零件

图 6-2-1　零件的尺寸基准

基准与工艺基准不一致时，应以保证设计要求为主，将重要尺寸从设计基准注出，次要基准从工艺基准注出，以便加工和测量。

二、合理选择标注尺寸应注意的问题

1. 结构上的重要尺寸必须直接注出

重要尺寸是指零件上对机器的使用性能和装配质量有关的尺寸，这类尺寸应从设计基准直接注出。如图 6-2-2 中的高度尺寸 32±0.01 为重要尺寸，应直接从高度方向主要基准直接注出，以保证精度要求。

2. 避免出现封闭的尺寸链

封闭的尺寸链是指一个零件同一方向上的尺寸像车链一样一环扣一环，首尾相连，成为封闭形状的情况。如图 6-2-3 所示，各分段尺寸与总体尺寸间形成封闭的尺寸链，在机器生产中这是不允许的，因为各段尺寸加工不可能绝对准确，总有一定尺寸误差，而各段尺寸误差的和不可能正好等于总体尺寸的误差。

为此，在标注尺寸时，应将次要的轴段尺寸空出不注(称为开口环)，如图 6-2-4(a)所

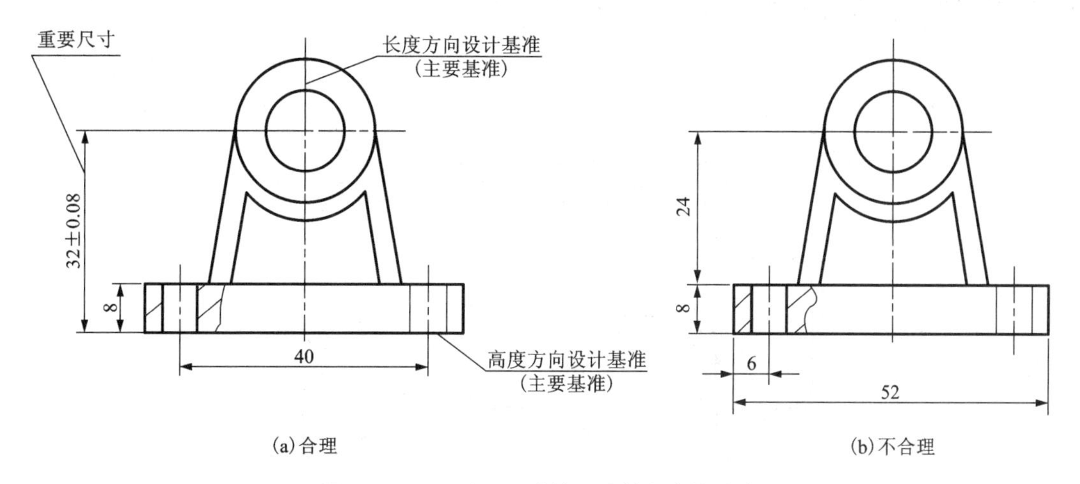

图 6-2-2　重要尺寸从设计基准直接注出

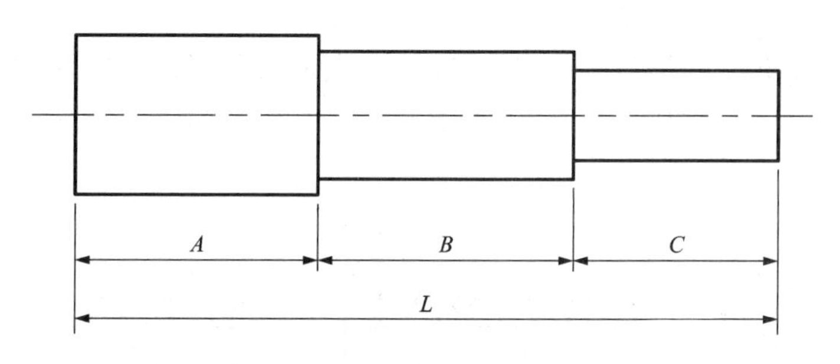

图 6-2-3　封闭的尺寸链

示。这样，其他各段加工的误差都积累至这个不要求检验的尺寸上，而全长及主要轴段的尺寸则因此得到保证。如需标注开口环的尺寸时，可将其注成参考尺寸，如图 6-2-4(b)所示。

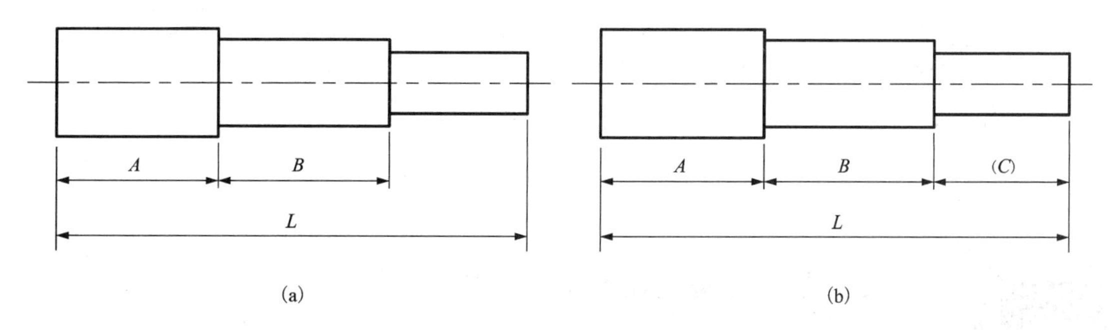

图 6-2-4　开口环的确定

3. 考虑零件加工、测量和制造的要求

(1)考虑加工看图方便。不同加工方法所用尺寸分开标注，便于看图加工，如图 6-2-5

所示，是把车削与铣削所需要的尺寸分开标注。

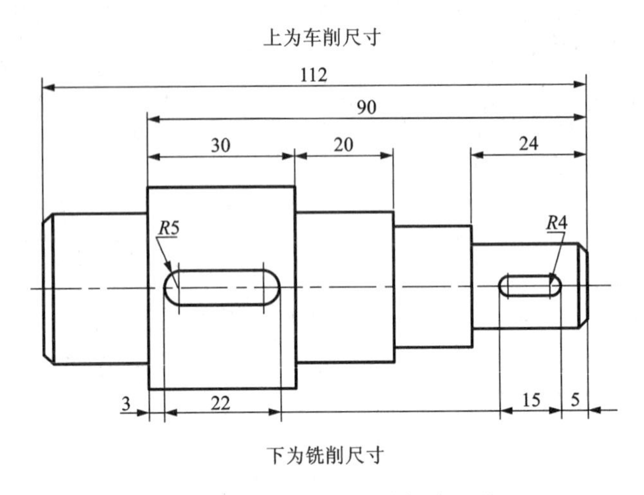

图 6－2－5　按加工方法标注尺寸

(2)考虑测量方便。尺寸标注有多种方案，但要注意所注尺寸是否便于测量，如图 6－2－6 所示结构，两种不同标注方案中，不便于测量的标注方案是不合理的。

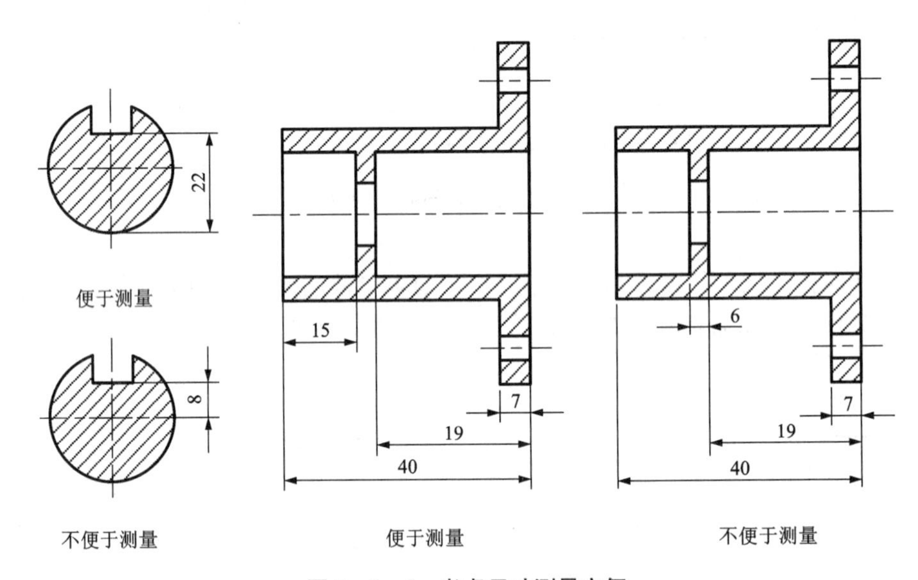

图 6－2－6　考虑尺寸测量方便

零件上常见孔的尺寸标注

三、零件上常见孔的尺寸注法

光孔、锪孔、沉孔和螺孔是零件图上常见的结构，它们的尺寸标注分为普通注法和旁注法。常用符号有：

深度：↧

沉孔或锪平：⌴

锥形沉孔：⌵
倒角：C

四、零件尺寸标注的一般步骤

(1)分析零件结构形状，确定其与其他零件之间的联系与加工方面的要求。
(2)选择基准，注出联系、定位尺寸。
(3)标注重要尺寸。
(4)标注其他尺寸。
(5)检查调整，补遗删多。

【同步练习】

1. 填空题
(1)零件图的尺寸标注要求是：__________、__________、__________、__________。
(2)标注尺寸的起点是____________________。
2. 根据轴测图在 A4 图纸上画出支架的零件图并标注尺寸。
名称：支架
材料：HTT200
图号：SYZJ－01
单位：三一工学院

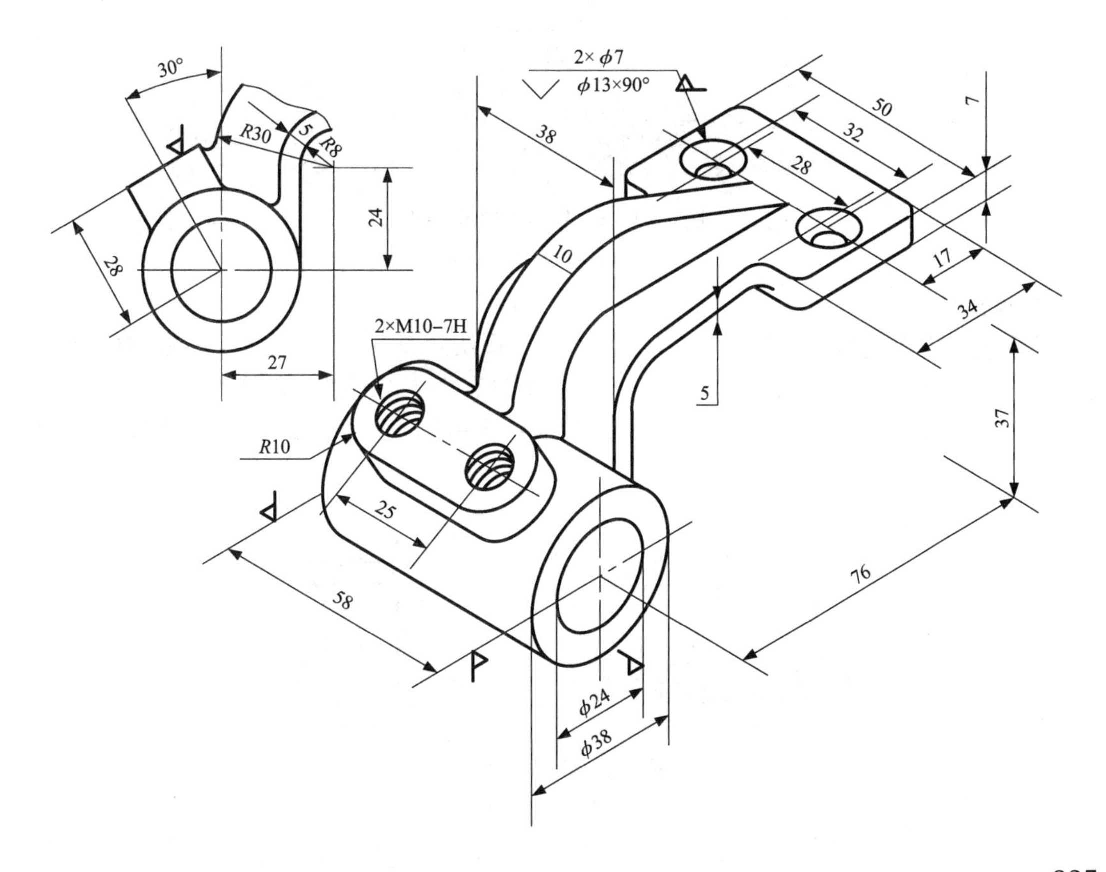

任务3　零件图的工艺结构

【任务描述】

通过学习，能够了解零件的铸造和机械加工的各种工艺结构，并能对零件进行工艺结构分析。

【知识导航】

一、铸造零件的工艺结构

铸造零件示意图如图 6－3－1 所示。

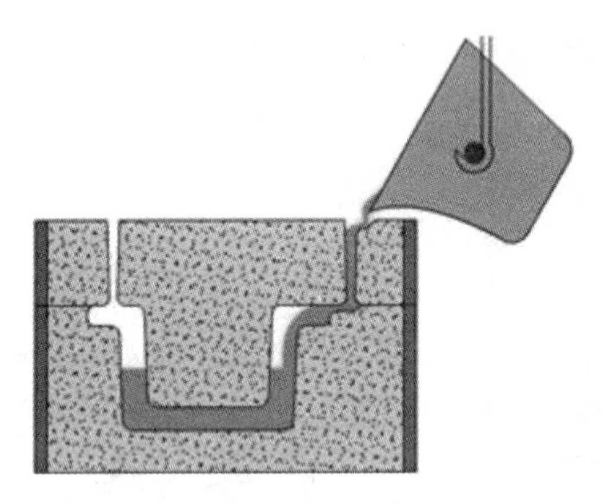

图 6－3－1　铸造零件示意图

1. 拔模斜度

用铸造方法制造零件的毛坯时，为了便于将木模从砂型中取出，一般沿木模拔模的方向作成约 1∶20 的斜度，叫做拔模斜度。因而铸件上也有相应的斜度，如图 6－3－2(a)所示。这种斜度在图上可以不标注，也可不画出，如图 6－3－2(b)所示。必要时，可在技术要求中注明。

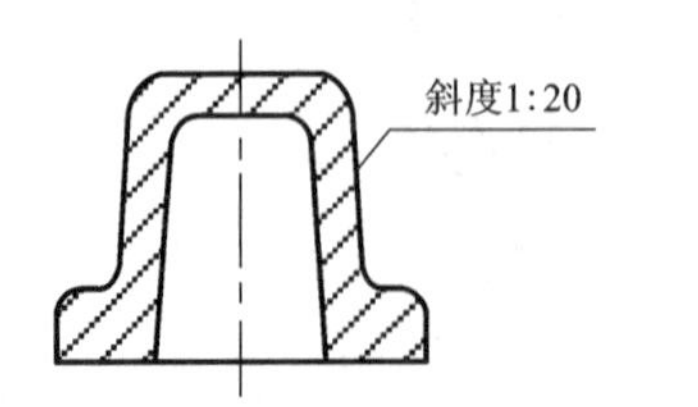

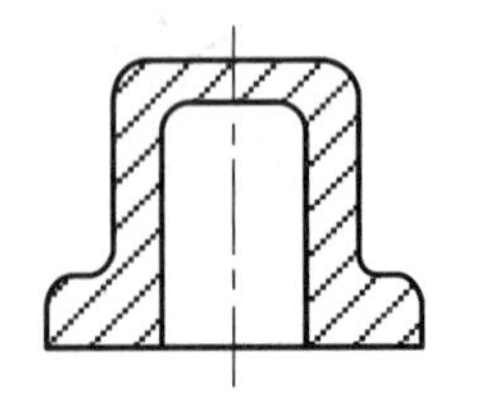

图 6－3－2　拔模斜度

2. 铸造圆角

在铸件毛坯各表面的相交处，都有铸造圆角，如图 6－3－3 所示。这样既便于起模，又能防止在浇铸时铁水将砂型转角处冲坏，还可避免铸件在冷却时产生裂纹或缩孔。铸造圆角半径在图上一般不注出，而写在技术要求中。铸件毛坯底面(作安装面)常需经切削加工，这时铸造圆角被削平，如图 6－3－3 所示。

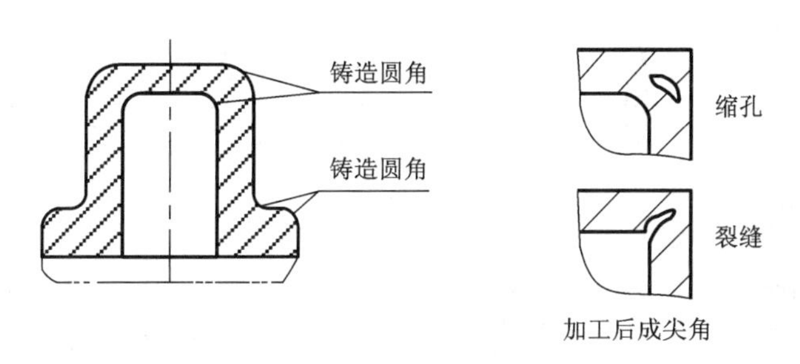

图 6－3－3　铸造圆角

铸件表面由于圆角的存在，使铸件表面的交线变得不很明显，如图 6－3－4 所示，这种不明显的交线称为过渡线。

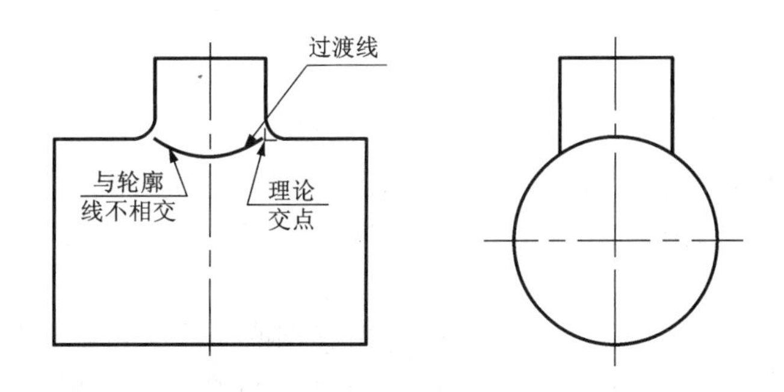

图 6－3－4　过渡线及其画法

过渡线的画法与交线画法基本相同，只是过渡线的两端与圆角轮廓线之间应留有空隙。图 6－3－5 是常见的几种过渡线的画法。

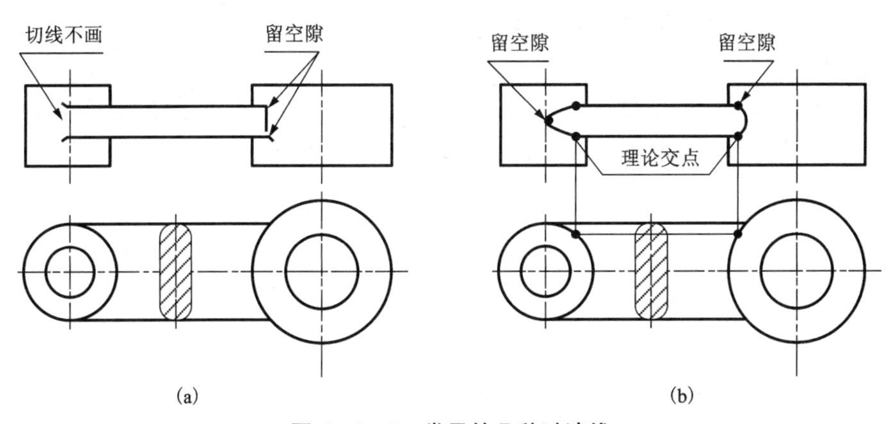

图 6－3－5　常见的几种过渡线

3. 铸件壁厚

在浇铸零件时，为了避免各部分因冷却速度不同而产生缩孔或裂纹，铸件的壁厚应保持大致均匀，或采用渐变的方法，并尽量保持壁厚均匀，见图 6－3－6。

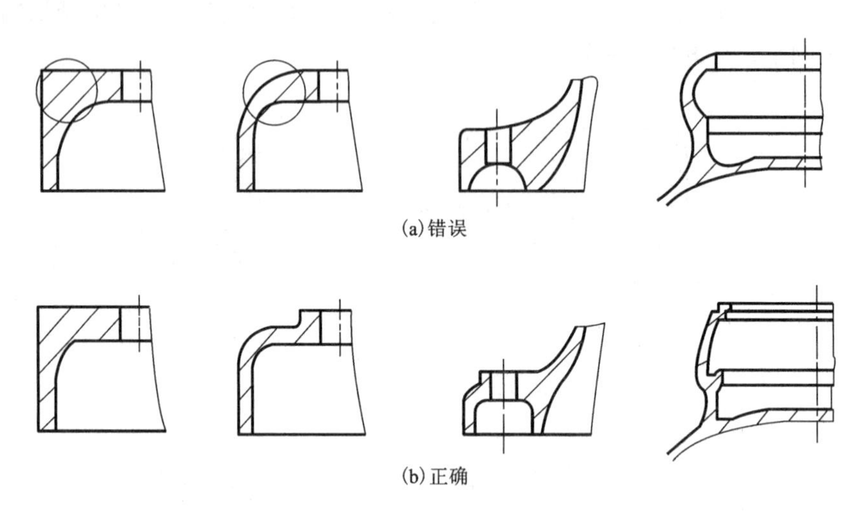

(a)错误

(b)正确

图 6－3－6　铸件壁厚的变化

二、机械加工工艺结构

机械加工工艺结构主要有：倒圆、倒角、越程槽、退刀槽、凸台和凹坑、中心孔等。

常见机械加工工艺结构的画法、尺寸标注方法如下。

1. 倒圆与倒角

为了去除零件上的毛刺、锐边和便于装配，常在轴或孔的端部加工成圆台状的倒角；为避免应力集中而产生的裂纹，轴肩根部一般加工成圆角过渡，称为倒圆。其画法及标注方法如图 6－3－7 所示。

2. 退刀槽和砂轮越程槽

在切削螺纹或磨削圆柱面时，为了保证设计要求，又便于退刀，常在轴肩处、孔的台阶处先加工出退刀槽或砂轮越程槽，其结构及标注形式如图 6－3－8 所示。一般的退刀槽可按“槽宽×直径”和“槽宽×槽深”的形式标注。

3. 凸台和凹坑

两零件的接触面一般均要加工。为了减少加工面积，并保证两零件表面之间接触良好，常在铸件的接触部位设计凸台和凹坑等结构，如图 6－3－9 所示。

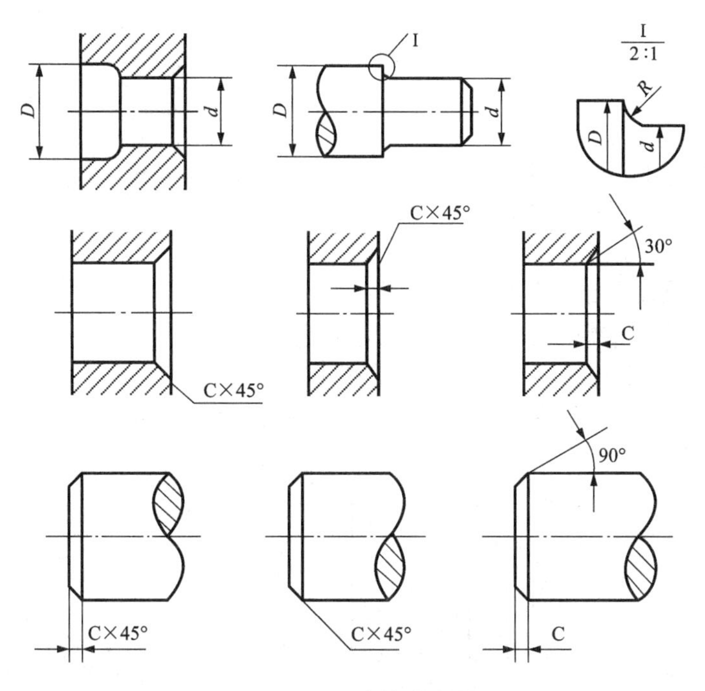

图 6－3－7　倒角与倒圆

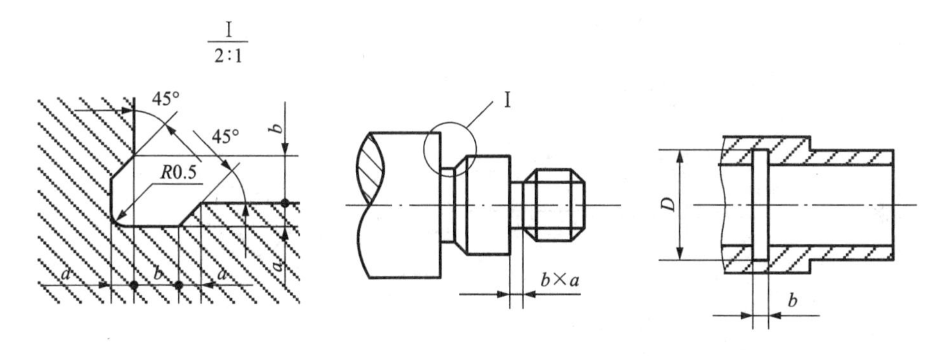

图 6－3－8　退刀槽和砂轮越程槽

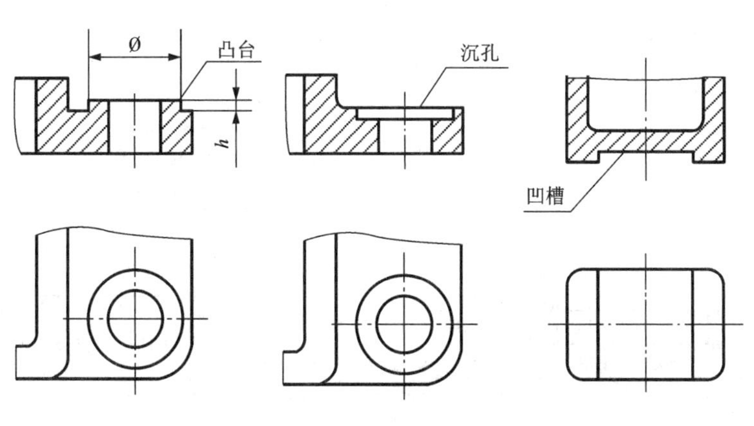

图 6－3－9　凸台和凹坑

零件的工艺结构

【同步练习】

1. 填空题。

(1)常见的铸造工艺结构有：____________、____________、____________。

(2)铸件的壁厚不均匀可能会产生：____________、____________。

(3)在车削螺纹时，为了便于退刀，需要加工________________。

(4)在零件上设计凸台是为了________________________________。

(5)在零件上设计凹槽是为了________________________________。

2. 看懂支架零件图，分析工艺结构，并完成下列练习题。

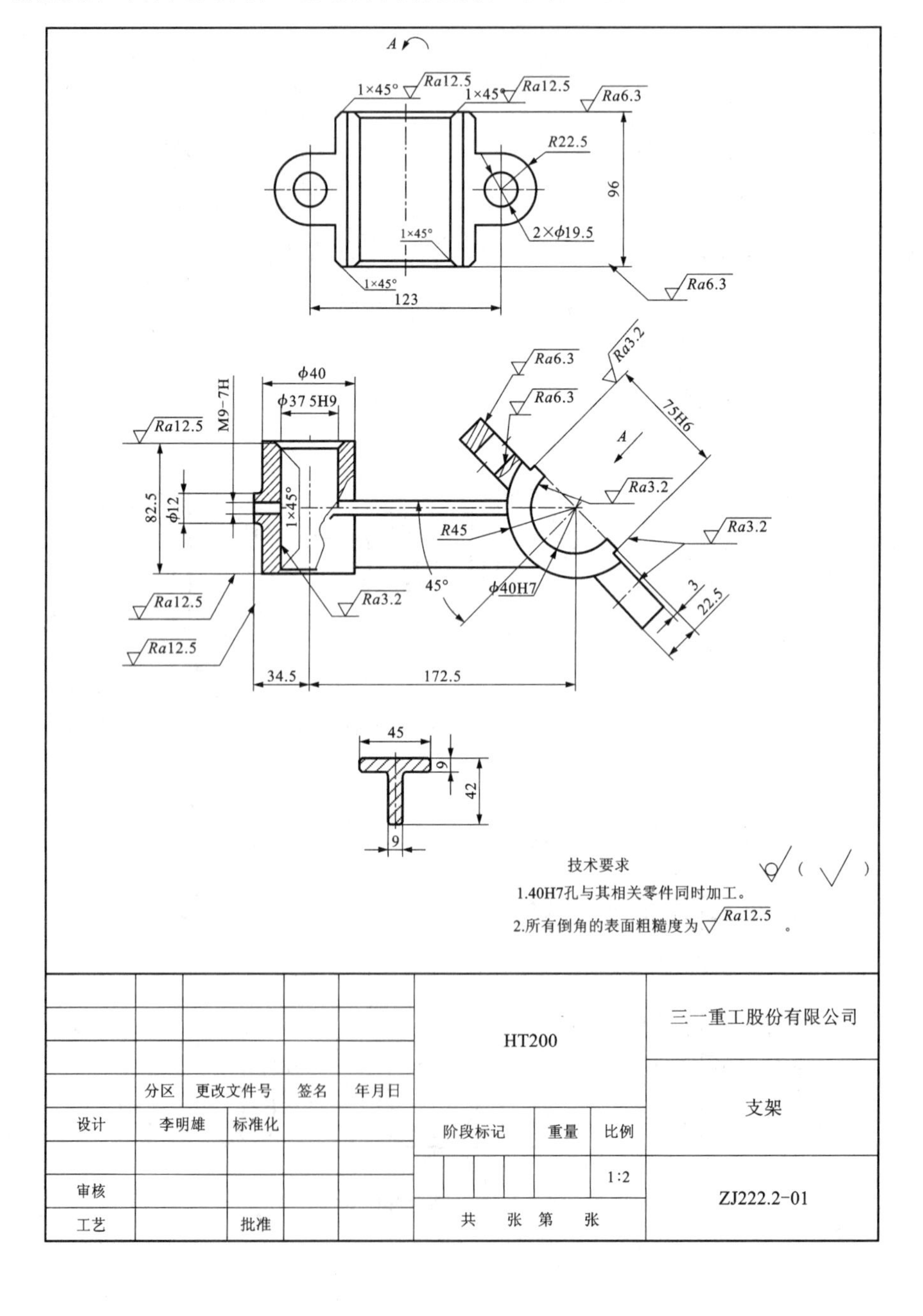

（1）该零件的名称叫__________，属于__________零件。选用材料是__________，牌号是__________，其中 HT 表示______________，200 表示________________________。

（2）该零件共用______个图形表达，主视图采用______剖视图是为了表达清楚______结构。对于右端部分结构，采用了__________图，对连接肋板的截面形状采用了______图。

（3）1×45°的倒角共有______处。

（4）零件上的定位尺寸有________、________、________和________。

任务4　零件图的技术要求

【任务描述】

通过学习，熟悉零件图上表面粗糙度、尺寸公差、形位公差等技术要求的识读与标注。

【知识导航】

一、零件的表面粗糙度

零件图中除了图形和尺寸外，还有制造该零件时应满足的一些加工要求，通常称为“技术要求”，如表面粗糙度、尺寸公差和材料热处理等。技术要求一般是用符号、代号或标记标注在图形上，或者用文字注写在图样的适当位置。

1. 表面粗糙度的概念

表面粗糙度是指零件的加工表面上具有的较小间距和峰谷所形成的微观几何形状特性（图 6－4－1）。

表面粗糙度对零件的摩擦、磨损、抗疲劳、抗腐蚀，以及零件间的配合性能等有很大影响。粗糙度值越大，零件的表面性能越差；粗糙度值越小，则零件表面性能越好。但是减少表面粗糙度值，就要提高加工精度，增加加工成本。因此国家标准规定了零件表面粗糙度的评定参数，以便在保证使用功能的前提下，选用较为经济的评定参数值。

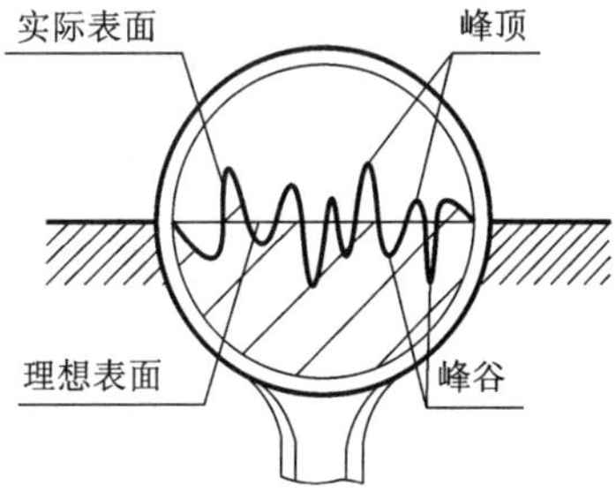

图 6－4－1　表面粗糙度示意图

2. 表面粗糙度的评定参数

（1）轮廓的算术平均偏差（*Ra*）。

Ra 是指在一个取样长度内，轮廓偏距（*Y* 方向上轮廓线上的点与基准线之间的距离）绝对值的算术平均值。其几何意义如图 6－4－2 所示。画图时，优先选用轮廓算术平均偏差 *Ra*。

（2）微观不平度十点高度 *Rz*。

在取样长度内 5 个最大轮廓峰高（*Yp*）的平均值和 5 个最大轮廓谷深（*Yv*）的均值之和。

（3）轮廓的最大高度 *Ry*。

在取样长度内，轮廓峰顶线与轮廓谷底线之间的距离。

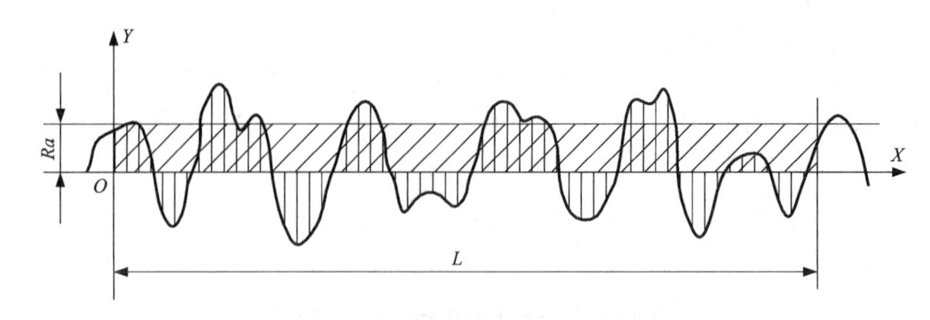

图 6－4－2　轮廓算术平均偏差 *Ra*

3. 表面粗糙度符号、代号

国家标准 GB/T 131—2006 规定，表面粗糙度代号是由规定的符号和有关参数值组成。如表 6－4－1 所示。

表 6－4－1　表面粗糙度的基本符号、代号及其意义

符号与代号		意义
符号		基本符号，未指定工艺方法的表面，当通过一个注释解释时可单独使用
		表示表面是用去除材料的方法获得，仅当其含义是“被加工表面”时可单独使用
		不去除材料的表面，也可用于保持上道工序形成的表面，不管这种状况是通过去除还是不去除材料形成的
		在上述三个符号的长边上均可加一横线，以便注写对表面结构的各种要求
代号	*Ra*0.8	表示不允许去除材料，单向上限值，默认传输带，*R* 轮廓，算术平均偏差为 0.8 μm，评定长度为 5 个取样长度（默认），16% 规则（默认）
	Ra 3.2	表示去除材料，单向上限值，默认传输带，*R* 轮廓，算术平均偏差为 3.2 μm，评定长度为 5 个取样长度（默认），16% 规则（默认）
	Rz max 0.8	表示去除材料，单向上限值，传输带 0.0025～0.8，*R* 轮廓，轮廓最大高度的最大值为 0.8 μm，评定长度为 5 个取样长度（默认），16% 规则（默认）
	−0.8/*Ra* 3 1.6	表示去除材料，单向上限值，默认传输带，*R* 轮廓，算术平均偏差为 1.6 μm，评定长度包含 3 个取样长度，16% 规则（默认）

4. 表面粗糙度代号的画法

表面粗糙度代号的画法如图 6－4－3、图 6－4－4 所示。

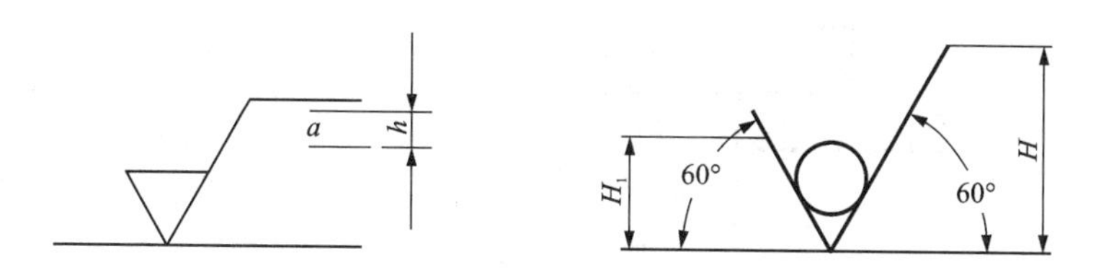

图 6－4－3　粗糙度代号及符号的比例

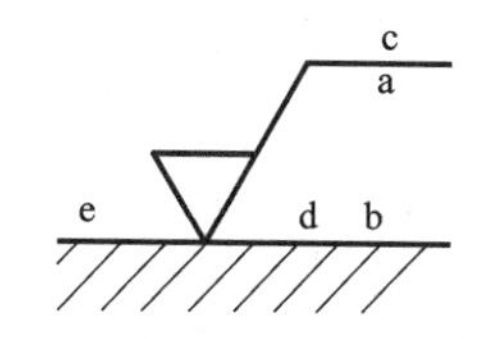

图 6－4－4　表面粗糙度的数值及有关规定的注写

图中：

位置 a——注写表面结构的第一要求；

位置 b——注写表面结构的第二要求；

位置 c——注写加工方法；

位置 d——注写表面纹理方向；

位置 e——注写加工余量（mm）。

常用Ra的数值
与加工方法

5. 表面粗糙度的标注原则及其示例

在同一图样上每一表面只注一次粗糙度代号，且应注在可见轮廓线、尺寸界线、引出线或它们的延长线上，并尽可能靠近有关尺寸线。符号的尖端必须从材料外指向表面。代号中的数字方向应与图中尺寸数字方向一致。当零件的大部分表面具有相同的粗糙度要求时，对其中使用最多的一种代（符）号，可统一注在图纸的右上角，并加注“其余”二字。标注示例见表 6－4－2。

表 6-4-2　粗糙度标注示例

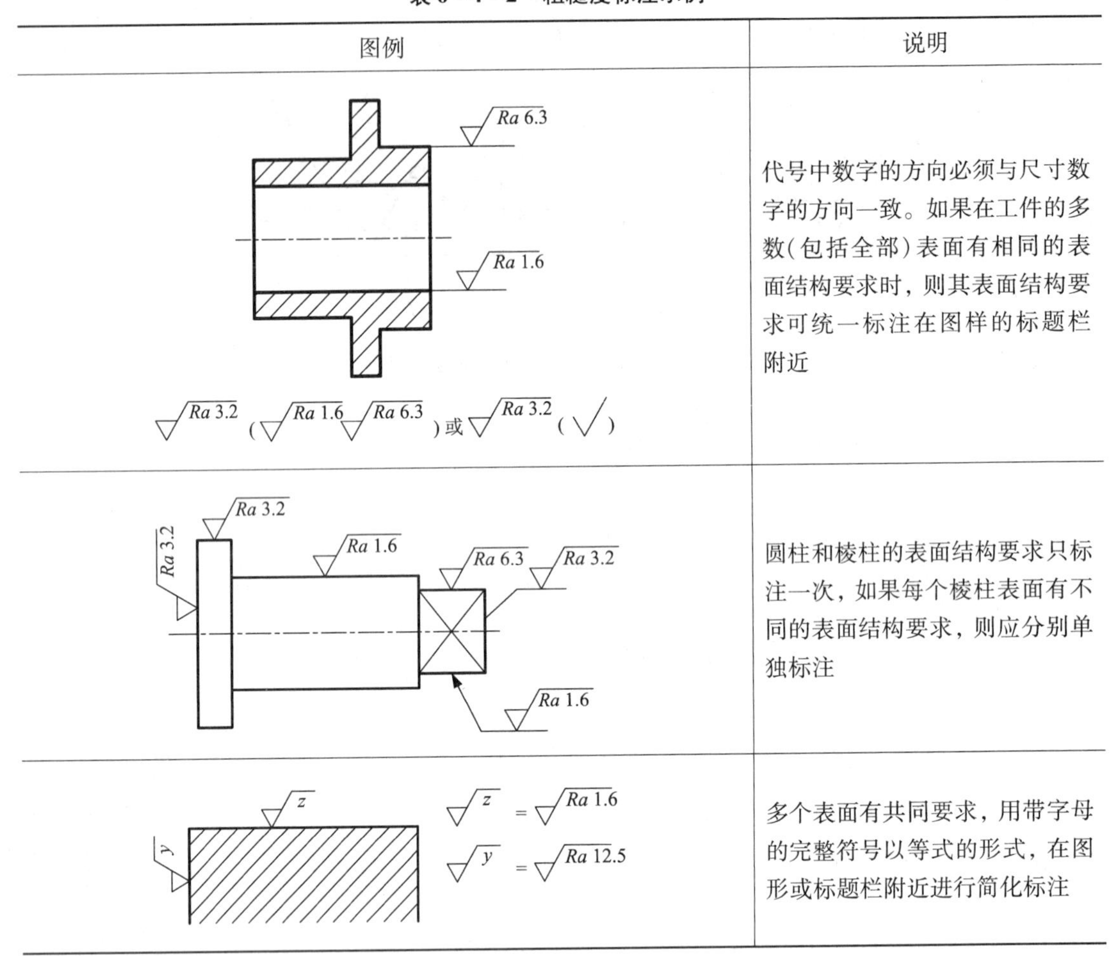

图例	说明
Ra 6.3　Ra 1.6　Ra 3.2 (Ra 1.6 Ra 6.3) 或 Ra 3.2 (√)	代号中数字的方向必须与尺寸数字的方向一致。如果在工件的多数(包括全部)表面有相同的表面结构要求时，则其表面结构要求可统一标注在图样的标题栏附近
Ra 3.2　Ra 3.2　Ra 1.6　Ra 6.3　Ra 3.2　Ra 1.6	圆柱和棱柱的表面结构要求只标注一次，如果每个棱柱表面有不同的表面结构要求，则应分别单独标注
z　y　z = Ra 1.6　y = Ra 12.5	多个表面有共同要求，用带字母的完整符号以等式的形式，在图形或标题栏附近进行简化标注

表面粗糙度的标注示例

6. 表面粗糙度的选择

选择表面粗糙度时，既要考虑零件表面的功能要求，又要考虑经济性，还要考虑现有的加工设备。一般应遵从以下原则：

(1) 同一零件上，工作表面比非工作表面的参数值要小。

(2) 摩擦表面要比非摩擦表面的参数值小。有相对运动的工作表面，运动速度愈高，其参数值愈小。

(3) 配合精度越高，参数值越小。间隙配合比过盈配合的参数值小。

(4) 配合性质相同时，零件尺寸越小，参数值越小。

(5) 要求密封、耐腐蚀或具有装饰性的表面，参数值要小。

二、公差与配合

1. 零件的互换性

在成批生产进行机器装配时，要求一批相配合的零件只要按零件图要求加工出来，不经任何选择或修配，任取一对装配起来，就能达到设计的工作性能要求，零件间的这种性质称为互换性。零件具有互换性，可给机器装配、修理带来方便，也为机器的现代化大生产提供了可能性。

2. 极限术语及定义

零件在加工过程中，由于机床精度、刀具磨损、测量误差等的影响，不可能把零件的尺寸加工得绝对准确。为了保证互换性，必须将零件尺寸的加工误差限制在一定范围内，以图 6－4－5 为例，介绍基本术语。

(1)基本尺寸。

设计时给定的尺寸，如图 6－4－5 中孔、轴直径尺寸 ϕ40 mm。

(2)实际尺寸。

零件完工后，通过测量而获得的尺寸。实际尺寸必须在允许的尺寸变动范围内，即在最大极限尺寸和最小极限尺寸之间，才算合格，反之为不合格。如图 6－4－5 中的孔、轴合格尺寸范围是：孔在 ϕ40.025 mm ~ ϕ40.064 mm 之间；轴在 ϕ39.950 mm ~ ϕ39.975 mm 之间。

(3)极限尺寸。允许实际尺寸变动的两个极限即极限尺寸，分最大极限尺寸和最小极限尺寸。如图 6－4－5 中：

孔允许最大极限尺寸为 ϕ40.064 mm，轴允许最大极限尺寸为 ϕ39.975 mm；

孔允许最小极限尺寸为 ϕ40.025 mm，轴允许最小极限尺寸为 ϕ39.950 mm。

(4)尺寸偏差。某一尺寸(实际尺寸或极限尺寸)减其基本尺寸所得的代数差即尺寸偏差，分上偏差和下偏差。

尺寸偏差有：

上偏差＝最大极限尺寸－基本尺寸，下偏差＝最小极限尺寸－基本尺寸。

上、下偏差统称为极限偏差，上、下偏差可以是正值、负值或零。

国家标准规定：孔的上偏差代号为 ES，孔的下偏差代号为 EI；轴的上偏差代号为 es，轴的下偏差代号为 ei。

上偏差：最大极限尺寸减其基本尺寸的代数差，孔代号用 ES，轴代号用 es 表示。

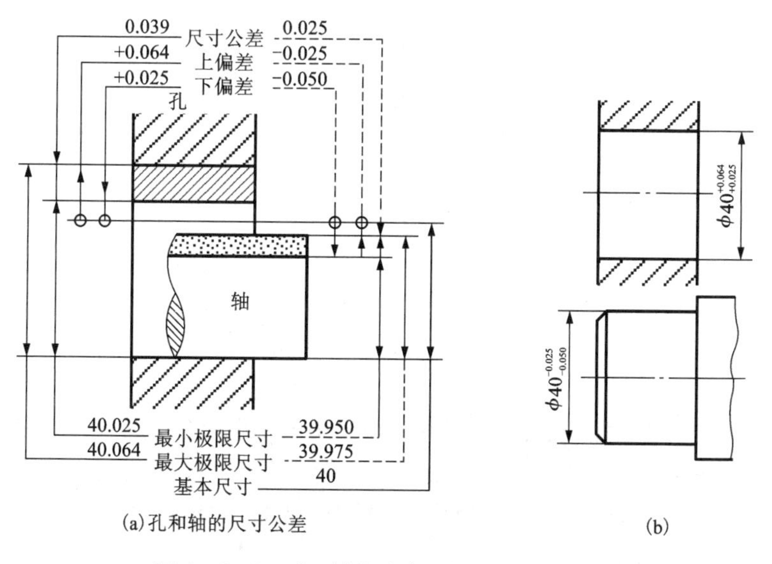

图 6－4－5　孔、轴公差名词解释及代号图解

孔(ES) = $\phi40.064 - \phi40 = +0.064$

轴(es) = $\phi39.975 - \phi40 = -0.025$

下偏差：最小极限尺寸减其基本尺寸的代数差。孔代号 EI，轴代号 ei。

孔(EI) = $\phi40.025 - \phi40 = +0.025$

轴(ei) = $\phi39.950 - \phi40 = -0.050$

零件完工后，实测尺寸减基本尺寸所得的代数差为实际偏差。实际偏差要在上偏差和下偏差范围内。

(5)尺寸公差(简称公差)：

尺寸允许的变动量。公差等于最大极限尺寸减最小极限尺寸之差，或上偏差减下偏差。

尺寸公差 = 最大极限尺寸 - 最小极限尺寸 = 上偏差 - 下偏差

因为最大极限尺寸总是大于最小极限尺寸，亦即上偏差总是大于下偏差，所以尺寸公差一定为正值。

例如，在图 6-4-5 中：

孔公差 $= 40.064 - 40.025 = (+0.064) - (0.025) = 0.039$

轴公差 $= 39.975 - 39.950 = (-0.025) - (-0.050) = 0.025$

公差是尺寸精度和配合精度的一种度量。公差越小，零件的精度越高，实际尺寸的允许变动量越小，越难加工；公差越小，配合间隙和过盈的允许变动量越小，配合精度越高。

(6)公差带、零线和公差带图。

公差带：在分析公差时，为形象表示基本尺寸、偏差和公差相互之间的关系，常采用简图加以表示，这种简图称为公差带图。公差带图不画出孔、轴的具体尺寸，而是用放大的孔、轴公差带来分析问题，如图 6-4-6 所示。

所谓公差带，就是由代表上偏差和下偏差或最大极限尺寸和最小极限尺寸的两条直线所限定的一个区域。它是由公差大小和其相对零线的位置(如基本偏差)来确定，如图 6-4-6 所示。零线是在公差带图中用以确定偏差的一条基准线，即零偏差线。通常零线表示基本尺寸。在零线左端标上“0”“+”“-”号，零线上方偏差为正；零线下方偏差为负。

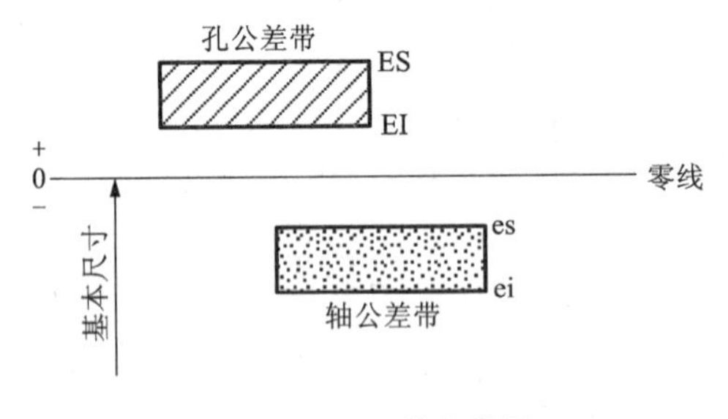

图 6-4-6　公差带图

为了简便地说明上述术语及其相互关系，在实用中一般以公差带图表示。公差带图是以放大图形式画出方框的，注出零线，方框宽度表示公差值大小，方框的左右长度可根据需要任意确定。为区别轴和孔的公差带，一般用斜线表示孔的公差带；用加点表示轴的公差。

3. 标准公差及基本偏差

公差带是由“标准公差”与“基本偏差”两部分组成的。标准公差确定公差带大小，基本偏差确定公差带位置，如图 6 -4 -7 所示。

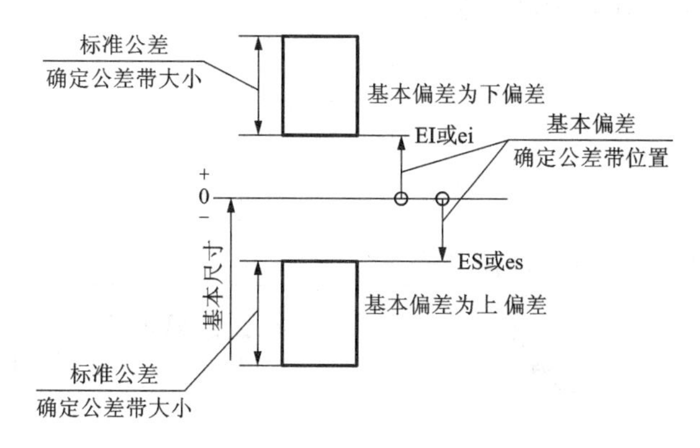

图 6 -4 -7　标准公差与基本偏差

(1)标准公差与标准公差等级。

标准公差是国家标准所列的以确定公差带大小的任一公差。标准公差等级是确定尺寸精确程度的等级。标准公差分 20 个等级，即 IT01、IT0、IT1 ~ IT18，表示标准公差，阿拉伯数字表示标准公差等级，其中 IT01 级最高，等级依次降低，IT18 级最低。对于一定的基本尺寸，标准公差等级愈高，标准公差值愈小，尺寸的精确程度愈高。国家标准将 500 mm 以内的基本尺寸范围分成 13 段，按不同的标准公差等级列出了各段基本尺寸的标准公差值，标准公差值由基本偏差和公差等级确定。

基本尺寸小于500毫米时的标准公差

(2)基本偏差。

用以确定公差带相对于零线位置的上偏差或下偏差。一般是指靠近零线的那个偏差，如图 6 -4 -8 所示，当公差带位于零线上方时，其基本偏差为下偏差，当公差带位于零线下方时，其基本偏差为上偏差。

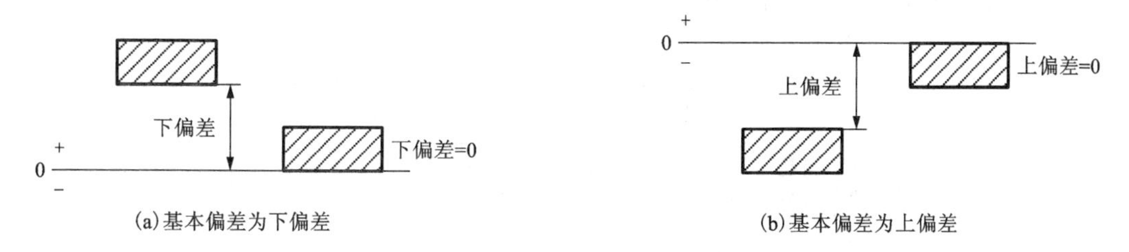

图 6 -4 -8　基本偏差示意图

根据实际需要，国家标准分别对孔和轴各规定了 28 个不同的基本偏差，如图 6 -4 -9 所示。孔、轴的基本偏差数值可从有关表中查出。从图 6 -4 -9 中可知：

①基本偏差代号用拉丁字母表示，大写字母表示孔的基本偏差代号，小写字母表示轴的

基本偏差代号。由于图中用基本偏差只表示公差带大小，故公差带一端画成开口。

②孔的基本偏差 A ~ H 为下偏差，J ~ ZC 为上偏差，JS 的上下偏差分别为 + IT/2 和 - IT/2。

③轴的基本偏差 a ~ h 为上偏差，j ~ zc 为下偏差，js 的上下偏差分别为 + IT/2 和 - IT/2。孔和轴的另一偏差可由基本偏差和标准公差算出。

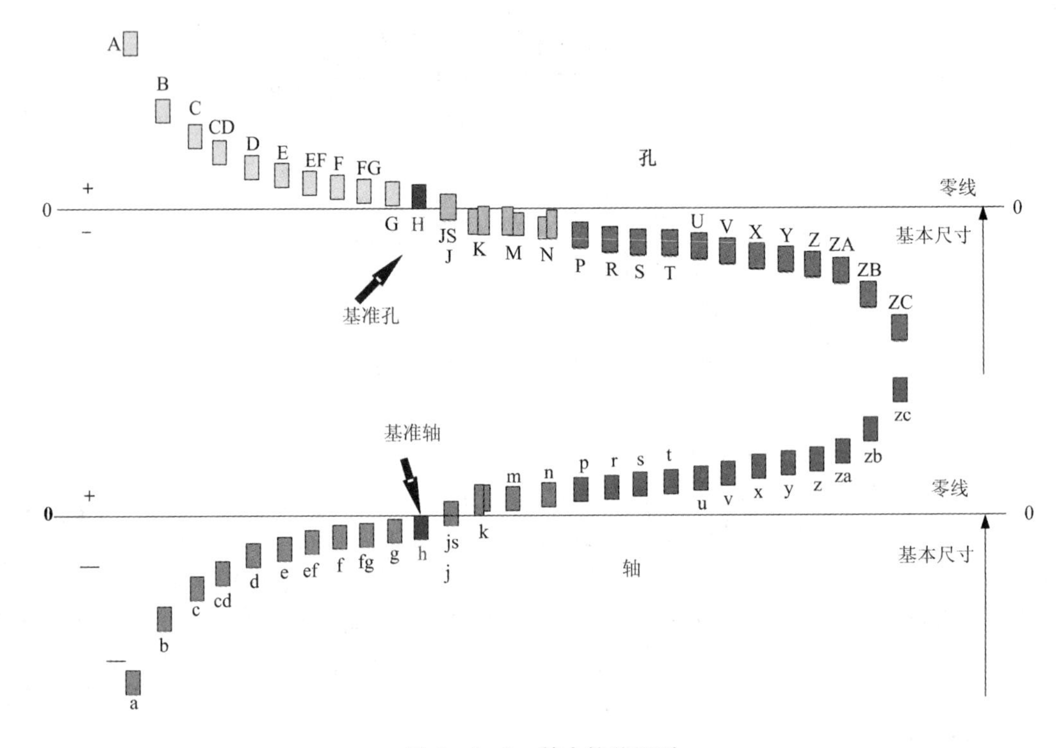

图 6-4-9　基本偏差系列

(3)孔和轴的公差带代号。

孔和轴的公差代号由标准公差和等级代号组成，并且要用同一号字书写。

它由基本偏差代号和标准公差代号(省略“IT”字母)所组成。两种代号并列，位于基本尺寸之后，并与其字号相同，如图 6-4-10 所示。

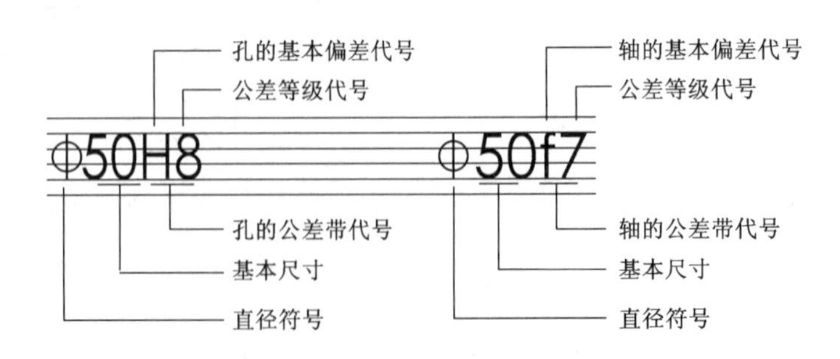

图 6-4-10　公差带代号表示法

例如图 6-4-11 所示的标准公差带代号：ϕ50H8，表示基本尺寸为 ϕ50，基本偏差为 H，标准公差等级为 8 级的孔的公差带。又如：ϕ50f7，表示基本尺寸为 ϕ60，基本偏差为 f，标准公差等级为 7 级的轴的公差带。

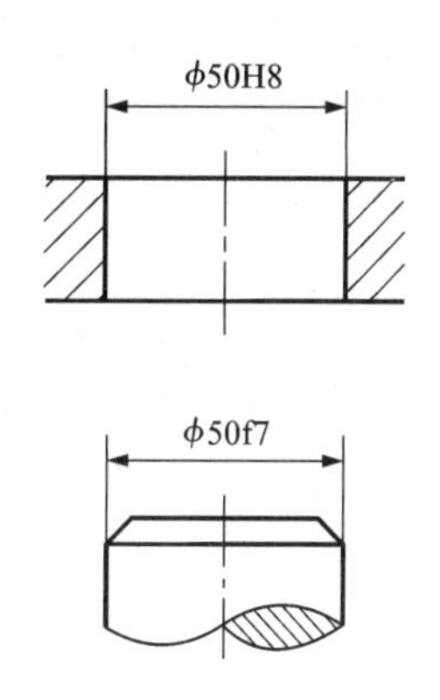

图 6－4－11　标准公差带代号

4. 配合和基准制

在机器装配中，基本尺寸相同的、相互接合的孔和轴的公差带之间的关系，称为配合。由于孔和轴的实际尺寸不同，装配后可以产生“间隙”或“过盈”。在孔与轴的配合中，孔的尺寸减去轴的尺寸所得的代数差为正值时是间隙，为负值时是过盈。

（1）配合的种类。

配合按其出现间隙或过盈的不同，分为三类：

①间隙配合。孔的公差带在轴的公差带之上，任取其中一对孔和轴相配都成为具有间隙（包括最小间隙为零）的配合，如图 6－4－12 所示。

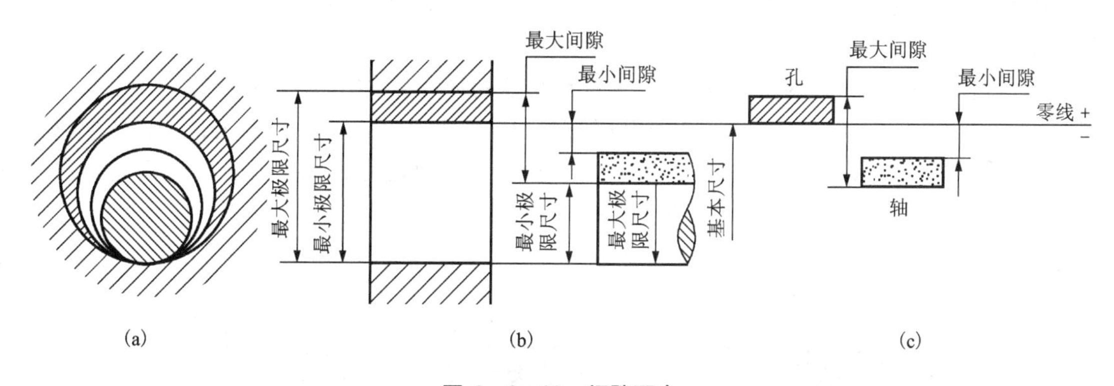

图 6－4－12　间隙配合

②过盈配合。孔的公差带在轴的公差带之下，任取其中一对孔和轴相配都为具有过盈（包括最小间隙为零）的配合，如图 6－4－13 所示。

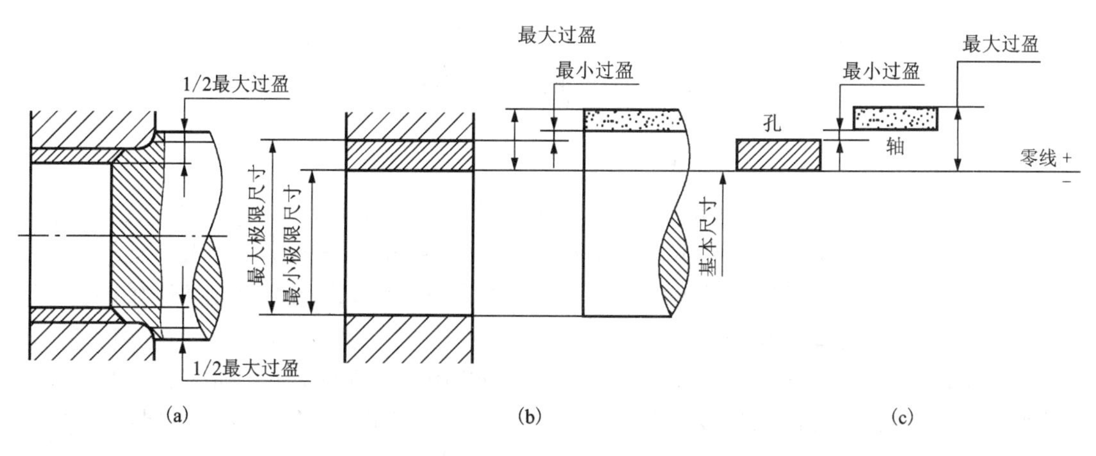

图 6－4－13　过盈配合

③过渡配合。孔的公差带与轴的公差带相互交叠，任取其中一对孔和轴相配，可能是具有间隙的配合，也可能是具有过盈的配合，如图 6 – 4 – 14 所示。

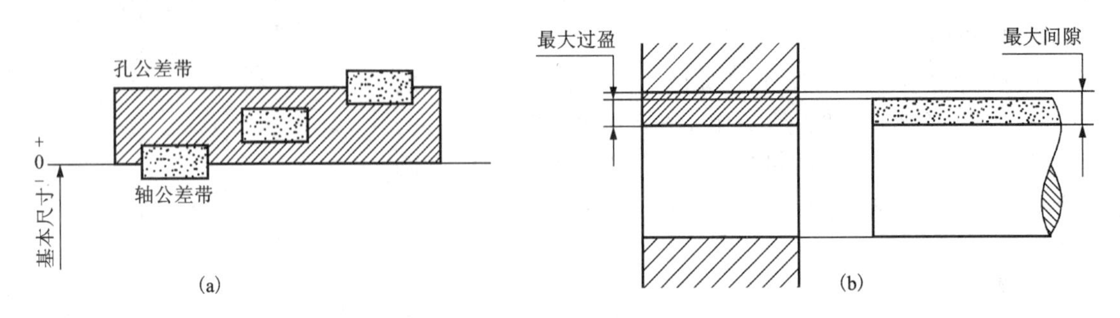

图 6 – 4 – 14　过渡配合

(2)配合的基准制。

国家标准规定了两种基准制，如图 6 – 4 – 15、图 6 – 4 – 16 所示。

①基孔制。

基本偏差为一定的孔的公差带与基本偏差的轴的公差带构成各种配合的一种制度，如图 6 – 4 – 15 所示。也就是在基本尺寸相同的配合中将孔的公差带位置固定，通过变换轴的公差带位置得到不同的配合。基孔制配合中，选作基准的孔称为基准孔，基本偏差代号为“H”，国家标准中规定基准孔的下偏差为零。

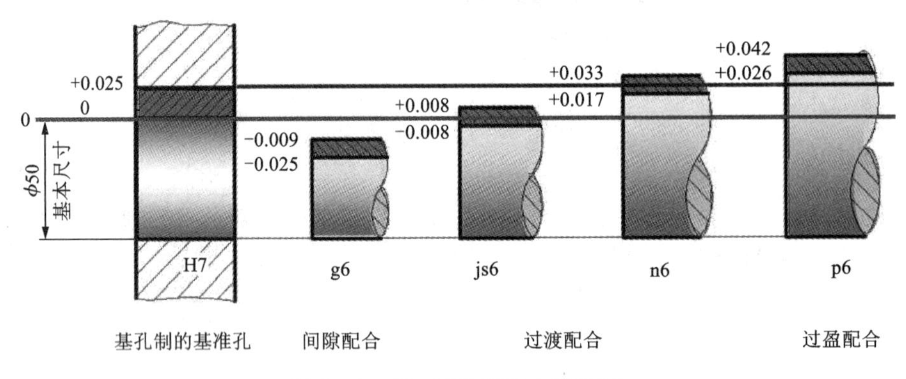

图 6 – 4 – 15　基孔制配合示意图

②基轴制。

基本偏差为一定的轴的公差带与不同基本偏差的孔的公差带构成各种配合的一种制度，如图 6 – 4 – 16 所示。也就是在基本尺寸相同的配合中将轴的公差带位置固定，通过变换孔的公差带位置得到不同的配合。基轴制的孔称为基准轴套，国家标准中规定基准轴的上偏差为零，“h”为基准轴的基本偏差代号。

在基孔制中，基准孔 H 与轴配合，a ~ h(共 11 种)用于间隙配合；j ~ n(共 5 种)主要用于过渡配合；(n、p、r 可能为过渡配合或过盈配合)；p ~ zc(共 12 种)用于过盈配合。

在基轴制中，基准轴 h 与孔配合，A ~ H(共 11 种)用于间隙配合；J ~ N(共 5 种)主要用

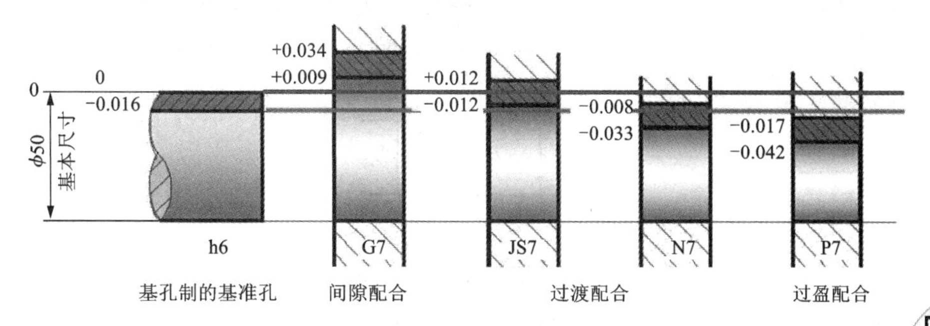

图 6－4－16　基轴制配合示意图

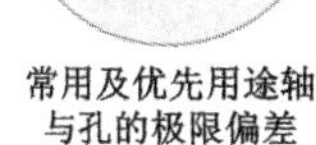
常用及优先用途轴与孔的极限偏差

于过渡配合；（N、P、R 可能为过渡配合或过盈配合）；P～ZC（共 12 种）主要用于过盈配合。

5. 极限与配合的标注和识读

（1）在零件图中的注法。

公差在零件图中的注法，有以下三种形式：

①在孔或轴的基本尺寸后面标注公差带代号，如图 6－4－17 所示。这种标注法适用于大批量生产的零件图。由于与采用专用量具检验零件统一起来，因此不需要注出偏差值。

②在孔或轴的基本尺寸后面标注上、下偏差值，如图 6－4－17 所示。这种标注法适用于单件小批量生产的零件图，以便加工检验时对照。标注偏差数值时应注意：

A. 上、下偏差数值不相同时，上偏差注在基本尺寸的右上方，下偏差注在右下方并与基本尺寸注在同一底线上。偏差数字应比基本尺寸数字小一号，小数点前的整数位对齐，后面的小数位应相同。

B. 如果上偏差或下偏差为零时，应简写为“0”，前面不注“＋”“－”号，后边不注小数点；另一偏差按原来的位置注写，其个位“0”对齐。

C. 如果上、下偏差数值绝对值相同，则在基本尺寸后加注“±”号，只填写一个偏差数值，其数字大小与基本尺寸数字大小相同，如 $\phi 78 \pm 0.1$。

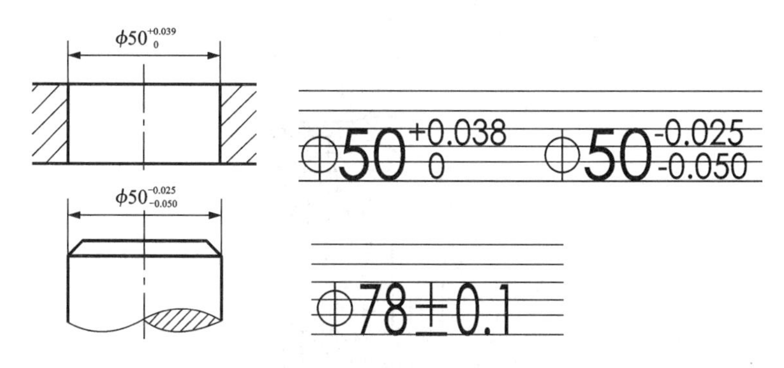

图 6－4－17　零件图尺寸注法（1）

③在基本尺寸后，注出公差带代号及上、下偏差值，偏差值要加括号，这种标注形式集

中了前两种标注形式的优点，常用于产品转产较频繁的生产中。见图 6 –4 –18。

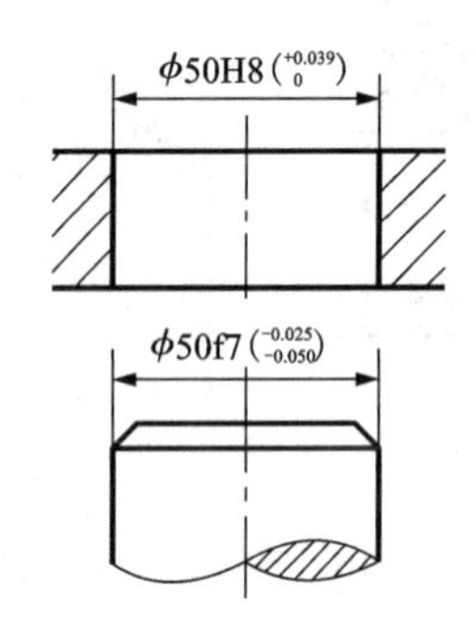

图 6 –4 –18　零件图尺寸注法(2)

(2)在装配图中配合的标注：见图 6 –4 –19(a)(b)。

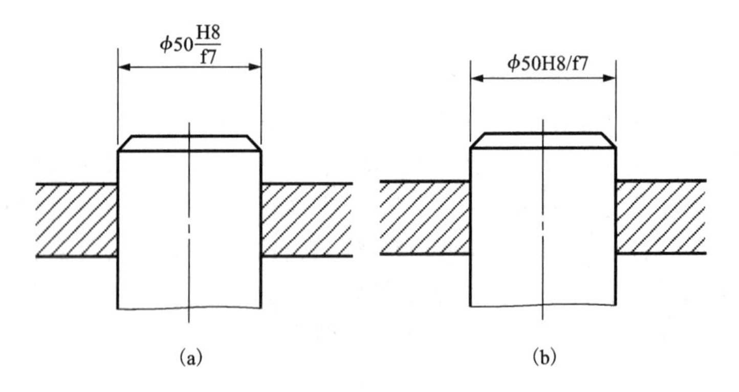

图 6 –4 –19　装配图中配合的标注

标注标准件、外购件与零件(孔或轴)的配合代号时，只标注相配零件(孔或轴)的公差代号，如图 6 –4 –20 所示。

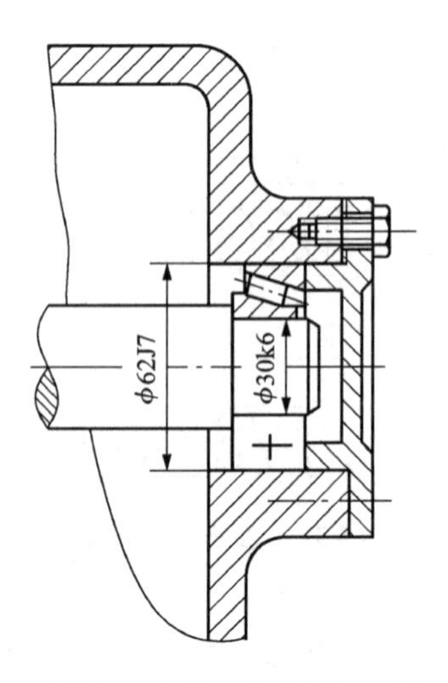

图 6 –4 –20　零件与标准件、外购件相配的配合代号标注

三、形状和位置公差

为了实现零件在机器或部件中的装配和使用功能的要求，对零件上精度要求较高的某些组成部分，除了应有尺寸公差和表面粗糙度的要求外，还应有形状和相对位置精确性的要求，因此，国家标准规定了形状公差和位置公差，简称形位公差。形位公差的术语、定义、代号及其标注详见有关的国家标准，本任务仅作简要介绍。

1. 形位公差的概念

零件经过加工后，不仅会产生尺寸误差和表面粗糙度，而且会产生形状和位置误差。形状误差是指实际要素和理想几何要素的差异；位置误差是指相关联的两个几何要素的实际位置相对于理想位置的差异。形状误差和位置误差都会影响零件的使用性能，因此必须对一些零件的重要表面或轴线的形状和位置误差进行限制。

形状和位置误差的允许变动量称为形状和位置公差(简称形位公差)。

要素——指零件的特征部分(点、线、面)。这些要素是实际存在的，也可以是由实际要素取得的轴线或中心平面。

被测要素——给出形状或位置公差的要素。指零件上的面、轮廓线、轴线、对称面和圆心的要素。

基准要素——用来确定被测要素方向或位置的要素。理想基准要素简称要素。

形状公差——指被测要素的实际几何形状与理想几何形状允许变动量。如圆度，见图 6－4－21。

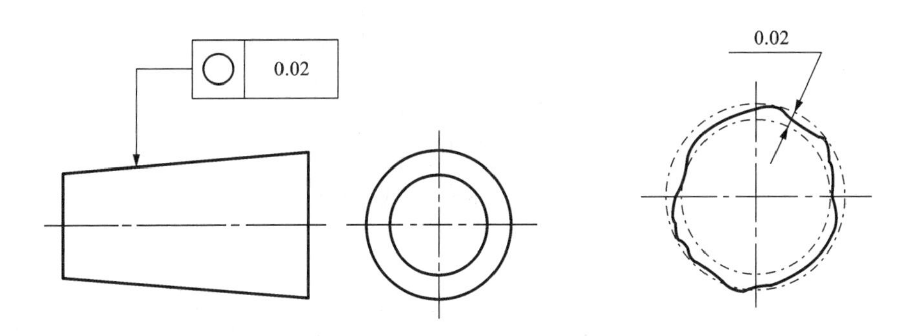

在垂直于轴线的任意正截面上，被测圆必须位于半径差为0.02的同心圆之间的区域内

图 6－4－21　形状公差举例

位置公差——指被测实际要素的位置相对基准与理想要素的位置所允许的变动量，如图 6－4－22 所示的顶面对底面 *A* 的平行度。

公差带及形状——公差带是由形位公差值所确定的，限制实际要素形状和位置的变动区域。公差带的主要形式有：两平行直线区域，如图 6－4－23(a)中的直线度；一个圆柱面，图 6－4－23(b)中的轴线同轴度等。

2. 形位公差的项目及符号

国家标准规定形状和位置公差分为 14 项，每项用一种特征符号表示，如表 6－4－3 所示。

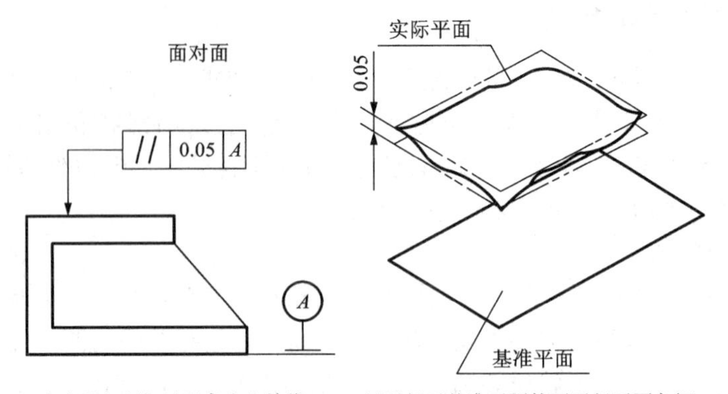

上表面必须位于距离为公差值0.05，且平行于基准平面的两平行平面之间

图6－4－22　位置公差举例

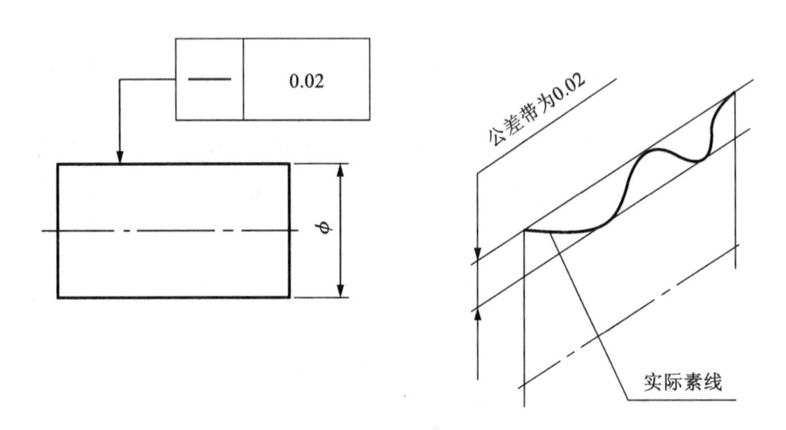

(a)两平行直线

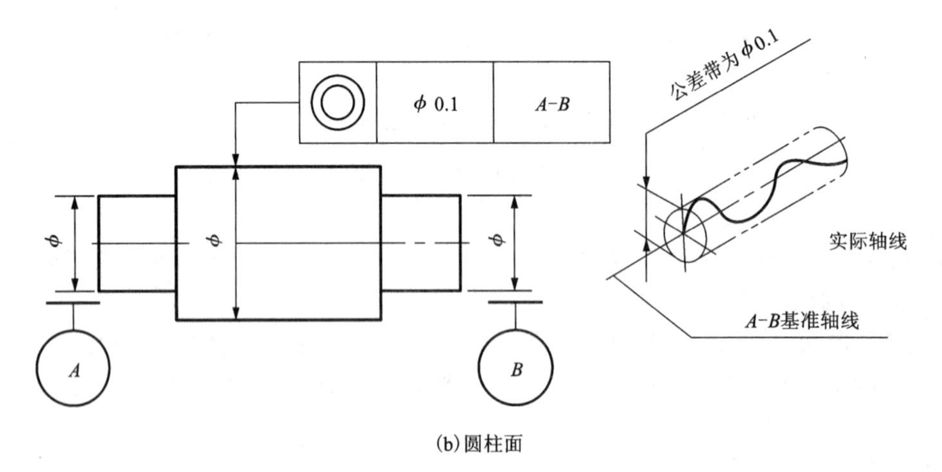

(b)圆柱面

图6－4－23　形位公差带的形状

表 6－4－3　形位公差的名称及符号

类别	项目	符号	类别		项目	符号
形状公差	直线度	—	位置公差	定向	平行度	//
	平面度	▱			垂直度	⊥
					倾斜度	∠
	圆度	○		定位	同轴(同心)度	◎
	圆柱度	⌭			对称度	⌯
					位置度	⌖
形状或位置公差	线轮廓度	⌒		跳动	圆跳动	↗
	面轮廓度	⌓			全跳动	⌰

3. 形位公差的标注方法

(1)形位公差的代号。

在技术图样中，形位公差采用代号标注，当无法采用代号时，允许在技术要求中用文字说明。形位公差代号由形位公差符号、框格、公差值、指引线、基准代号和其他有关符号组成，形位公差的框格及基准代号画法如图 6－4－24(a)所示。指引线的箭头指向被测要素的表面或其延长线，箭头方向一般为公差带的方向。框格中的字符高度与尺寸数字的高度相同。基准中的字母一律水平书写。形位公差框格和基准代号如图 6－4－24(b)所示。

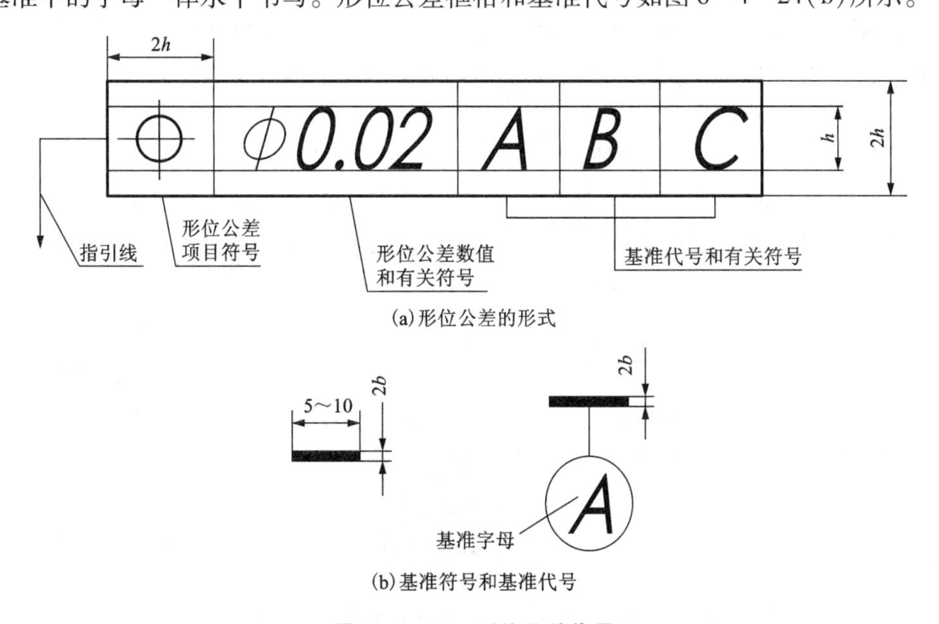

(a)形位公差的形式

(b)基准符号和基准代号

图 6－4－24　形位公差代号

(2)形位公差标注的识读示例。

形位公差标注识读示例如图 6－4－25 所示。

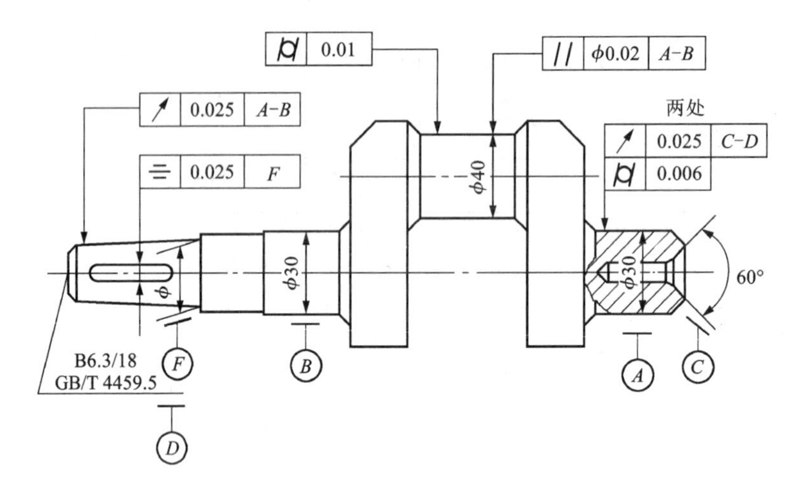

形位公差的标注方法

图 6－4－25　形位公差标注识读示例

解释：

↗	0.025	A–B	左端圆锥段对 ϕ30 公共基准轴线 $A-B$ 的圆跳动公差为 0.025。
⌯	0.025	F	键槽中心平面对左端圆台段的轴线 F 的对称度公差为 0.025。
//	ϕ0.02	A–B	ϕ40 的轴线对 ϕ30 公共基准轴线 $A-B$ 的平行度公差为 0.02。
⌭	0.01		ϕ40 的圆柱度公差为 0.01。

四、热处理

在机器制造和修理过程中，为了改善材料的机械加工工艺性能，并使零件获得良好的力学性能和使用性能，常采用热处理的方法。热处理可分为退火、正火、淬火、回火及表面热处理。其标注方法如下：

(1)零件表面全部进行某种热处理时，可在技术要求中统一加以说明。

(2)零件表面局部处理时，可在零件图上标注，也可在技术要求中用文字说明。若需要在零件局部进行热处理或局部镀(涂)覆时，用粗点画线表示其范围并注上相应尺寸，也可将其要求注写在表面粗糙度长边横线上，如图 6－4－26 所示。

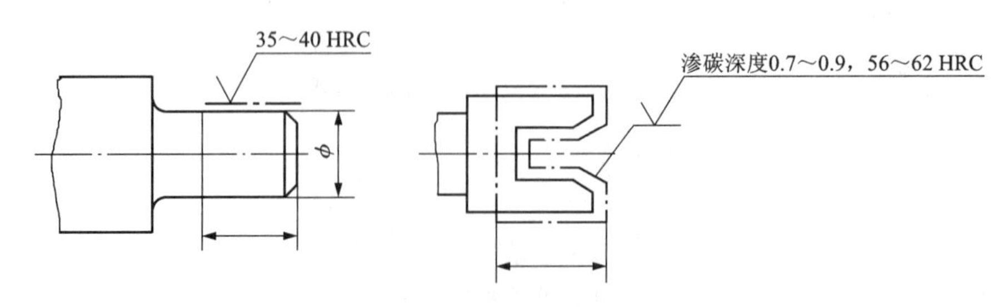

图 6－4－26　表面局部热处理标注

【同步练习】

1. 填空题

(1)尺寸公差是指________________。

(2)国标中规定，标准公差为________级，相同尺寸公差值越小，精度________；公差值越大，精度__________，同一等级的公差，尺寸越小，公差值__________尺寸越大，公差值________。

(3)在表面粗糙度的评定参数中，轮廓算术平均偏差的代号为________。

(4)零件的表面越光滑，粗糙度值越________。

(5)孔与轴的配合为 $\phi30\ \frac{H8}{f7}$，这是基________制____________配合。

(6)基本尺寸相同的，相互结合的孔和轴公差带之间的关系称为________。

(7)基本尺寸相同的孔和轴产生配合关系，根据间隙的大小，可分为________________配合、____________配合、____________配合三种。

2. 根据下列表面粗糙度要求，在视图上标注表面粗糙度代(符)号。

(1)

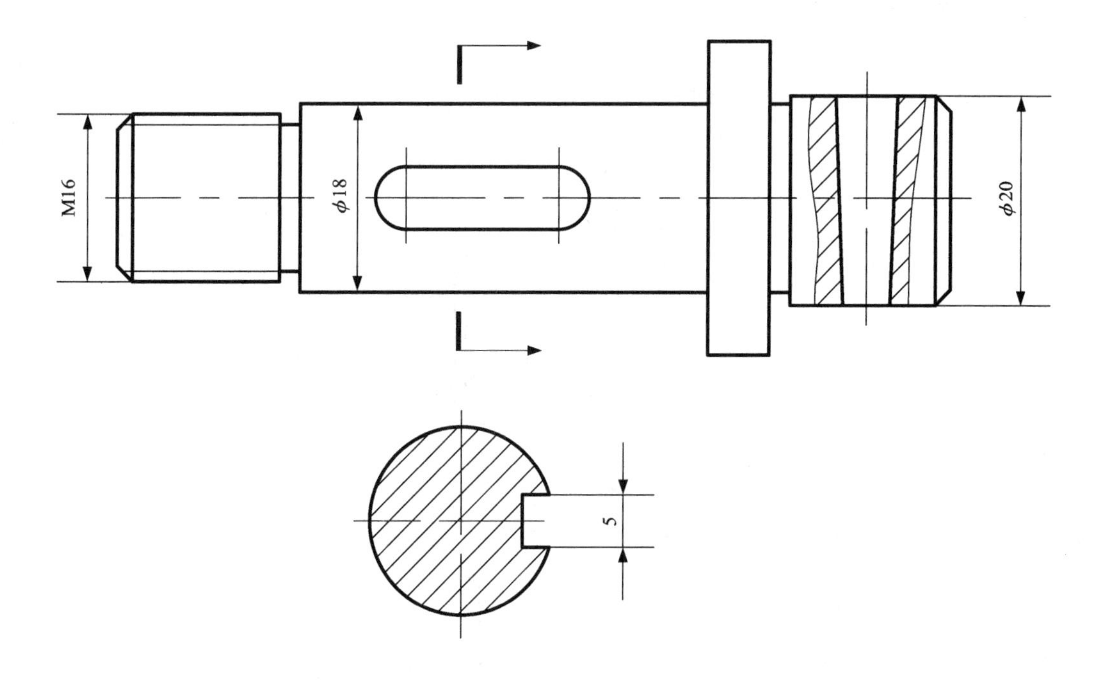

①ϕ20、ϕ18 圆柱面表面粗糙度 *Ra* 的上限值为 1.6 μm;

②M16 螺纹工作表面粗糙度 *Ra* 的上限值为 1.6 μm;

③键槽两侧面表面粗糙度 *Ra* 的上限值为 3.2 μm; 底面表面粗糙度 *Ra* 的上限值为 6.3 μm;

④其余表面粗糙度 *Ra* 的上限值为 12.5 μm。

(2)

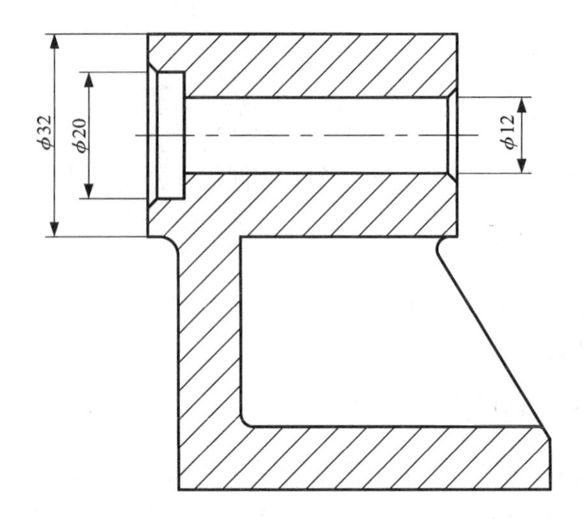

①ϕ32 圆柱体左右两端面 *Ra* 最大允许值为 12.5 μm;

②ϕ20 圆柱孔表面 *Ra* 最大允许值为 3.2 μm;

③ϕ12 圆柱孔表面 *Ra* 最大允许值为 1.6 μm;

④底面 *Ra* 最大允许值为 12.5 μm;

⑤其余表面均为不进行切削加工面。

3. 查表注出下列零件配合面的尺寸偏差值,并填空。

(1)

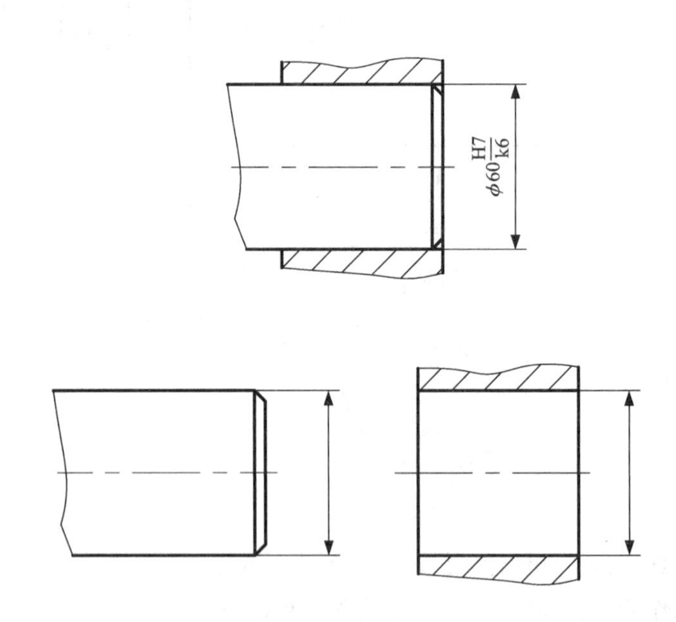

ϕ60H7/k6:其中________为基本尺寸,________为配合代号。H7 为孔的________代号,孔的基本偏差为________,标准公差等级为________级。k6 为轴的________代号,轴的基本偏差为________,标准公差等级为________级。孔与轴组成基________制________配合。

（2）

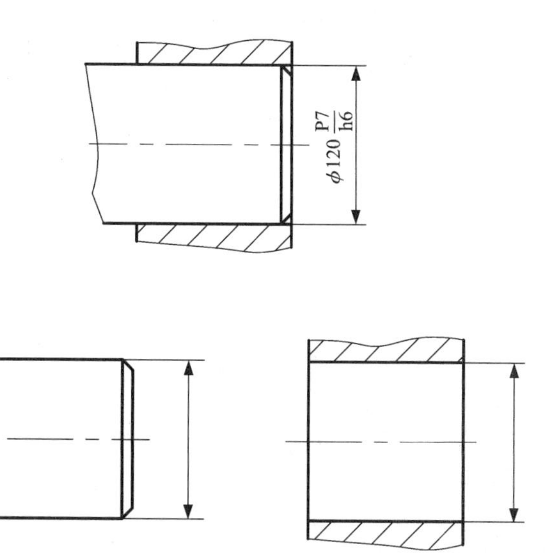

ϕ120P7/h6：其中________为基本尺寸，________为配合代号。P7 为孔的________代号，孔的基本偏差为________，标准公差等级为________级。h6 为轴的________代号，轴的基本偏差为________，标准公差等级为________级。孔与轴组成基________制________配合。

4. 查表注出下列零件配合面的尺寸极限偏差值。（键槽宽度 b 选用一般键连接的极限偏差）

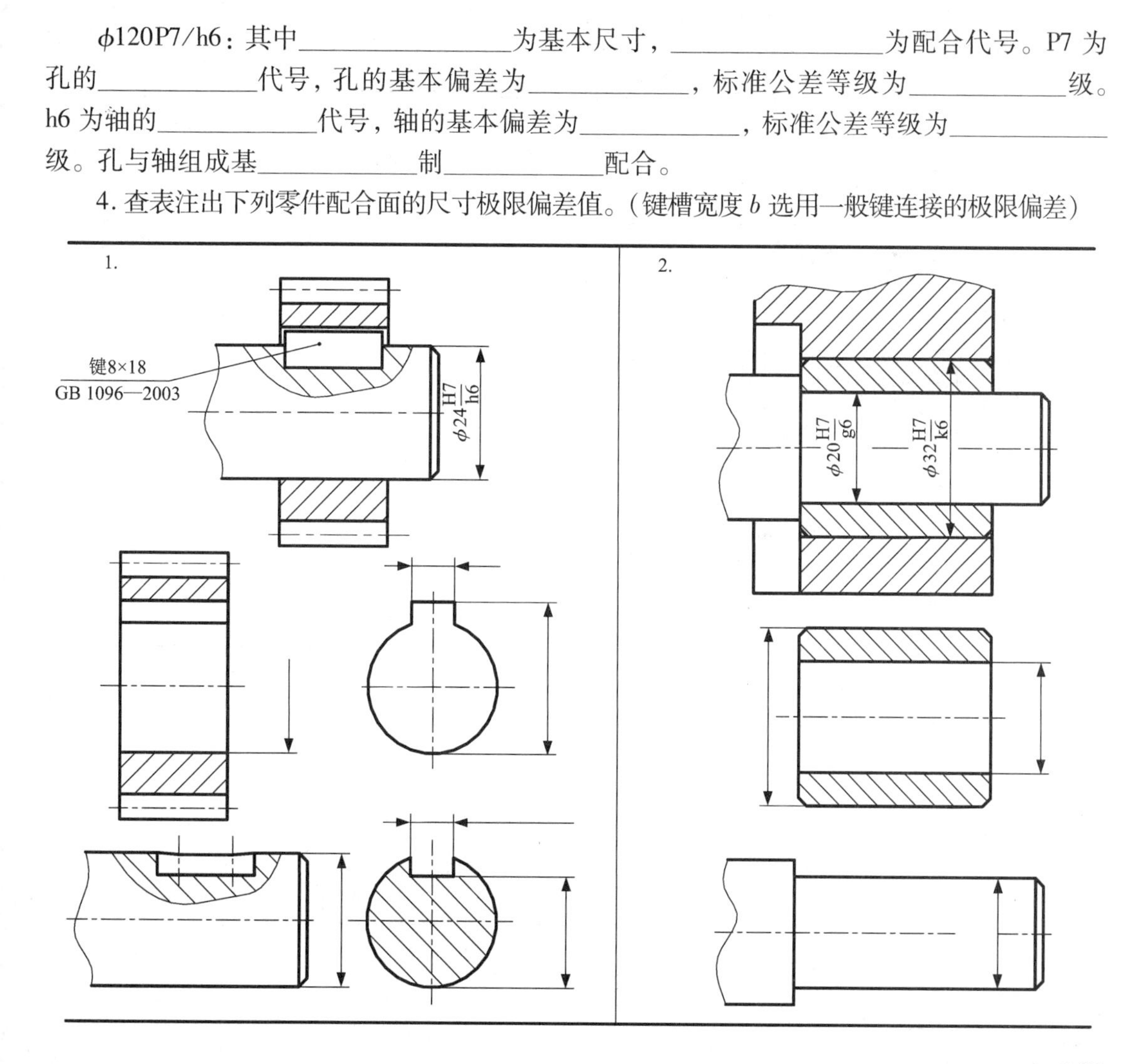

5. 根据代号查出相关数据填表，并画出公差带图。

(1)根据代号查出标准公差与基本偏差，计算偏差值、极限尺寸，并说明代号意义(单位：mm)。

序号	代号	标准公差	基本偏差/偏差	极限尺寸	代号意义	画出公差带图并标出上、下偏差
1	ϕ25H7		ES = EI =	A_{max} = A_{min} =		0 + −
2	ϕ17H6		ES = EI =	A_{max} = A_{min} =		0 + −
3	ϕ50f7		es = ei =	A_{max} = A_{min} =		0 + −
4	ϕ50G7		ES = EI =	A_{max} = A_{min} =		0 + −
5	ϕ24j7		es = ei =	A_{max} = A_{min} =		0 + −
6	ϕ10r6		es = ei =	A_{max} = A_{min} =		0 + −

(2)根据代号查出孔、轴的上、下偏差值，计算最大(小)间隙或最大(小)过盈，并说明代号意义(单位：mm)。

序号	代号	孔、轴上下偏差值		最大(小)间隙或过盈	代号意义	画出公差带图并标出间隙或过盈
1	$\phi50\frac{80}{f7}$	孔	ϕ50			0 + −
		轴	ϕ50			
2	$\phi50\frac{H7}{s6}$	孔	ϕ50			0 + −
		轴	ϕ50			
3	$\phi50\frac{H7}{k6}$	孔	ϕ50			0 + −
		轴	ϕ50			
4	$\phi50\frac{N7}{h6}$	孔	ϕ50			0 + −
		轴	ϕ50			

6. 在图样中标注形位公差

(1)顶面的平面度公差 0.03 mm。

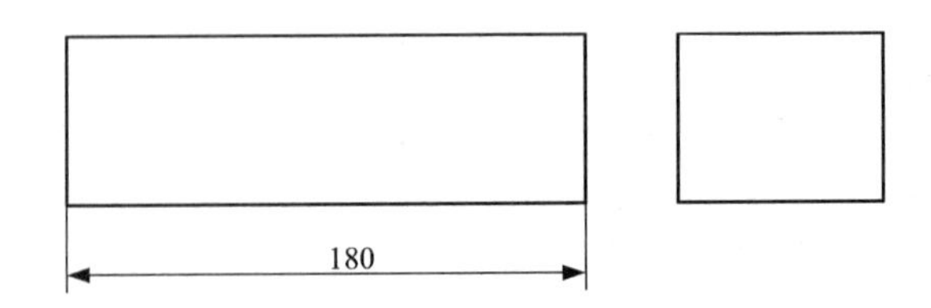

(2)ϕ30f6 的圆柱度公差 0.01 mm。

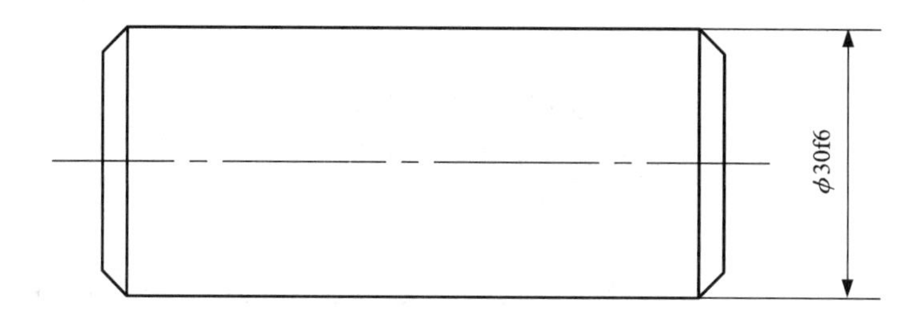

(3)顶面对底面的平行度公差 0.02 mm。

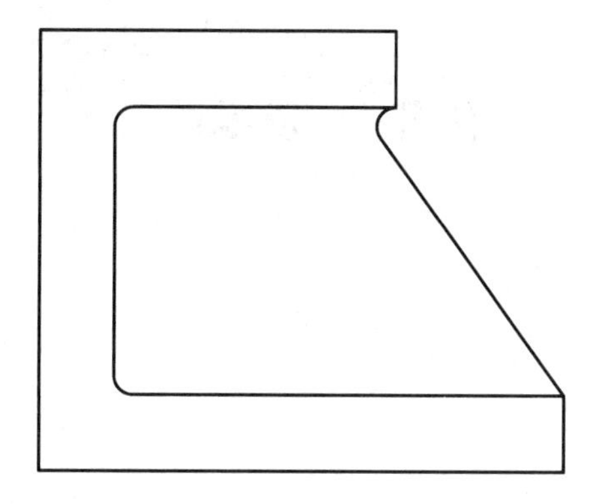

(4)ϕ100h6 对 ϕ45P7 的径向圆跳动公差 0.015 mm；ϕ100h6 的圆度公差 0.004 mm 右端面对左端面的平行度公差 0.01 mm。

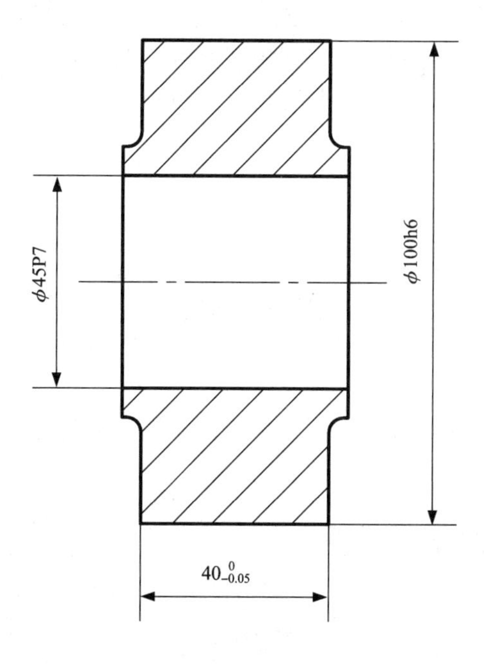

(5)ϕ50h7 对 ϕ30h6 的径向圆跳动公差 0.02 mm；端面 *A* 对 ϕ30h6 轴线的端面圆跳动公

差0.04 mm。

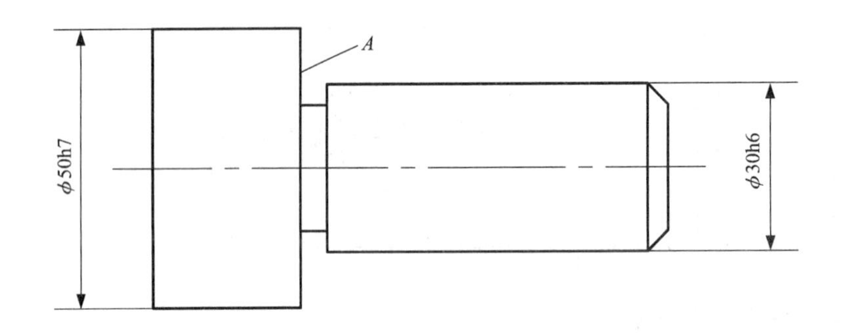

任务5 读零件图

【任务描述】

通过学习，能够读懂轴套类、轮盘类、叉架类和箱体类等各种类型的零件图。

【知识导航】

零件图是制造和检验零件的依据，是反映零件结构、大小和技术要求的载体。读零件图的目的就是根据零件图想象零件的结构形状，了解零件的制造方法和技术要求。为了读懂零件图，最好能结合零件在机器或部件中的位置、功能以及与其他零件的装配关系来读图。虽然零件的形状、用途多种多样，加工方法各不相同，但零件也有许多共同之处。根据零件在结构形状、表达方法上的某些共同特点，常将其分为四类：轴套类零件、轮盘类零件、叉架类零件和箱体类零件。正确、熟练地识读零件图，是技术工人和工程人员必须掌握的基本功之一。

一、识读零件图的基本要求

(1)了解零件的名称、材料和用途。

(2)根据零件图的表示方案，想象零件的结构形状。

(3)分析零件图标注的尺寸，识别尺寸基准和类别，确定零件各组成部分的定形尺寸和定位尺寸及工艺结构的尺寸。

(4)分析零件图标注技术要求，明确制造该零件应达到的技术指标。了解制造该零件时应采用的加工方法。

二、识读零件图的方法和步骤

1. 读标题栏

阅读标题栏，了解零件名称、材料、绘图比例等。初步了解其用途，以及属于哪类零件。

2. 分析表示方案

(1)浏览全图，找出主视图。

(2)以主视图为主搞清楚各个视图名称、投射方向、相互之间的投影关系。

(3)若是剖视图或断面图，应在对应的视图中找出剖切面位置。

(4)若有局部视图、斜视图，必须找出表示部位的字母和表示投射方向的箭头。

(5)检查有无局部放大图及简化画法。通过上述分析，初步了解每一视图的表示目的，为视图的投影分析作准备。

3. 读视图

读视图想象形状时，以主视图的线框、线段为主，配合其他视图的线框、线段的对应关系，应用形体分析法和线面分析法及读剖视图的思维基础来想象零件各个部分的内外形。想象时，先读主体，后读非主体；先读外形，后读内形；先易后难，先粗后细。在分部分想象内、外形的基础上，综合想象零件整体结构形状。

4. 读尺寸

(1)想象零件的结构特点，阅读各视图的尺寸布局，找出三个方向的尺寸基准。了解基准类别以及同一方向有否有主要基准和辅助基准之分。

(2)应用形体分析法和结构分析法，从基准出发找出各部分的定形尺寸和定位尺寸以及工艺结构的尺寸，确定总体尺寸，检查尺寸标注是否齐全、合理。

5. 读技术要求

阅读零件图上所标注的表面粗糙度、尺寸偏差、形位公差及其他技术要求。确定零件哪些部位精度要求较高、较重要，以便加工时采用相应的加工、测量方法。

以上读图步骤往往不是严格分开和孤立进行的，常常是彼此联系、互补或穿插地进行的。

三、识读典型零件图

1. 轴套类零件

轴套类零件包括各种轴、套筒、衬套等。轴类零件在机器中主要用来支承传动件(如齿轮、带轮等)旋转并传递转矩；套类零件用来包容和支承活动件(如轴承、塞子、活块等)的活动。

(1)结构特点。

轴套类零件的主体是回转体。轴类零件常带有轴肩、键槽、螺纹、退刀槽、砂轮越程槽、圆角、倒角、中心孔等结构；套类零件大多数壁厚小于内孔直径，常带有油槽、油孔、倒角、螺纹孔和销孔等结构。

(2)表示方法。

①由于轴套类零件主要是在车床或磨床上进行加工，因此主视图轴线要水平放直，一般只用一个主视图。轴类常用局部剖视图表示孔、槽等结构，套类常用全剖视图。

②为了表示孔、槽，常用断面图。

③对退刀槽、砂轮越程槽、圆角等较小结构常用放大图。

(3)读图 6－5－1 所示的搅拌设备上搅拌轴的零件图。

①读标题栏。从标题栏可知，零件名称是搅拌轴，属轴套类零件，材料用 35CrMoV 或 42CrMo 钢，数量只有 1 件，绘图比例为 1:2。从零件名称略知其用途。

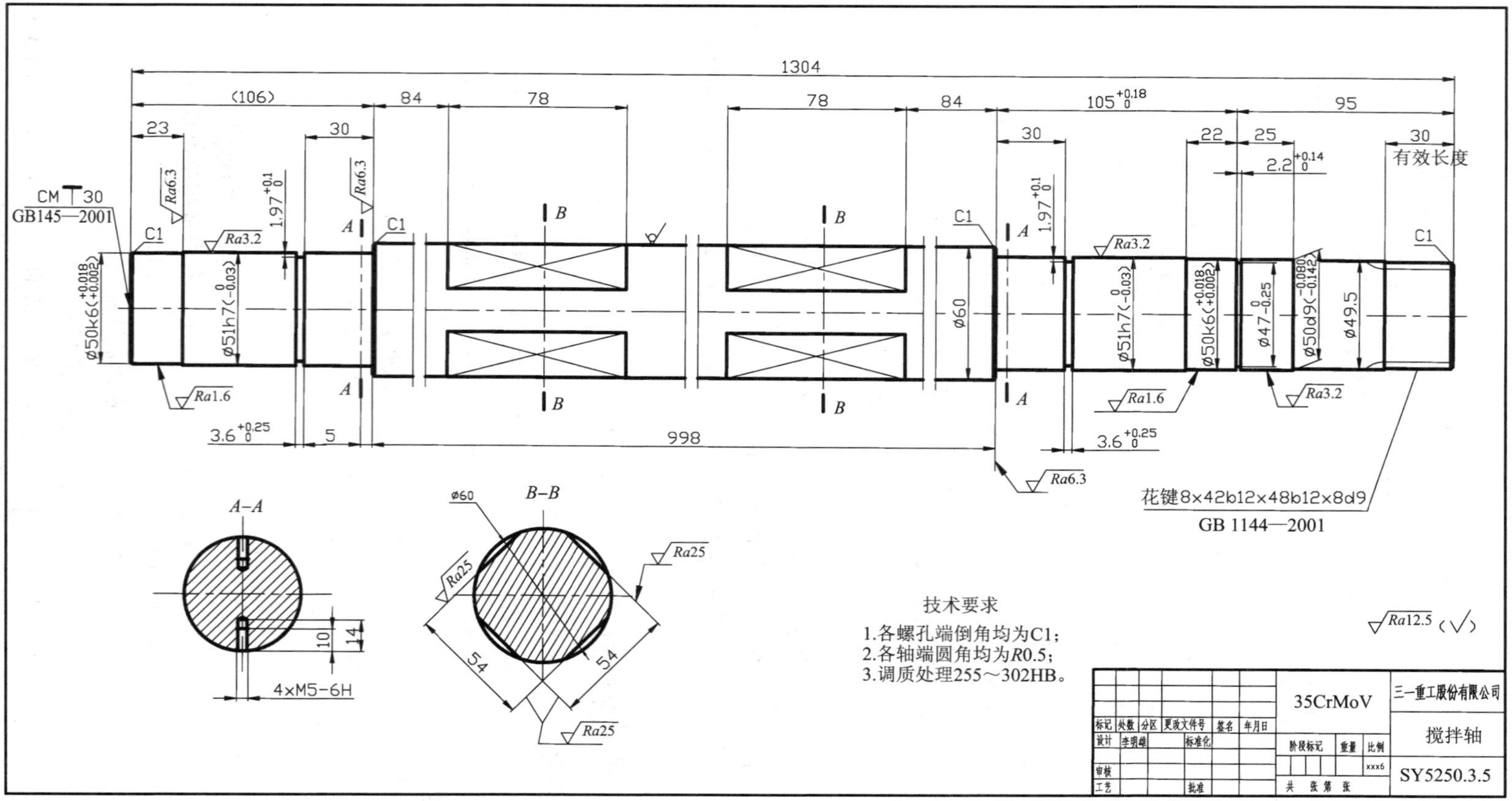

花键8×42b12×48b12×8d9

GB 1144—2001

CM ⊤ 30

GB145—2001

A–A

4×M5–6H

B–B

技术要求

1.各螺孔端倒角均为C1；
2.各轴端圆角均为$R0.5$；
3.调质处理255～302HB。

$\sqrt{Ra12.5}$（√）

35CrMoV	三一重工股份有限公司
阶段标记 重量 比例 xxx6	搅拌轴
共 张 第 张	SY5250.3.5

标记 处数 分区 更改文件号 签名 年月日
设计 李明雄 标准化
审核
工艺 批准

图6–5–1　搅拌轴零件图

②分析表示方案。搅拌轴采用一个主视图，主视图轴线水平放置，主视图下方有两个移出断面图。

③读视图。从主视图沿轴向尺寸及径向尺寸，可知搅拌轴主体是外径 $\phi60$、长 1304 的圆柱，右端有花键槽组成的圆柱。

从左下方和右下方的断面图配合主视图，得知中间 $B-B$ 两处削边方形边长为 54 及左右两边的 $A-A$ 处，共有 4 个 M5－6H 螺纹孔。

读视图时，不仅要看清主体结构形状，而且更要仔细、认真地分析每一个细小的结构，才能更完整地想象零件的结构形状。

④读尺寸。轴套类零件有径向和轴向两个方向的主要基准，径向尺寸均以轴线为基准，它是加工测量工艺基准，同时也是设计基准。

图 6－5－1 中的搅拌轴的轴线为径向尺寸基准，图中 20.5、42、148.5、160 等尺寸均从右端面注起，右端面为轴向主基准，是加工、测量各小圆孔、槽的定位测量基准，零件图上尺寸是加工零件的依据，所以读尺寸也应认真、仔细，避免错、漏而造成废品。

⑤读技术要求。

A. 尺寸公差和表面粗糙度。轴套类有配合或有形位公差要求的轴段或端面，其表面粗糙度、尺寸偏差（公差）、形位尺寸都有较高要求。

如图 6－5－1 中的搅拌轴左端外径 $\phi50h6(^{-0.020}_{-0.002})$，表面粗糙度 Ra 值为 1.6 μm。这种表面精度要求，必须经过磨削才能达到。表面粗糙度 Ra 为 6.3 μm，必须用精车。

B. 形位公差。搅拌轴左端处 $\phi51\ h7(^{0}_{-0.03})$ 外圆柱面要求与轴线 E 的同轴度的公差为 $\phi0.025$，右端两处的形位公差请同学们自行分析。

这些要求在零件加工过程中必须严格加以保证。

C. 其他技术要求。文字技术要求是对加工时的工艺结构提出的要求。

通过上述读图，对搅拌轴的结构形状、大小以及加工过程应达到的技术质量要求有了深入了解，为工人正确合理地制造该零件奠定了基础。

2. 轮盘类零件

轮盘类零件包括法兰盘、端盖、各种轮子（手轮、齿轮、带轮）等。其中轮类零件多用于传递扭矩，盘类零件多用于支承、连接、轴向定位和密封等。

（1）结构特点。

轮盘类零件的主体结构是回转体或扁平板组成的盘状体，其厚度方向尺寸比其他方向尺寸小得多，这类零件通常是先铸造或锻造成毛坯，再经过必要切削加工而成的。其常见结构有轮辐、键槽、均布安装孔及其附属凸台、凹坑、销孔等。

（2）表示方法。

①轮盘类零件主要在机床上加工，所以按其加工位置和形状特征来选择主视图，轴线水平放置。主视图常取单一剖切面、相交剖切面或平行剖切面作出全剖或半剖视图。

②轮盘类零件一般采用主、左（或右）两个基本视图表示。左（或右）视图表示外形轮廓、孔、槽结构形状及分布位置。

③个别细节结构常采用局部剖视图、断面图、局部放大图等加以表示。

（3）读图 6－5－2 所示的右端盖零件图。

①读标题栏。从标题栏可知，零件名称是右端盖，属轮盘类零件，材料用 HT150，数量 1

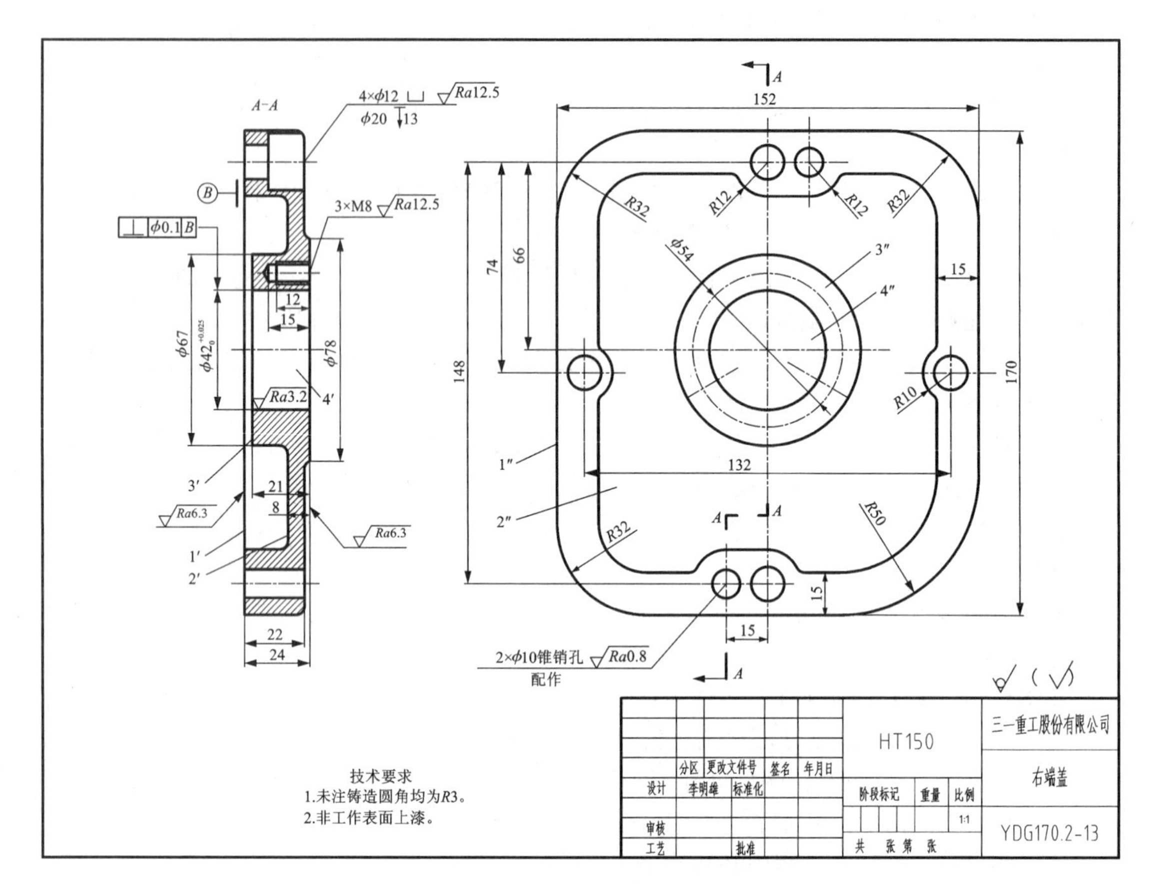

图 6-5-2 右端盖零件图

件，绘图比例 1∶4。

②分析表示方案。右端盖采用主、左视图，主视图的轴线置于水平位置，符合车或镗主孔的加工位置。全剖主视图，从右视图 *A*-*A* 标注，说明采用两个平行剖切平面来表示轴向方向的内形，左视图表示右端盖的外形和各种孔的分布位置。

③读视图。读图时，主要从左视图分离的各个特征形线框 1″，2″，3″，4″找主视图对应位置的线 1′，2′，3′ 和线框 4′，根据这些线左、右相对位置和主视图所示厚度，便能想象出右端盖主体结构是由凸、凹面和通孔所组成的柱形扁状体。

右端盖轴测图

从左视图配合主视图，可知右端盖的左端面有四个圆柱形沉孔、两个销孔，右端面有三个螺纹孔。

综合想象右端盖是上下、左右对称形的扁状体。

④读尺寸。

轮盘零件的径向尺寸主要基准为轴线或主要对称面，轴向尺寸主要基准用较高精度加工面或定位面作为基准。如图 6-5-2 所示，以对称轴线为径向尺寸基准，以右端面为轴向基准。

⑤技术要求。

盘盖类零件上有配合要求的表面、轴向装配定位的端面，其表面粗糙度和尺寸精度要求较严，端面与轴心线之间常有垂直度或端面圆跳动等要求。

右端盖主孔表示孔基本尺寸 $\phi42$，上、下偏差值分别为 +0.025 和 0，是基准孔，表面粗糙度 Ra 上限值为 3.2 μm，轴线对左端面 B 垂直度公差为 0.1。

3. 叉架类零件

叉架类零件包括支架拨叉、连杆、摇臂、杠杆等。叉架类零件在机器或部件中常用于支承、连接、操纵和传动等，这类零件由铸造、锻造制成毛坯，经过必要机械加工制造而成。

(1)结构特点。

叉架类零件的结构形状多样化，差别较大，但主体的结构都是由支承部分、安装部分和连接部分(不同断面形状的连接板、肋板和实心杆)组成。

(2)表示方法。

①叉架类零件需用多种机械进行加工，加工位置难于分清主要和次要之处，工作位置也多变，所以，应以反映零件结构特征的方向为主视图投射方向，并把零件放正。

②常采用两个或两个以上基本视图表示，根据结构特点辅以断面图、斜视图、局部视图。

(3)读叉架零件图：读图 6-5-3 所示支架零件图。

①读标题栏。从标题栏可知，零件名称是支架，属叉架类零件，材料 HT150，说明是铸造件，数量 1，比例 1∶2，略知该零件是用来支承轴、套零件。

②分析表示方案。支架采用主、俯、左三个基本视图，主视图表示支架外形主要特征，底板水平放置，符合加工和工作位置；俯视图 $D-D$ 全剖，从主视图 $D-D$ 处剖切，表示连接板断面和底板的形状；左视图 $A-A$ 全剖，从主视图 $A-A$ 处剖切，用两个平行剖切平面，还有 D 向局部视图。

支架轴测图

③读视图。读图时，以主视图为主，把主视图分为三个部分来想象，线框 1′对应左视图线框 1″，想象圆筒体Ⅰ；线框 2′对应俯、左视图的线框 2，2″，从线框 2 和 2″的形状想象连接板形状Ⅱ；线框 3′对应俯、左视图线框 3，3″，以线框 3 形状为主，配合线框 3′，3 想象底板形状Ⅲ。通过各个视图线框相对位置，想象支架是一个由三个主体部分左右对称叠加而成的立体。

从 C 向局部视图线框 a 对应线框 a′和线 a″，想象带螺孔拱形凸；从 b′、b″及 b，想象三角形肋板。把想象的各部分形状，按各自所处理位置和连接关系，想象支架立体形状。

④读尺寸。叉架类零件常以主要孔轴线、中心线、对称平面、底面作为长、宽、高三个方向尺寸主要基准。叉架类零件各组成形体的定形尺寸和定位尺寸比较明显，读图和标注尺寸都要用形体分析法。

⑤技术要求。叉架类零件精度要求较高的是工作部位，即支承部分的支承孔，这种结构往往有较高的尺寸精度和表面粗糙度。支架的主孔 $\phi72$H8，是基本尺寸为 $\phi72$，基本偏差为 H，公差等级为 8 级的基准孔，查得上下偏差值为，它的最大尺寸 $\phi72.046$，最小尺寸为 $\phi72$，表面粗糙度 Ra 最大极限值 1.6 μm，定位尺寸 170 ±0.1，上下偏差都是 0.1，最大极限尺寸 $\phi170.1$，最小极限尺寸 $\phi69.9$；轴线对底面 A 的平行度为 0.03，加工该孔需要精车或磨削加工。

圆筒上定位端面表面粗糙度 $Ra3.2$，该面对 $\phi72$H8 轴线端跳的公差值为 0.04。

4. 箱体类零件

箱体类零件有减速箱、泵体、阀体和机座等。该类零件是机器或部件的主体件，起着支

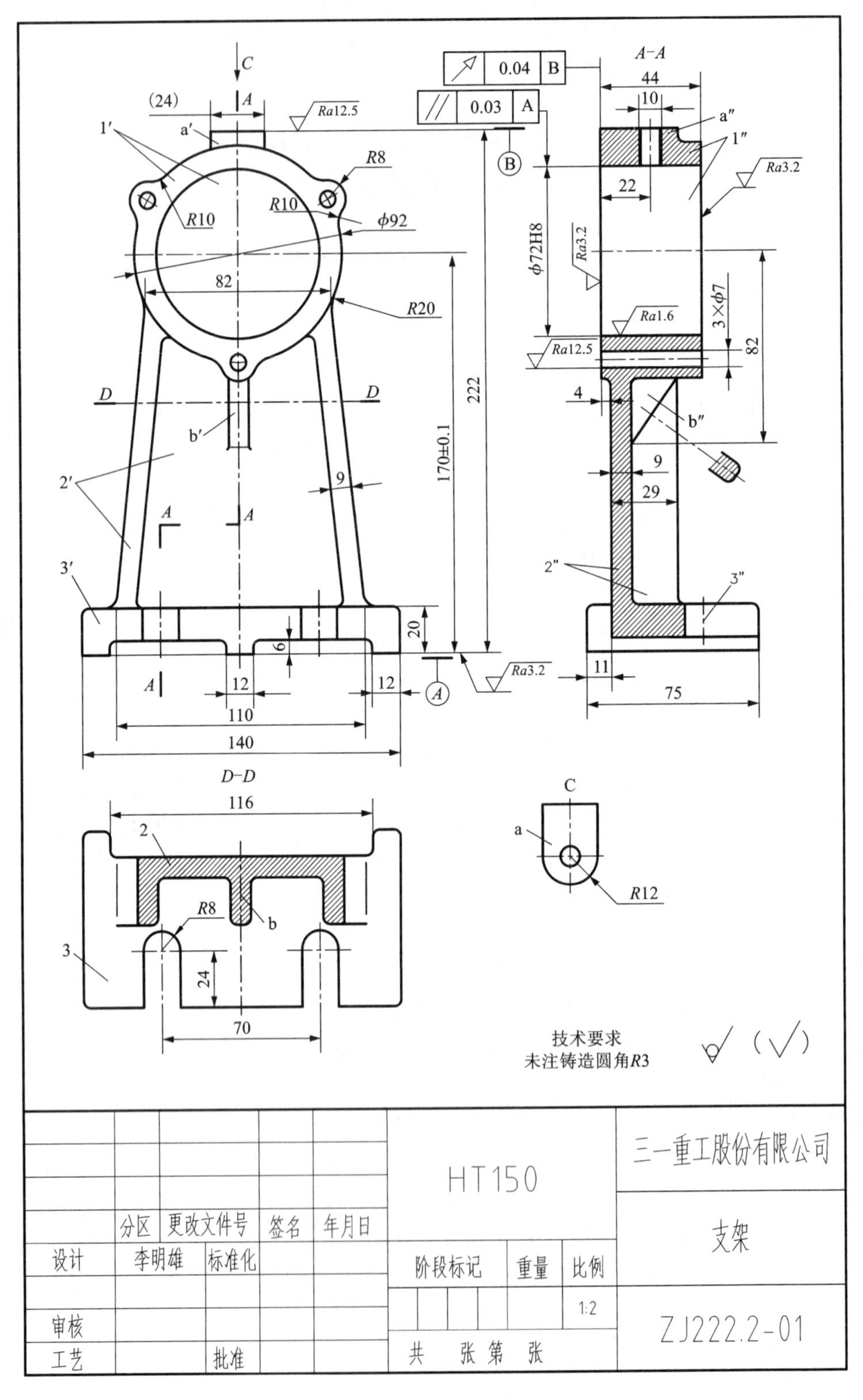
A–A
D–D
C
技术要求
未注铸造圆角R3
HT150
三一重工股份有限公司
支架
ZJ222.2-01
分区
更改文件号
签名
年月日
设计
李明雄
标准化
阶段标记
重量
比例
1:2
审核
工艺
批准
共 张 第 张

图 6–5–3 支架零件图

承、包容运动零件的作用。这类零件的毛坯常为铸件，也有焊接件。

（1）结构特点。

箱体类零件形状较复杂，这类零件有加强肋、安装孔和螺纹孔、销孔等。

（2）表示方法。

①由于箱体类零件结构形状复杂、加工位置多变，所以主视图的选择一般以工作位置及最能反映零件特征的方向作为主视图的投射方向。

②箱体类零件通常采用三个或三个以上基本视图表示，并根据箱体结构特点，选择合适剖视图。当外形较简单时，常采用全剖；若内外形都较复杂，常采用局部剖；对称形采用半剖。

③次要或较小结构常采用局部剖和断面图。

（3）读箱体零件图。读图 6－5－4 所示的蜗轮箱体。

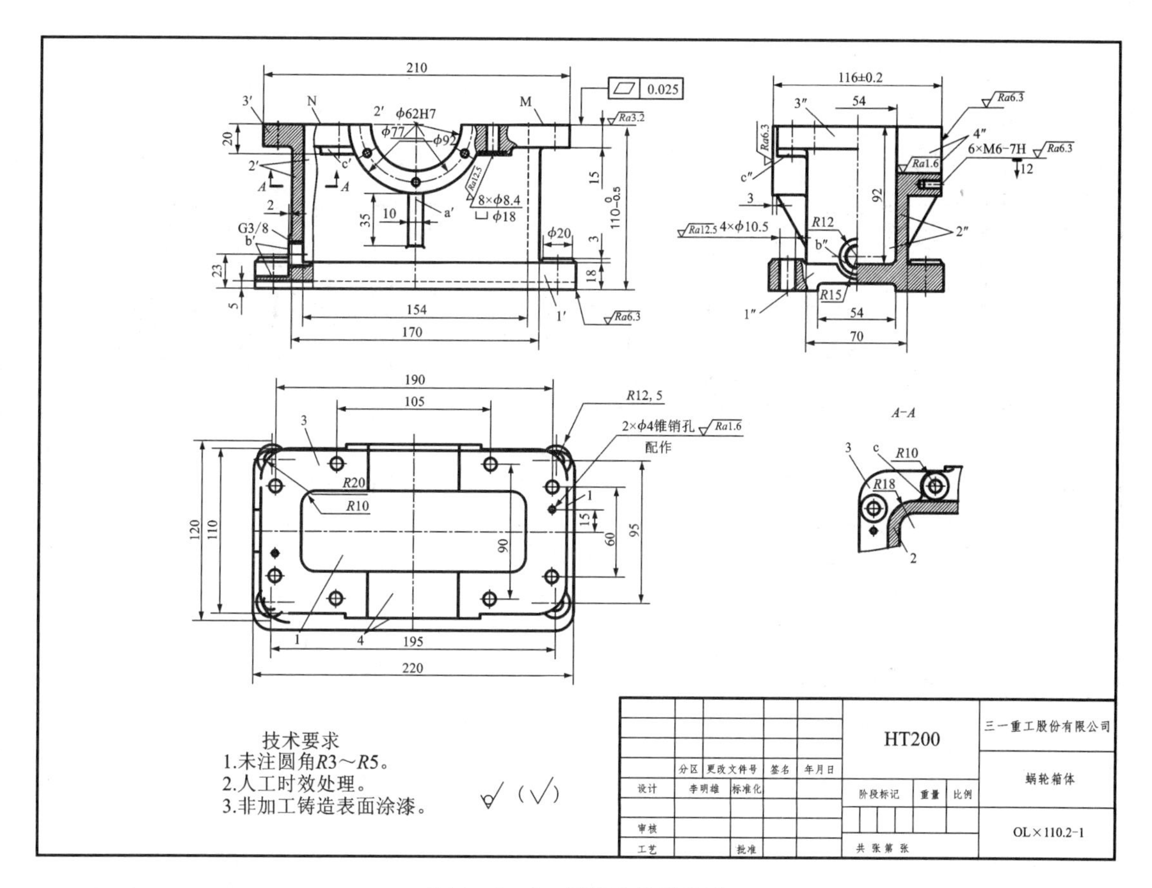

图 6－5－4　蜗轮箱体零件图

①读标题栏。

②分析表示方案。

③读视图。

A. 想象主体形状。

B. 想象次要结构形状。

C. 想象各个小圆孔和螺纹孔的数量和位置。

④读尺寸。

蜗轮箱的轴测图

A. 尺寸基准。

B. 按形体分析法识读底板Ⅰ、箱壁Ⅱ、上盖板Ⅲ、半圆筒Ⅳ的定形和定位尺寸。

C. 确定各种圆孔的尺寸。

D. 其他结构尺寸。

⑤读技术要求。

最后想象出蜗轮箱体形状。

【同步练习】

1. 识读套筒零件图，并完成下列练习题。

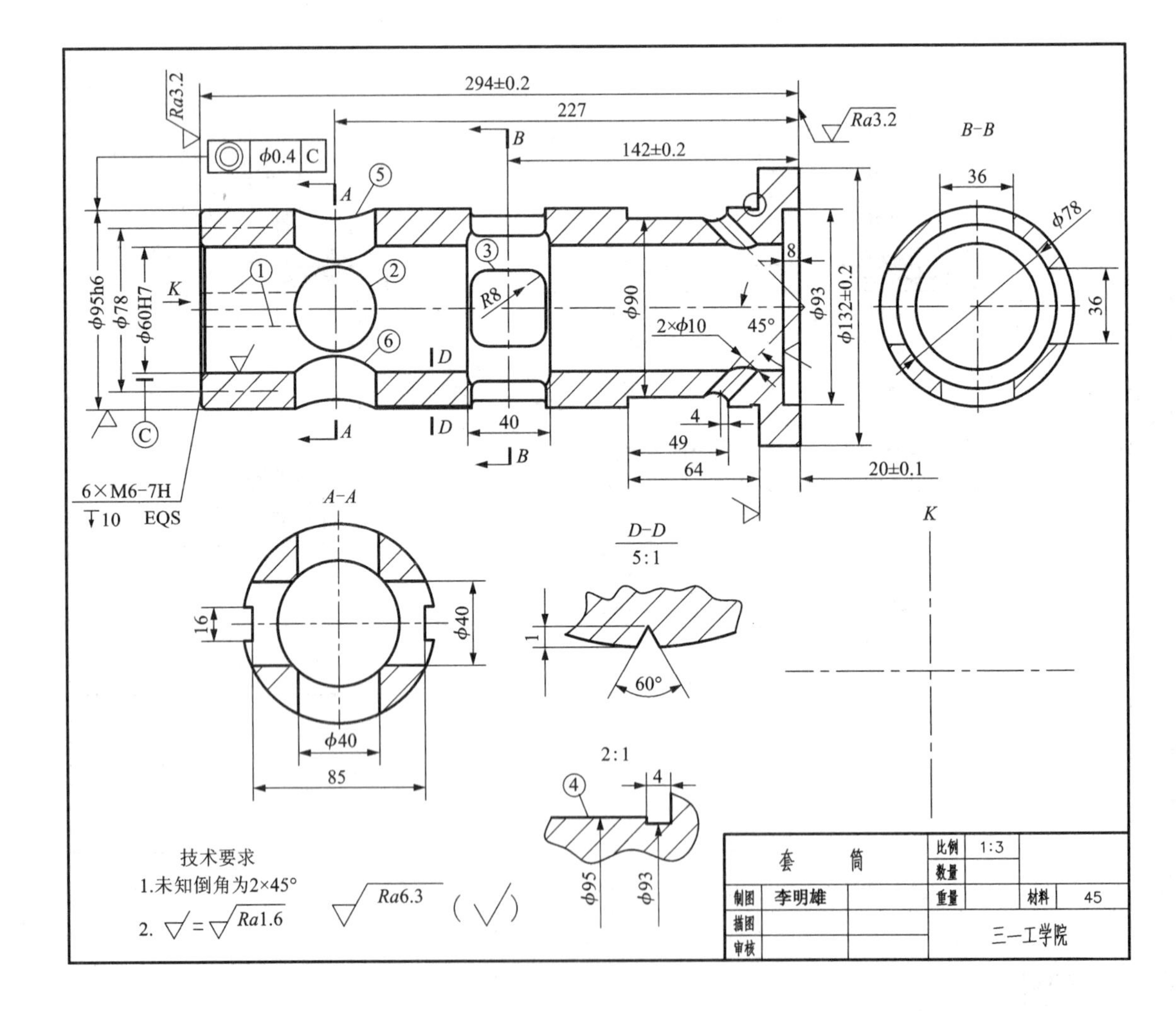

(1) 分析尺寸主要基准，轴向基准是__________，径向基准是__________。

(2) 图中①所指的两条虚线间距为______。

(3) 图中②所指的圆的直径为__________。

(4)图中③所指的线框，其定形尺寸为________________。

(5)2 × ϕ10 孔的定位尺寸为________。

(6)套筒最左端面的表面粗糙度是________。

(7)局部放大图中④所指位置的表面粗糙度是________。图中 4 处所标 ▽ 粗糙度为________。

(8)132 ± 0.2 的外圆最大可以加工成________，最小可加工成________，其公差值为________。

(9)图中⑤所指的是由________与________两圆相交所形成的相贯线。

(10)图中⑥所指的是由________与________两圆相交形成的相贯线。

(11)符号____________________的含义是________________________。

(12)补画 K 向局部视图。

2. 识读端盖零件图，并完成下列练习题。

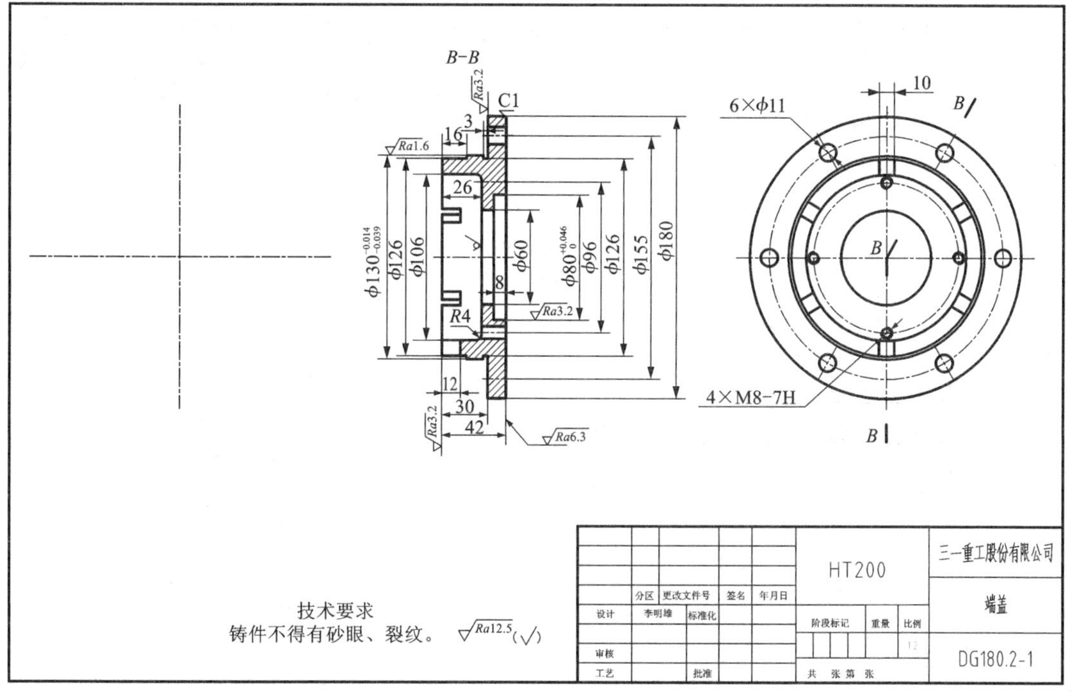

(1)该零件采用了________和________两个视图表达，主视图采用________________，剖切方法为________________。

(2)端盖左端有________个槽，槽宽为________，槽深为________。

(3)端盖周围有________个孔，它的直径为________，定位尺寸为____________。

(4)图中____________部分的基本尺寸是________，最大极限尺寸为____________，最小极限尺寸为____________，上偏差为________，下偏差为________，公差为____________。

(5)图中 $\phi130^{-0.014}_{-0.039}$外圆柱面的表面粗糙度 Ra 的数值小是因为该表面是____________。

(6) | ↗ | 0.050 | A | 表示被测部位为________，其对________________________________公差为________________。

(7)补画右视图。

3. 识读传动箱零件图，并完成下列练习题。

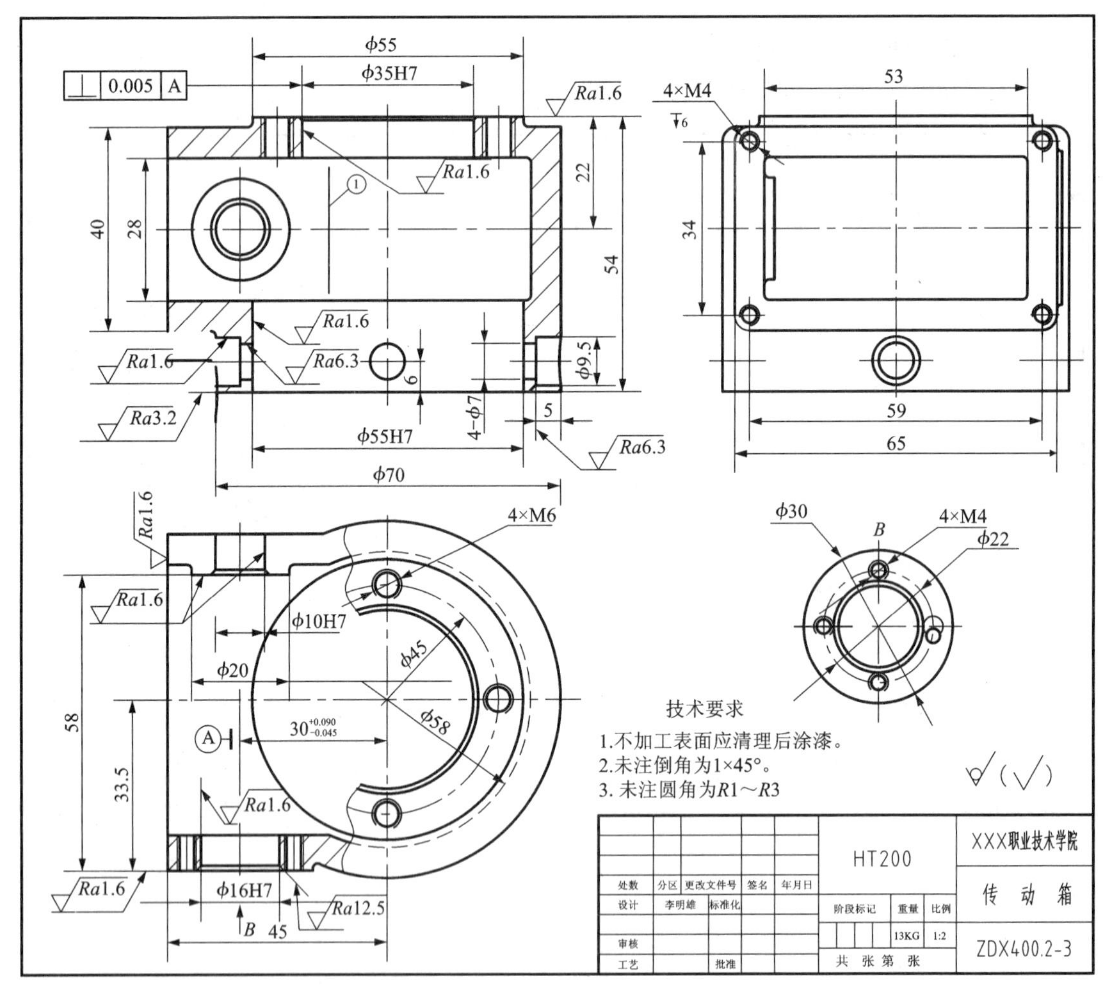

(1) 传动箱共用了________个视图，视图的名称是____________、____________、____________、____________，采用的剖视图是________________、________________。

(2)传动箱内装蜗轮、蜗杆传动件，从图中可以看出它们的中心距为________________。

(3)宽度、长度和高度方向主要尺寸基准分别为____________________、____________________、____________________。

(4)符号①所指出的直线是________和________的交线。

(5)加工质量要求最高的表面粗糙度是______，最低的是________。

(6)尺寸 ϕ35H7 中，ϕ35 是________尺寸，H7 是________代号，H 是________代号，而 7 是________等级。

(7)$30^{+0.090}_{-0.045}$中，30 是______，上下偏差分别是______和______，公差值是______。

(8)左端面 4×M4 螺孔的定位尺寸是________。

(9)在指定位置画 $A-A$ 剖视图。

4. 识读右出料斗旋转轴的零件图并填空。

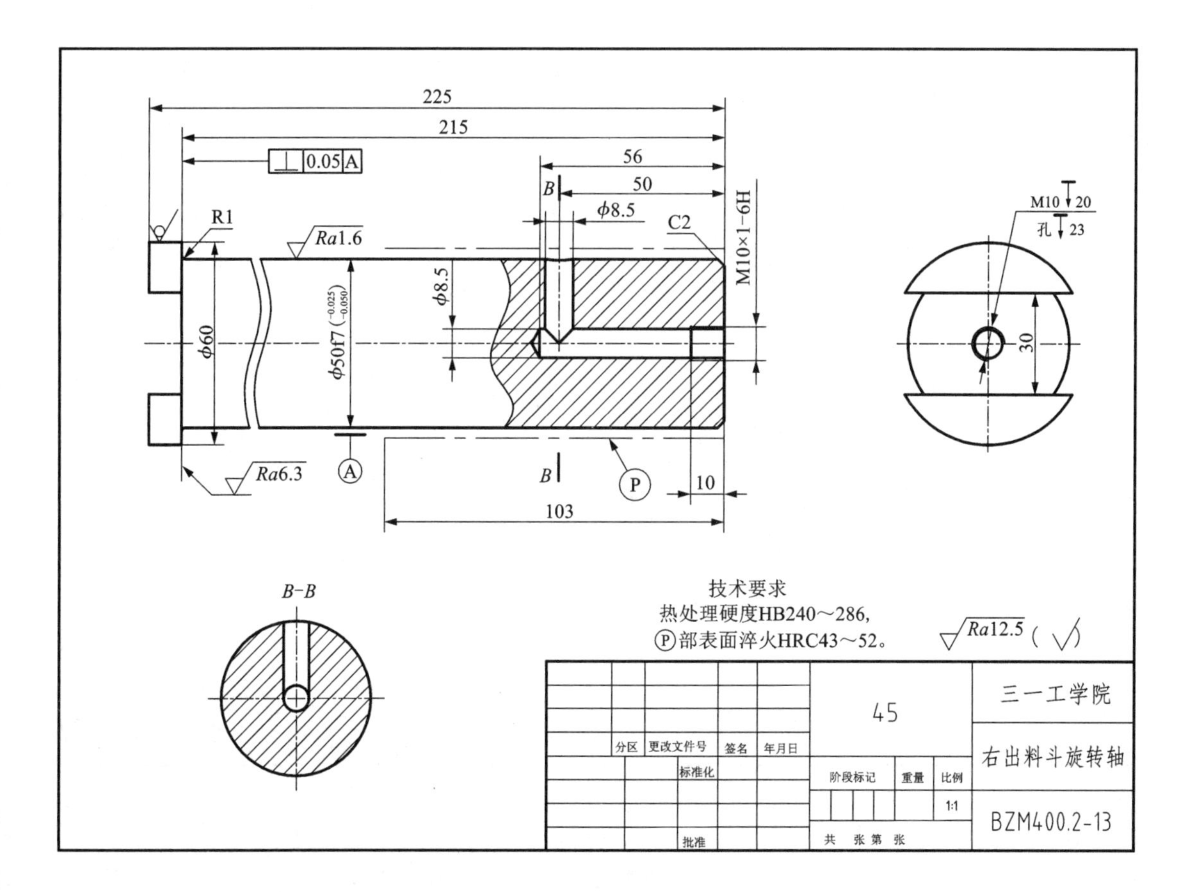

(1)该零件的名称是______________________________，材料是____________。

(2)主视图采用的是____________剖视图，主视图右边的图形为____________视图。

(3)上方有 $B-B$ 的图为____________________图。

(4)尺寸 $\phi 50f7(^{-0.025}_{-0.050})$ 的基本尺寸为____________，基本偏差是______________________，最大极限尺寸是____________，最小极限尺寸是________________，公差是____________。

(5)该零件轴向的尺寸基准是________________，径向的尺寸基准是____________。

(6)零件的右端面螺纹尺寸为 M10 × 1 － 6H 的螺距为________________，大径为____________。

(7)零件的右端面的倒角为________________。

(8)套 $\phi 50$ 的外圆面的表面粗糙度为________________。

(9)说明图中下列形位公差的意义：

| ⊥ | 0.050 | A | 被测要素为____，基准要素为______________________________，公差项目为______________________________，公差值为____________。

5. 识读法兰的零件图并填空。

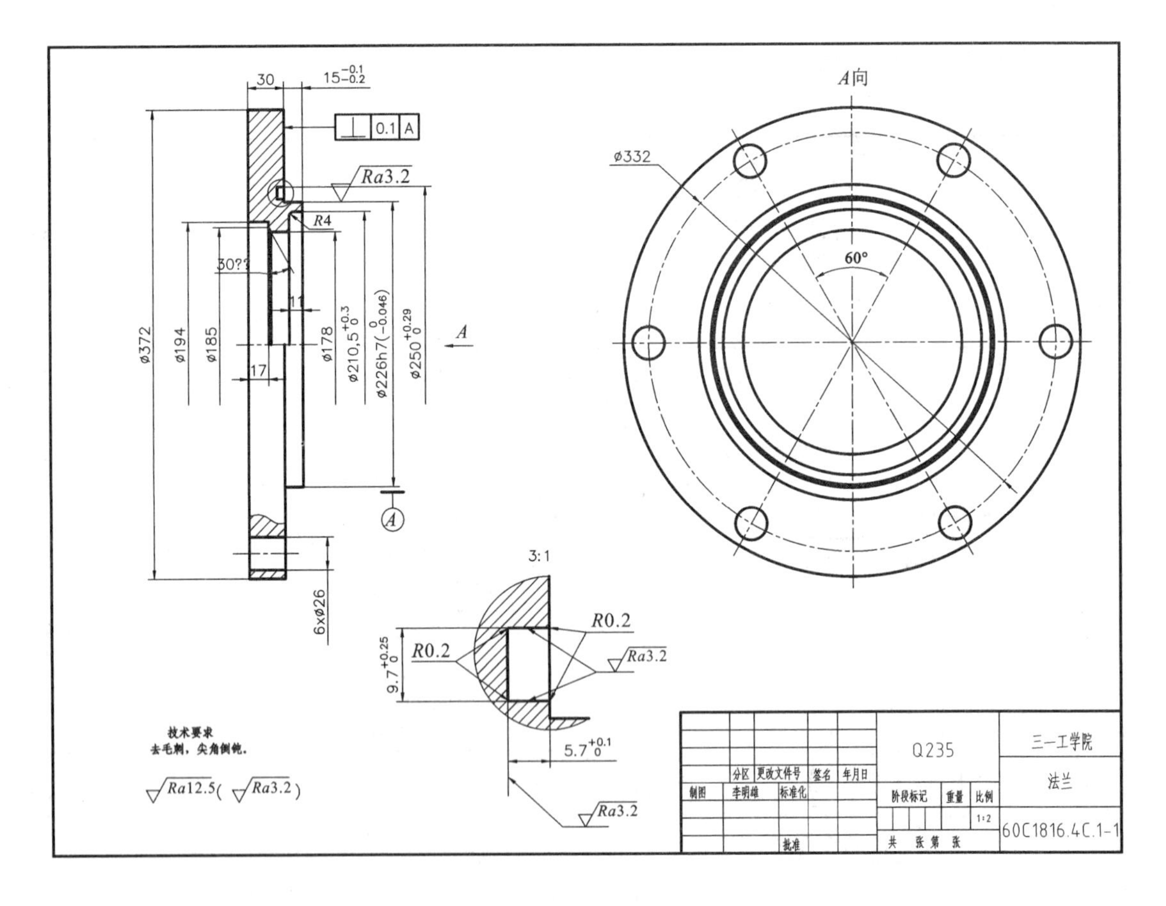

(1)该零件的名称是________________，材料是____________，比例是________。

(2)主视图采用了________________视图，上方有 3∶1 的图形是________________图。

(3)轴向的主要尺寸基准是________，径向的主要尺寸基准是________________。

(4)主视图中尺寸 ϕ226h7 的最大极限尺寸为________，最小极限尺寸为________，公差为________；基本偏差为________。

(5)左视图中有________个螺钉安装孔，直径为________，定位尺寸为______________。

(6)主视图图中直径为 ϕ194 的孔深度是________________。

(7)主视图中尺寸 ϕ226h7 的表面粗糙度要求是________________。

(8) | ⊥ | 0.1 | A | 标注中，被测要素是________________，基准要素是________________，公差项目是________________，公差值为________________。

任务6　零件测绘

【任务描述】

通过学习，能对各种类型的零件进行测量，并绘制出正确的零件图。

【知识导航】

零件的测绘就是根据实际零件画出它的图形，测量出它的尺寸并制订出技术要求。测绘时，首先以徒手画出零件草图，然后根据该草图画出零件工作图。在仿造和修配机器部件以及技术改造时，常常要进行零件测绘，因此，它是工程技术人员必备的技能之一。

一、零件尺寸的测量方法

测量尺寸是零件测绘过程中一个很重要的环节，尺寸测量得准确与否，将直接影响机器的装配和工作性能，因此，测量尺寸要谨慎。

测量时，应根据对尺寸精度要求的不同选用不同的测量工具。常用的量具有钢直尺，内、外卡钳等；精密的量具有游标卡尺、千分尺等；此外，还有专用量具，如螺纹规、圆角规等。图 6－6－1～图 6－6－4 为常见尺寸的测量方法。

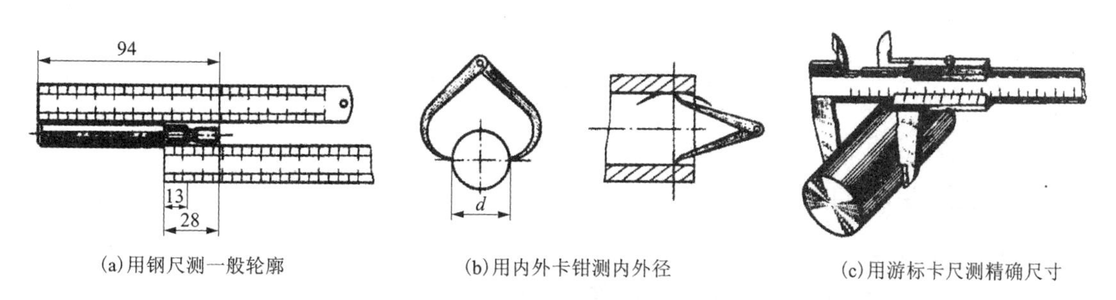

(a)用钢尺测一般轮廓　(b)用内外卡钳测内外径　(c)用游标卡尺测精确尺寸

图 6－6－1　线性尺寸及内、外径尺寸的测量方法

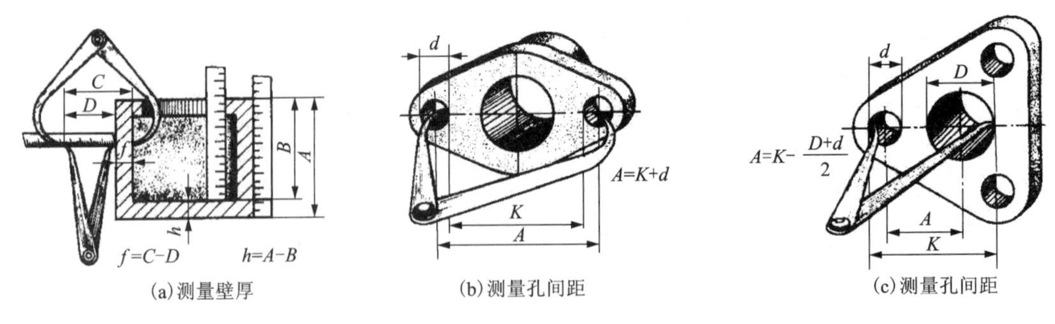

图 6-6-2　壁厚、孔间距的测量方法

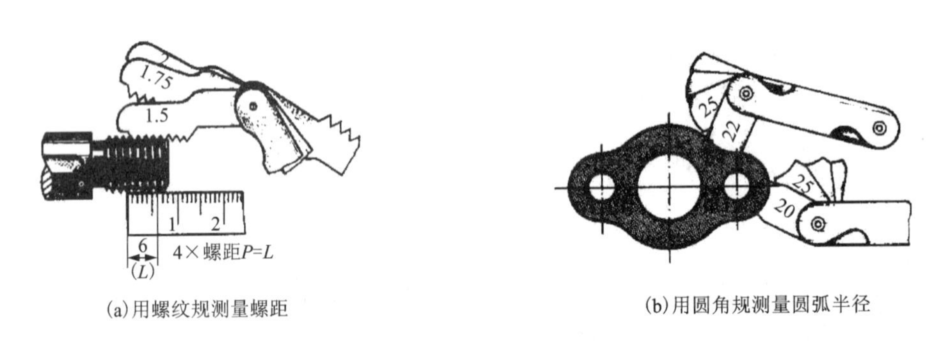

图 6-6-3　螺距、圆弧半径的测量方法

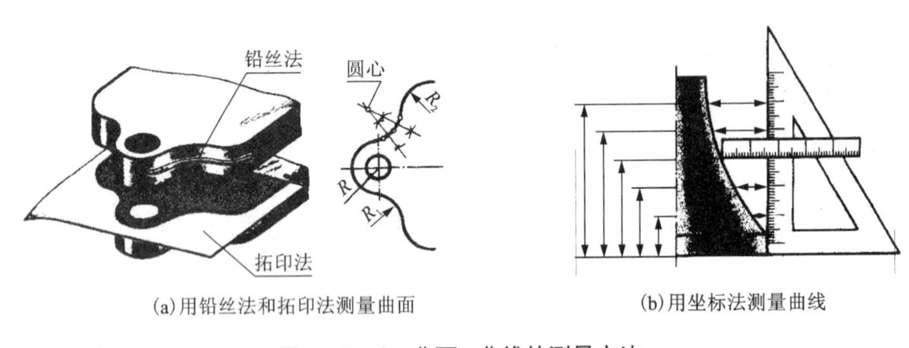

图 6-6-4　曲面、曲线的测量方法

二、画测绘图的步骤和注意事项

1. 画测绘图的步骤

(1)画测绘图前的准备工作。

①准备作底线和描粗线用的铅笔、图纸、橡皮、小刀以及所需的量具。

②弄清楚零件的名称、用途以及它在装配体上的装配关系和位置关系，确定零件的材料，并研究它的制造方法。

③弄清楚零件的构造，分析它是由哪些几何体所组成的。

④确定零件的主视图、所需视图的数量，并定出各视图的表示方法。主视图必须根据零件(特别是轴类零件)的特征、工作位置和加工位置来选定。视图的数量，以能充分表达零件形状为原则的前提下，愈少愈好。

(2)画测绘图步骤。

①选择图纸，定比例。安排好各视图和标题栏在图纸上的位置以后，用细实线打出方框，作为每一视图的界线，保持最大尺寸的大致比例；视图与视图之间必须留出足够的位置，以便标注尺寸。

②用细的点划画作轴线和中心线。

③用细实线画出零件上的轮廓线；画出剖视、剖面和细节部分(如圆角、小孔、退刀槽等)。各视图上的投影线，应该彼此对应着画，以免漏掉零件上某些部分在其他视图上的图形。

④校核后，用软铅笔把它们描深，画出图面中的剖面线和虚线。

⑤定出起算尺寸用的基准和表面光洁度符号。

⑥当所有必要的尺寸线都画出以后，就可能测量零件，在尺寸线上方法上量得尺寸数字。注明倒角的尺寸、斜角的大小、锥度、螺纹的标记等。要求和填写标题栏，在其中注明零件的名称、材料、数量和技术要求。

2. 画零件测绘图时的注意事项

①不要把零件上的缺陷画在测绘图上，例如铸件上的收缩部分、砂眼、毛刺等，以及加工错误的地方，碰伤或磨损的地方。

②凡是经过切削加工的铸、镀件，应注出非标准拔模斜度与及表面相交处的角。

③零、部位的直径、长度、锥度、倒角等尺寸，都有标准规定，实测后，应选用最接近的标准数值(查机械零件手册)。

④测绘装配体的零件时，在未拆装配体以前，先要弄清它的名称、用途、构造。

⑤考虑装配体各个零件的拆卸方法、拆卸顺序以及所用的工具。

⑥拆卸时，为防止丢失零件和便于安装起见，所拆卸零件应分别编上号码，尽可能把有关零件装在一起，放在固定位置。

⑦测绘较复杂的装配零件之前，应根据装配体画出一个装配示意图。

⑧对于两个零件相互接触的表面，在它上面所标注的表面光洁度要求应该一致。

⑨测量加工面的尺寸，一定要使用精密度较高的量具。

⑩所有标准件，只需量出必要的尺寸并注出规格，可不用画测绘图。

三、零件测绘的方法与步骤

齿轮泵

下面以齿轮油泵的泵体为例，说明零件测绘的方法和步骤。

1. 了解和分析测绘对象

首先应了解零件的名称、材料以及它在机器或部件中的位置、作用及与相邻零件的关系，然后对零件的内外结构形状进行分析。

齿轮油泵是机器润滑供油系统中的一个主要部件，当外部动力经齿轮传至主动齿轮轴时，即产生旋转运动。当主动齿轮轴按逆时针方向(从主视图观察)旋转时，从动齿轮轴则按顺时针方向旋转，如图6－6－5所示齿轮油泵工作原理。此时右边啮合的轮齿逐步分开，空腔体积逐渐扩大，油压降低，因而油池中的油在大气压力的作用下，沿吸油口进入泵腔中。齿槽中的油随着齿轮的继续旋转被带到左边；而左边的各对轮齿又重新啮合，空腔体积缩小，使齿槽中不断挤出的油成为高压油，并由压油口压出，然后经管道被输送到需要供油的部位，以实现供油润滑功能。

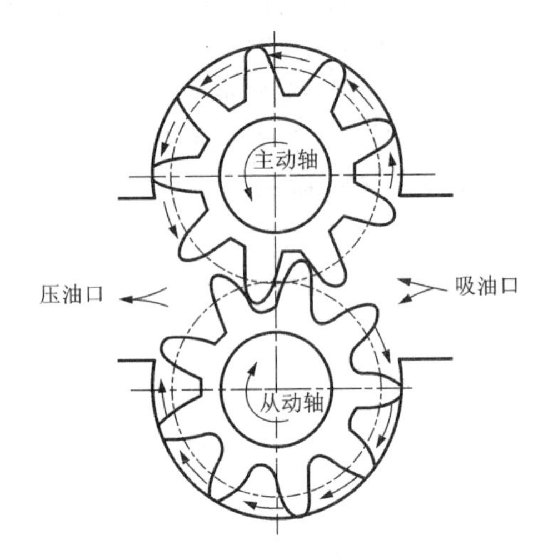

图6－6－5　齿轮油泵工作原理简图

泵体是油泵上的一个主体件，属于箱体类零件，材料为铸铁。它的主要作用是容纳一对啮合齿轮及进油、出油通道，在泵体上设置了两个销孔和六个螺孔，是为了使左泵盖和右泵盖与其定位和连接。泵体下部带有凹坑的底板和其上的两个沉孔是为了安装油泵。泵体进、出油口孔端的螺孔是为了连接进、出油管等。至此，泵体的结构已基本分析清楚。

2. 确定表达方案

由于泵座的内外结构都比较复杂，应选用主、左、仰三个基本视图。泵体的主视图应按其工作位置及形状结构特征选定，为表达进、出油口的结构与泵腔的关系，应对孔道进行局部剖视。为表达安装孔的形状，也应对其中一个安装孔进行局部剖视。

为表达泵体与底板、出油口的相对位置，左视图应选用 $B-B$ 全剖视图，将泵腔及孔的结构表示清楚。

然后再选用一俯视图表示底板的形状及安装孔的数量、位置。俯视图取全剖视图。最后选定表达方案如图6－6－6所示。

3. 绘制零件草图

(1)绘制图形。根据选定的表达方案，徒手画出视图、剖视等图形，其作图步骤与画零件画相同。但需注意以下两点：

①零件上的制造缺陷(如砂眼、气孔等)，以及由于长期使用造成的磨损、碰伤等，均不应画出。

②零件上的细小结构(如铸造圆角、倒角、倒圆、退刀槽、砂轮越程槽、凸台和凹坑等)必须画出。

(2)标注尺寸。先选定基准，再标注尺寸。具体应注意以下三点：

①先集中画出所有的尺寸界线、尺寸线和箭头，再依次测量、逐个记入尺寸数字。

②零件上标准结构(如键槽、退刀槽、销孔、中心孔、螺纹等)的尺寸，必须查阅相应国家标准，并予以标准化。

③与相邻零件的相关尺寸(如泵体上螺孔、销孔、沉孔的定位尺寸，以及有配合关系的尺寸等)一定要一致。

(3)注写技术要求。零件上的表面粗糙度、极限与配合、形位公差等技术要求，通常可采用类比法给出。具体注写时需注意以下三点：

①主要尺寸要保证其精度。泵体的两轴线、轴线距底面以及有配合关系的尺寸等，都应给出公差。

②有相对运动的表面及对形状、位置要求较严格的线、面等要素，要给出既合理又经济的粗糙度或形位公差要求。

③有配合关系的孔与轴，要查阅与其相结合的轴与孔的相应资料(装配图或零件图)，以核准配合制度和配合性质。只有这样，经测绘而制造出的零件，才能顺利地装配到机器上去并达到其功能要求。

(4)填写标题栏。一般可填写零件的名称、材料及绘图者的姓名和完成时间等。

4. **根据零件草图画零件图**

草图完成后，便要根据它绘制零件图，其绘图方法和步骤同前。完成的零件图如图6-6-6所示。

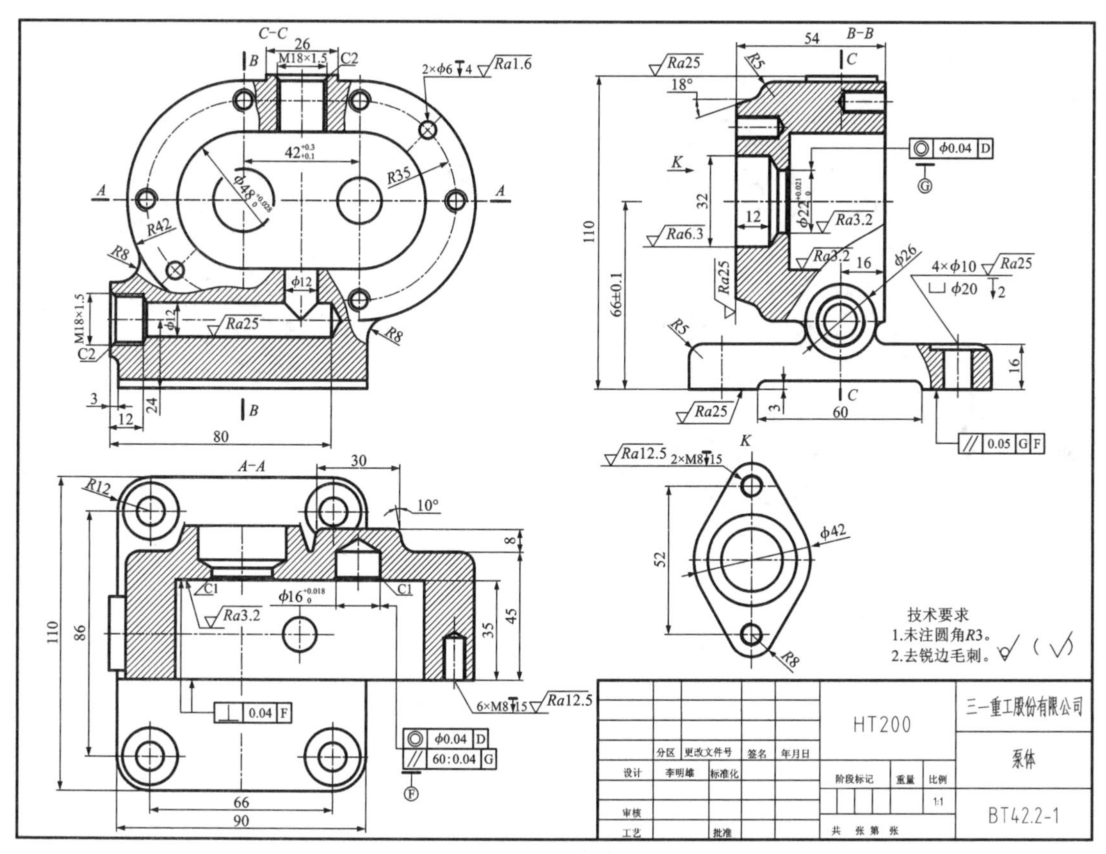

图6-6-6 泵体零件图

齿轮泵体

【同步练习】

1. 填空题。

(1)游标卡尺一般可以用来测量__________、__________、__________。

(2)游标卡尺根据测量精度可以分为__________、__________、__________。

(3)千分尺可以测量到小数点后__________位。

2. 根据轴测图，运用所学的测绘方法用 A3 图纸画出零件图，要求表达正确并标注尺寸和填写标题栏。

名称：支架

材料：HT150

图号：SYJD－01－03

单位：三一工学院

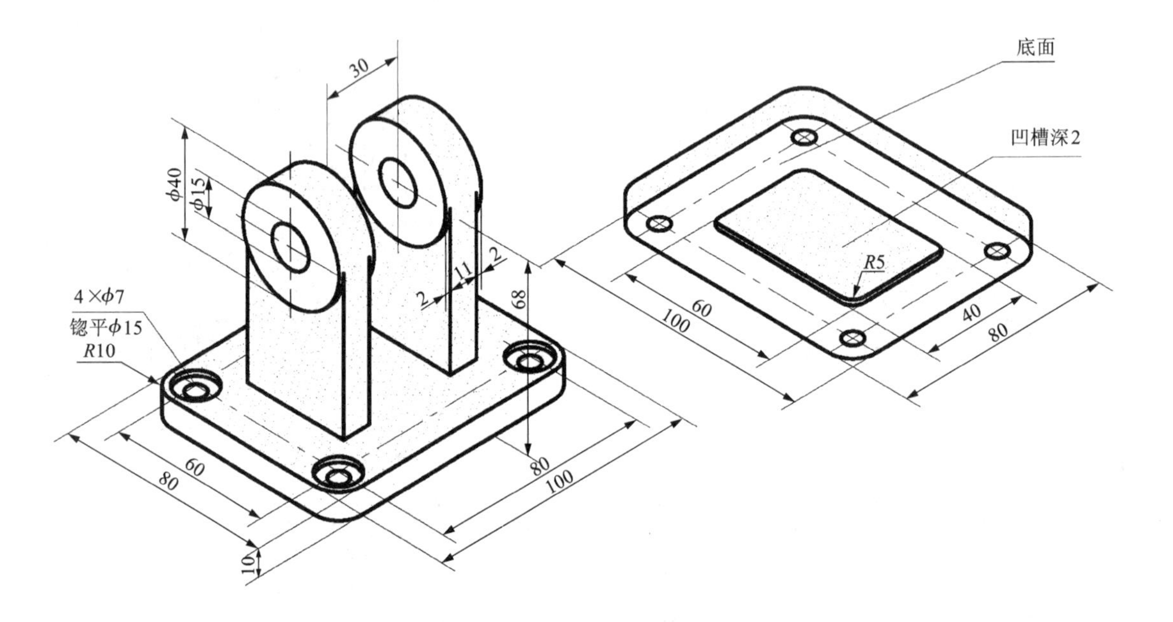

项目七
装配图

【项目导入】

表达机器（或部件）的图样称为装配图。装配图主要表达机器或部件的工作原理与零件间的装配关系，所以机器或部件的拆装必须根据装配图来完成，装配图是研发与制造必不可少的技术文件。装配图示例如图 7－0－1、图 7－0－2 所示。

图 7－0－1　铣刀头轴测分解图

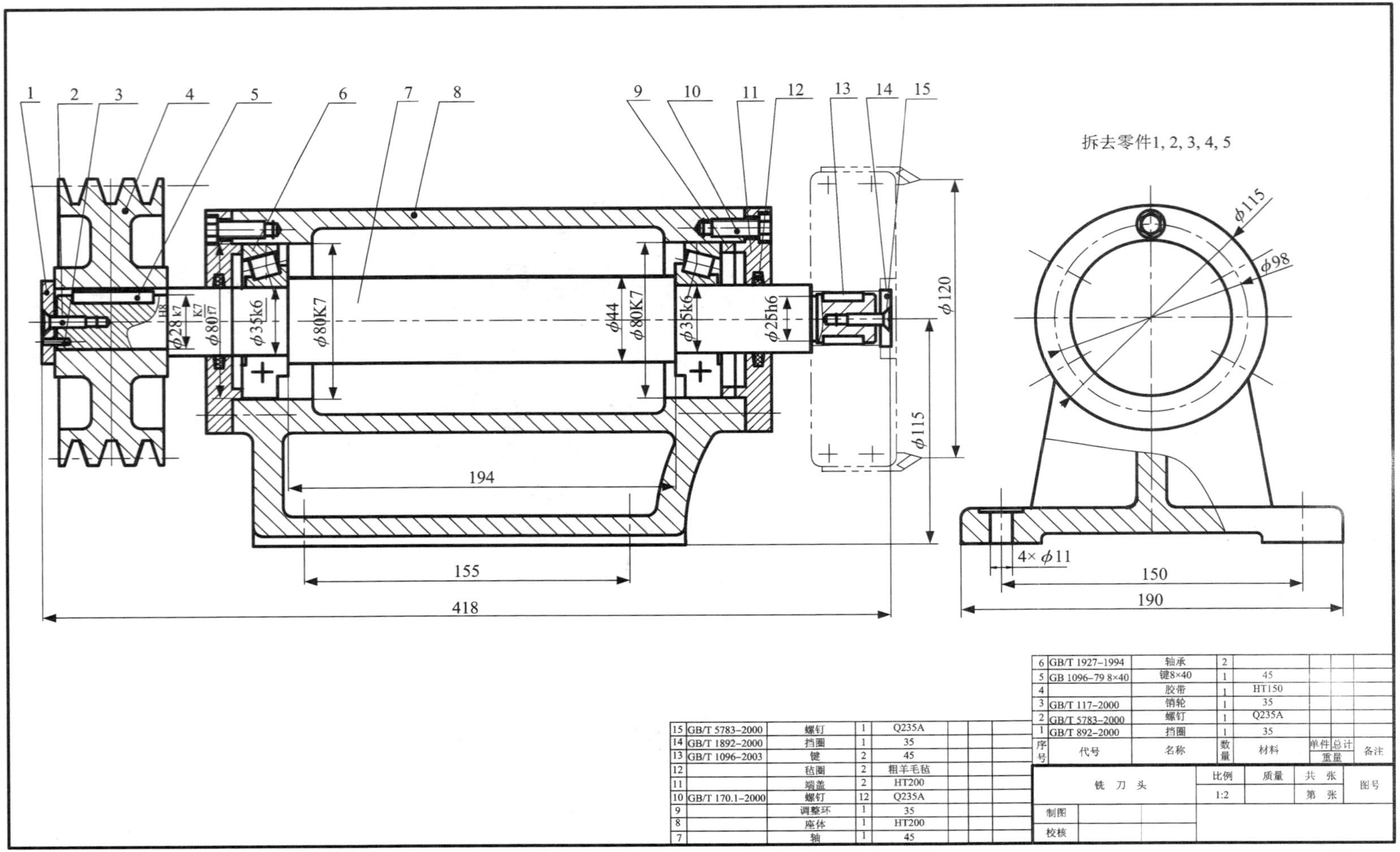

拆去零件1, 2, 3, 4, 5

序号	代号	名称	数量	材料	单件重量	总计重量	备注
15	GB/T 5783-2000	螺钉	1	Q235A			
14	GB/T 1892-2000	挡圈	1	35			
13	GB/T 1096-2003	键	2	45			
12		毡圈	2	粗羊毛毡			
11		端盖	2	HT200			
10	GB/T 170.1-2000	螺钉	12	Q235A			
9		调整环	1	35			
8		座体	1	HT200			
7		轴	1	45			
6	GB/T 1927-1994	轴承	2				
5	GB 1096-79 8×40	键8×40	1	45			
4		胶带	1	HT150			
3	GB/T 117-2000	销轮	1	35			
2	GB/T 5783-2000	螺钉	1	Q235A			
1	GB/T 892-2000	挡圈	1	35			

铣 刀 头	比例	质量	共 张	图号
	1:2		第 张	
制图				
校核				

图7-0-2　铣刀头装配图

【学有所获】

通过本项目的学习，学生应该能运用如下知识点：

(1)装配图的内容与表达。

(2)装配图的尺寸标注和装配工艺。

(3)读装配图与画装配图。

任务1　装配图的作用与内容

【任务描述】

通过学习，了解装配图的作用和装配图的内容。

【知识导航】

一、装配图的作用

装配图用来表达机器(或部件)的工作原理、装配关系以及和零件间的连接形式，用以指导机器(或部件)的装配、检验、调试、安装、维修等。

在设计机器设备时，首先要根据设计任务书，绘制符合设计要求的装配图，然后再根据装配图拆画出零件图；在制造机器设备时，先按照零件图加工出合格的零件，再按照装配图进行组装和检验；在使用和维护机器设备时，也要通过装配图来了解机器的工作原理和构造。因此，装配图和零件图一样，也是生产中重要的技术文件。

二、装配图的内容

如图7-1-1、图7-1-2所示为机用虎钳装配图。可以看出一张完整的装配图包括以下四项基本内容。

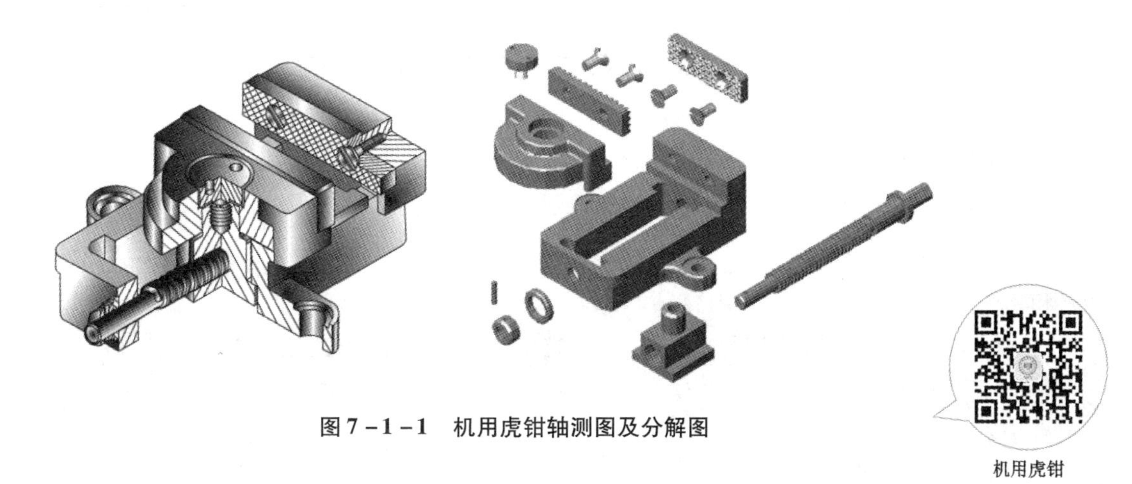

图7-1-1　机用虎钳轴测图及分解图

机用虎钳

(1)一组视图。

用各种常用表达方法和特殊表达方法，准确、完整、清晰和简便地表达机器(或部件)的工作原理、零件间的装配关系、连接方式以及主要零件的结构形状等。

(2)必要的尺寸。

装配图中必须标注出与机器(或部件)的性能、规格、外形、安装、配合和连接关系等方面有关的尺寸。

(3)技术要求。

用文字或符号说明机器(或部件)在装配、检验、调试和使用等方面应达到的要求。

(4)标题栏、零件序号及明细栏。

装配图上，必须对组成机器(或部件)的每个零件按顺序进行编号，并在明细栏中依次列出各零件的序号、名称、数量、材料等。在标题栏中，写明机器(或部件)的名称、图号、比例以及设计、制图、审核者和日期等。

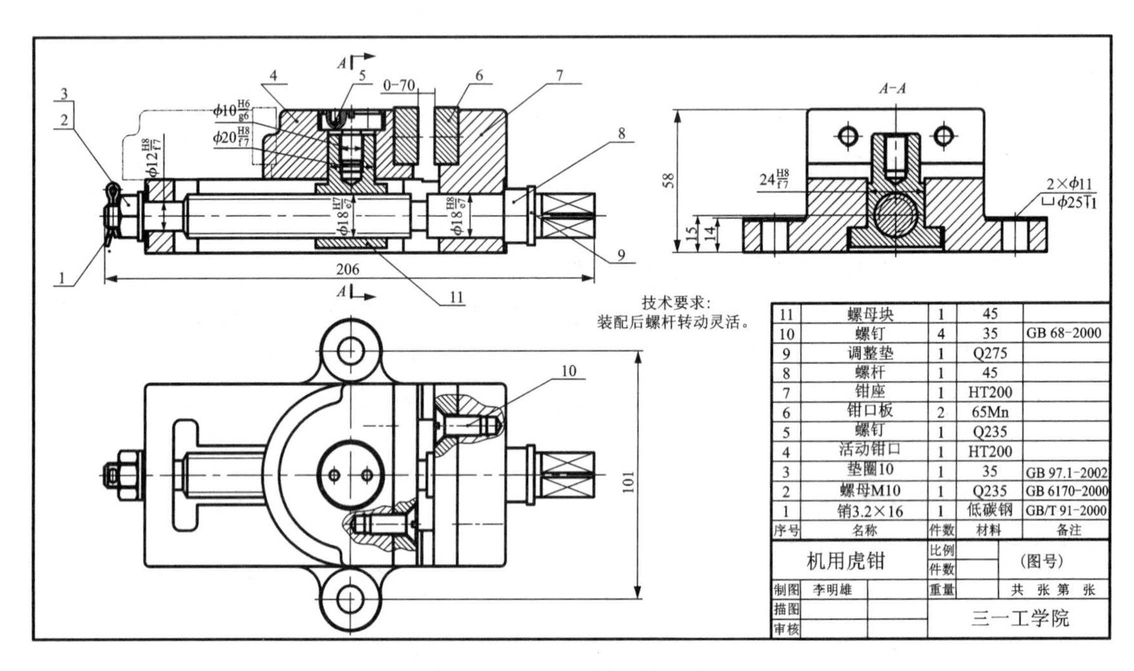

图 7-1-2　机用虎钳装配图

【同步练习】

1. 填空题。

(1)装配图主要包括__________、__________、__________和__________等内容。

(2)装配图的主要作用有__________、__________等。

2. 看懂轴承架的装配图并填空。

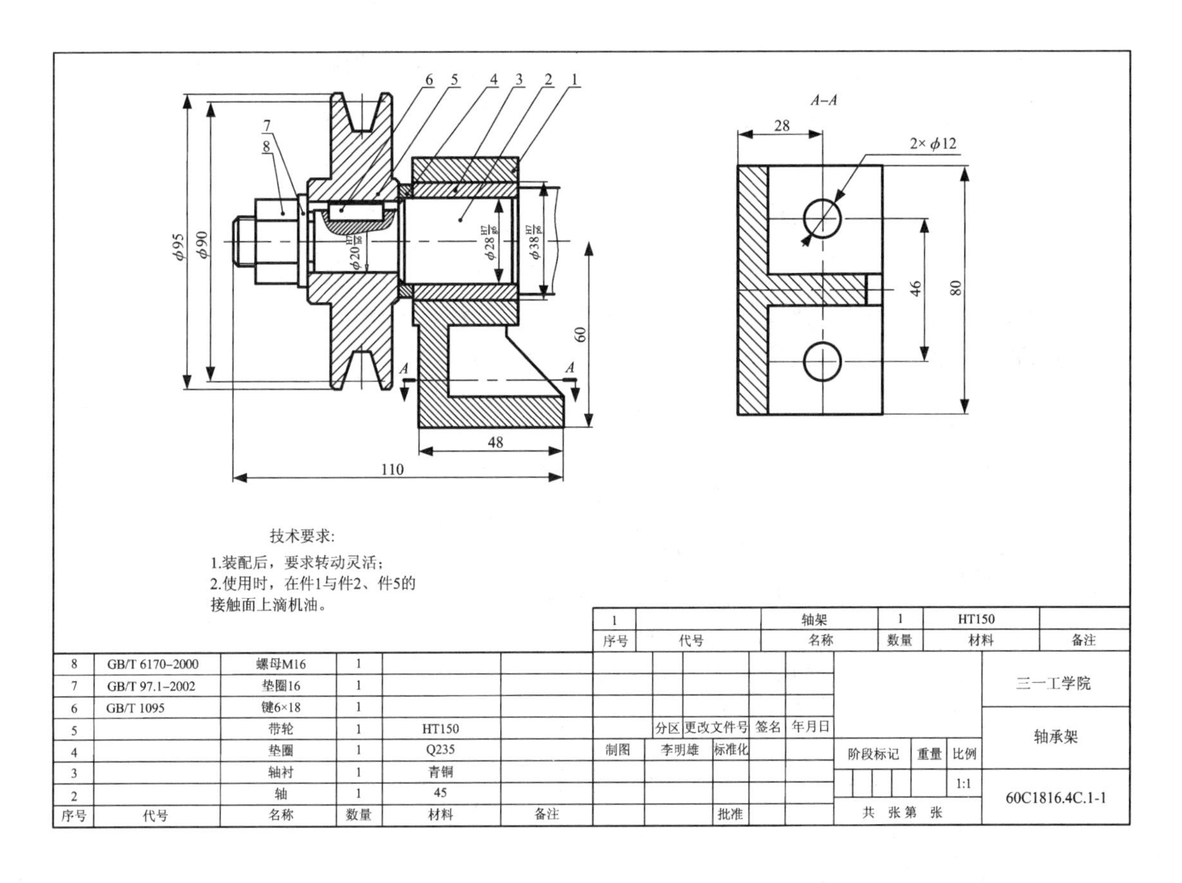

(1)轴承架共用了________种零件，标准件有________种。

(2)主视图采用了________剖视图与________剖视图，$A-A$ 剖视图主要表达________个安装孔的位置。

(3)主视图中 ϕ28H7/g6 的基本尺寸是________，轴的公差带代号是________，孔的公差带代号是________；它是________号件与________号件之间的配合，属于基________制的________配合。

(4)主视图中 ϕ38H7/p6 是________号件与________号件之间的配合，属于基________制的________配合。

(5)6 号件键的宽度为________，长度为________，该轴段的直径为________。

任务 2 装配图的表达方法

【任务描述】

通过学习，能看懂装配图中的规定画法与特殊表达方法。

【知识导航】

图样画法中所采用的视图、剖视、断面及其他画法都适用于装配图，但由于装配图与零件图表达的内容不同，装配图侧重表达机器(或部件)的装配关系、连接形式和工作原理，所以装配图还有另外一些规定画法和特殊表达方法。

一、装配图的规定画法

(1)两相邻零件的接触面和配合面之间只画一条轮廓线；非接触面和非配合面，无论间隙大小均画出两条轮廓线，并留有间隙。如图 7－2－1 所示，轴承座与轴承盖之间不相互接触的面需要画两条轮廓线，相接触的配合面只需要画一条轮廓线。

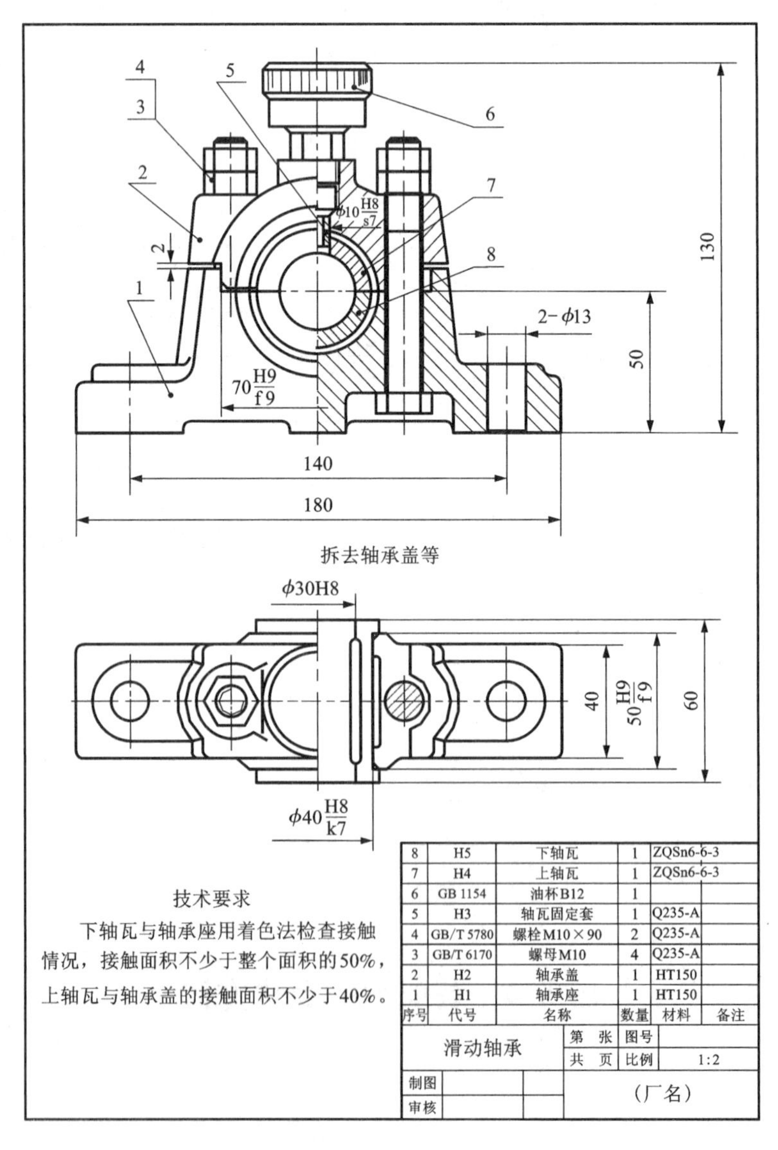

图 7－2－1 滑动轴承装配图

(2)相邻的两个或多个金属零件，剖面线的画法应有所区别，或倾斜方向相反，或方向一致而间隔不等、相互错开。但同一零件各视图的剖面线方向、间隔必须一致。如图7－2－1所示的轴承座、轴承盖和上下轴瓦剖面线的画法。断面厚度小于2 mm的零件，允许用涂黑代替剖面线。

(3)对于紧固件以及轴、键、销等实心零件，若按纵向剖切，且剖切平面通过其对称平面或轴线时，这些零件均按不剖绘制，如图7－2－1所示螺栓和螺母。如果需要表明此类零件上的凹槽、键槽、销孔等局部结构时，可用局部剖视表示。

二、装配图的特殊表达方法

1. 拆卸画法

在装配图中，当某些零件遮住了所需表达的其他结构时，可假想将某些零件拆卸后绘制或沿零件的接合面剖切后绘制。当需要说明时，可在视图上方标注“拆去零件××”。如图7－2－1所示滑动轴承的俯视图的右半部，即是沿着轴承座与轴承盖和上、下轴瓦的接合面用拆卸代替剖切的画法(相当于沿轴承座与轴承盖的接合面剖切的半剖视图)，所以只画螺栓横断面的剖面线，其余均不画剖面线。图7－2－2主视图也是运用拆卸画法。

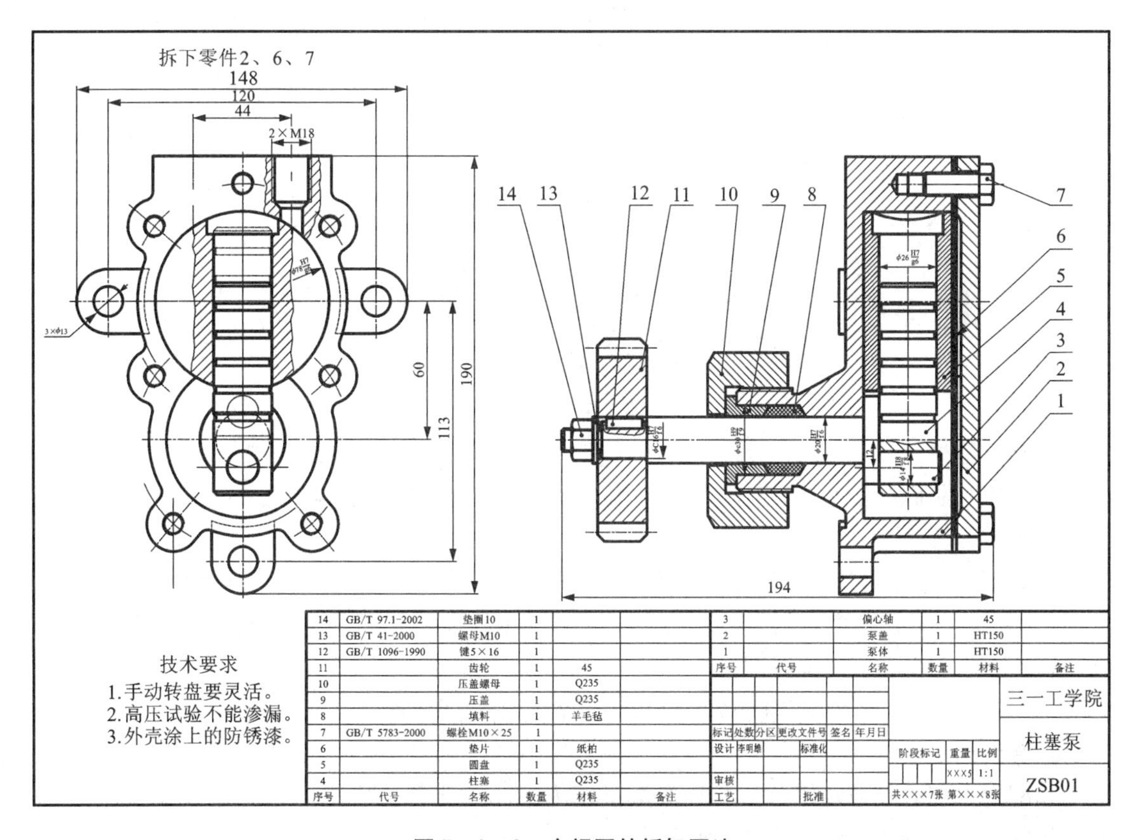

图7－2－2　主视图的拆卸画法

2. 假想画法

当需要表达某些运动零件的运动范围和极限位置时，可用细双点画线画出该零件的轮廓线。当需要表达与装配体相关又不属于该装配体的零件时，也可采用假想画法画出相关部分的轮廓，如图 7－2－3 与图 7－1－2 主视图所示。

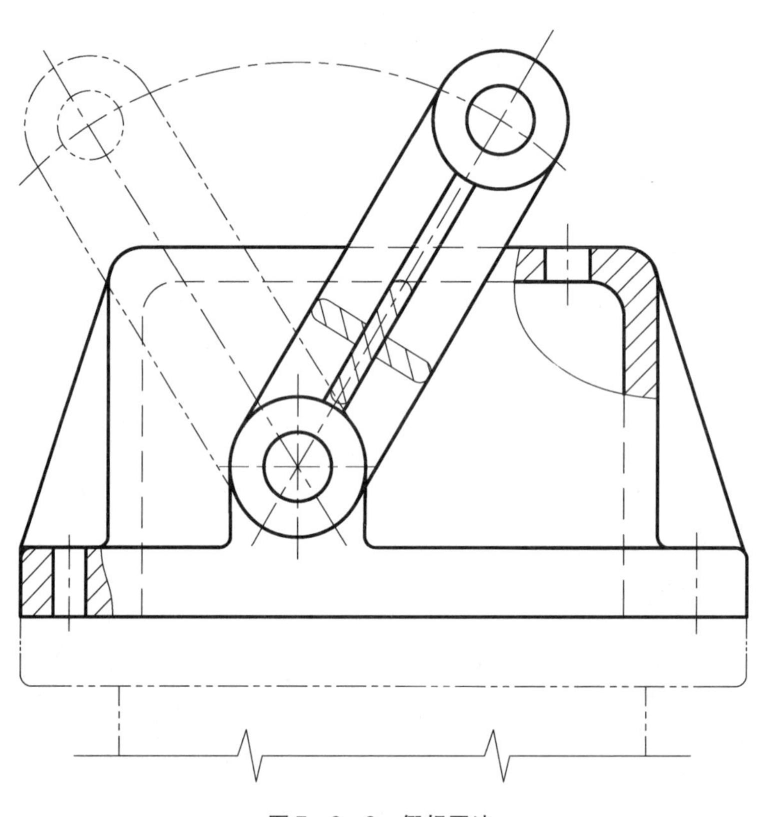

图 7－2－3　假想画法

3. 简化画法

(1)零件的工艺结构如小倒角、圆角、退刀槽及螺栓、螺母中因倒角产生的曲线等允许省略不画。

(2)对轴承、密封垫圈、油封等对称结构，可只画一半详细图形，另一半采用通用画法。

(3)对于分布有规律而又重复出现的相同组件(如螺纹紧固件等)，允许只详细画出一处，其余用中心线表示其位置即可。

(4)若零件的厚度小于 2 mm，允许用涂黑表示代替剖面符号。

4. 夸大画法

装配图中如遇到薄片零件、细丝弹簧或较为细小的结构、间隙，按原始比例无法画出，允许将其夸大绘制，如图 7－2－4 所示。

5. 展开画法

为了表达传动机构的传动路线和装配关系，可假想按传动顺序沿轴线剖切，然后依次将各剖切平面展开在一个平面上，画出其剖视图。此时应在展开图的上方注明“×－×展开。

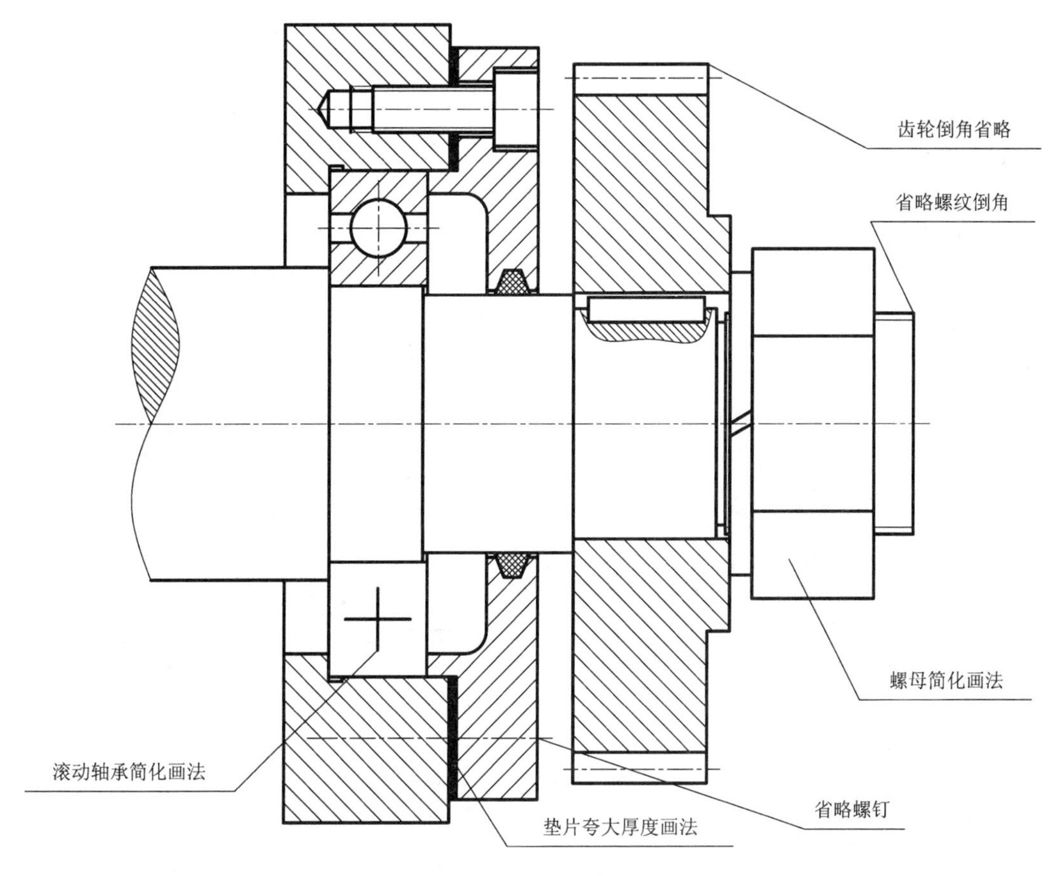

图 7－2－4　简化、夸大画法

如图 7－2－5 所示。

6. 单独表示某零件

当个别零件在装配图中未表达清楚而又需要表达时，可单独画出该零件的视图，并在零件视图上方注出该零件的名称或编号，其标注方法与局部视图类似(图 7－2－6)。

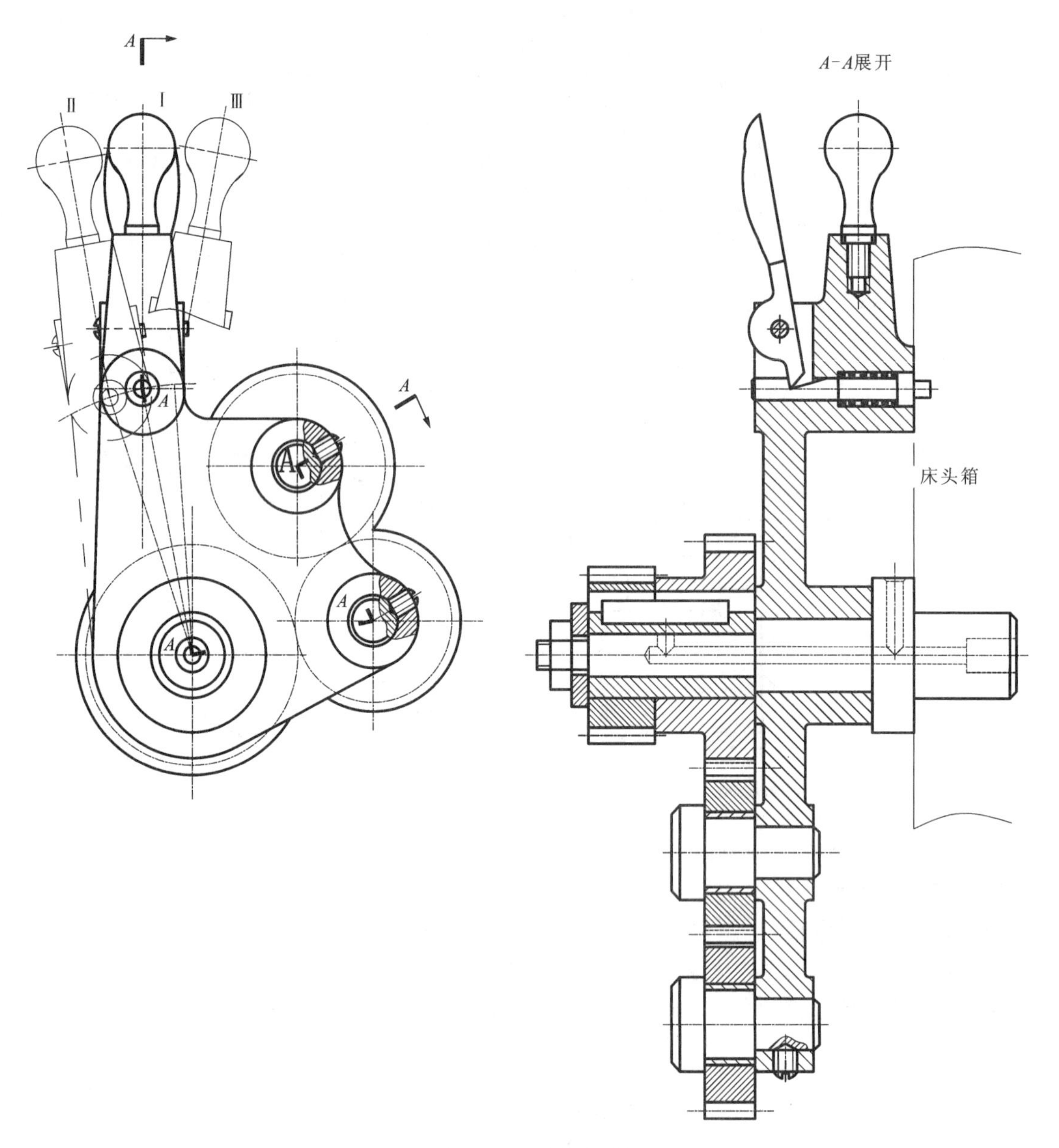

图 7－2－5　展开画法

展开画法

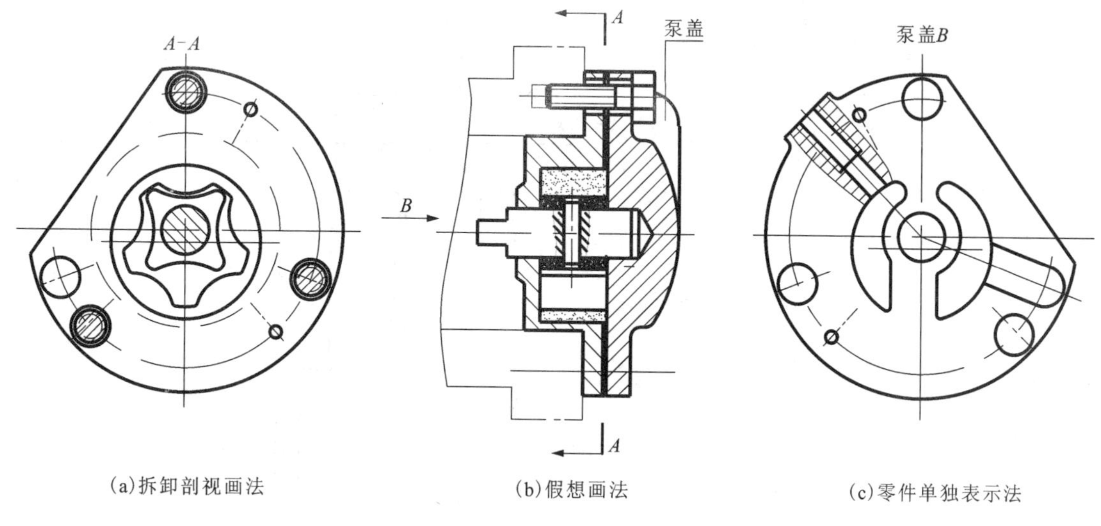

(a)拆卸剖视画法　　(b)假想画法　　(c)零件单独表示法

图7-2-6　特殊表达方法

【同步练习】

1. 填空题。

(1)装配图上相邻两零件的接触表面和配合表面画____________条线，不接触表面画____________条线。

(2)剖面厚度小于2 mm时，允许用____________来代替剖面线。

(3)在装配图上，沿轴类零件的轴线进行剖切时，该零件应按____________绘制。

(4)装配图的特殊表达方法有：__________、__________、__________和__________等。

2. 由零件图画千斤顶装配图。

(1)工作原理：

千斤顶是一种手动起重支承装置。螺套装在底座上，螺套与底座间用螺钉固定。螺杆装在螺套中，扳动穿过螺杆头部的横杆可转动螺杆，由于螺杆、螺套之间的螺纹作用，可使螺杆上升或下降。螺杆顶部的球面与顶垫的内球面接触，起浮动作用，螺杆与顶垫之间有螺钉限位。

(2)作业要求：

看懂装配示意图与全部零件图，搞清各零件的装配位置和作用。按装配图要求1∶2在A3图纸上绘制千斤顶装配图。

(3)提示：

装配图可用两个视图表达，其中主视图采用全剖视图以表达装配关系，俯视图表达外形。

(4)装配示意图。

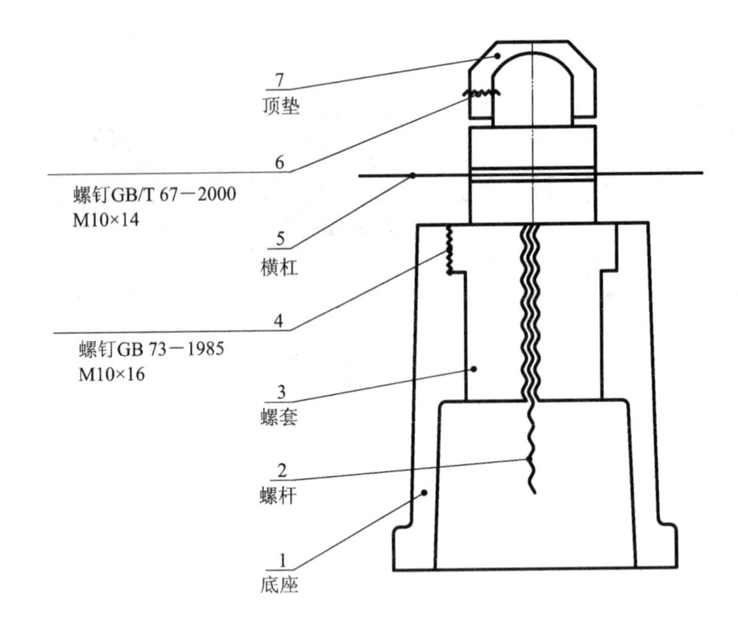
7
顶垫
6
螺钉GB/T 67—2000
M10×14
5
横杠
4
螺钉GB 73—1985
M10×16
3
螺套
2
螺杆
1
底座

(5)装配分解图。

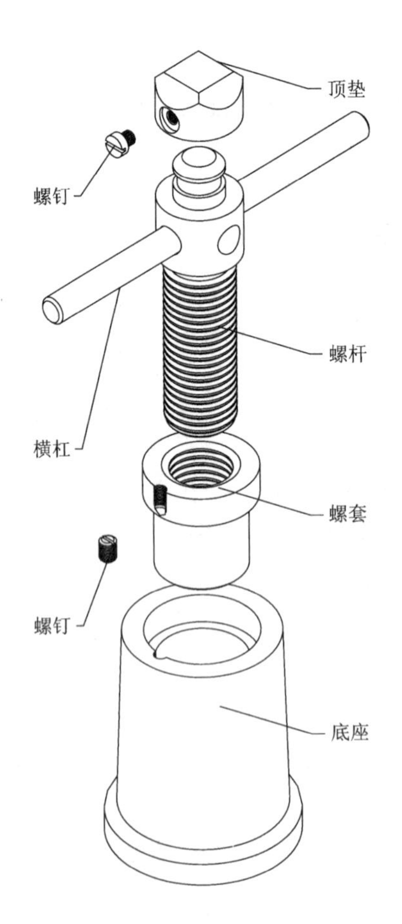
顶垫
螺钉
螺杆
横杠
螺套
螺钉
底座

（6）千斤顶各零件图。

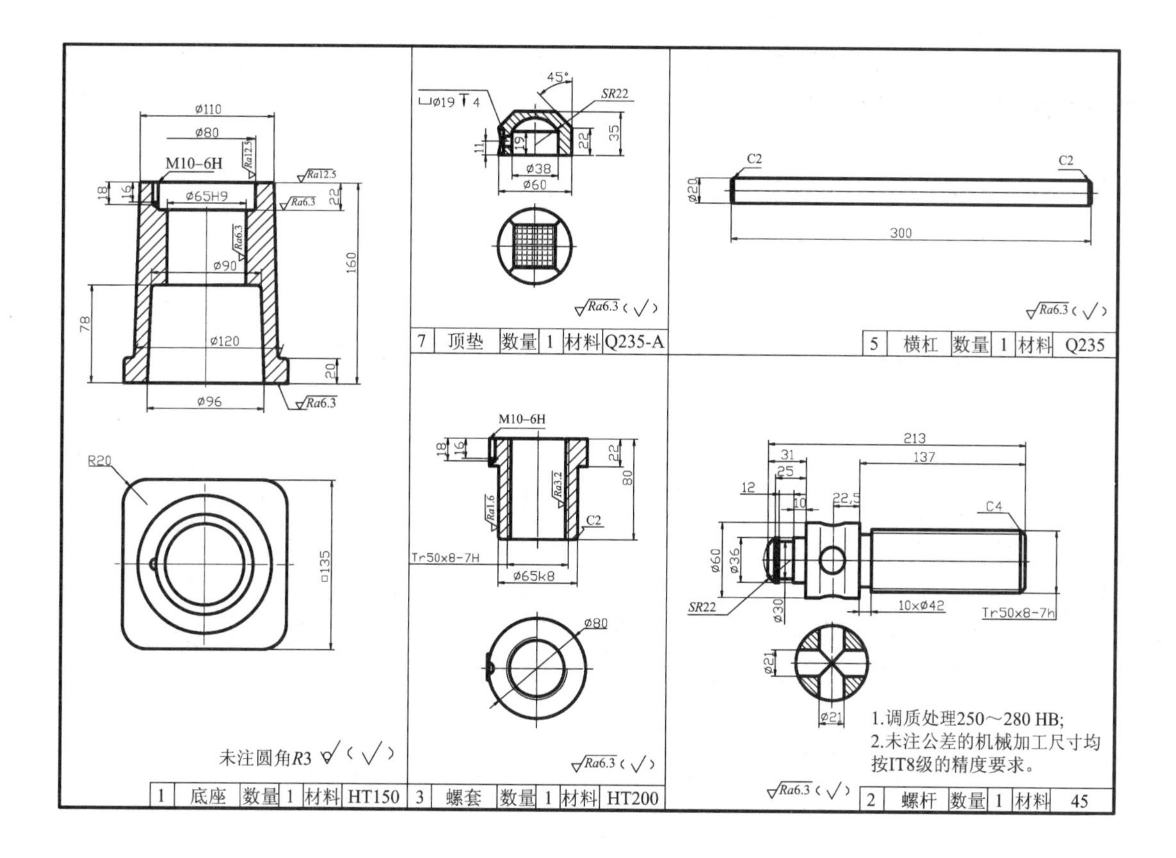

任务3　装配图的尺寸标注与技术要求

【任务描述】

通过学习，能读懂装配的尺寸标注与技术要求。

【知识导航】

一、装配图的尺寸标注

装配图不必像零件图那样标注出零件的全部尺寸，只需要标注与机器（或部件）的性能、工作原理、装配关系和安装要求相关的尺寸即可。一般有下列几种尺寸类型：

1. 性能（规格）尺寸

性能（规格）尺寸表示机器（或部件）性能和规格的尺寸，是设计、了解和选用机器（或部件）的主要依据。如图7－3－1主视图中的$\phi120$。

2. 装配尺寸

装配尺寸表示装配体各零件间的配合性质或装配关系的尺寸。如图7－3－1主视图中的

ϕ80K7、ϕ25h6。

3. **安装尺寸**

安装尺寸表示机器(或部件)安装在地基或其他机器上所需要的尺寸。如图 7－3－1 左视图中的 150，主视图中的 155。

4. **外形尺寸**

外形尺寸表示机器(或部件)外形轮廓的大小，即总长、总宽、总高尺寸。为包装、运输、安装所需空间大小提供依据。如图 7－3－1 主视图中的 418、左视图中的 190。

5. **其他尺寸**

其他尺寸是指机器(或部件)在设计时经过计算或选定的尺寸，又不包括在上述四类尺寸中，这类尺寸在拆画零件图时不能改变。如图 7－3－1 主视图中的 2。

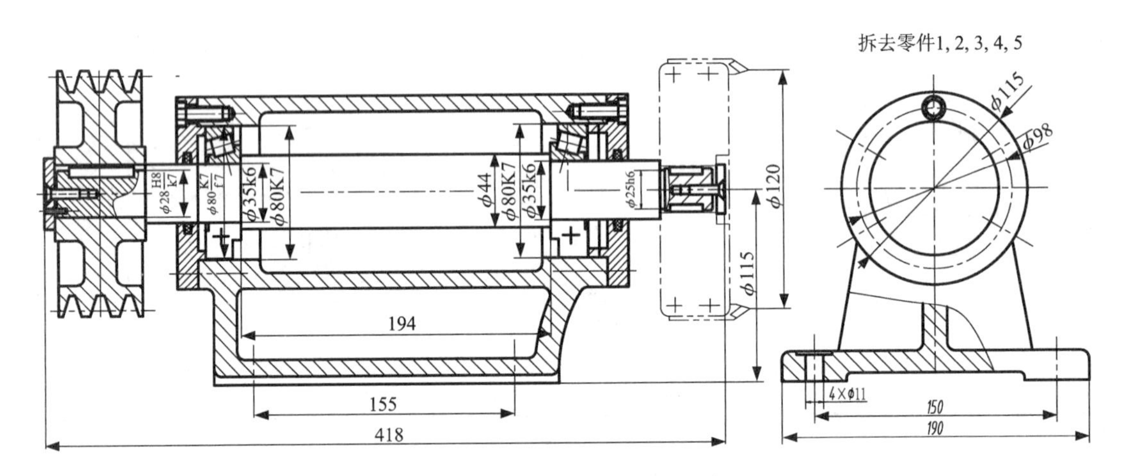

图 7－3－1　铣刀头的尺寸标注

滑动轴承尺寸分析

二、装配图的技术要求

装配图中除配合外一般应注写以下几类技术要求：

1. **装配要求**

装配要求是指在装配的过程中所需要满足的要求及在装配后所需要注意事项等。

2. **检验要求**

对机器在装配后基本性能检验、试验方法和操作技术指标的要求。

3. **使用要求**

对装配后机器(或部件)的规格、性能以及使用、维护时的注意事项和涂装等的要求。

装配图上的技术要求应根据机器(或部件)的具体情况而定，配合尺寸应注写配合代号，其他要求写在图纸下方的空白处。

三、装配图的零件序号、明细栏与标题栏

在生产中为了便于看图和管理图纸，对装配图中所有零、部件均需独立编号。并按图中序号一一列在明细栏中。

1. 零、部件序号及其编排方法

(1)装配图中形状、尺寸相同的零、部件只编一个序号，其数量填写在明细栏中。对于形状相同、尺寸不同的零件要分别标注。

(2)指引线应从零件可见轮廓内部引出，并在起始处画一小圆点表示，如图 7－3－2(a)。若起始处是很薄的零件或涂黑的剖面不宜画小圆点时，可以用箭头指向轮廓线，如图 7－3－2(b)所示。

(3)零件序号要排列在图形轮廓之外，并填写在指引线的横线上或圆内。序号的字体要比尺寸数字大一号。

(4)指引线是细实线，尽量均匀分布避免彼此交叉。当穿过有剖面线的区域时，应避免与剖面线平行，必要时可画成折线，但只允许折弯一次，如图 7－3－2(c)所示。

(5)可以用公共的指引线来表示一组紧固件或装配关系清楚的组件。如图 7－3－2(d)所示。

(6)编写图中序号时应按顺时针或逆时针的方向，水平或垂直依次排列整齐。

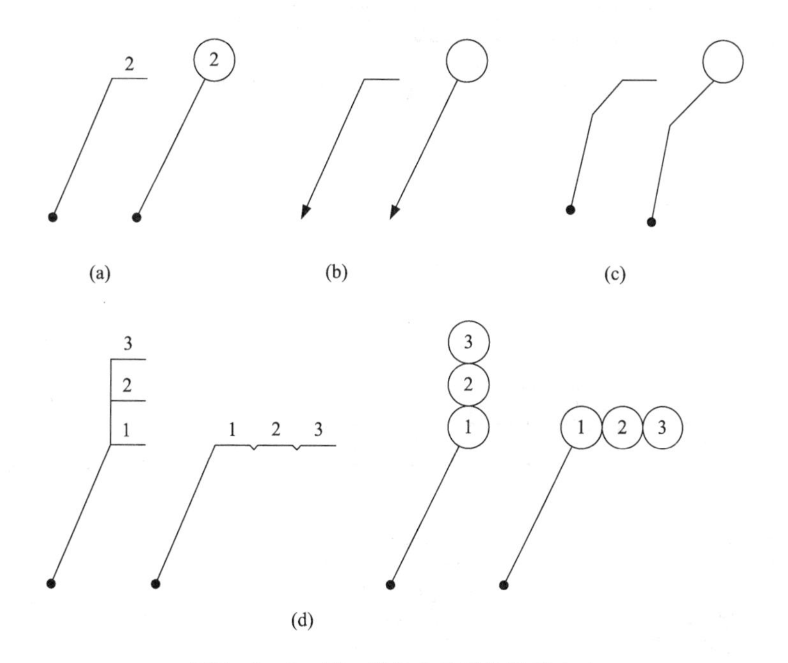

特殊序号标注

图 7－3－2 零、部件序号及其编排方法

2. 明细栏的编制

(1)明细栏应画在标题栏的上方，并与标题栏相连接。如地方不够，也可以将一部分画在标题栏的左边。

(2)零件序号应自下而上按顺序填写，以便增加零件时继续向上添补。

(3)明细栏外框用粗实线绘制，内格用细实线绘制。

(4)在实际生产中，还可将明细栏单独绘制在另一张图纸上，称为明细表。

图 7－3－3 为国标中规定的标题栏与明细栏的标准格式。

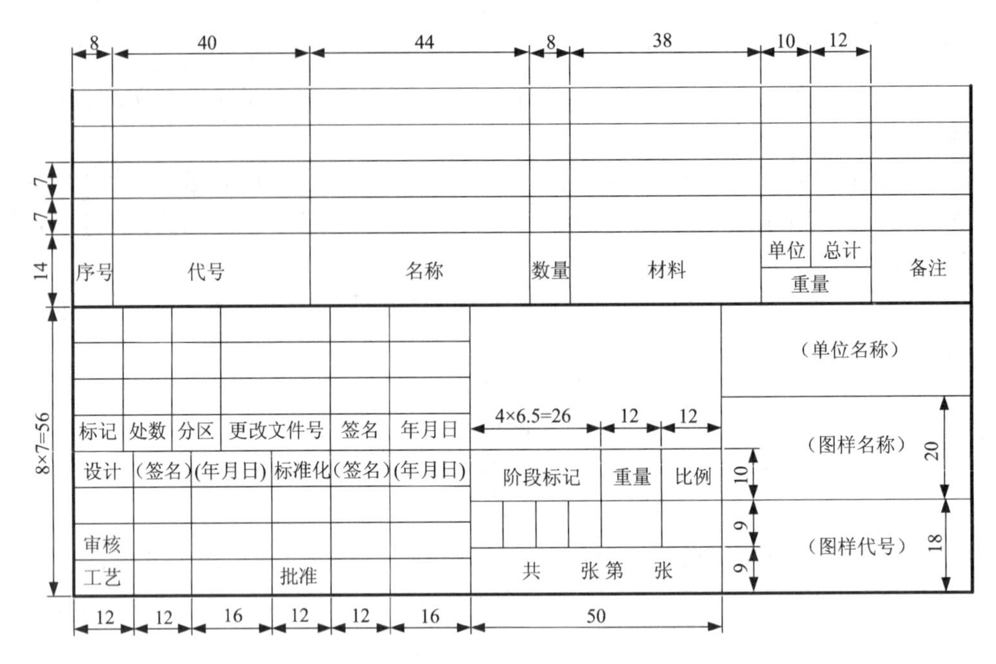

图 7－3－3　装配图标题栏与明细栏

【同步练习】

1. 填空题。

装配图上的尺寸分为：________、________、________、________、________五种。

2. 拆画缸体零件图并填空。

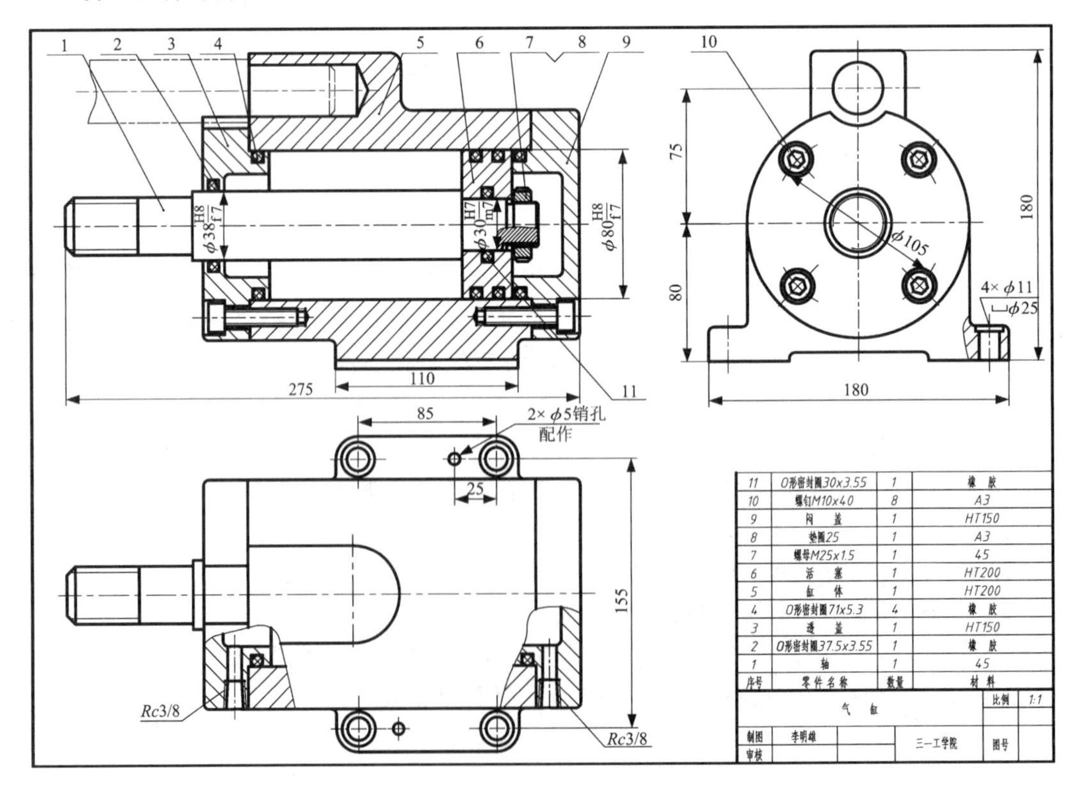

(1)汽缸共用了________种零件，标准件有________种，6号件活塞材料的牌号为________，含义是________________________。

(2)汽缸共用了____________个图形表达，主视图采用了________________剖视图，上方双点画线表示____________画法，主视图还采用了________________剖视图；左视图采用的是________________剖视图，俯视图采用的是________________剖视图。

(3)主视图右边 ϕ30H8/m7 的基本尺寸是____________，轴的公差带代号是____________，孔的公差带代号是____________；它是____________号件与____________号件之间的配合，属于基____________制的____________配合。

(4)透盖3属于________________类零件，缸体5属于________________类零件。

(5)主视图中275属于________________尺寸，ϕ80H8/f7属于________________尺寸，俯视图中155属于________________尺寸。

任务4　装配图的工艺结构和画装配图

【任务描述】

通过学习，了解装配体的各种工艺结构与装配图的画法。

【知识导航】

一、常见装配工艺结构

在设计机器(或部件)时，为了保证装配质量，并考虑到拆装的方便，对装配结构的合理性有一定要求。

1. 接触面与配合面的结构

(1)两零件相接触，同一方向上只能有一对接触平面，轴孔配合时，同一方向上也只允许有一对配合面。如图7－4－1所示。

(2)端面如相互接触时，则需加工出孔的倒角或轴的退刀槽，避免转角处90°接触，如图7－4－2所示。

2. 密封装置

为防止部件内部液体外漏，同时防止外部灰尘与杂屑侵入，需要采用合理的防漏、密封装置。如图7－4－3所示。

3. 防松结构

为了防止机器在运转的过程中，螺纹紧固件受到冲击或振动后产生松动脱落现象，常采用双螺母、弹簧垫圈、止动垫圈和开口销等防松结构。如图7－4－4所示。

4. 方便装拆的结构

在有螺栓连接的地方，必须留出装、拆螺栓的空间。如图7－4－5所示。

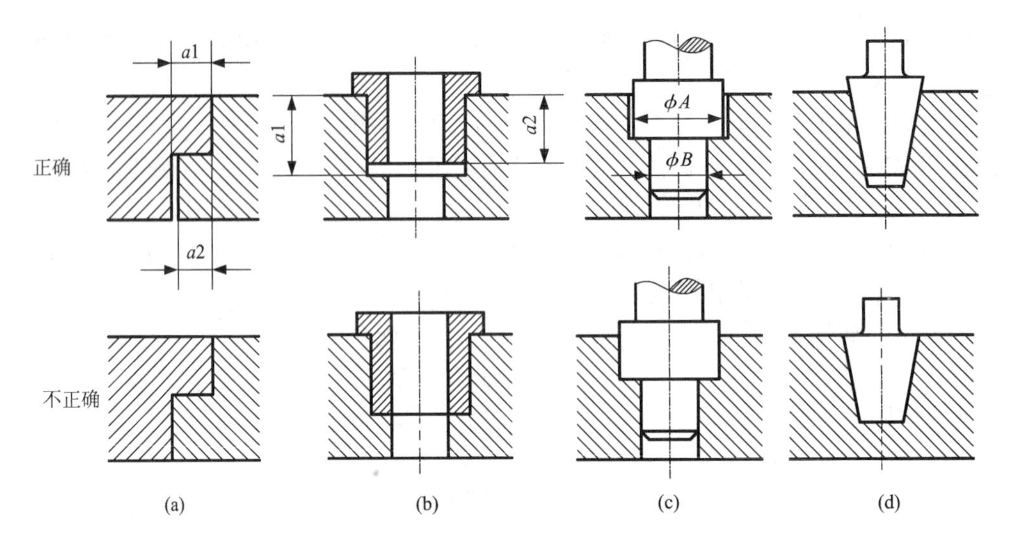

图 7－4－1　接触面与配合面结构(一)

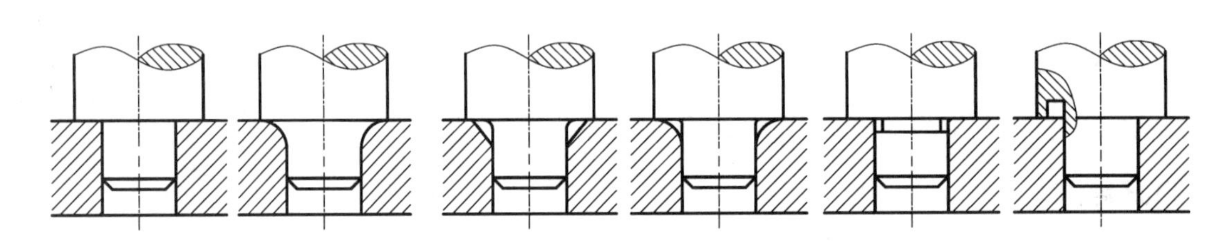

图 7－4－2　接触面与配合面结构(二)

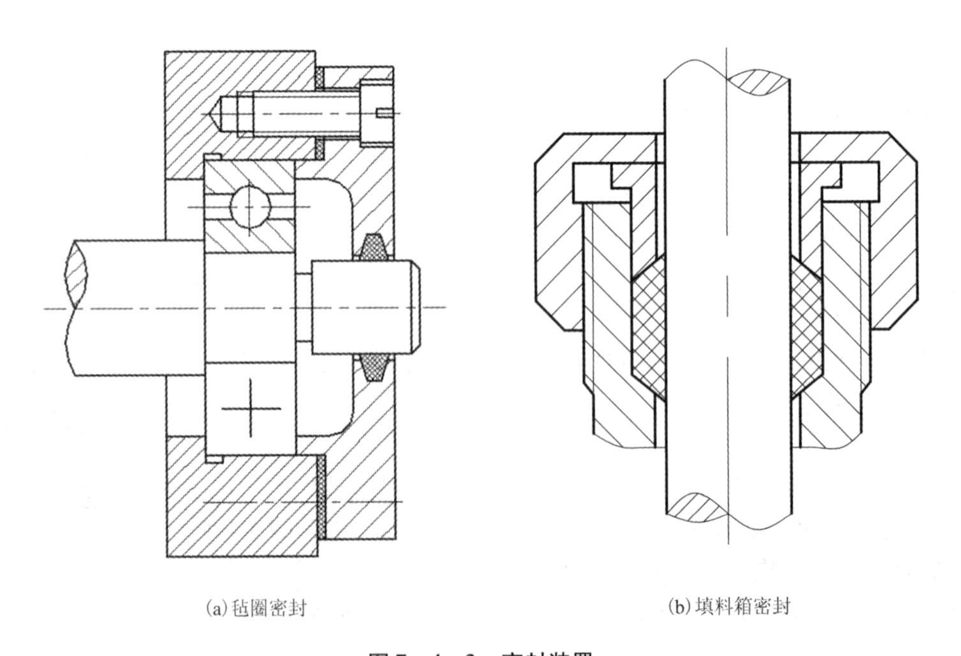

图 7－4－3　密封装置

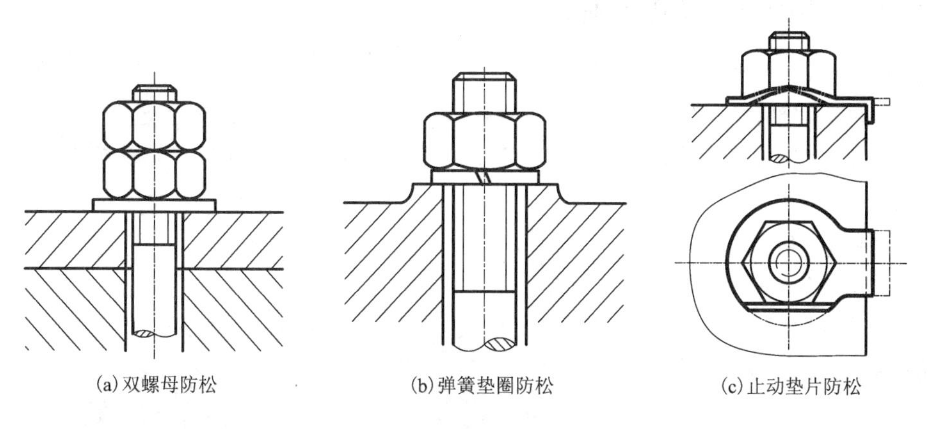

(a) 双螺母防松　　(b) 弹簧垫圈防松　　(c) 止动垫片防松

图 7－4－4　防松装置

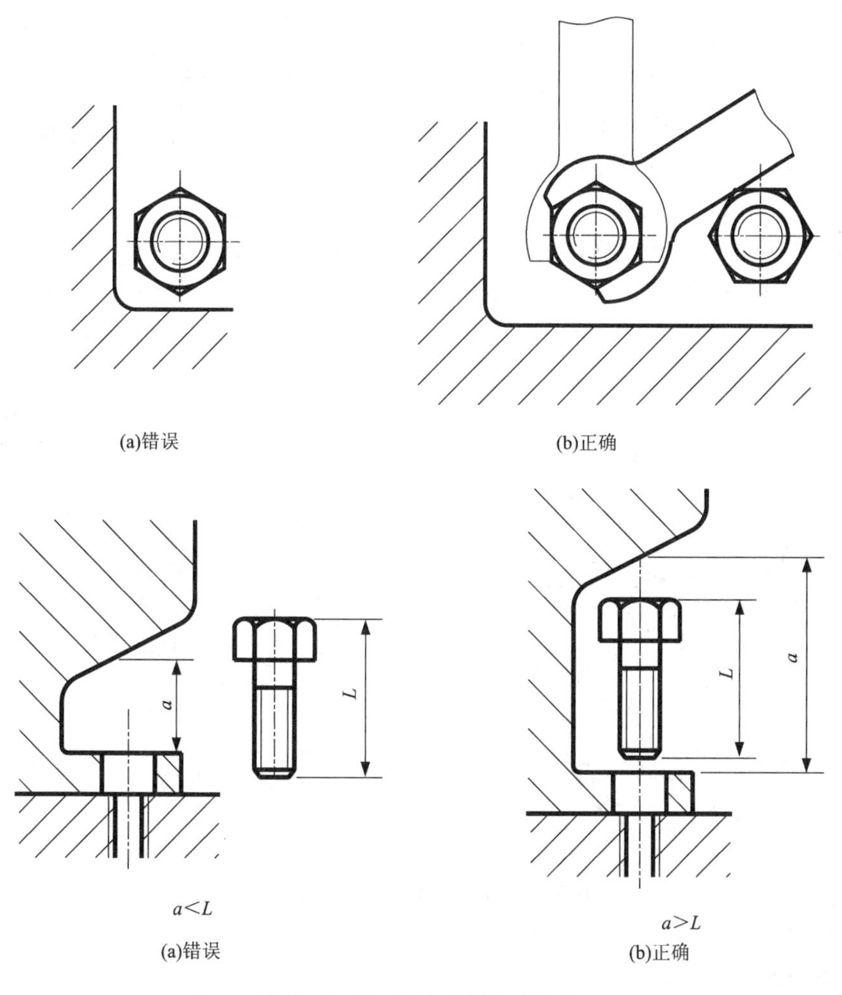

(a)错误　　(b)正确

(a)错误　　(b)正确

图 7－4－5　螺纹连接装配结构

二、部件测绘及装配图的画法

1. 部件测绘

对机器的某些部件或整体进行测绘的方法称为部件测绘。它是进行技术交流、产品维修和设备改造等工作的基础。以图7－4－6所示齿轮油泵为例，说明部件可以按下列步骤进行测绘。

(1) 了解和分析测绘对象。

首先通过观察和阅读相关说明书或技术手册，对测绘部件的用途、工作原理、性能指标、结构特点、装配关系等进行全面了解。齿轮油泵是机器中用来输送润滑油的部件，该油泵由泵体、泵盖、主动齿轮轴、从动齿轮轴、填料压盖等零件组成。主动齿轮轴通过键连接获得动力。为了防止润滑油漏出，泵体与泵盖之间加入垫片，在主动齿轮轴上装入填料进行密封。泵体与泵盖之间通过两个定位销和六个螺钉定位、连接。

图7－4－6　齿轮油泵轴测图

图7－4－7为齿轮油泵吸、压油的工作原理图，一对相互啮合的齿轮高速转动，当主动轮逆时针转动时，带动从动轮顺时针转动，此时啮合区右腔内压力降低形成负压。在大气压力的作用下，油从进油口进入右腔，随着齿轮的转动，齿槽中的油不断被带入左腔高压区，并从出油口压出送至机器各个部分。

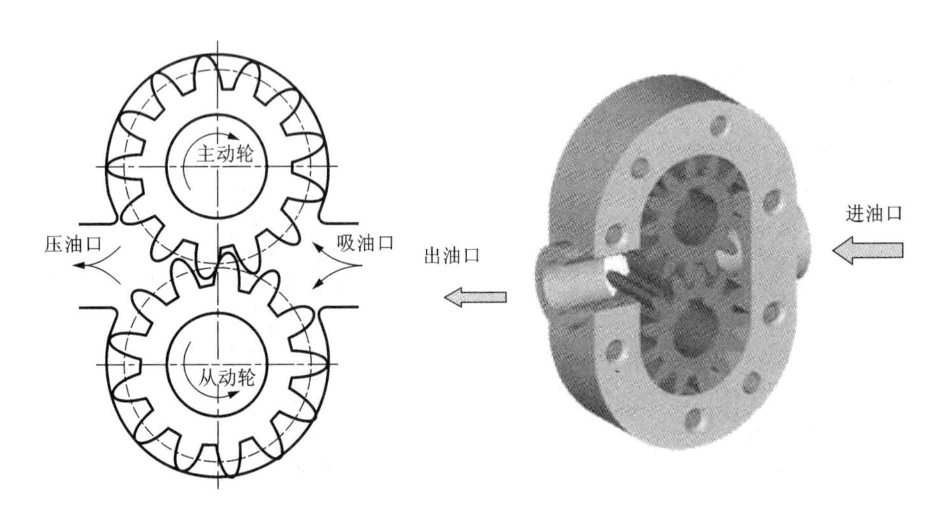

图7－4－7　齿轮油泵工作原理图

(2) 拆卸部件。

制订好部件的拆卸顺序，可将部件先分为几个部分，再依次拆卸。拆卸后的零件按顺序分区放置在指定位置，可用打钢印或扎标签等方法对零件进行编号，避免零件损坏、丢失，对测绘后重新装配产生影响。对不可拆连接和过盈配合的零件尽量不拆，以免影响装配性能与精度。

齿轮油泵的拆卸顺序为：松开螺钉将泵盖从泵体分离→拆去泵盖上的销与螺钉→拆去压紧螺母→去压盖→去除垫片与填料→抽出主动齿轮轴和从动齿轮轴。

(3)画装配示意图。

图7－4－8为在拆卸齿轮油泵零件的过程中画出的装配示意图，该图用简单的线条表示各零件间的相互关系和大致轮廓。画装配示意图的目的是为了表达机器(或部件)的结构、装配关系、工作原理、传动路线等特征，便于重新装配和绘制装配图时参考。

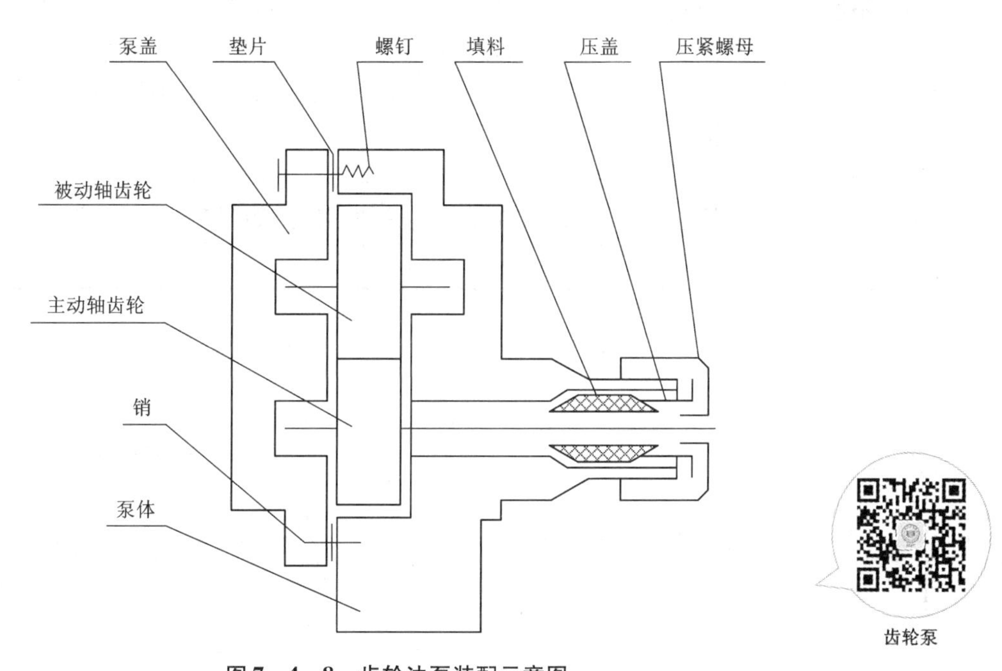

图7－4－8　齿轮油泵装配示意图

(4)画零件草图。

由于测绘往往受到时间和场地的限制，不便使用绘图工具作图，因此，必须徒手、目测比例绘制各个零件的草图。零件草图需要标注出零件全部的真实尺寸，填写技术要求和标题栏。然后由零件草图和装配示意图画出装配图，再由装配图拆画出零件图。

2. 装配图的画法

(1)拟订表达方案。

①选择主视图。一般按部件的工作位置选择，主视图需表达机器(或部件)的工作原理、装配关系以及主要零件结构形状特征。

②其他视图的选择。确定主视图后，对于未能表达清楚的结构形状和次要装配关系，用适当的视图表示方法进行补充。

齿轮油泵的主视图应按其工作位置画出，主视图的投影方向需要表现出主要轴系的装配关系，用全剖视图表示；左视图应用拆卸画法表达油泵的外形和主动齿轮、从动齿轮的啮合情况及工作原理；为了表示出泵体底部完整轮廓，需要画出局部视图。

(2)画装配图。

拟订好表达方案后，就可以按照以下步骤绘制装配图：

①根据拟订的表达方案、部件大小及复杂程度、视图的多少来选取适当的画图比例和图幅大小。在布置各视图时，注意留出零部件序号、明细栏、标题栏、注写尺寸和技术要求的位置。

②画出各视图的主要轴线，对称中心线和主要基准线，如图7-4-9(a)所示。

③绘制主要零件轮廓线。从主视图开始，其他几个视图相配合同步绘制。

④绘制其他零件。绘图时，可以选择从里面最主要的装配干线出发，按装配顺序，逐步向四周绘制，这种画法的优点是可以避免多画被遮挡的不可见轮廓，图形清晰，层次分明。还可以选择从机器(或部件)外部壳体或机座的主要结构出发，逐次向内画出各个零件，这种画法的优点是整体布局合理，大结构尺寸确定后，其余部分也可以很快确定下来。两种方法可根据不同零件结构灵活运用。

在齿轮油泵装配图中，由于主视图全剖，内部零件遮挡了外部零件，所以优先采用由内向外的作图方法，即先画轴，再画装在轴上的其他零件。如图7-4-9(c)所示。

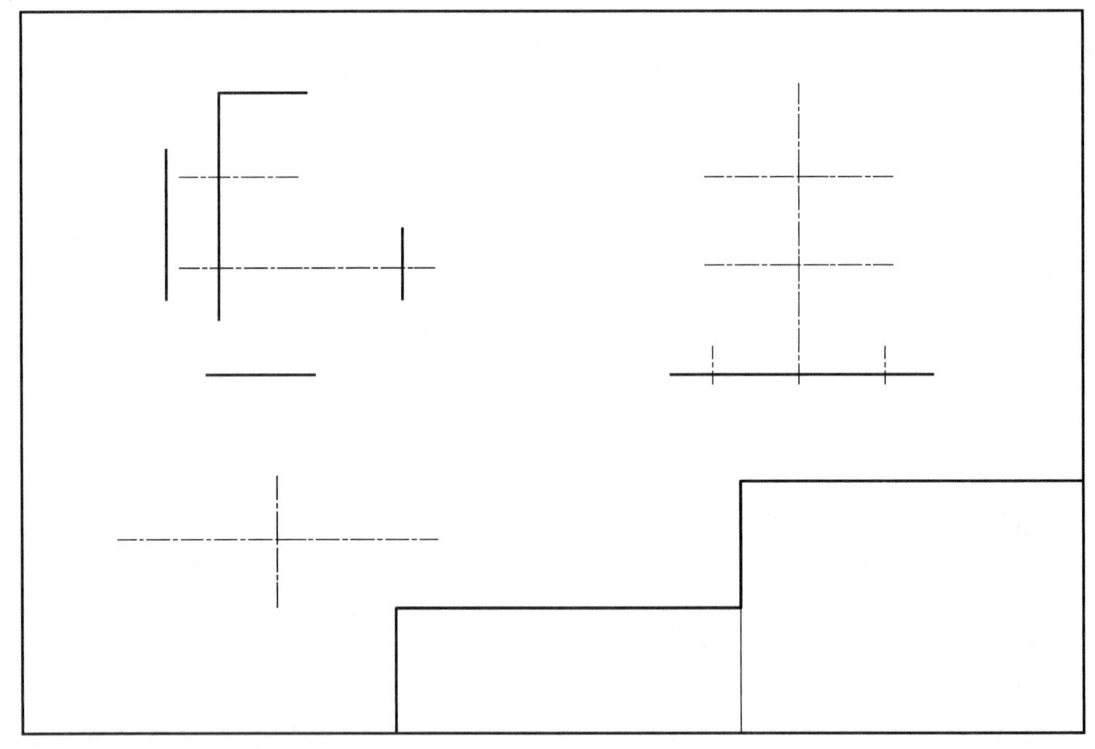

(a)确定图幅，画主要轴线、基准线

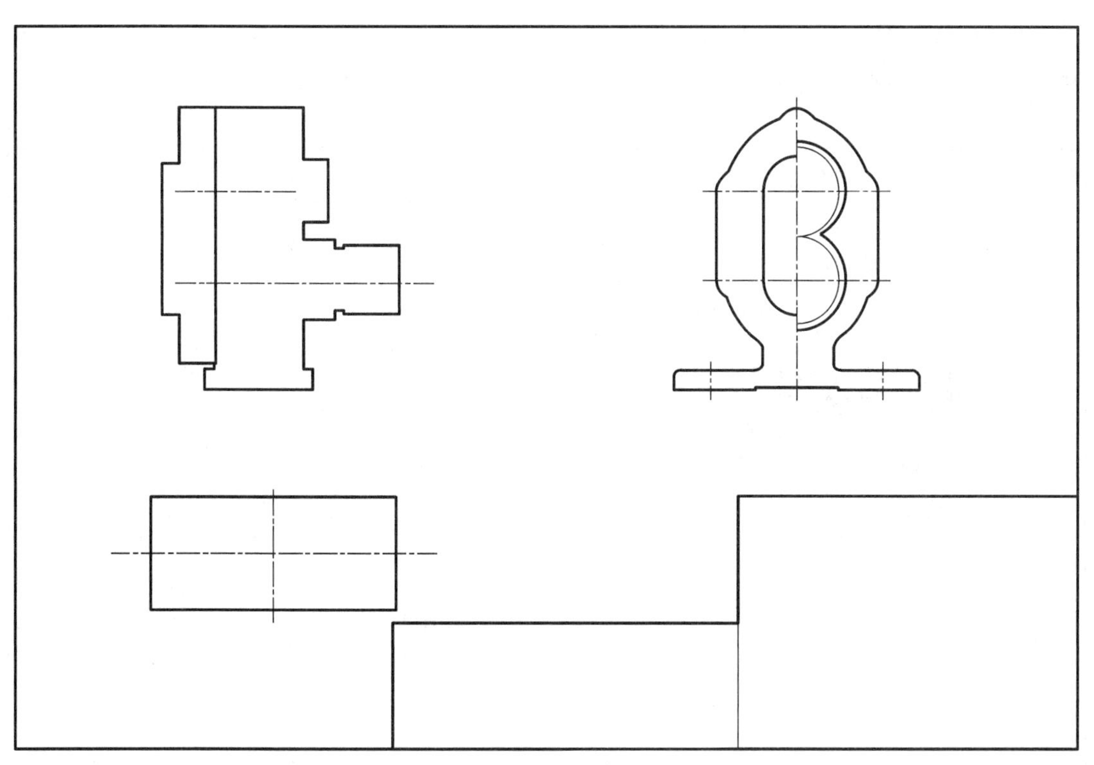

(b)绘制主要零件轮

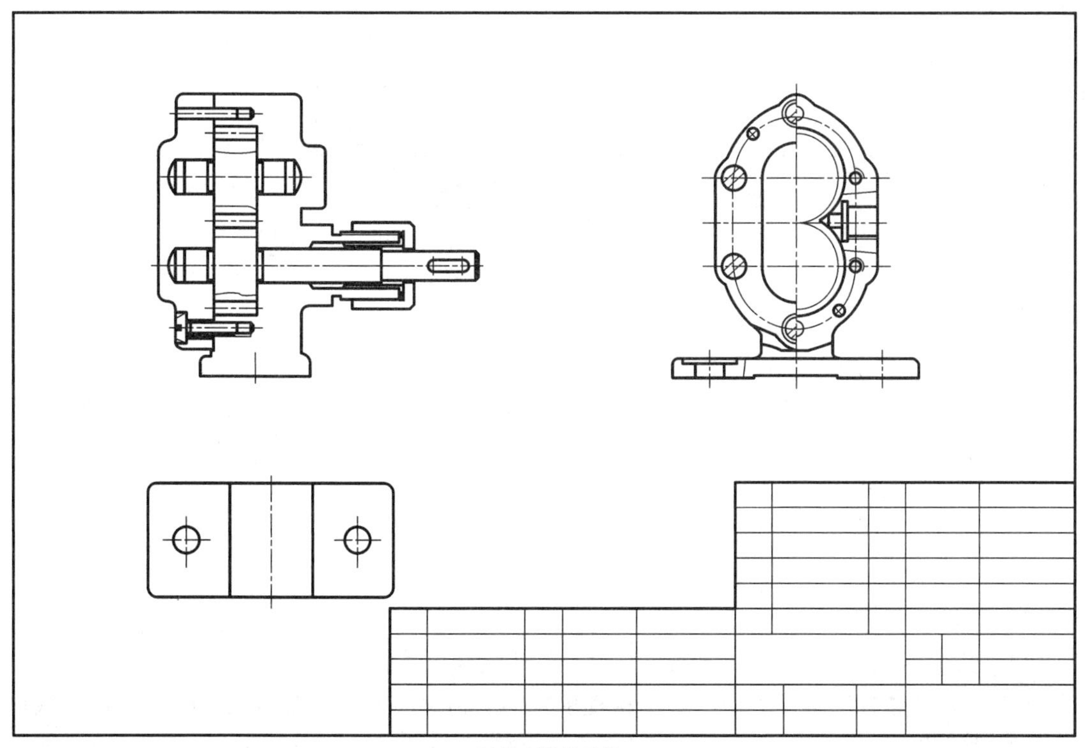

(c)绘制其他零件

图 7－4－9　齿轮油泵装配图步骤

⑤完成装配图。校核全图、描深轮廓线、绘制剖面线、标注尺寸、编写零部件序号、填写明细栏、标题栏和技术要求等。如图 7－4－10 所示。

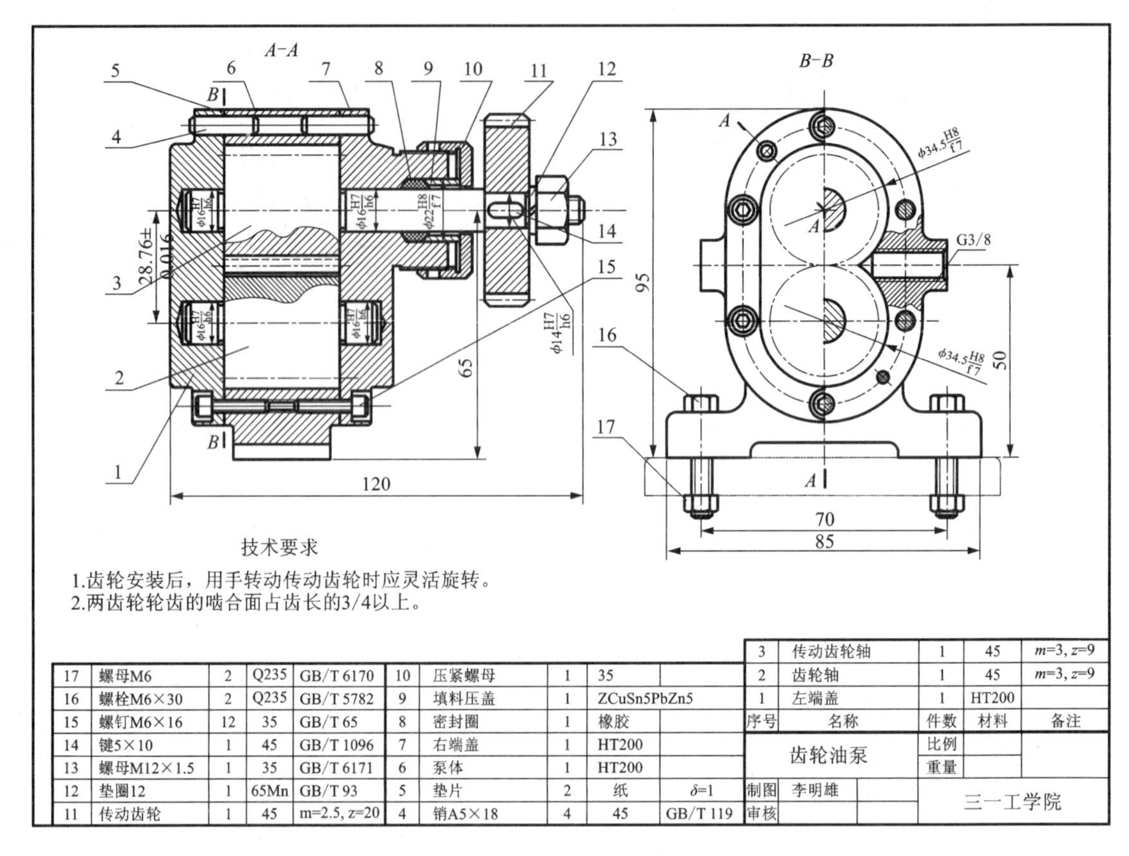

17	螺母M6	2	Q235	GB/T 6170	10	压紧螺母	1	35	
16	螺栓M6×30	2	Q235	GB/T 5782	9	填料压盖	1	ZCuSn5PbZn5	
15	螺钉M6×16	12	35	GB/T 65	8	密封圈	1	橡胶	
14	键5×10	1	45	GB/T 1096	7	右端盖	1	HT200	
13	螺母M12×1.5	1	35	GB/T 6171	6	泵体	1	HT200	
12	垫圈12	1	65Mn	GB/T 93	5	垫片	2	纸	δ=1
11	传动齿轮	1	45	m=2.5, z=20	4	销A5×18	4	45	GB/T 119

序号	名称	件数	材料	备注
3	传动齿轮轴	1	45	m=3, z=9
2	齿轮轴	1	45	m=3, z=9
1	左端盖	1	HT200	

齿轮油泵	比例	
	重量	
制图	李明雄	三一工学院
审核		

图 7－4－10　齿轮油泵装配

【同步练习】

1. 看调节支座装配图填空：

(1)该装配体的名称为________________，共用了____________个零件。

(2)装配体共用了________个图形表达，主视图采用了________剖视图和________剖视图，上方有 A 的视图是____________图，主视图上方双点画线采用的是____________画法。

(3)主视图中 $\phi80$ 是________________尺寸；$\phi16H7/h6$ 是________号件与________号件的配合尺寸，属于________尺寸，组成________配合。

2. 拆画零件图要求：

(1)按图 1∶1 拆画支承座(2 号零件)，并标注全部尺寸；

(2)在视图中标注指定表面的表面粗糙度代号：$\phi16H7$ 圆柱孔的 Ra 值为 1.6 μm，底面的 Ra 值为 3.2 μm。

(3)3 号零件、4 号零件，按 1∶1 拆画，不标注尺寸。

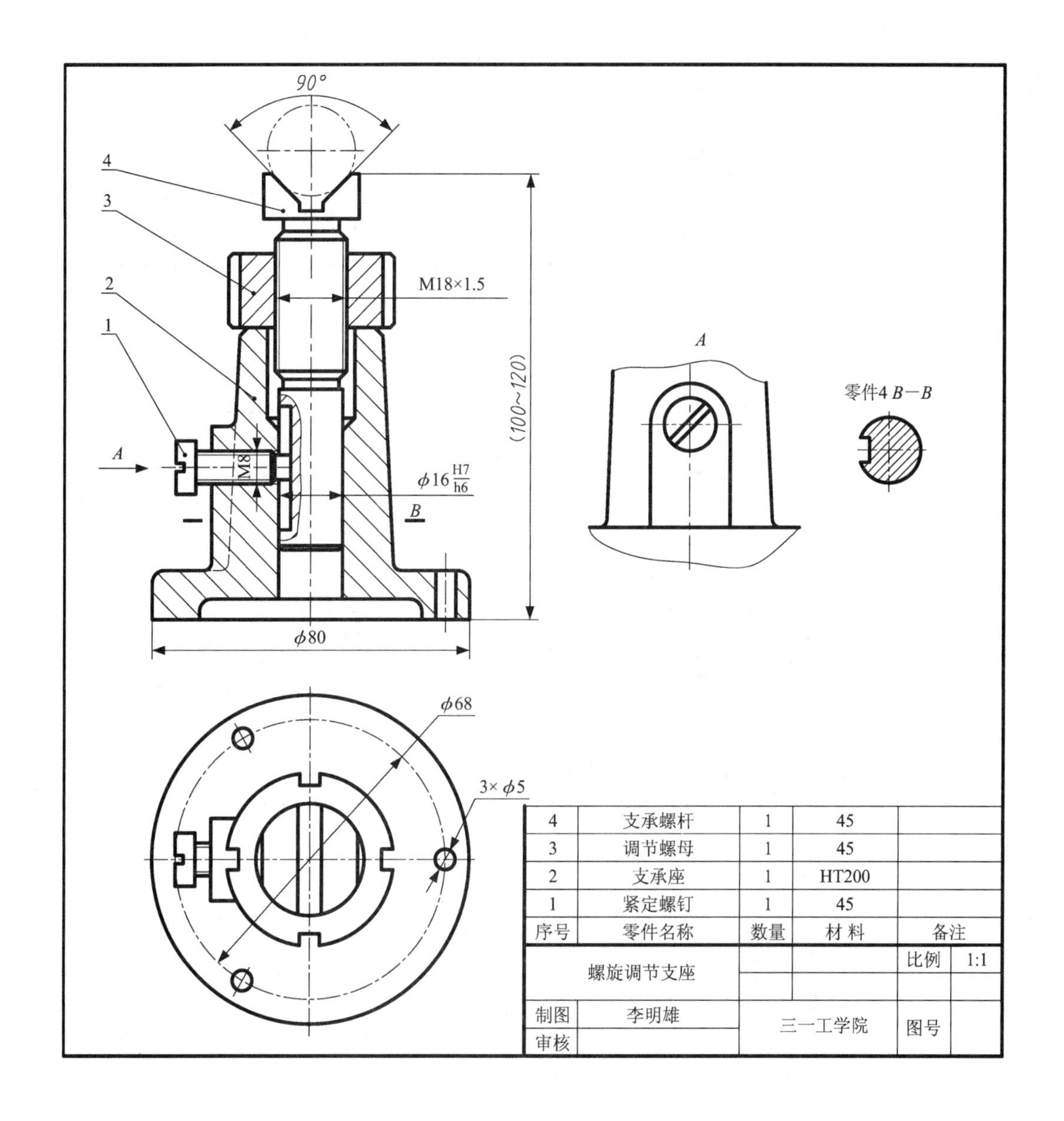

任务5　读装配图

【任务描述】

通过学习，能根据装配图看懂装配体的工作原理、零件间的装配关系。

【知识导航】

工程技术人员在进行产品设计、制造、安装、使用及技术交流时，都需要具备熟练识读装配图并由装配图拆画零件图的能力。因此我们要学习和掌握读装配图的方法。读装配图的方法与步骤：

一、概括了解

1. 通过阅读说明书和看标题栏

先了解机器（或部件）的名称及用途，再看明细栏，得知该机器（或部件）由多少种零件组成，标准件和非标准件的数量为多少，对照序号在装配图上找出这些零件的位置。

以图 7－5－1 所示的球阀为例，它是阀类零件的一种，主要在管道中起开关和调节流量的作用。从明细栏中可以看出，该球阀共有 13 种零件，其中标准件为 3 种，其余为非标准件。

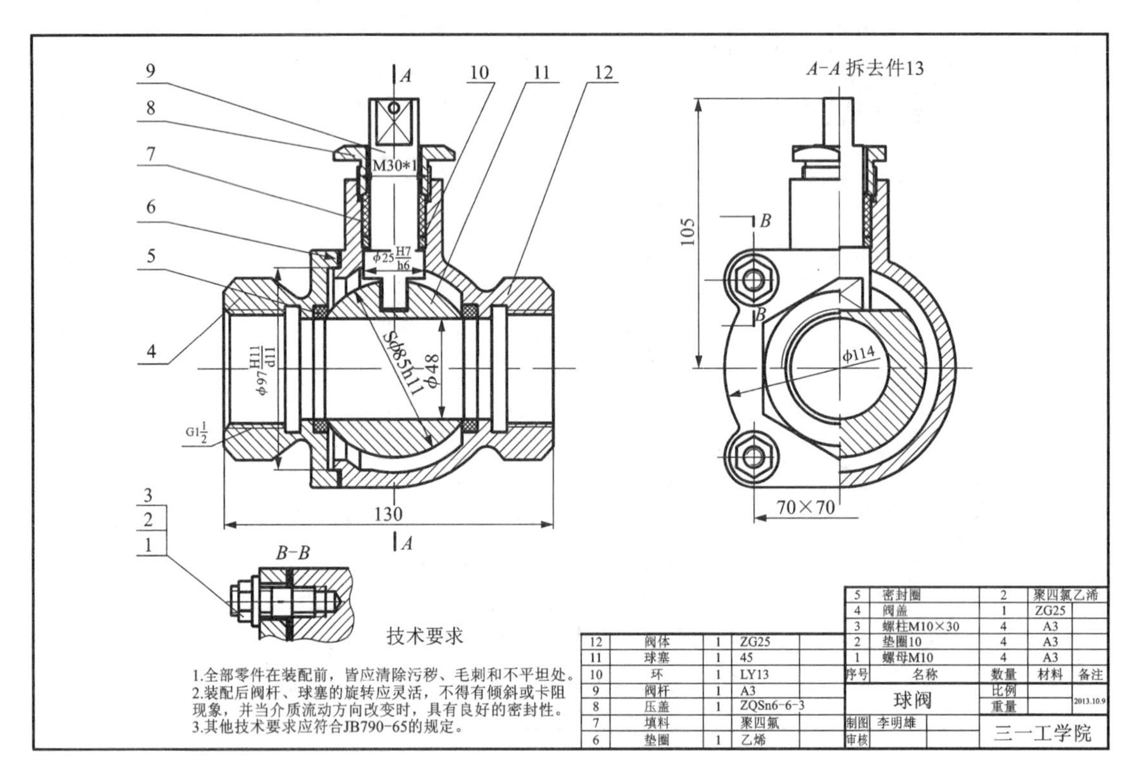

图 7－5－1　球阀装配图

2. 分析视图

明确装配图中各视图的表达方法、投影关系和剖切位置，并结合装配图中的尺寸，想象出主要零件图的结构形状。

由图 7－5－1 可知，球阀装配图共用了两个基本视图和一个局部剖视图来表示：主视图（全剖视）可以清楚看出球阀的两条装配干线上的零件位置及装配关系；左视图（半剖视）用了拆卸画法表示出阀盖连接部分的外形以及阀体、阀芯、阀杆之间的装配关系。局部剖视图表示阀盖与阀体之间双头螺柱的连接关系。

3. 确认装配关系和工作原理

主视图上的两组装配干线，很好地反映出球阀的装配关系：$\phi 48$ 孔轴线方向为主要装配干线，密封圈5、阀芯球塞11依次放入阀体12中，阀体通过4个双头螺柱与阀盖4相连接，组成液体、气体流经的通路；阀杆轴线方向为另一重要装配干线，该装配干线由手柄13、阀杆9、压盖8、密封环10等零件组成，将阀杆9下端嵌入阀芯球塞11的凹槽中，上端用方形结构固定于手柄13，起传动作用。

综上所述可以看出，主视图清楚地反映了球阀的工作原理：手柄13受到外力扳动时，带动阀杆9、阀芯球塞13同时转动，当手柄呈俯视图中粗实线位置时，阀芯中孔轴线与阀体内孔轴线和阀盖内孔轴线重合，阀门呈完全打开状态；当手柄呈俯视图中双点画线位置时，阀芯中孔轴线与阀体内孔轴线和阀盖内孔轴线垂直相交，通路被阻塞阀门关闭，如图7-5-2所示。

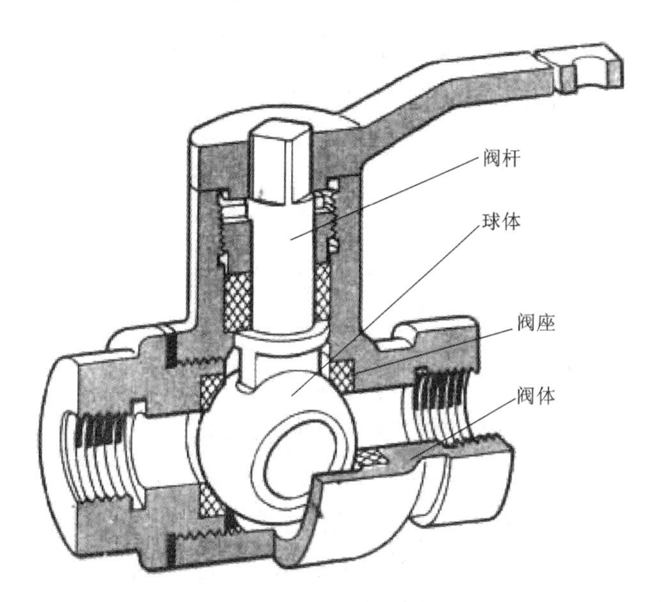

球阀拆卸

图7-5-2 球阀轴测图

二、装配图拆画零件图

由装配图拆画零件图，是在看懂装配图的基础上，将某一个非标准零件从装配图中分离出来，想象其结构形状，画出其零件图的过程。具体方法步骤如下：

1. 看懂装配图

先看明细栏找出所要拆画的零件名称，再从装配图中找出与之相对应的零件序号，根据零件序号指引线所指部位，分析该零件在该视图中的范围及外形，然后对照投影关系，找出该零件在其他视图中的位置及外形，将其轮廓从装配图分离出来。

2. 确定视图表达方案

（1）在拆画零件图时，应根据所拆画零件的结构形状、工作位置、加工位置来选择表达方案，而不能简单地照抄装配图中该零件的表达方案。

（2）对于装配图中没有表达完全或省略的零件结构（如倒角、退刀槽），在拆画零件图时，应根据零件的功用及零件工艺结构加以补充和完善，并在零件图上完整清晰地表达出来。

3. 标注尺寸

(1) 在装配图中已经标注出来的尺寸，都是重要尺寸，要完全照抄在零件图中。

(2) 装配图中的配合尺寸，应根据其配合代号，将零件公差带代号同时标注在零件图上。

(3) 螺栓、螺母、键、销等标准件以及与其相结合的螺孔直径、螺孔深度、键槽、销孔等尺寸，可从相关的国家标准中查得。

(4) 某些尺寸数值应根据设计时所给定的尺寸，通过计算确定。如轮齿分度圆尺寸应根据所给的模数、齿数通过公式计算确定。

(5) 其他的一般零件结构尺寸，可以按比例从装配图中量取，并加以圆整。

4. 注写技术要求

注写零件的形位公差、表面粗糙度及其他技术要求时，可根据该零件在装配体中的使用要求以及与其他零件的关系，参照同类产品的有关资料以及已有的生产经验综合确定。图 7 – 5 – 3 为从球阀中拆画出来的阀杆零件图。

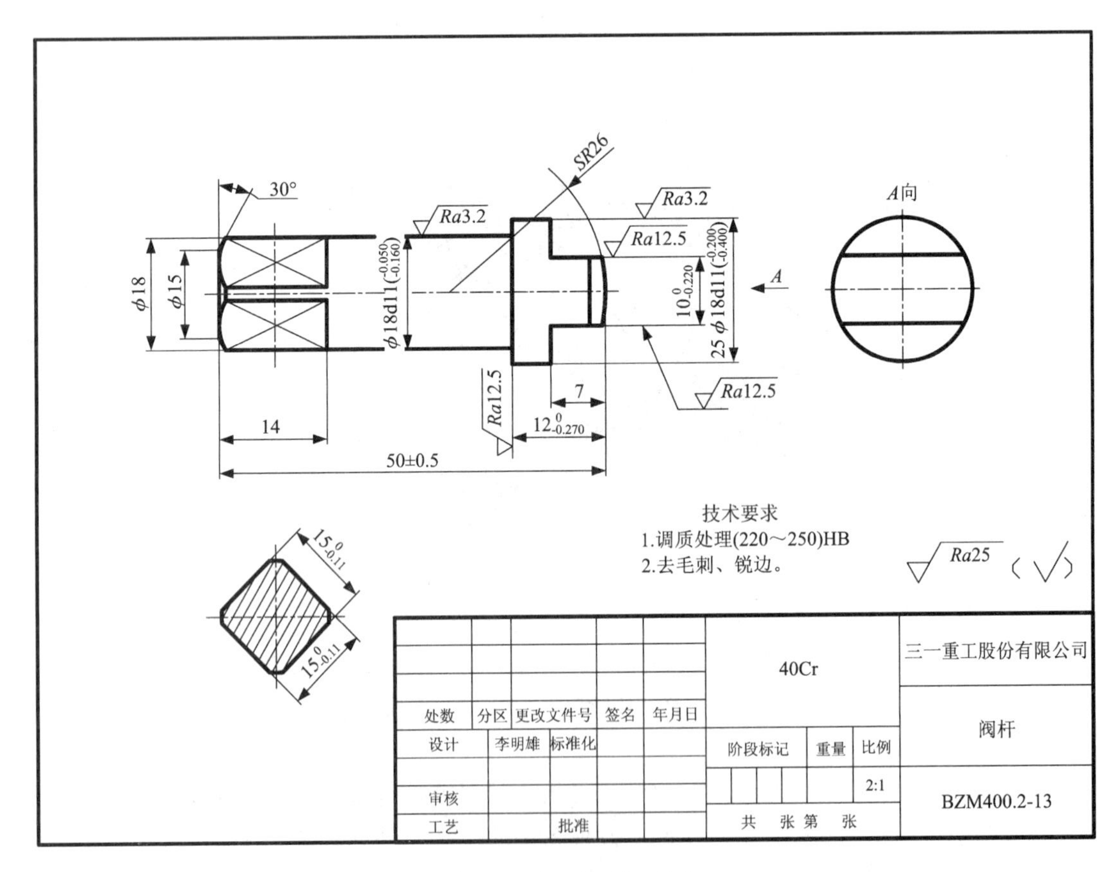

图 7 – 5 – 3　阀杆零件图

【同步练习】

1. 读机用虎钳装配图并填空。

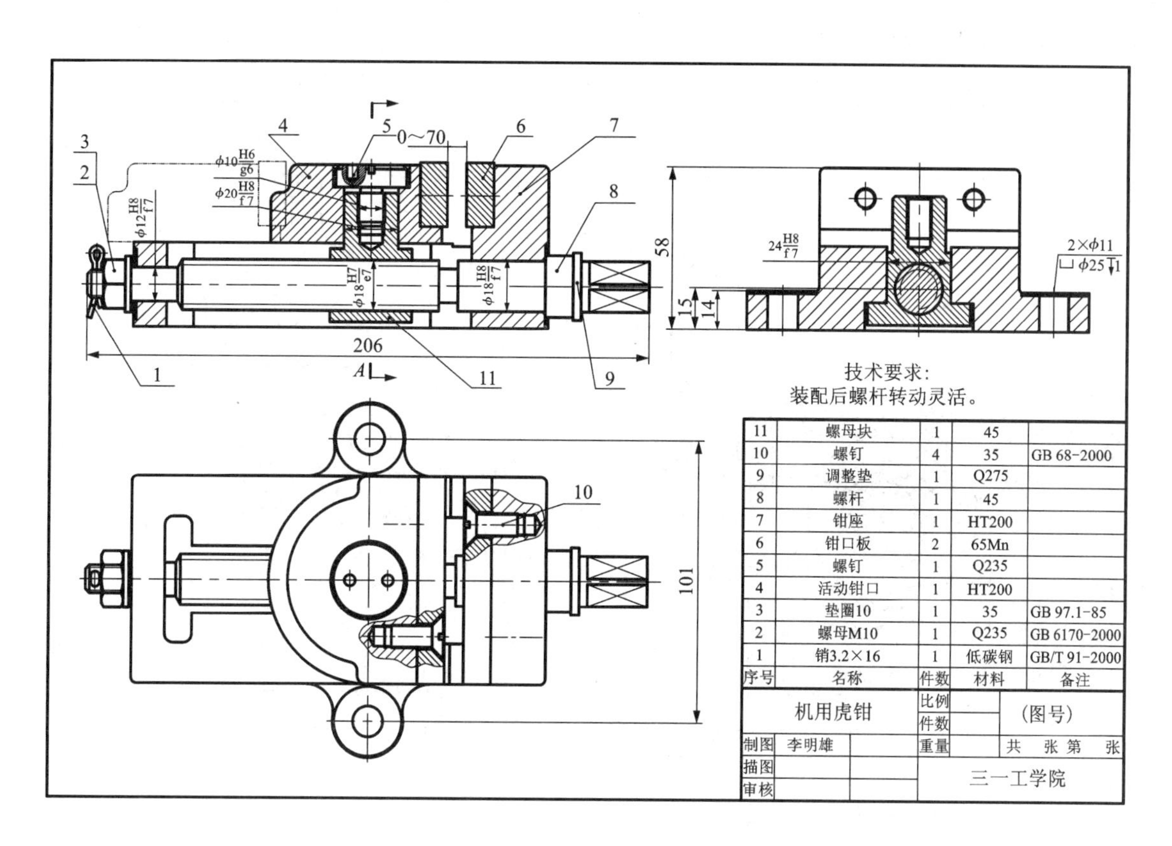

(1)机用虎钳共用了__________种零件，标准件有__________种。

(2)主视图采用了__________________剖视图，上方双点画线表示__________________画法，主视图还采用了________________剖视图；左视图采用的是________________剖视图，俯视图采用的是________________剖视图。

(3)主视图右边 ϕ18H8/f7 的基本尺寸是__________________，轴的公差带代号是____________，孔的公差带代号是________________；它是螺杆 8 与________________号件之间的配合，属于基________________制的________________配合。

(4)钳座 7 属于____________类零件，螺杆 8 属于____________类零件。

(5)拆卸螺母 11 的拆卸顺序是____。

(6)主视图中 206 属于____________________尺寸，0 ~ 70 属于________________尺寸，俯视图中 101 属于________________尺寸。

(7)俯视图中间螺钉上 2 个小圆孔的作用是______________________________。

(8)钳口板 6 与钳座 7 之间用________________连接，螺母 2 运用________________防松。

2. 看懂止回阀的装配图并填空。

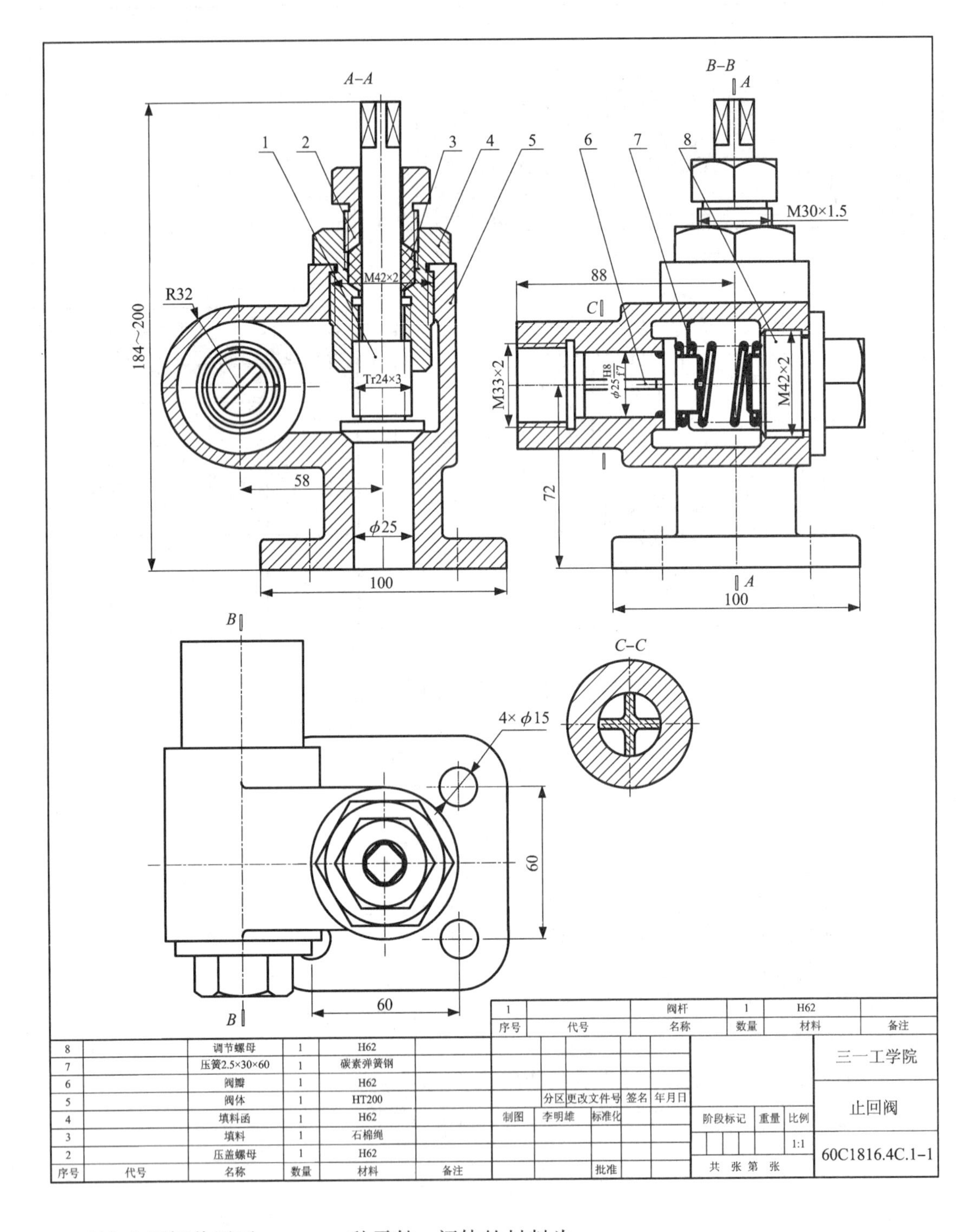

(1) 止回阀共用了________种零件，阀体的材料为____________。

(2) 主视图采用了________剖视图，底座上有________个安装孔。

(3) 左视图中 φ25H8/f7 的基本尺寸是________，轴的公差带代号是________，孔的公差带代号是________；它是________号件与________号件之间的配合，属于基________制的________配合。

（4）拆下 1 号件阀杆的顺序是____________________（写号件）。

（5）俯视图中 60 属于____________尺寸；左视图中 ϕ25H8/f7 属于____________尺寸；M33 ×2 属于________________尺寸。

（6）止回阀入口的直径为____________，出口的直径为____________。

3. 看懂齿轮油泵的装配图并完成下方作业。

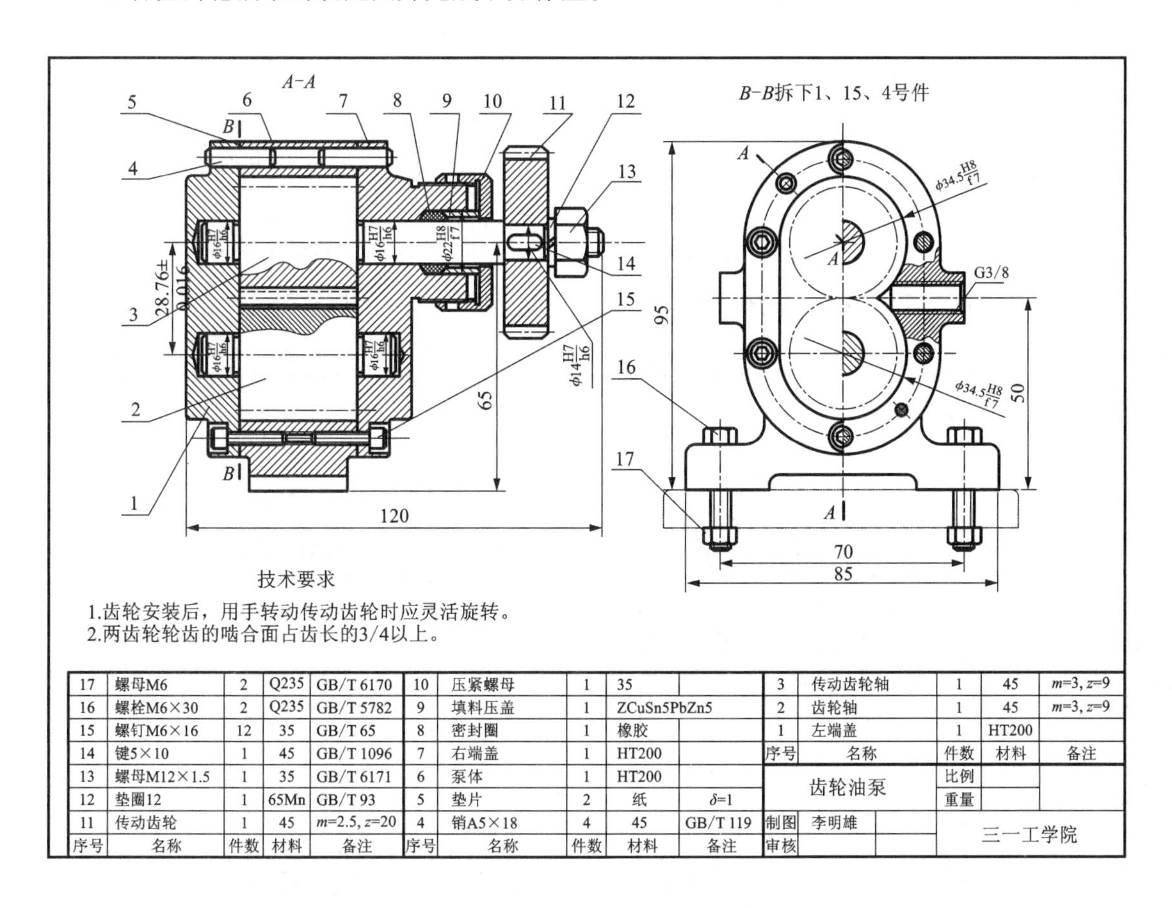

序号	名称	件数	材料	备注	序号	名称	件数	材料	备注	序号	名称	件数	材料	备注
17	螺母M6	2	Q235	GB/T 6170	10	压紧螺母	1	35		3	传动齿轮轴	1	45	m=3, z=9
16	螺栓M6×30	2	Q235	GB/T 5782	9	填料压盖	1	ZCuSn5PbZn5		2	齿轮轴	1	45	m=3, z=9
15	螺钉M6×16	12	35	GB/T 65	8	密封圈	1	橡胶		1	左端盖	1	HT200	
14	键5×10	1	45	GB/T 1096	7	右端盖	1	HT200		序号	名称	件数	材料	备注
13	螺母M12×1.5	1	35	GB/T 6171	6	泵体	1	HT200		齿轮油泵		比例		
12	垫圈12	1	65Mn	GB/T 93	5	垫片	2	纸	δ=1			重量		
11	传动齿轮	1	45	m=2.5, z=20	4	销A5×18	4	45	GB/T 119	制图	李明雄		三一工学院	
序号	名称	件数	材料	备注	序号	名称	件数	材料	备注	审核				

（1）齿轮油泵共用了________________种零件，其中标准件有________________种。

（2）主视图采用了____________剖视图，左视图下方双点画线表示用________________画法，主视图还采用了____________剖视图。

（3）主视图右边 ϕ22H8/f7 的基本尺寸是__________，轴的公差带代号是__________，孔的公差带代号是__________；它是齿轮轴 3 号件与____________号件之间的配合，属于基____________制的____________配合。

（4）泵体 3 属于________________类零件，主视图中 120 属于____________尺寸，左视图中 70 属于________________尺寸。

（5）表达出 3 号件齿轮轴（注意表达完整，不标尺寸）。

项目八
其他图样

【项目导入】

如图 8－0－1 所示，它比零件图多了一些如 5 3×12(8) 111 的标记和零件序号、明细栏等，比装配图又多了些详细的尺寸标注，这就是其他图样之一的焊接图。

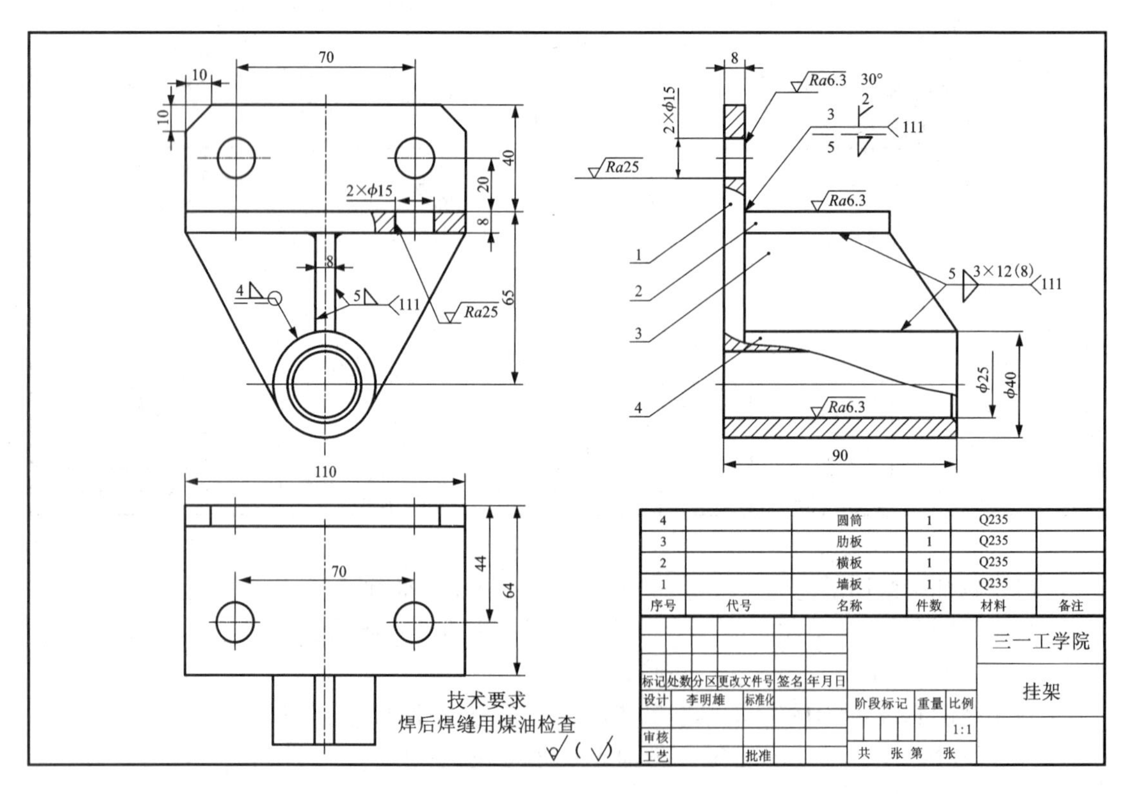

图 8－0－1 挂架焊接图

【学有所获】

本项目的学习，学生应该能运用如下知识点：

(1)读焊接图以及焊接接头与焊缝形式。
(2)金属结构件的种类及标记。
(3)展开图画法。

任务1　焊接图

【任务描述】

通过学习，能看懂焊接图中的图形表达、尺寸标注、焊接符号以及各种技术要求。

【知识导航】

焊接是将零件的连接处加热熔化，或者加热加压熔化(用或不用填充材料)，使连接处熔合为一体的制造工艺，焊接属于不可拆连接。它具有连接可靠、节省材料、工艺简单和便于在现场操作等优点。它的应用十分广泛。金属焊接方法有40种以上，主要有熔焊、接触焊及钎焊三种。

(1)熔焊。是指将零件连接处进行局部加热直到熔化，并填充熔化金属。常见的气焊、电弧焊即属于这类焊接，主要用于焊接厚度较大的板状材料，例如大中型电子设备的机箱、框、架等。

(2)接触焊。是指焊接时，将被连接件搭接在一起，利用电流通过焊接接触处，由于材料接触处的电阻作用，使材料局部产生高温，处于半熔化或熔化状态，这时再在接触处加压，即可以把零件焊接起来。用于电子设备中的接触焊包括点焊、缝焊和对焊三种，主要用于金属薄板零件的连接。

(3)钎焊。是指用易熔金属作焊料(如铅锡合金)，利用熔融焊料的粘着力或熔合力把焊件表面粘合起来。由于钎焊焊接时温度低，在焊接过程中对零件的性能影响小，故无线电元器件的连接常采用于这种方式。

焊接图应将焊接件的结构和焊接有关的技术参数表示清楚。国家标准中规定了焊缝的种类、画法、符号、尺寸标注方法以及焊缝标注方法。

一、看焊缝符号

焊接时形成的连接两个被连接体的接缝称为焊缝。

绘制焊接图时为了简化图样上焊缝的表示方法，一般应采用焊缝符号表示。焊缝符号由基本符号和指引线组成。必要时还可以加上辅助符号、补充符号和焊缝尺寸符号。

1. 焊缝的规定画法

在图样中简易地绘制焊缝时，可用视图、剖视图和断面图表示，也可用轴测图示意地表示，通常还应同时标注焊缝符号。

(1)在视图中焊缝的画法。

在视图中，焊缝可用一组细实线圆弧或直线段(允许徒手画)表示，如图8－1－1(a)、(b)、(c)所示，也可采用粗实线(线宽为$2b \sim 3b$)表示，如图8－1－1(d)、(e)、(f)所示。

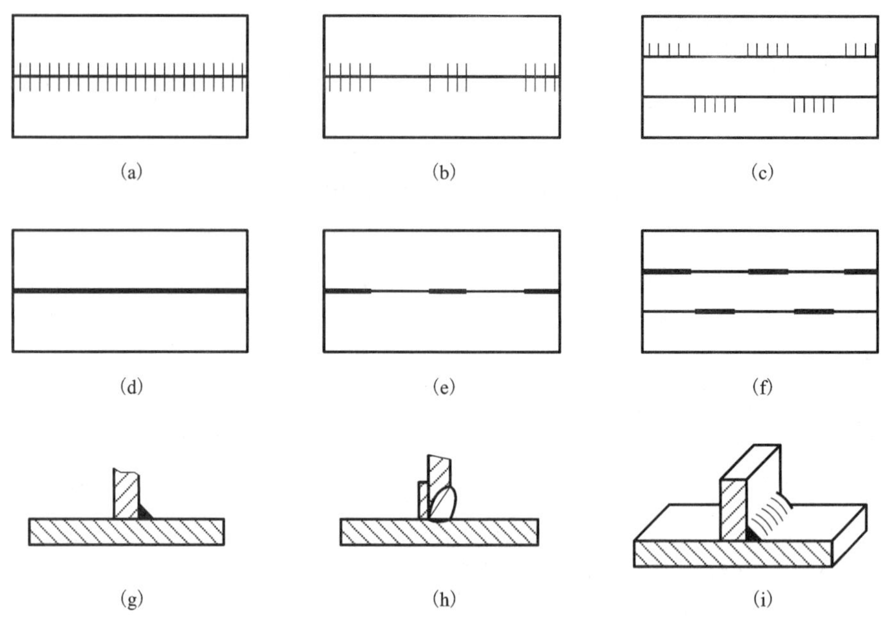

图 8－1－1　焊缝的画法

(2)在剖视图或断面图中焊缝的画法。

在剖视图或断面图中，焊缝的金属熔焊区通常应涂黑表示，若同时需要表示坡口等的形状时，可用粗实线绘制熔焊区的轮廓，用细实线画出焊接前的坡口形状，如图 8－1－1(g)、(h)所示。

(3)在轴测图中焊缝的画法。

用轴测图示意地表示焊缝的画法如图 8－1－1(i)所示。

2. 焊接接头和焊缝形式

常见的焊接接头形式有：对接、搭接和 T 形接等。焊缝又有对接焊缝、点焊缝和角焊缝等，如图 8－1－2 所示。

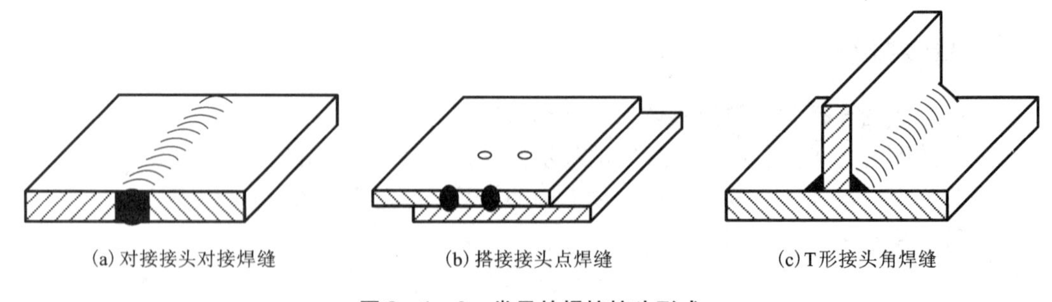

图 8－1－2　常见的焊接接头形式

3. 焊缝符号

为了简化图样上焊缝的表示方法，一般应采用焊缝符号表示，焊缝符号一般由基本符号和指引线组成。必要时还可以加上辅助符号、补充符号和焊缝尺寸符号等。

(1)基本符号。

基本符号是表示焊缝横剖面形状的符号，它采用近似于焊缝横剖面形状的符号表示，如表 8－1－1 所示。基本符号采用实线绘制(线宽约为 0.7b)，见表 8－1－1 的规定。

表 8－1－1　焊缝基本符号

焊缝名称	焊缝型式	符号	焊缝名称	焊缝型式	符号
V 形		V	I 形		‖
单边 V 形		V	点焊		○
带钝边 V 形		Y	角焊		◺
U 形		Y	堆焊		⌒⌒

(2)焊缝尺寸符号。

基本符号必要时可附带有焊缝尺寸符号及数据，焊缝尺寸指的是工件的厚度、坡口的角度、根部的间隙等数据的大小，焊缝尺寸一般不标注，如设计或生产需要注明焊缝尺寸时才标注，常用的焊缝尺寸符号见表 8－1－2。

焊缝辅助符号与补充符号

表 8－1－2　焊缝尺寸符号

符号	名称	示意图	符号	名称	示意图
δ	工件厚度	δ	c	焊缝宽度	c
α	坡口角度	α	R	根部半径	R

续表 8－1－2

符号	名称	示意图	符号	名称	示意图
b	根部间隙		*L*	焊缝长度	
P	钝边		*n*	焊缝段数	

焊接方法的数字代号

(3)焊接方法和数字代号。

焊接方法很多，可用文字在技术要求中注明，也可用数字代号直接注写在引线的尾部。

二、焊缝标注的有关规定

(1)指引线。

指引线采用细实线绘制，一般由带箭头的指引线(称为箭头线)和两条基准线(其中一条为实线，另一条为虚线，基准线一般与图纸标题栏的长边平行)构成，必要时可以加上尾部(90°夹角的两条细实线)，如图 8－1－3 所示。

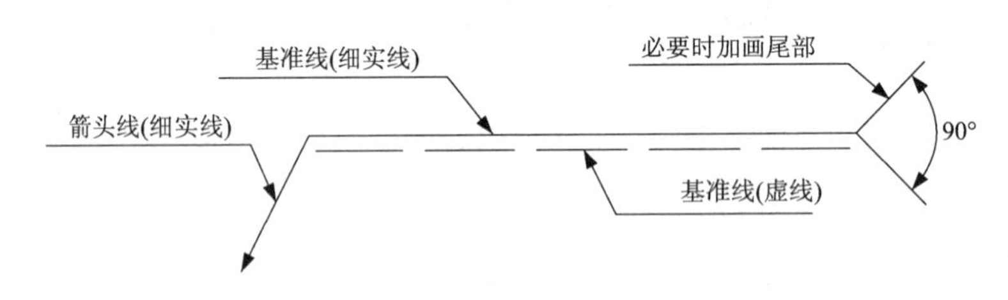

图 8－1－3　指引线

(2)指引线的位置。

①指引线的位置。

指引线相对焊缝的位置一般没有特殊要求，可以指在焊缝的正面或反面。但在标注单边 V 形焊缝、带钝边的单边 V 形焊缝、带钝边 J 形焊缝时，箭头线应指向带有坡口一侧的工件，如图 8－1－4 所示。

焊接接头形式

②基准线的位置。

基准线一般应与图样的底边平行，但在特殊条件下也可与底边垂直。基准线的虚线可以画在基准线的实线的上侧或下侧。

③基本符号相对基准线的位置。

当指引线直接指向焊缝正面时(即焊缝与箭头线在接头的同侧)，基本符号应注在基准线的实线侧；反之，基本符号应注在基准线的虚线侧，如图 8－1－4 所示。

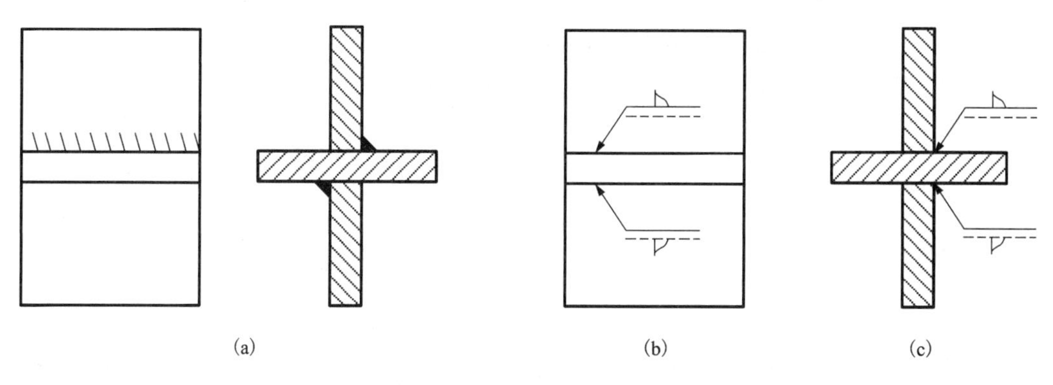

图 8－1－4　基本符号相对基准线的位置

标注对称焊缝和不致于引起误解的双面焊缝时，可不加虚线，如图 8－1－5 所示。

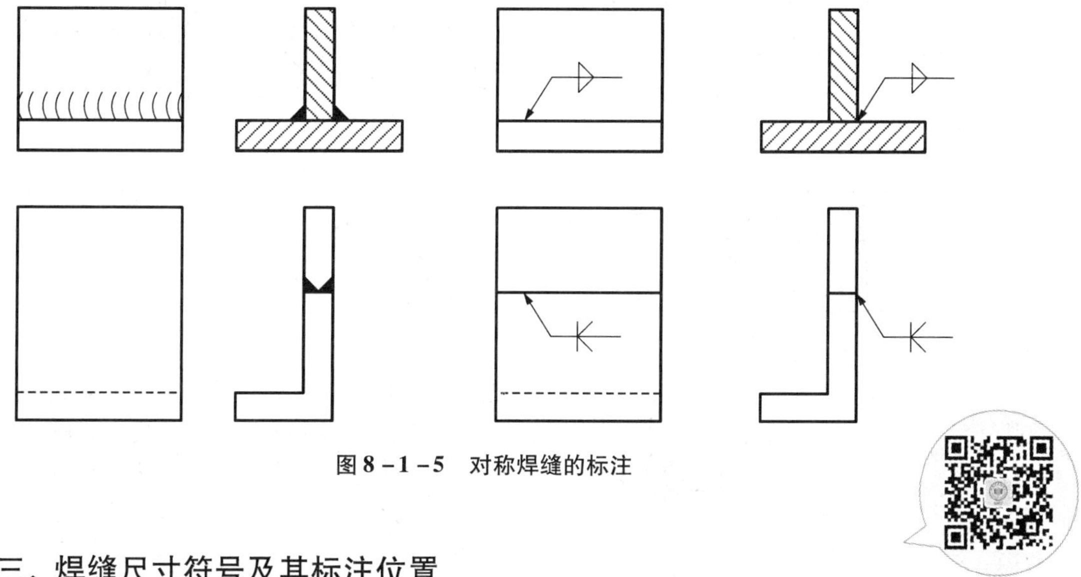

图 8－1－5　对称焊缝的标注

焊接坡口形式

三、焊缝尺寸符号及其标注位置

焊缝尺寸符号及数据的标注位置如图 8－1－6 所示。

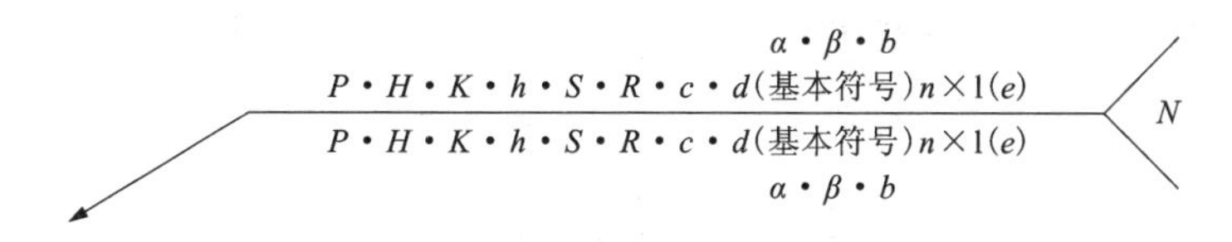

图 8－1－6　焊缝尺寸符号及其标注位置

(1)焊缝横剖面上的尺寸如钝边高度 P、坡口深度 H、焊角高度 K、焊缝宽度 e 等标注在基本符号左侧。

(2)焊缝长度方向的尺寸，如焊缝长度 L、焊缝间距 e、相同焊缝段 n 等标注在基本符号右侧。

(3)坡口角度 α、坡口面角度 β、根部间隙 b 等尺寸标注在基本符号的上侧或下侧。

(4)相同焊缝数量 N 标在尾部。当若干条焊缝符号相同时，可使用公共基准线进行标注。

四、焊缝标注的示例

1. 焊缝的标注示例

焊缝的标注示例如表 8－1－3 所示。

表 8－1－3　焊缝的标注示例

序号	焊缝形式	标注示例	说明
1	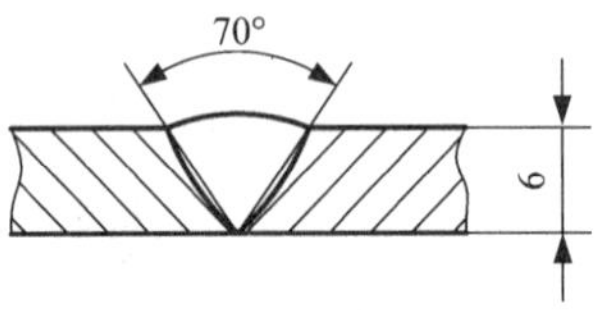	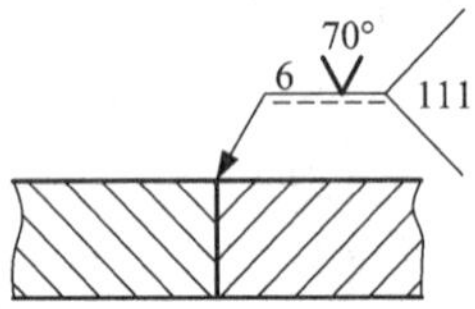	对接 V 形焊缝，坡口角度为 70°，焊缝有效厚度为 6 mm，手工电弧焊
2	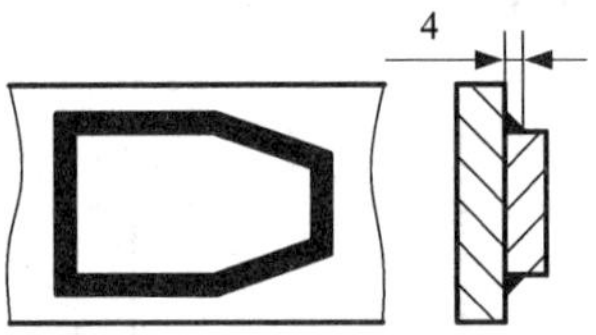	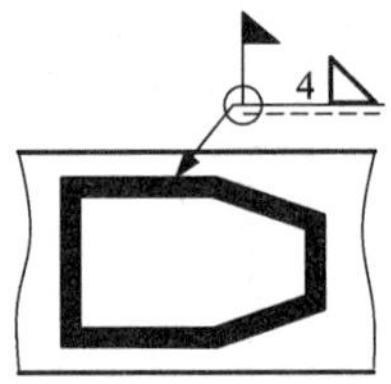	搭接角焊缝，焊角高度为 4 mm，在现场沿工件周围施焊
3	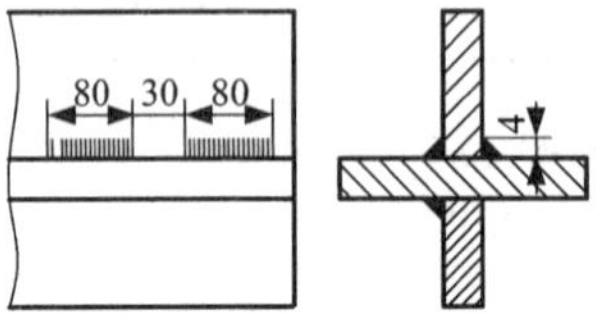	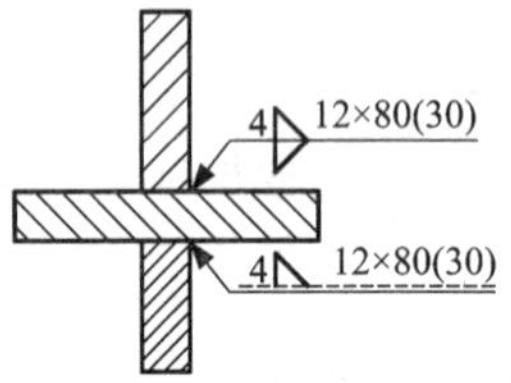	断续三角焊缝，焊角高度为 4 mm，焊缝长度为 80 mm，焊缝间距为 30 mm，三处焊缝各有 12 段

2. 焊接图例

在焊接图样中，一般只用焊缝符号标注在视图的轮廓线上，而不一定采用图示法。但如需要，也可在图样上采用图示法画出焊缝，并同时标注焊缝符号。

(1)焊接图的内容。

焊接图应能表示各焊接件的相对位置、焊接要求以及焊接尺寸等内容，这类零件的视图的表达应包括以下几个方面：

①一组视图，用于表达焊接件结构形状。

②一组尺寸，它们决定焊接件的大小，其中应包括焊接件的规格尺寸，各焊接件的装配位置尺寸等。

③各焊接件连接处的接头形式、焊接符号及焊接尺寸。

④对构件的装配，焊接或焊后说明必要的技术要求。

⑤明细表和标题栏。

(2)看焊接图方法。

看焊接图，主要需弄清被焊接件的种类、数量、材料及所在部位，了解焊接方法和有关技术要求。

(3)看图实例：

①以支座的焊接图(图 8－1－7)为例，说明看焊接图的方法、步骤。

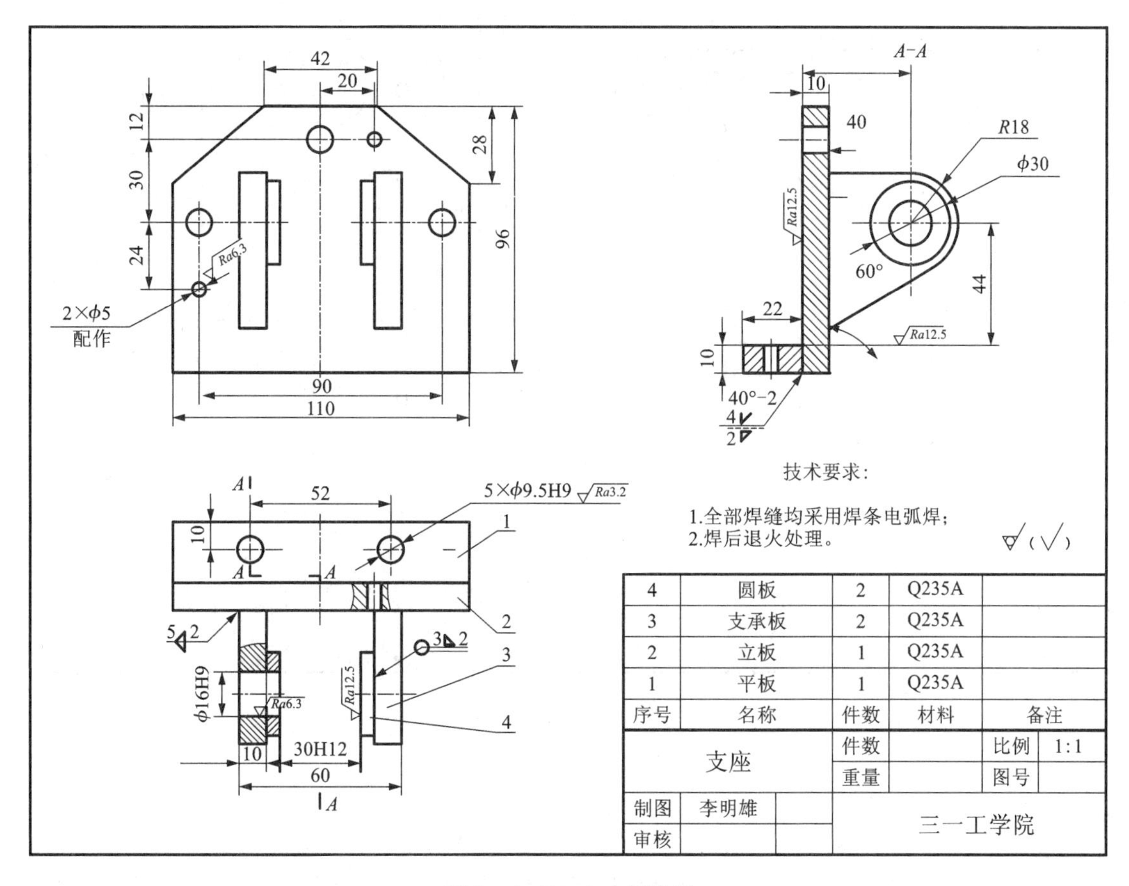

图 8－1－7　支座焊接图

②了解被焊构件的种类、数量、材料及所在部位，了解其焊接方法和技术要求。

该支座是由 4 种共 6 个构件焊接而成，被焊构件材料均为 Z235A 普通碳素钢，根据技术要求知道，焊接方法为焊条电弧焊，且焊后应进行退火处理。

③看懂视图，能想象出焊接件及各构件的结构形状，并分析尺寸，了解其加工要求。

④明确各构件间的焊接装配关系、焊接的要求和内容等。在支架的俯视图中焊缝代号表示支承板与圆板间为单面角焊缝，焊角高度为 3 mm，它是绕圆板的周围进行焊接的。

支承板是对称地焊接在主板的中部，焊接代号表示支承板与主板间为双面角焊缝。焊角高度为 5 mm，这种焊缝有两条。

左视图中，立板与平板垂直，焊接对其下表面对齐，焊缝代号表示立板与平板间为单面

V 形焊缝，坡口深度为 4 mm，对接间隙为 2 mm，坡口角度为 40°，平板上表面与立板的焊缝为焊角高度为 2 mm 的角焊缝。

(4) 支架焊接图(图 8－1－8)。

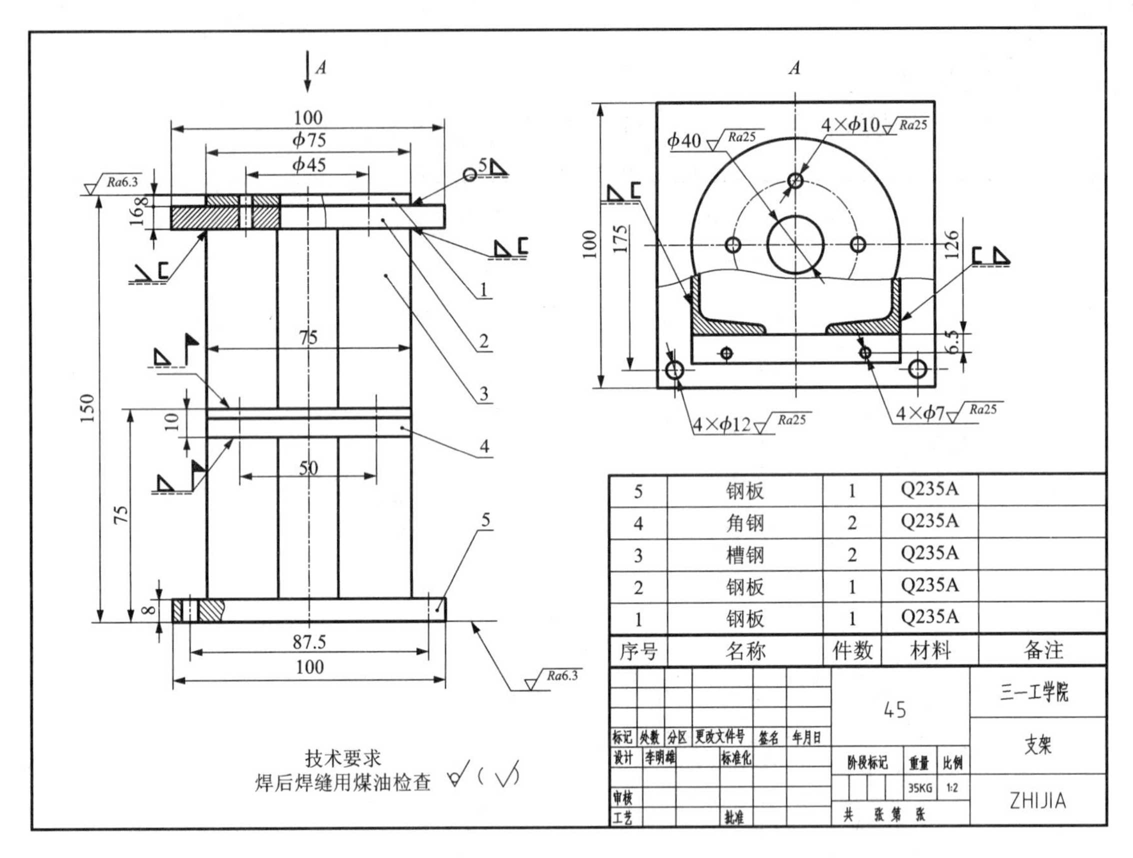

图 8－1－8　支架焊接图

常见焊缝表示法

特别提示：

图示支架由 5 部分焊接而成，从主视图上看，有三条焊缝，一处是件 1 和件 2 之间，沿件 1 周围用角焊缝焊接；另两处是件 4 和件 3，角焊缝现场焊接。从 *A* 视图上看，有两处焊缝，用角焊缝三面焊接。

【同步练习】

1. 解释如下焊缝代号的含义。

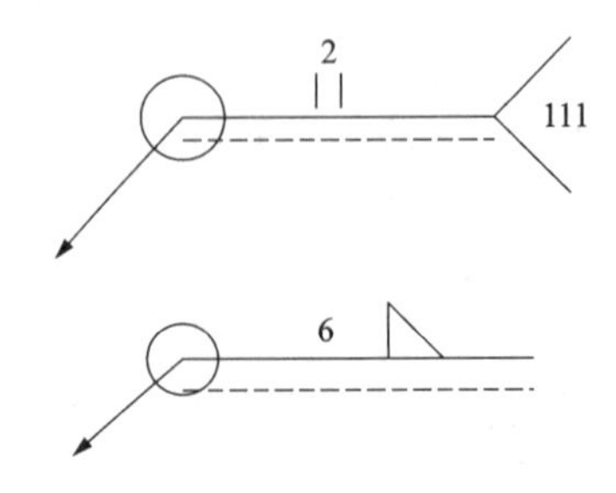

2. 看懂挂架的焊接图并填空。

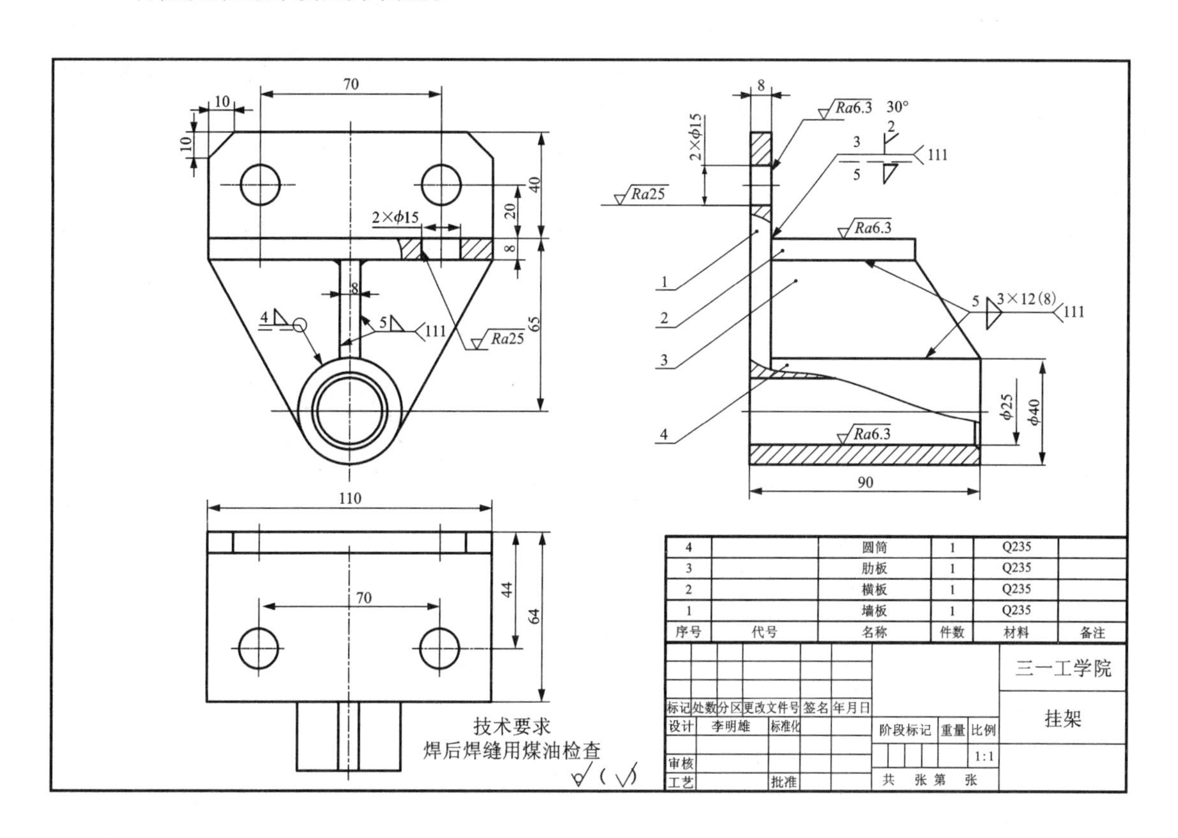

(1) 焊接符合 [焊接符号：30°、2、3、5、111] 表示________与________之间的焊缝，横板上表面为带________边的________焊缝，坡口角度为________，间隙为________，坡口深度为________，横板下表面的焊缝为焊角高度________的角焊缝。

(2) 焊接符合 [焊接符号：5、3×12(8)、111] 表示横板 2 与肋板 3 之间、肋板 3 与圆筒 4 之间均为________，________，“3×12(8)”表示有________段断续双面________，焊缝长度为________，断续焊缝间距为________，111 表示________。

(3) 该焊接件由________部分组成，它们的材料均为________。

(4) 俯视图中 2 个圆孔的直径为________，它们的定位尺寸分别为________、________。

任务 2　金属结构件

【任务描述】

通过学习，能够看懂图中各种棒料、型材的尺寸与标记。

【知识导航】

本任务中主要介绍的是金属结构件表示法和尺寸注法。图 8－2－1 所示是金属结构件图，它与一般机械图样在表示方法上有所不一样。

由型钢、板材等构成的桩基、构架等金属结构件，常用于桩基、桥梁、建筑构架以及起重运输及传送带等设备上。金属结构件通常是由各种型钢与钢板通过采用焊接、铆接等不可拆连接形式，或采用可拆的螺栓连接形式连接而成。金属结构图的绘制原理和方法与机械图样一致。

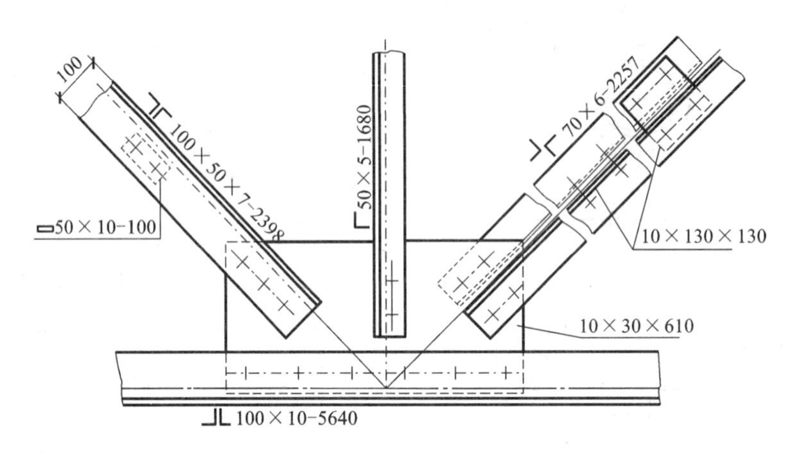

图 8－2－1　金属结构件图

一、金属结构图中孔、螺栓及铆钉的表示法

在垂直于孔的轴线的视图上，采用表 8－2－1 中规定的用粗实线绘制的孔的符号，注意符号中心处不得有圆点，见图 8－2－2。

表 8－2－1　垂直于轴线的视图上孔的符号

孔	孔的符号			
	无沉孔	近侧有沉孔	远侧有沉孔	两侧有沉孔
在车间钻孔				
在工地钻孔				

在平行于孔的轴线的视图上，采用表 8－2－2 中规定的用粗实线绘制的符号，孔的轴线画成细实线。

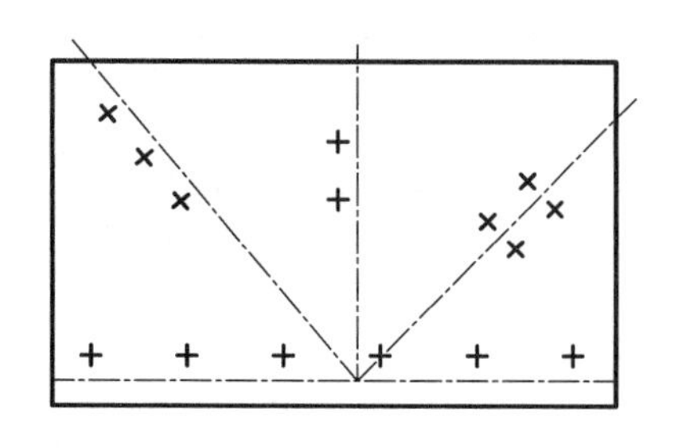

图 8－2－2　符号中心处不得有圆点

视图上螺栓或铆钉连接的符号

表 8－2－2　平行于轴线的视图上孔的符号

孔	孔的符号		
	无沉孔	仅一侧有沉孔	两侧有沉孔
在车间钻孔			
在工地钻孔			

二、金属结构图中棒料、型材的标记

棒料或型材应采用表 8－2－3、表 8－2－4 中规定的符号及尺寸进行标记，必要时，可在标记后注出切割长度，并用一短划与标记隔开，此标记也可填写在明细栏中。

表 8－2－3　棒料的尺寸和标记

棒料断面	尺寸	标记	
		图形符号	必要尺寸
圆形	ϕd		d
圆管形	ϕd　t		$d \cdot t$

续表 8－2－3

棒料断面	尺寸	标记	
		图形符号	必要尺寸
方形			b
空心方管形			$b \cdot t$
扁矩形			$b \cdot h$
空心矩管形			$b \cdot h \cdot t$
六角形			s
空心六角管形			$s \cdot t$
三角形			b
半圆形			$b \cdot h$

表 8－2－4 型材的标记

型材	标记		
	图形符号	字母代号	尺寸
角钢	∟	L	特征尺寸
T 型钢	⊤	T	
工字钢	⌶	I	
H 钢	H	H	
槽钢	⊏	U	
Z 型钢	˥	Z	
钢轨			
球头角钢			
球扁钢			

标注示例：

例 1 角钢，尺寸为 50 mm×50 mm×4 mm，长度为 100 mm。

标记为：∟ GB/T 9787-50×50×4-100

在有相应标准但不致引起误解或在相应标准中没有规定棒料、型材的标记时，可采用前两表中规定的图形符号加必要的尺寸及其切割长度简化表示。

例 2 扁钢，尺寸为 50 mm×10 mm，长度为 100 mm，简化标记为：

▭ 50×10-100

为了简化，也可用大写的字母代号代替表 8－2－4 中规定的型材的图形符号。

例 3 角钢，尺寸为 90 mm×56 mm×7 mm，长度为 500 mm，简化标记为：

∟ 90×56×7-500

标记尽可能靠近相应的构件标注，如图 8－2－3 和图 8－2－4 所示。图样上的标记应与型材的位置相一致。

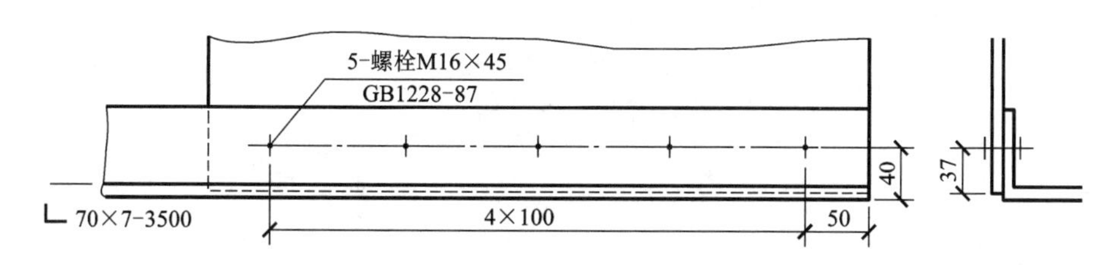

图 8－2－3 标记尽可能靠近相应的构件标注(1)

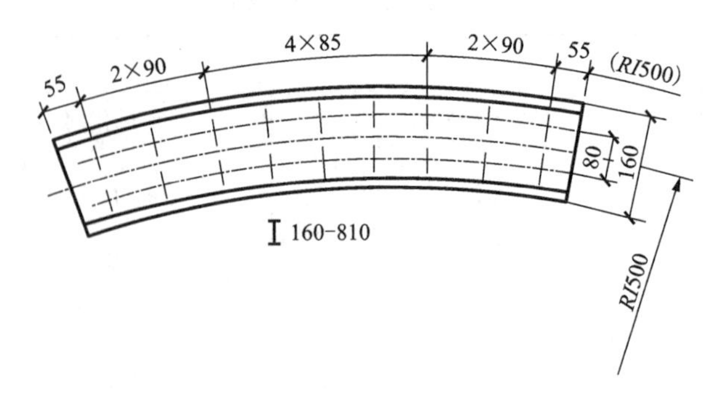

图 8－2－4　标记尽可能靠近相应的构件标注(2)

对于板钢，应标记出板厚及钢板的总体尺寸(最大的宽度与长度)，例如图 8－16 中的"10×455×810"即该板钢厚度为 10 mm，总体尺寸应为 455 mm，长为 810 mm。

三、金属结构图中孔、倒角、弧长等尺寸的注法

标注金属结构件尺寸的尺寸线终端，采用与尺寸线成 45°倾斜的细短线形式。尺寸界线从符号引出时应与符号断开，见图 8－2－5。

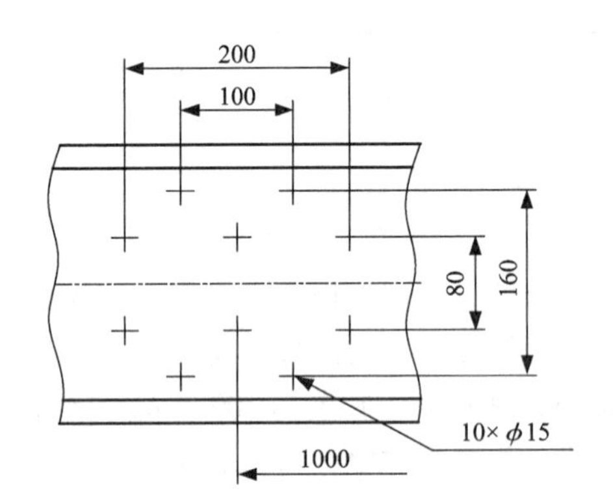

图 8－2－5　孔的直径采用引出标注的方法

在金属构件图上，需标注弧形构件的弧形展开长度时，应将这些展开长度旁所对的弯曲半径注写在展开长度旁的圆括号内，见图 8－2－6。

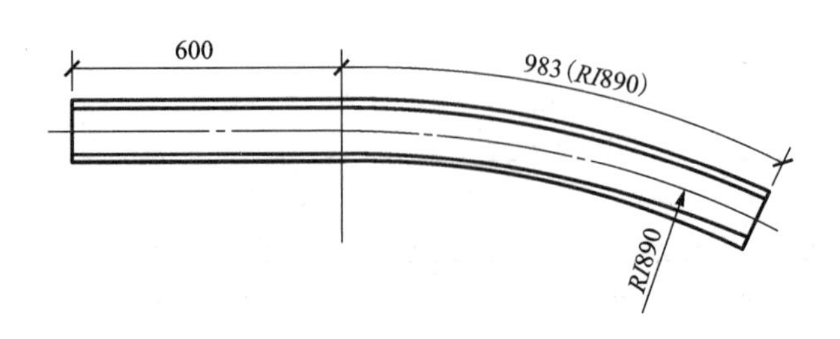

图 8－2－6　弯曲半径注写在展开长度旁的圆括号内

四、节点板尺寸的注法和金属结构件简图

由两条或更多条成定角汇交的重心线组成了节点板尺寸的基准系，重心线的汇交点称基准点。重心线的斜度用直角三角形的两短边表示，并在短边旁注出基准点之间的实际距离，或用注写在圆括号内的相对于100的比例值表示，见图8－2－7。

节点板的尺寸应包括以重心线为基准的各孔的位置尺寸，节点板的形状尺寸，节点板边缘到孔中心线间的最小距离等尺寸。

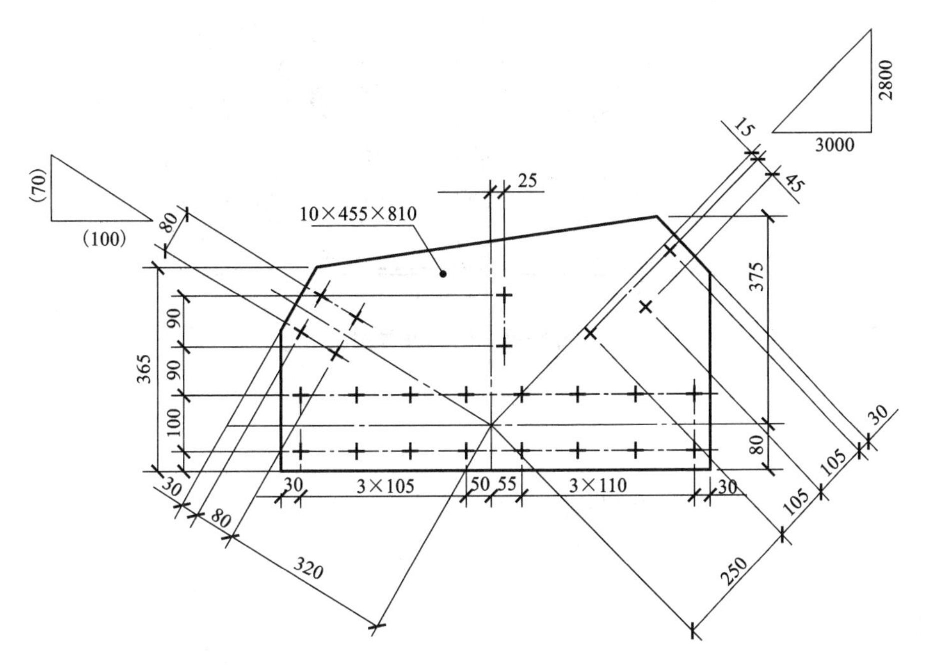

图8－2－7　重心线的斜度用直角三角形的两短边表示

金属结构件可用简图(即用粗实线画出相交杆件的重心线)表示，见图8－2－8。

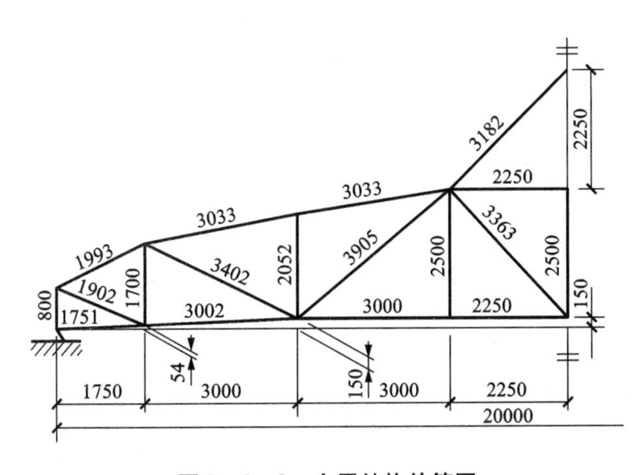

图8－2－8　金属结构件简图

在简图上，重心线基准点间的距离值，应直接注写在所画杆件上，图中只画出了构架的左半部分。

例如，图 8 -2 -9 是由角钢、板钢等组成的构架的局部。其中节点板为板钢，尺寸分别为 10 ×30 ×610，50 ×10 ×100，10 ×130 ×130，另有七块角钢通过采用铆钉连接而组成。

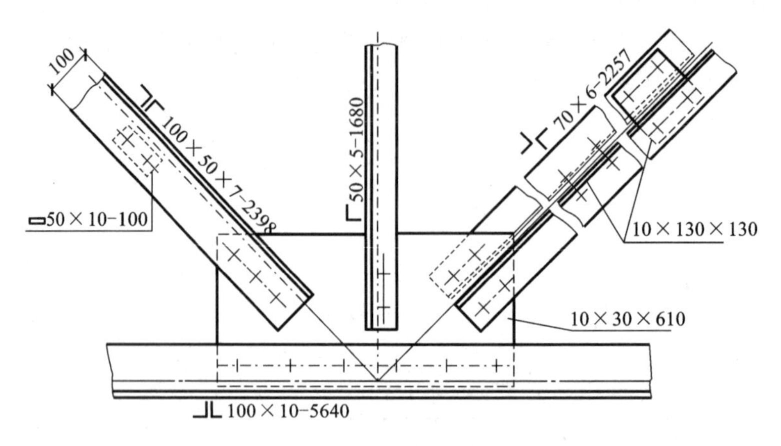

图 8 -2 -9　应用举例

【同步练习】

解释如下图形符号对应的型钢名称与字母代号。

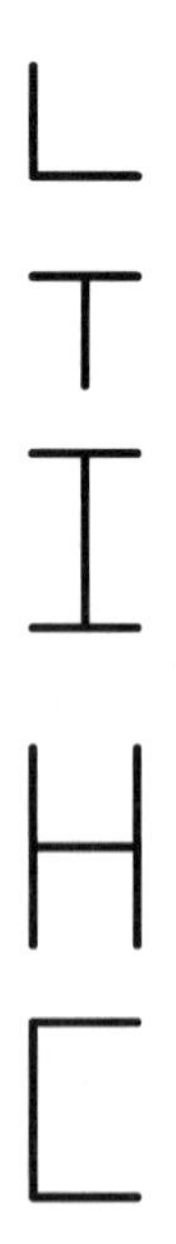

任务3　展开图

【任务描述】

通过学习，能绘制出平面立体、可展曲面立体的展开图。

【知识导航】

在生产中，经常用到各种薄板制件，如管道、容器等，如图8-3-1所示的混凝土搅拌站粉料罐。制造这类制件时，通常是先在薄板上画出表面展开图，然后下料成型，再用咬缝或焊缝连接。将立体表面按其实际大小和形状，依次连续地展平在一个平面上，称为立体表面的展开。展开后所得的图形称为展开图。展开图在化工、锅炉、造船、冶金、机械制造、建材等工业部门中得到广泛应用。

图8-3-1　混凝土搅拌站的粉料罐

一、先了解可展平面与不可展平面的区别

(1)平面立体的表面都是平面，可展的。

(2)曲面立体的表面是否可展，则要根据组成其表面的曲面是否可展而定。凡是相邻两条素线彼此平行或相交(能构成一个平面)的曲面，是可展曲面，如柱面和锥面等。

(3)凡是相邻两条素线成交叉两直线(不能构成一个平面)或母线是曲线的曲面，是不可展曲面，如球面、环面等。

二、画展开图的方法和步骤

(1)分析立体表面性质，明确该立体表面是可展面还是不可展面。

(2)分析投影图中哪些棱(素)线的投影反映实长，哪些棱(素)线的投影不反映实长。

(3)求出一般位置棱(素)线实长。

(4)以短边棱线为对缝界线，依次画出体的表面展开图。

三、求实长或实形的方法

画立体表面的展开图，就是通过图解法或计算法画出立体表面摊平后的实形，这常常涉及求一般位置线段的实长，常用求实长的方法为直角三角形法，简介如下：

(1)用直角三角形法求一般位置线段的实长。

图 8－3－2(a)表示一般位置线段 AB 及其两面投影，如果过点 A 作 $AC \parallel ab$，交 Bb 于 C，则 ΔABC 是一直角三角形，$\angle ACB = 90°$，$AC = ab$，$BC = Bb - Cb = zb - za = \Delta z$，由此可见，线段 AB 的实长可由投影图求得。

图 8－3－2(b)表示根据投影图作出直角三角形 $AoBoCo$，其斜边 $AoBo$ 就是 AB 的实长。

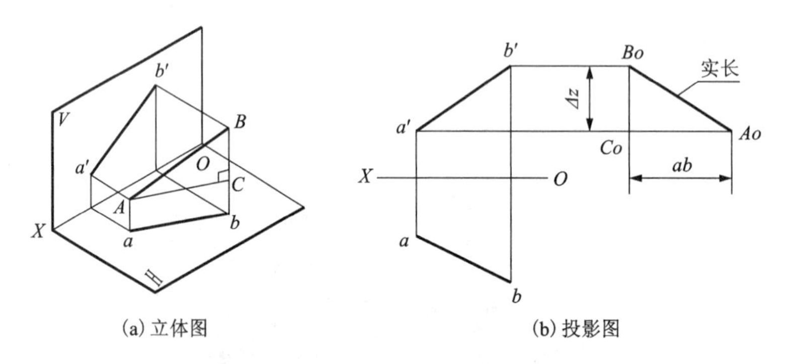

图 8－3－2　直角三角形求一般位置线段的实长

(2)展开图的作图方法，就是求出立体表面上一些线段的实长，画出立体表面的实形，依次排列在一个平面上。

(3)展开图的作图依据：

①柱面。由于柱面的棱线或素线都是互相平行的，所以当柱体的底面垂直其棱线或素线时，展开后底面的周边必成一条直线段；各棱线或素线在展开图上都与这直线段相互垂直。

②锥面。由于锥面的棱线或素线都相交于一点，所以，作锥面展开图时，要先求出锥面各棱线或一系列素线和底面周边的实长(当底面周边为曲线时，以底面周边的内接多边形周边的实长来代替)。然后依次画出各棱面(三角形)或锥面(用若干三角形取代)的实形而求得。

四、平面立体的展开

作平面立体的表面展开图，就是分别求出属于立体表面的所有多边形的实形，并将它们依次连续地画在一个平面上。

1. 棱柱管的表面展开

棱柱管的各条棱线相互平行，如果从某棱线处断开，然后将棱面沿着与棱线垂直的方向打开并依次摊平在一个平面内，就得到了棱柱管的展开图。这种绘制展开图的方法称为平行线法。

作图时应当求出各条棱线之间的距离和棱线的各自实长，并且展开后各棱线仍然保持互相平行的关系。

2. **斜截四棱柱管的展开**

图 8－3－3(a)所示为斜截四棱柱管的立体图。由于从两面投影图[图 8－3－3(b)]中可直接量得各表面实形的边长，因此作图较简单，具体作图步骤如下：

按各底边的实长展开成一条水平线，标出Ⅰ、Ⅱ、Ⅲ、Ⅳ、Ⅰ诸点。

过这些点作铅垂线，在其上分别量取各棱线的实长，即得诸端点 *A*、*B*、*C*、*D*、*A*。用直线依次连接各端点，即可得展开图。见图 8－3－3(c)。

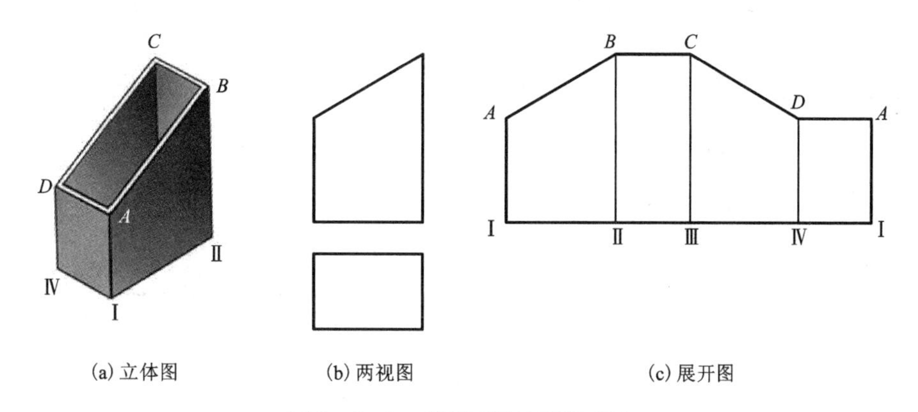

(a) 立体图　(b) 两视图　(c) 展开图

图 8－3－3　斜截四棱柱管的展开

五、棱锥台的表面展开

如图 8－3－4(a)为矩形吸气罩的立体图。图 8－3－4(b)为其两面投影。从图中可知，吸气罩是由四个梯形平面围成，其前后、左右对应相等，在其投影图上并不反映实形。为求梯形平面实形，可将梯形分成两个三角形(思考一下：为什么要把四边形转化成三角形来处理?)，然后求三角形三边实长，就可画出三角形实形。具体作图步骤如下：

(1)在图 8－3－4(b)的俯视图上，把前面的梯形分成 *abd* 与 *bcd* 两个三角形，右边梯形分成 *bfe* 与 *bec* 两个三角形。注意其中 *ab*、*dc*、*bf*、*ce* 分别为相应线段实长。

(2)如图 8－3－4(c)所示，用直角三角形法求出三角形在投影图上不反映实长的另几边 *BC*、*BD*、*BE* 的实长 B_1C_1、B_1D_1、B_1E_1。为了图形清晰且节省地方，把各线段实长的图解图集中画在一起。

(3)如图 8－3－4(d)所示，取 $AB = ab$；$BD = B_1D_1$；$AD = BC = B_1C_1$；$DC = dc$，画出三角形 *ABD* 和三角形 *BDC*，得前面梯形 *ABCD*。同理可作出右面梯形 *BCEF*。由于后面和左面两个梯形分别是前面和右面的全等图形，故可同样作出它们的实形。由此即可得吸气罩的展开图。

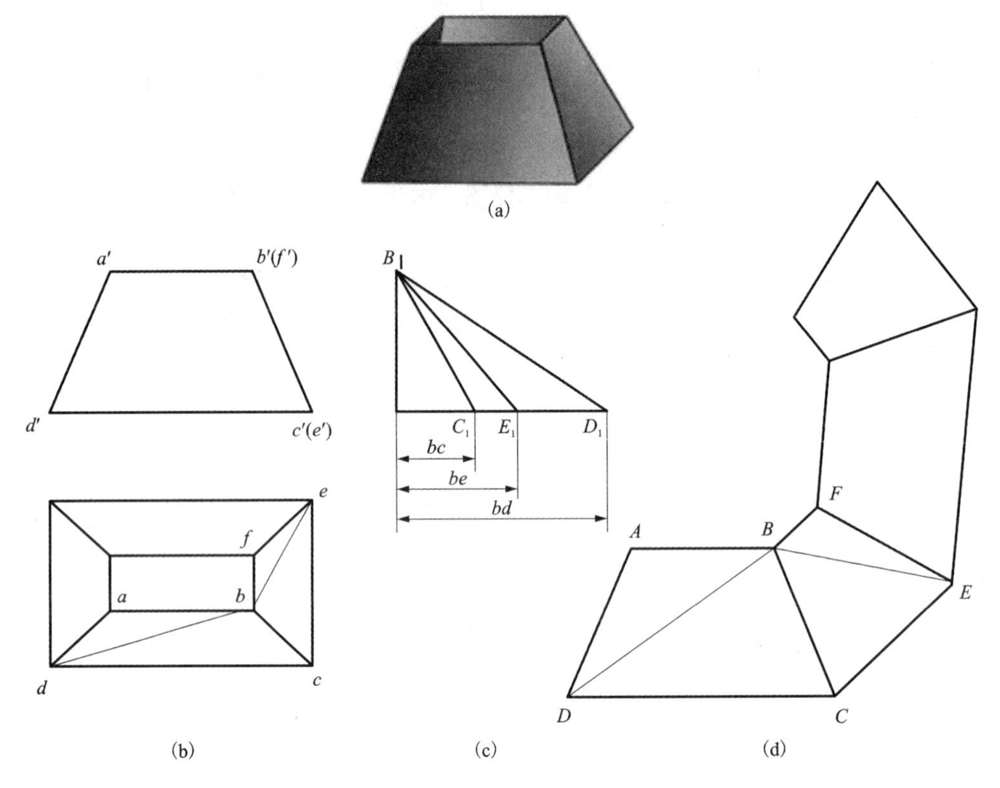

图 8 –3 –4 吸气罩展开

方圆过渡管的展开

六、圆筒的展开

圆柱管是使用最多的管件，它的相邻两条素线相互平行，可以用平行线法作出其展开图。它的展开图是一个矩形，矩形的一直角边是圆面的展开线，即长度等于圆面周长的直线；另一直角边是圆柱管面上的某一素线，其长度等于圆柱管的高。如图 8 –3 –5 所示，圆管表面展开为一矩形，其高为管高 H，长为圆管周长 πD。

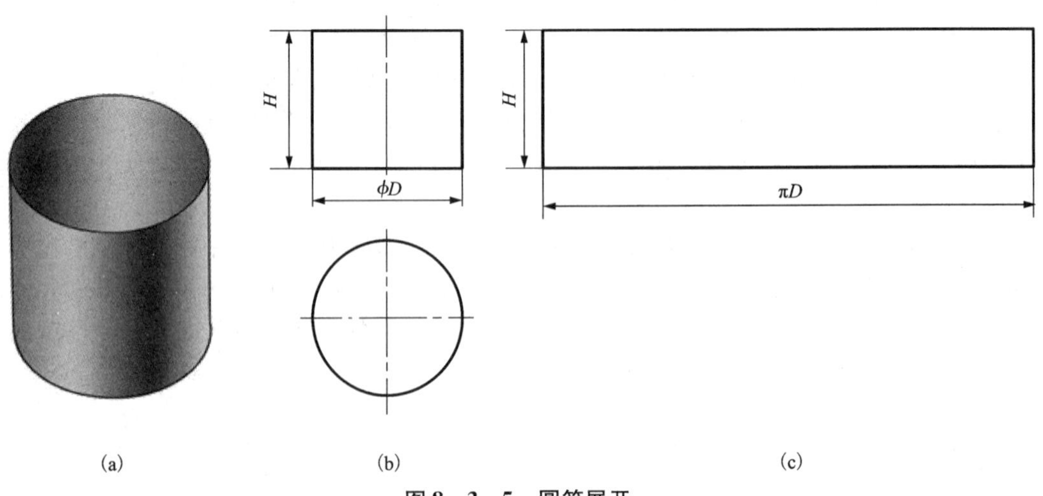

图 8 –3 –5 圆筒展开

七、斜口圆管的展开

如图 8－3－6 所示，圆管被斜切以后，表面每条素线的高度有了差异，但仍互相平行，且与底面垂直，其正面投影反映实长，斜口展开后成为曲线，具体作图步骤如下：

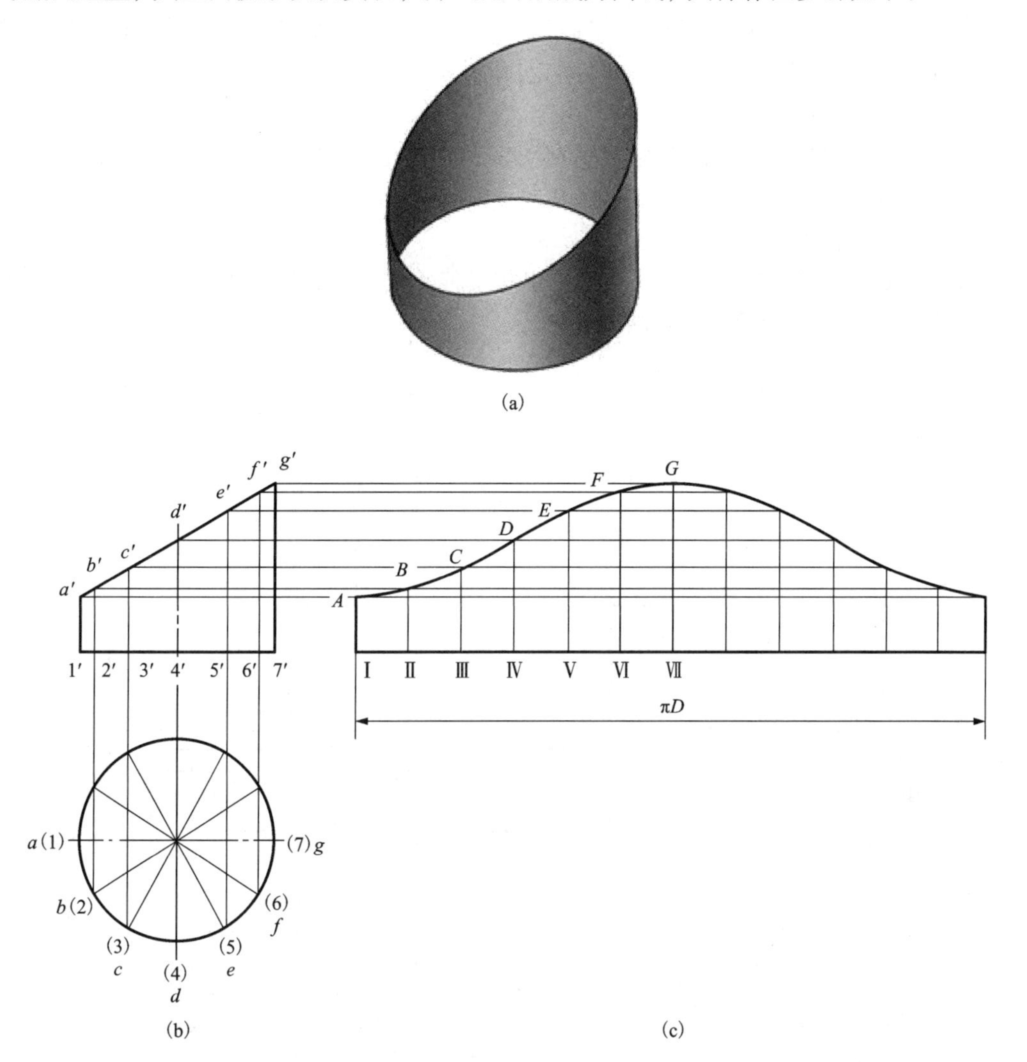

图 8－3－6　斜切圆筒展开

(1)在俯视图上，将圆周分成若干等分(图为 12 等分)，得分点 1、2、3、…，过各分点在主视图上作相应素线投影 $1'a'$、$2'b'$、…。

(2)展开底圆得一水平线，其长度为 πD，并将其分同样等分，得Ⅰ、Ⅱ、… 分点，如准确程度要求不高时，各分段长度可以底圆分段各弧的弦长近似代替。

(3)过Ⅰ、Ⅱ、… 各分点作铅垂线，并截取相应素线高度(实长)Ⅰ$A=1'a'$，Ⅱ$B=2'b'$，…得 A、B、C、… 各端点。

(4)光滑连接 A、B、C、… 各端点，即可得到斜口圆管表面的展开图，如图 8－3－6(c)所示。

八、等径三通管的展开

如图 8 -3 -7 所示的等径三通管实际上为相贯体，画等径三通管的展开图，应该首先确定相贯线，然后以相贯线为界限，将它划分为两个圆柱管的切割体，再按基本体的展开方法作出各自的展开图。由于两个圆柱管的轴线都平行于正面，它们的表面素线的正面投影都反映实长，所以可以按照图的方法画出它们的展开图。

作图方法与步骤如图所示：

(1)求出相贯线的投影。两圆柱管垂直正交且直径相等，因此，相贯线的正面投影为互相垂直的两线段。

(2)作正立圆柱管Ⅰ的展开图。

(3)作水平圆柱管Ⅱ的展开图。然后求出相贯线点的位置，依次光滑地将各相贯线点连线，就可以得到相贯线所围成的孔的展开图。

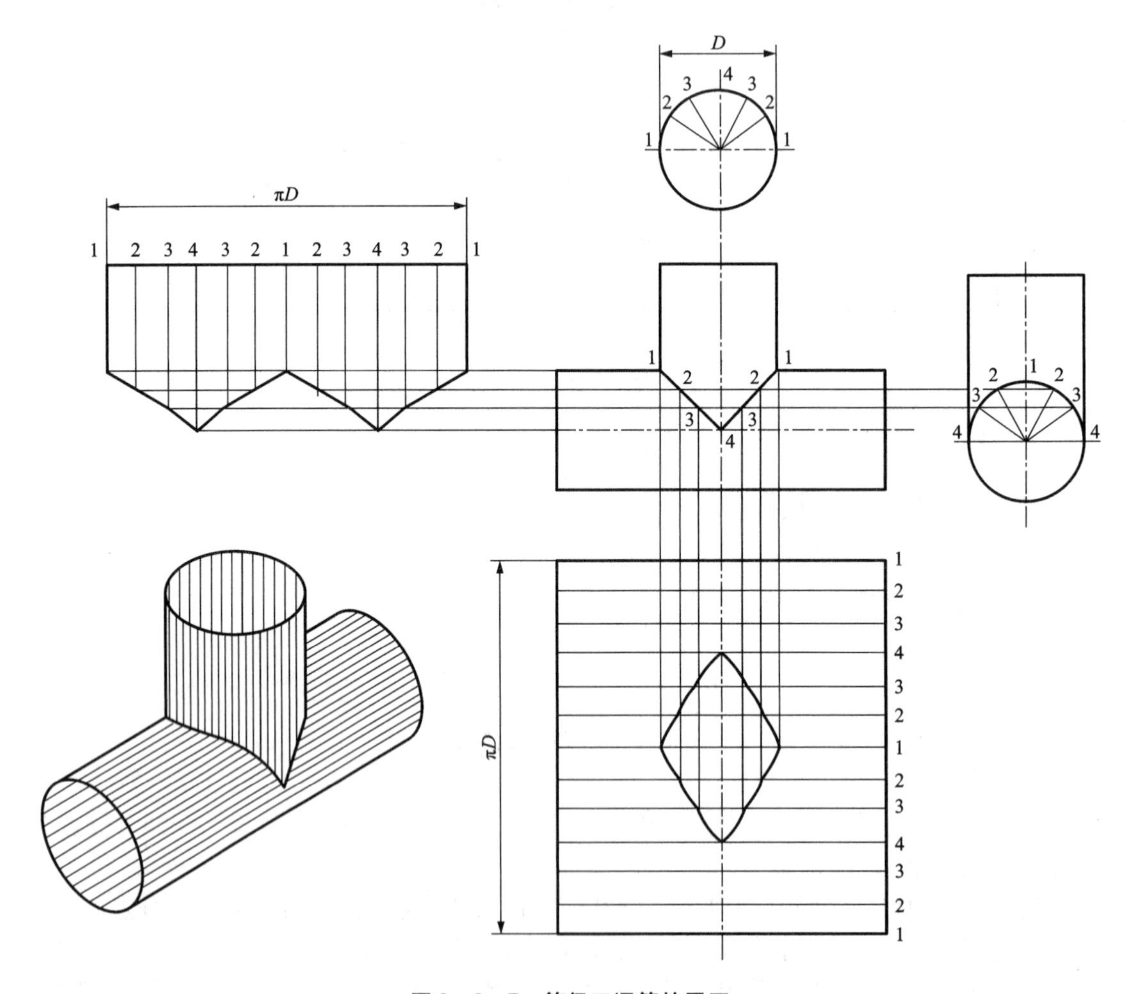

图 8 -3 -7　等径三通管的展开

【同步练习】

1. 求直线 AB 的实长。

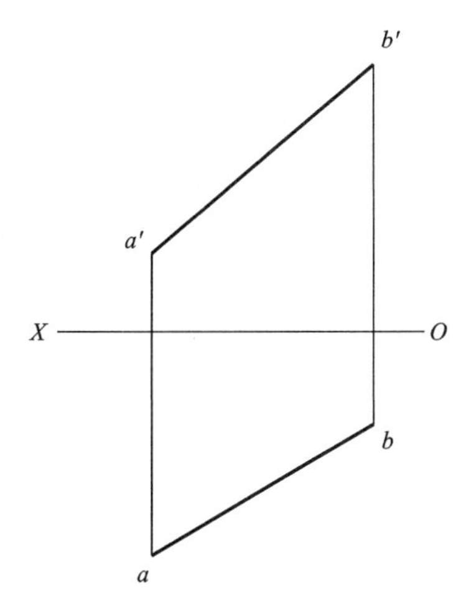

2. 已知 $MN=45$ mm，求作 mn。

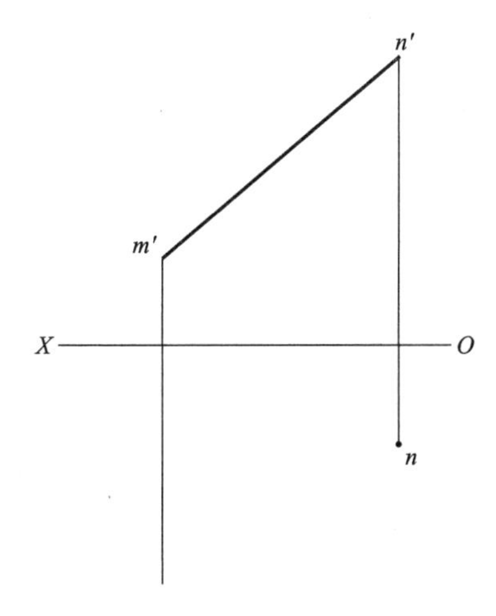

3. 在图形右边画四棱柱斜切的侧面展开图。

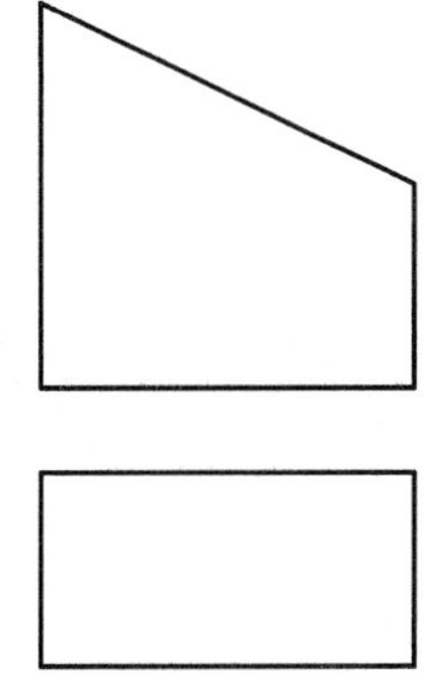

4. 在图形右边画圆柱的侧面展开图。

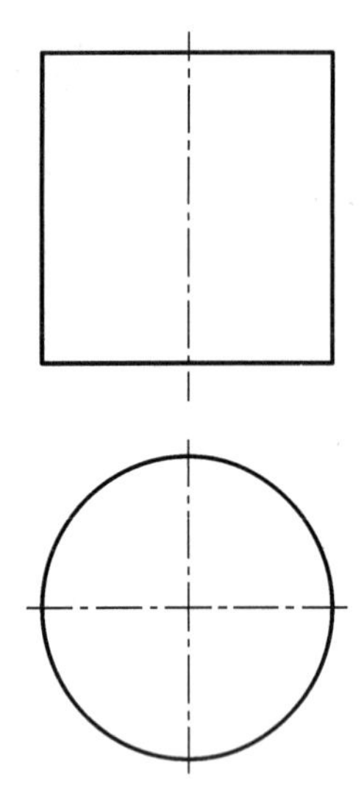

5. 在图形右边画出四棱台的侧面展开图。

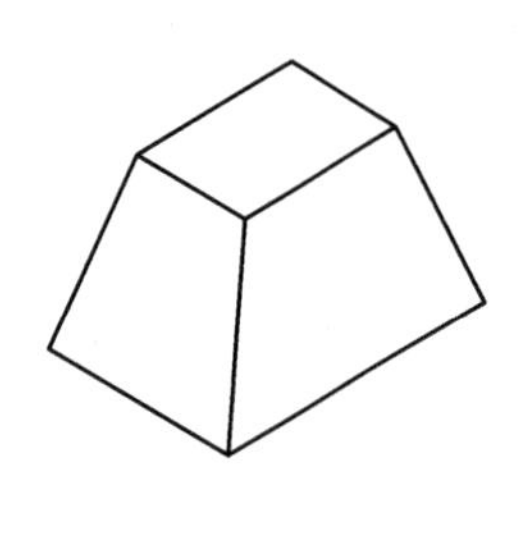

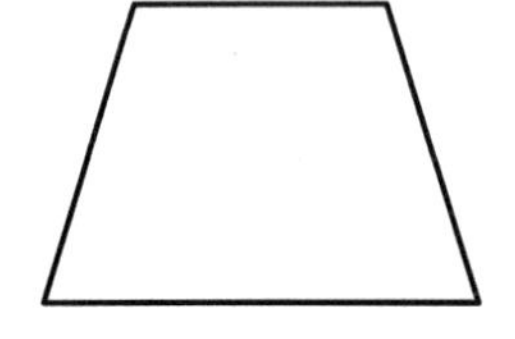

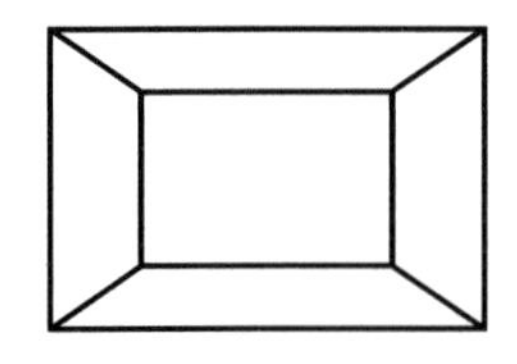

参考文献

[1] 焦永和. 机械制图手册[M]. 第5版. 北京：机械工业出版社，2012.
[2] 柳海强. 简明机械制图手册[M]. 北京：机械工业出版社，2013.
[3] 大西清(日)著；洪荣哲，黄廷合译. 机械设计制图手册[M]. 北京：科学出版社，2006.
[4] 成大先. 机械设计手册[M]. 第五版. 北京：化学工业出版社，2016.
[5] 秦大同，谢里阳. 机械制图及精度设计[M]. 北京：化学工业出版社，2013.
[6] 马德成. 机械制图与识图范例手册[M]. 北京：化学工业出版社，2015.
[7] 清华大学工程图学及计算机辅助设计教研室，刘朝儒，等. 机械制图[M]. 第5版. 北京：高等教育出版社，2006.
[8] 许云飞，杨巍巍. 机械制图[M]. 北京：电子工业出版社，2014.
[9] 王新年. 机械制图[M]. 北京：电子工业出版社，2013.

图书在版编目(CIP)数据

机械制图／李明雄，胡浩然主编．—长沙：中南大学出版社，2020.8

ISBN 978-7-5487-0503-1

Ⅰ.①机… Ⅱ.①李… ②胡… Ⅲ.①机械制图—高等职业教育—教材 Ⅳ.①TH126

中国版本图书馆 CIP 数据核字(2020)第 095345 号

机械制图

主　编　李明雄　胡浩然

副主编　李永久　左　佳

□责任编辑　谭　平

□责任印制　易红卫

□出版发行　中南大学出版社

社址：长沙市麓山南路　　邮编：410083

发行科电话：0731-88876770　　传真：0731-88710482

□印　　装　长沙雅鑫印务有限公司

□开　　本　787 mm×1092 mm 1/16　□印张 21　□字数 538 千字

□版　　次　2020 年 8 月第 1 版　□2020 年 8 月第 1 次印刷

□书　　号　ISBN 978-7-5487-0503-1

□定　　价　56.00 元